四川传统建筑

三台云台观

四川省文物考古研究院
三台县文物保护管理所 编

科学出版社
北京

内容简介

云台观是四川第二大道教宫观，创建于宋，兴盛于明、清，现存建筑的时代为明代和清代。云台观保存完好，建筑格局完整，是四川地区数量不多的保存较好的建筑群之一。本书从云台观的建筑历史沿革、建筑布局及建筑彩画、建筑屋脊灰塑艺术、建筑雕刻等方面，以文字、照片、测绘图相结合的方式对云台观进行了全面介绍，本书后又附录了明代稿本《云台胜纪》影印件、《云台胜纪》点校本、云台观文物、云台观文献辑录等内容，为专业研究人员提供了详细的基础资料。

本书适合建筑历史、文物保护、风景园林、艺术设计等领域的专业技术人员以及高等院校相关专业的师生参考阅读，也可供广大文物保护爱好者阅读。

图书在版编目(CIP)数据

四川传统建筑：三台云台观 / 四川省文物考古研究院，三台县文物保护管理所编. — 北京：科学出版社，2020.11

ISBN 978-7-03-066214-9

Ⅰ. ①四… Ⅱ. ①四… ②三… Ⅲ. ①寺庙－宗教建筑－建筑艺术－三台县 Ⅳ. ①TU-098.3

中国版本图书馆CIP数据核字（2020）第178730号

责任编辑：吴书雷 / 责任校对：王晓茜

责任印制：肖　兴 / 书籍设计：北京美光设计制版有限公司

科学出版社 出版

北京东黄城根北街16号

邮政编码：100717

http://www.sciencep.com

北京汇瑞嘉合文化发展有限公司 印刷

科学出版社发行　各地新华书店经销

*

2020年11月第　一　版　开本：889×1194　1/16

2020年11月第一次印刷　印张：27 1/4　插页：1

字数：780 000

定价：680.00元

（如有印装质量问题，我社负责调换）

“四川传统建筑”
编辑委员会

“四川传统建筑”序

四川西有青藏高原相扼，东有三峡险峰重叠，北有巴山秦岭屏障，南有云贵高原拱卫，境内高原、盆地、低山浅丘都有分布，自古以来是人类活动活跃的地域。由于所处的地理位置及境内地形地势的多样性，加上气候等自然条件的影响，古代四川的建筑一方面沿袭官式建筑风格、传统，另一方面又具有浓厚的本土特色。

从考古资料看，四川地区新石器时代的建筑已经比较成熟，开间较大，以木为柱，顶部为丫形杈以承担梁架，或柱和梁架采用绳扎捆绑固定；屋顶上覆盖树皮、草拌泥和茅草。树木或竹为墙壁，表面涂抹草拌泥。十二桥遗址发现的干栏式建筑遗迹，证明商代的四川存在地面构筑建筑和干栏式建筑两种形制的建筑。

汉代一统中原，四川也被纳入中央统治范畴，从现存的汉阙、画像砖石及壁画等图像资料、崖墓及砖石墓等墓葬结构、考古发掘出土的建筑模型及文献记载看，四川地区的建筑与河南、陕西等中央统治核心区的建筑保持了一致的传统：厅堂、楼阁、梁式桥、民居等建筑类型，四阿顶（即后来的庑殿顶）、歇山顶、悬山顶等结构，抬梁结构和穿斗结构并存的梁架结构体系，普遍使用斗栱，普遍使用板瓦、筒瓦，藻井也已出现，等等。但在四川地区并没有发现出现于内蒙古等边疆地区高于三层的建筑，多以一层或二层建筑为普遍，当与四川地区社会稳定、居民富庶有关。适应四川地区潮湿环境的干栏式建筑也大量存在。文献中的“邛笼”建筑，研究者普遍认为就是分布于现四川甘孜、阿坝地区的碉楼。

四川现存的建筑实物最早为宋代的石构四边形塔，江油窦团山飞天藏的转轮藏为现存最早的小木作实物，时代也是宋代。汉代到宋代这一时期的四川建筑，通过考古资料可以窥知一二，如以泸县宋墓、华蓥安丙墓为代表的宋代墓葬，其墓葬构筑虽没有白沙宋墓那么如实仿制木构建筑，但从其形制、斗栱规格等关系分析，大致还是可以看出与《营造法式》之间的联系。此外，这一时期的绘画作品也有建筑形象。五代前蜀王建墓是唯一建于地面上的帝王陵墓，其墓葬结构在中国古代建筑史上具有重要地位。

元代和明代的建筑四川保存有实物。据调查统计，四川现存元代木构建筑约有 10 处，分布于绵阳、南充、广元、雅安、遂宁等地，建筑主要是寺庙建筑，但以单体为主，没有发现完整布局的群体建筑。明代建筑有 200 多处，仍以单体建筑居多，呈完整布局的仅有平武县的报恩寺。明代的建筑，除平武报恩寺、三台云台观与当时的皇室有关系，主体建筑开间超过三间外，其余单体建筑均为面阔三间、平面呈方形或近似方形，建筑结构、建筑风格与北方官式建筑一致，但又具有四川的地域特色，如平武报恩寺建筑的套兽有龙、有形象并不单一的凤，与建筑所处的环境结合较好。在具体做法上也有差异。现在这些建筑都公布为全国重点文物保护单位和省级文物保护单位，得到了有效的保护。

清代的四川建筑呈现出“百花齐放”。明末清初以来，四川经过60年的战乱，大量的建筑破坏、消失，战乱不仅造成人口减少、社会财富流失，还使得建筑用材匮乏。清朝建立后，一方面建设被战争破坏的官僚机构，另一方面诏移民实川，恢复和发展四川的经济。广东、岭南、湖北、江西、湖南、福建、贵州、山西、陕西等地移民大量进入四川，移民进入，也带来了移民建筑文化因素。由于楠木、柏木等硬材生长周期长，跟不上大量建设需求，速生材和小规格硬木材料运用于建筑，北方官式建筑的抬梁结构体系被抬梁穿斗混合结构体系代替，建筑向大面阔、大进深发展。除了各地移民集聚会、议事、娱乐等功能的会馆建筑大量使用本地建筑工艺和文化因素外，有些寺庙、道观等公共建筑也被赋予多个不同地区移民建筑因素，不同地区的移民之间也彼此借鉴、利用自己建筑工艺以外的文化因素，也就是实用主义，如广东潮、汕地区的嵌瓷工艺因具有极强的装饰效果和能够保存较长时间而被大量使用。此外建筑雕刻发达，以其精湛的技法和精美的雕刻图像著称。

民国以降，西方建筑文化元素传入中国。四川的中西结合的建筑以民居为主，以自贡市数量最多，与自贡盐商有较多的机会接触西方世界密切相关。

据第三次全国文物普查统计，四川古建筑类数量17465处，除了宫殿、皇家园林等高等级建筑外的建筑类型都有一定的数量。20世纪40年代，梁思成先生为首的营造学社组织对四川建筑的专题调查研究，2018年在成都博物馆举办的“影子之城”展览，就是当年梁思成先生拍摄的广汉老建筑的照片展览。研究成果方面，除梁思成先生等营造学社成员的研究外，四川的学者也在积极介入。四川省文物考古研究院规划的大型古建筑专题丛书“四川古建筑大系”已出版《四川文庙》《四川古代牌坊》，此外《四川古塔》《四川古桥》《四川会馆》等将陆续推出；完成维修设计方案编制后公布古建筑的实测资料的《四川古建筑测绘图集》已出版五集，在国内形成了一定的影响力；成都市文物考古研究院以专项科研课题进行的四川早期建筑研究成果，近期也将出版发行。但保存的具有相当数量的布局完整、建筑保存好、建筑特色鲜明，如平武报恩寺、三台云台观、遂宁广德寺、叙永春秋祠、自贡西秦会馆、峨眉山建筑群、达州真佛山庙群、宜宾真武山建筑群等，上述成果形式均难以纳入，足以形成专著，故计划编纂“四川传统建筑”丛书，面向大众为主、兼顾学术研究，以文字、测绘图、照片等结合的编写体例，陆续公布出版这些建筑资料，让更多的学者认识四川传统建筑，加入到四川传统建筑研究的行列。

是为序。

唐飞

2019年10月于成都

序

三台县之名，始于清雍正十二年（1734 年）在潼川州直辖地置三台县。今三台县位于绵阳市东南部，东与绵阳市盐亭县交界，南与射洪市相邻，西与中江县接壤，北与绵阳市涪城区相连。

云台观所在的安居镇，位于三台县县城之南，地处三台、中江、蓬溪三县交界处，域内以低山丘陵为主，但文物古迹丰富，民谣云："天台鼓楼锁双龙，二狮抬头望金钟。九龙上水朝金阙，五庙钟声送晚空。两岸芦花秋月白，堡上黄棉照花棚。螺丝石上堪垂钓，小桥溪畔纳凉风。"其中"九龙上水朝金阙"即指云台观。

云台观的高级别不仅仅体现于文献记载中，现存建筑中的华表和玄天宫面阔七间的规制、建筑装饰中的五爪龙，以及原藏于云台观中的圣旨、道藏经等文物，都可与文献相印证。由于其突出的文物价值和文化价值，1981 年被列入三台县文物保护单位，并被编入《中国名胜辞典》。1987 年四川省第二次全国文物普查中对云台观进行了基本数据采集，《四川省文物志》《四川省文物地图集》均有收录。1996 年，云台观被四川省人民政府公布为省级文物保护单位。2007 年第三次全国文物普查时对云台观进行了复核。2009 年 3 月，绵阳市人民政府根据《中华人民共和国文物保护法》的规定，划定了云台观的保护范围和建设控制地带范围。2013 年，云台观成功入列第七批全国重点文物保护单位名录。2014 年，四川省人民政府公布了云台观的保护范围和建设控制地带范围。2019 年，云台观文物保护规划通过国家文物局批复。

自 20 世纪 80 年代的第二次文物普查开始，我院即参与云台观的文物保护工作。2004 年，在我院的指导下对玄天宫进行了抢险维修。2008 年，在汶川特大地震灾后文物保护重建工作中，我院负责编制了"云台胜景"坊、华表、玄天宫的抢险方案编制工作，该方案通过四川省文物管理局的批复后于 2011 年实施了抢险修缮工程。2012 年，我院参与了云台观全国重点文物保护单位申报文本的编制工作，完成了部分建筑的实测。2018 年，我院参与云台观建筑的维修保护工程立项，玉带桥、城隍殿、观音殿、青龙白虎殿四处古建筑获批立项。2020 年，玉带桥、城隍殿、观音殿、青龙白虎殿维修保护方案完成，同时在经过现场病害勘察后我院对其余古建筑编制了维修立项报告。

文物保护成果，人人共享，文物的活化利用是文物保护的目的。云台观在新中国成立后一度关闭，1981 年重新开放，1986 年 5 月被批准为道教开放活动场所，为四川第二大道教圣地，现绵阳市道教协会设立于云台观，住持付元法道长任四川省道教协会副会长、绵阳市道教协会会长、三台县道教协会会长。云台观历史悠久，传统文化内涵深厚，云台观经维修保护后，延续着传承传统道教文化和民俗活动的功能，是当地和周边市县民间宗教活动、民俗活动的重要场所。农历五月十八的城隍庙会，要举行规模盛大的抬城隍巡游仪式，祈求天佑百姓，风调雨顺、丰衣足食、国泰民安。这种城隍巡游的风俗在宜宾长宁罗赶庙石碑中有记载。

云台观至今吸引着省内外的游客慕名瞻仰。

明人郭元翰编著《云台胜纪》，虽未付梓，但其史料价值颇大。今天我们编辑《三台云台观》，运用新的技术手段，传承前人的传统，唯愿能够进一步宣传云台观，弘扬云台观的历史文化。

是为序。

编者

2020 年 9 月

目　录

第一章

云台观沿革

云台观位于三台县云居镇云居村云台山上。建筑坐北朝南，现中轴线上的建筑有云台胜境坊、玉带桥、三合门、券拱门、青龙白虎殿、灵官殿、降魔殿、藏经楼、玉皇殿、玄天宫，玉带桥与三合门之间有华表一对，十王殿、城隍殿、慈航殿、九间房等次要建筑对称分布于中轴线的两侧。三合门至玄天宫，建筑四周有砖砌围墙。

整个建筑群依山负势，根据地形的起伏灵活布置。由南向北，绵延数千米，建筑面积 5, 550 平方米，占地 300 余亩。三合门以南，包括华表、玉带桥、云台胜境坊以及云台胜境坊以北的三重门，根据山脊地形的走向布局，建筑以砖、石铺砌的道路相连，似一气呵成而又若隐若现。三合门外原有高大的石狮两个（现黄桷树前），现已不存。从三合门开始向南，建筑根据地形的起伏分为两个部分：三合门至九间房，地势逐级降低；从灵官殿开始，地势又逐级抬升，整个地势九间房为最低之处。

从三合门至拱券门，形成一进院落，包括三合门、十殿等建筑。

拱券门向北至青龙白虎殿，形成一进院落，建筑包括城隍殿、慈航殿。

青龙白虎殿向北至灵官殿，形成一进院落，建筑有东、西九间房。

藏经楼至玄天宫为建筑群布局的最后一进院落，建筑包括玉皇殿及钟鼓楼和仓楼、百子殿等。原玄天宫西有三清殿及放生池，东有茅庵殿，今均毁不存。后在茅庵殿原址建祖师殿，供云台观祖师像。仓楼（东）和百子殿（西）在 1962 ～ 1990 年 7 月为县精神病院占用时毁坏，后重新修建（图 1-1、图 1-2）。

调查中当地百姓云，玄天宫后为老君殿，与玄天宫后门有廊相连。老君殿是整个建筑群中最高的建筑，“文革”中建筑被毁，建筑台基的条石被当地老百姓拆除作他用。现玄天宫后檐明间金柱上存榫卯结构孔，是否为原玄天宫与老君殿之间廊道的连接结构，尚有待于考证；而玄天宫后的地势呈坡状下降，从地形地势看，玄天宫后再建有建筑的可能性不大，考《碑记》等文献，亦均无老君殿的记载，故老君殿之说待考。另文献记载中有天一阁（或云天乙楼），其址亦待考。

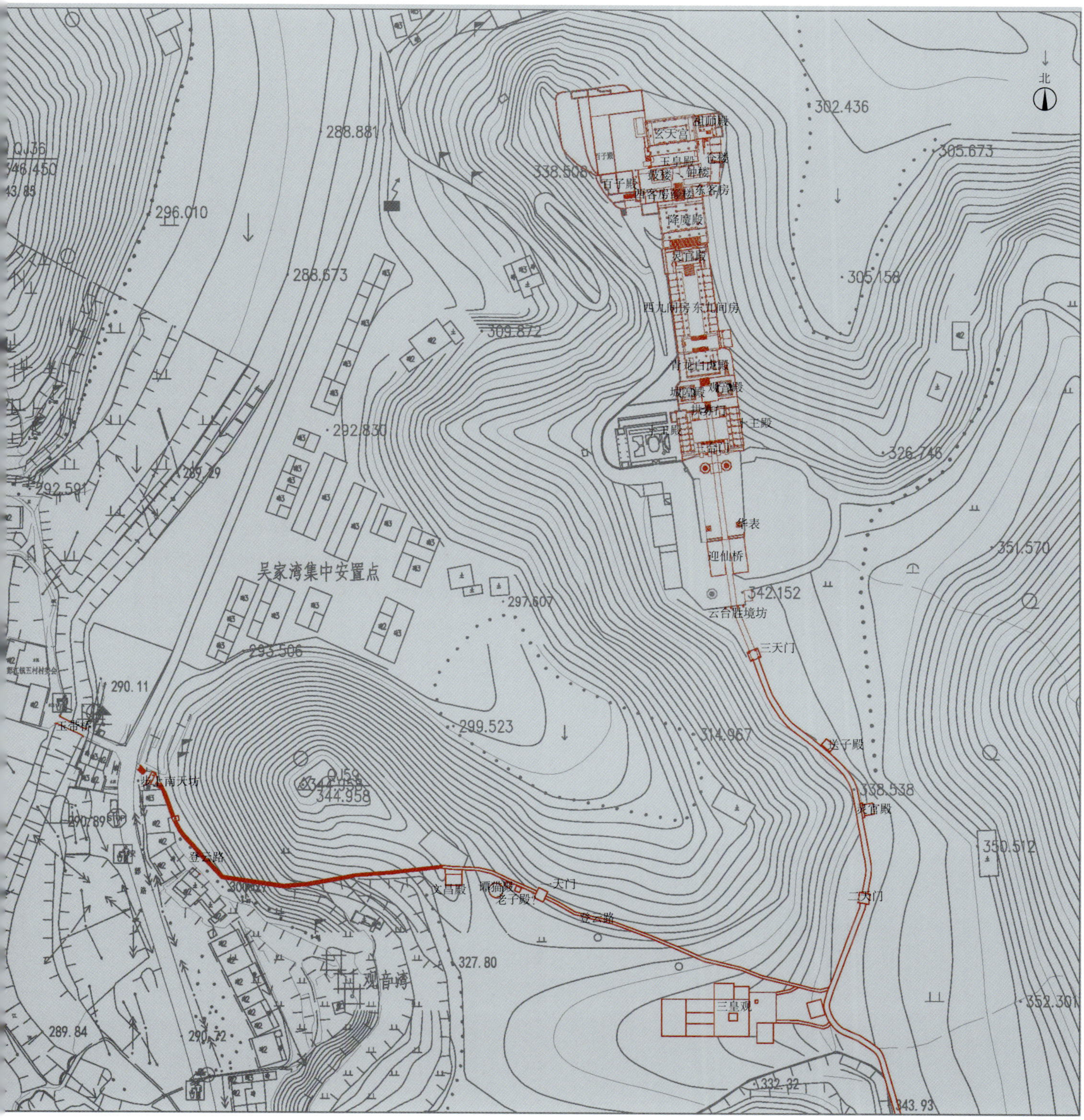
北
302.436
305.673
288.881
祖师殿
玄天宫
玉皇殿
鼓楼、钟楼
百子殿
西客房
东客房
338.508
296.010
降魔殿
灵官殿
288.673
305.158
西九间房
东九间房
309.872
青龙白虎殿
观音殿
城隍殿
拱券门
十王殿
292.830
山门
326.746
289.29
292.591
华表
迎仙桥
351.570
吴家湾集中安置点
342.152
云台胜境坊
297.607
293.506
三天门
290.11
299.523
314.967
送子殿
南天坊
344.958
338.538
灵官殿
350.512
登云路
文昌殿
一天门
老子殿
二天门
登云路
327.80
观音湾
三皇观
352.301
289.84
332.32
343.93

图 1-1　云台观地形图

说到云台观，不能不说云台观的专志——《云台胜纪》[1]。

现存《云台胜纪》为稿本，四川隆昌县人郭元翰编著，成书于万历十九年（1591 年）。稿本为纸本，楷体墨书，线装，开本 40 厘米 ×21 厘米。字心 32.5 厘米 ×18 厘米。全书 83 个双页，除第五卷部分内容因字小而达十一行外，一般每页为楷书六行。稿本分上、下两册装订。第四卷内容被分作上、下册装订，显系装订是根据稿本的厚度而确定、装订成册的。

《云台胜纪》全书五卷：第一卷《启圣实录》；第二卷《云台十景》；第三卷《玄帝经文》；第四卷《灵奕显应》；第五卷《天府留题》。前有郭元翰的叔辈兄弟郭元柱所作的《刻〈云台胜纪〉序》，末有郭元翰的《〈云台胜纪〉后序》。稿本经点逗，用红色圈号标识。该志对云台观的创建存在较多的神化、传说成分，然对明以来关于云台观的史志记载颇详，是研究云台观历史不可或缺的重要文献资料。

通观《云台胜纪》，虽说是云台观的志书，但其中夹杂有较多的神话成分在里面。全书五卷，除第五卷收录与云台观相关的文献外，其余基本为道教神化故事。第一卷《启圣实录》，系引用、删减综合及发挥道家经典《玄天上帝启圣录》而成，由“金阙化身”“诞修得道”“参陛降魔”“复位坎宫”“游驾西蜀”“结屋云台”“梧桐修炼”“营造巨殿”“铁像腾空”“留题还位”等十个连环画式的故事组成。第二卷“云台十景”，以“帝所自标题”的云台十大名胜，实为假托玄帝所作。第三卷“玄帝经文”，由“真武咒”“垂训文”组成。第四卷“灵奕显应”包括“鸾书呈瑞”“骤雨迎车”“降魔遗迹”“彩雾腾光”“甘霖应祷”“梦清常住”“感认贫婆”“暗刑惩恶”等八个记载玄帝“灵应”之事的故事。

第五卷包括“记”4 篇（其中有一篇因“字未明，未写”），“赞”1 篇，“跋”1 篇，31 人“诗词”名作 39 首，及 15 处重要建筑的楹联 23 副，匾额 11 个。所收文献集中于明正统至万历十九年《云台胜纪》成书。

之所以《云台胜纪》神化色彩很浓，与主持编辑者郭元翰有很大关系。郭元翰登云台祈嗣获应，“以广其传”乃其发愿。乃搜罗相关文献，“录以付梓”，编纂而成《云台胜纪》一书。当然，郭元翰本人也得在书中有所体现，乃赋诗两首。而借玄帝托生降临，乃道家宣扬该山有灵所惯用的方式，如湖北武当山、宜宾真武山亦如此。

但在现存的目录文献资料中，《云台胜纪》基本不见。考与郭时代相近的蜀

[1]《钦定四库全书总目》：《蜀中名胜记》30 卷（浙江鲍士恭家藏本），按学佺所著本无此书之名，此本乃万历戊午福清林茂之摘其《蜀中广记》内“名胜”一门刻之南京，而钟惺为之序，不知其何所取也。重庆出版社有刘知渐点校本（1984 年）。

地名胜古迹的著作如《蜀中广记》、《益部谈资》等，均未提及郭元翰及他的《云台胜纪》，则我们有理由认为，《云台胜纪》仅经过了郭元翰主持的资料收录，而并没有“付梓”，因此流传很有限。然另一方面，《云台胜纪》中收录的《淳化王新建天乙阁记》、《蜀王重修拱宸楼记》、《肃王进圣像记》又为其他文献中所不见，按理说，蜀王的举动应该是备受关注，至少在其管辖的蜀地应该如此，抑或又是假托？《云台胜纪》还收录的不见于《三台县志》等文献中较多的关于云台观的资料，如诗、对联等，这对研究云台观的历史及三台县的历史文化的重要性则是不言而喻的。

从《云台胜纪》记载看，云台观不仅神化色彩浓厚，政治色彩也很浓厚，似乎云台观的知名度与历代蜀藩王的“支持”分不开，从现有的建筑布局和单体建筑的规格看，华表及面阔五间的正殿玄天宫，表明其等级确非一般的道观可比。另外，《云台胜纪》中有两蜀王不见于史料记载。为便于与《云台胜纪》中相关时间的联系对比，我们看看明代分封的蜀藩王的情况。

明初为避免元末军阀拥军割据的历史悲剧重演，“天下之大，必建藩屏，上卫国家，下安生民。”认为“今储子既长，宜各有爵封，分镇诸国。”朱元璋这样做，“非为私其亲，乃遵古先哲王之制，为久安长治之计。[1]”乃于洪武三年（1370 年）始封诸王，先后于洪武三年、十一年（1378 年）、二十四年（1391 年）共分封 25 个藩王，分镇全国各地。据《明史》记载，从洪武十一年（1378 年）分封朱椿为蜀王，封成都，至崇祯十七年（1644 年）张献忠攻破成都蜀藩绝嗣，蜀藩共历十世、十三王，计 267 年。

献王朱椿，洪武十一年（1378 年）封，二十三年就藩成都（1390 年），永乐二十一年（1423 年）薨。

靖王朱友堉，永乐二十二年（1424 年）立，宣德六年（1431 年）卒。友堉为朱椿世子朱悦熑嫡长子。朱悦熑于永乐七年（1409 年）先卒，谥悼庄世子。根据嫡长制原则，献王嫡孙、朱悦熑长子朱友堉嗣。

僖王朱友壎，朱友壎，靖王朱友堉母弟。宣德七年（1432 年）以罗江王嗣，九年（1434 年）薨。《嘉靖四川总志》云“立四年薨”。无子，叔朱悦燇立。

和王朱悦燇。献王第五子，宣德十年（1435 年）以保宁王嗣，天顺五年（1461 年）薨。

定王朱友垓。和王子。天顺七年（1463 年）袭封，本年薨。

怀王朱申鈘。定王朱友垓嫡子。天顺八年（1464 年）袭封。成化七年（1471 年）薨。子夭。

惠王朱申凿。朱友垓庶三子，怀王弟。成化七年（1472 年）以通江王嗣，弘治六年（1493 年）薨［《嘉靖四川总志》作弘治八年（1495 年）薨］

昭王朱宾瀚。惠王朱申凿嫡子。弘治七年（1494 年）袭封，正德三年（1508 年）薨。

成王朱让栩。昭王朱宾瀚嫡子。正德五年（1510 年）袭封。嘉靖二十六年（1547 年）薨。昭王逝时尚年幼，母刘太妃教之[2]。

[1]《明太祖实录》卷 51。
[2]《嘉庆四川通志》卷 29“明藩封”。

康王朱承爚。成王朱让栩庶三子。嘉靖二十六年（1547年）嗣，三十七年（1558年）薨。

端王朱宣圻。康王朱承爚庶子。嘉靖四十年（1561年）袭封，万历四十年（1612年）薨。

恭王朱奉铨。端王朱宣圻嫡子。万历六年（1578年）封世子，万历四十三年（1615年）袭封，寻薨。

末代王朱至澍，恭王朱奉铨嫡子。万历三十二年（1604年）封世孙。四十四年（1616年）改封世子，既而袭封。崇祯十七年（1644年）八月张献忠破成都后投井死[1]。

《明史·诸王世表》记载，明蜀藩王传袭10世、13个藩王、1个王世子（朱悦燫）外，还包括受封的郡王。郡王是明朝宗室人员的爵位分封的一个系统级别。明朝宗室人员的爵位分八等：亲王（皇帝众子）、亲王世子（亲王嫡长子）、郡王（亲王其余众子）、郡王世子（郡王嫡长子）、镇国将军（郡王其余众子）、辅国将军（郡王之孙）、奉国将军（郡王曾孙）、镇国中尉（郡王四世孙）、辅国中尉（郡王五世孙）、奉国中尉（郡王六世孙以下）。受封的蜀郡王有罗江王、保宁王、通江王、崇宁王、崇庆王、永川王、华阳王、黔江王、内江王、德阳王、石泉王、汶川王、庆符王、南川王、江安王、新宁王、东乡王、隆昌王、富顺王、太平王等，系统较为复杂。罗江王、保宁王、通江王三王晋为藩王，崇宁王、崇庆王、永川王、华阳王（被赐封湖南澧州）为献王直系后裔。

《云台胜纪》卷二、卷四、卷五中，与云台观有关、文献有记载的蜀藩王有：

1. 蜀献王朱椿。

初驾至蜀，“即差官诣观，建醮谢恩”。

永乐时，除纳粮，封周围空闲田地十三段为观常住田。

永乐十一年（1413年）九月九日捐金翻盖正殿[2]，整饬楼台。

2. 和王朱悦熒。

景泰年间，减云台征粮。“丁粮之轻，而观得谷以裕”，并成为“迄后蜀府历代相传”的成规。

3. 怀王朱申鈙。

成化二年（1466年）夏，琉璃瓦结盖宝（正）殿屋顶。

成化六年（1470年），遣臣杨侯炷香建醮乞恩。应感王宫，孕诞世子[3]。

4. 成王朱让栩。

正德八年（1513年）九月十五日，钦差太监锦兴、锦衣卫千户龚清诣观修醮[4]。

正德乙亥岁（即正德十年，1515年），淳化王[5]遣内宦造完金玉帝像、帐幙纹炉、府花爵盏，恭诣云台朝谒。

以原给内帑白金，抡梓材、陶瓴甓，命工就玉玺上鼎建八阁楼一座，题其额曰“天乙楼”，安香火于内。上壁绘玄帝修道事迹，下壁图雷神诸将[6]。

[1] 世系据《明史·诸王列传》、《明史·诸王世表》、《嘉靖四川总志》、《万历四川总志》、《嘉庆四川通志》。

[2] 结合《云台胜纪》卷二、卷四、卷五，正殿、宝殿、拱宸楼当指同一建筑。卷二“宝殿腾霞”：此殿帝自募缘而建，历宋、元，至大明永乐十一年九月九日蜀献王差官翻盖。“拱宸楼”：此楼亦玄帝募缘而建，历宋、元，为兵燹废。天顺五年，本山住持谢应玄同徒何玄澄等重建。成化二年夏，蜀府始造琉璃结盖焉。正德十一年春，蜀府遣官又重修治[3]，至十六年七月乃成。卷四“鸾书呈瑞”：比即捐金，命匠翻盖正殿，整饬楼台。卷五“蜀王重修拱宸楼记”：正德岁，在适拱宸琼楼有侵颓之壮。奉慈命，慨然出内帑金，命匠抡材而鼎新之。

[3]《云台胜纪》卷四“彩雾腾光”。

[4]《云台胜纪》卷四“彩雾腾光”。

[5] 淳化王为明太祖朱元璋四世孙、康王朱禄埤庶长子、肃恭王朱贡錝庶二子朱真泓，弘治十三年（1500年）受封为淳化端惠王，嘉靖三十一年（1552年）薨。为肃王淳化郡王世系。淳化王“造完金玉帝像、帐幙纹炉、府花爵盏，恭诣云台朝谒”，是发生在蜀成王朱让栩时期。

[6]《云台胜纪》卷五“淳化王新建天乙阁记”载，天乙阁为淳化王建，然蜀藩王、郡王均无淳化王。据时间推测，当为成王。

正德（十一年春）岁，在适拱宸琼楼有倾颓之状。慨然出内帑金，命匠抡材而鼎新之（拱宸楼）[1]。

正德十五（1520年）年，钦赐绿旛二首。上显“大明皇帝喜舍宝旛”八字[2]。

5. 端王朱宣圻。

隆庆（1567～1572年）初年，重造正殿琉璃结盖[3]。

嘉靖（甲子岁，嘉靖四十三年，1564年），（肃王）一心敬铸渗金帝像一尊，执旗捧剑。灵童、玉女，温、关、马、赵灵官，共十像[4]。

6. 恭王朱奉铨。万历二十七年时敕赐云台观《道藏》一部[5]。

并且，从这些记载看，蜀藩王朱椿入蜀就藩成都时即洪武二十三年（1390年），“观”已存在。但是“祐圣观”还是“云台观”，则不得而知。

永乐时“观”已经是具有一定规模的建筑群了，不仅有正殿，还有楼、台。

据现三合门正面左侧门上贴砖题记：“四川 / 蜀府修造道士张守明 / 同修信士许仲本 / 作头蔡仲仁、黄文宣、史彦□ / 匠人江伯和、黄本春、孙仲全 / 寇？昇等同修云台观山门三座、八字墙以毕 / 亘保众信人家家清吉，户户 / 安富来□ / □护者 / 大运成化十七年月日吉［旦］。”可知明成化十七年观名即为“云台观”[6]。正德中维修拱宸楼，新建天乙楼及绘制了壁画。据“上壁绘玄帝修道事迹，下壁图雷神诸将”推测，楼高两层。

蜀府何以如此钟情于云台观呢？《云台胜纪》云以其“所求辄应，如在目前”，但蜀府“所求”了什么，则不得而知。考其原因，恐怕除了“所求辄应”外，还有其他原因。

明代藩府“分封而不锡土，列爵而不临民，食禄而不治事”[7]。据史料记载，赏赐田产、庄田为其岁用。藩府凭借其在地方的权势，以各种方式霸占、侵占地方田产，侵占寺庙、道观的田产或者以修建寺庙的名义侵占附近的田产为蜀府所有，是其惯用的手段。“云台福田，国家香火也”即说明了这一点。1995年蒲江县五星乡元觉村出土的明代石刻中，就有“南川王府所属圆觉寺”亦可证[8]。也正因为“食禄而不治事”，才使蜀王府自朱椿以下四世七王“皆好学能文”，成为“贤王”，受到朝廷的称赞和好评（图1-3：1、2）。

[1] 据《云台胜纪》卷二“拱宸楼”，鼎新拱宸楼时为正德十一年春。

[2]《云台胜纪》卷四“彩雾腾光”。

[3]《云台胜纪》卷二“宝殿腾霞”。

[4]《云台胜纪》卷五“肃王进圣像记”。考明蜀藩王及郡王中无肃王。肃王或为康王之误。

[5] 林志茂、谢勷等纂修：《民国三台县志》卷25“礼俗志”，民国二十年铅印本。

[6] 三合门明间和次间门额外墙贴饰一层烧造的砖，砖上刻有培补山门的题记。

[7]《明史》卷一百二十《诸王传·赞》。

[8] 龙腾：《蒲江县出土一批明代石刻》，《成都文物》1995年第3期。

1
2

图 1-3

1. 乾隆初年《四川全图·潼川府附郭三台县》中名为佑圣观

2.《嘉庆三台县志》“卷一图考”中名为云台观

关于云台观的直接史料记载，据目前所掌握的资料，最早见于明人万安的《重修云台观记》。该记见于《嘉庆重修三台县志》“艺文志”及林志茂、谢勷等纂修的《民国三台县志》“艺文志”，亦收入郭元翰编著的《云台胜纪》中。三个版本的文字略有出入，可互相校核。

万安，字循吉，四川眉州人，《明史》有传。正统十三年（1448 年）进士，历仕英宗、代宗、宪宗、孝宗四朝。其为人“外宽而深中”，身居大明王朝内阁首辅的高位时间长达十年，年七十余岁卒于孝宗即位初[1]。万安为蜀人，而云台观乃“蜀产者，于蜀之名胜”，其本人“素喜谈而乐道之”，加上碍于杨旭之情面，“况重以杨侯请，不记可乎？”于是为之记。

现以《云台胜纪》第五卷“天府留题”中所附万安《重修云台观记》为本，与《嘉庆三台县志》、《民国三台县志》互校如下：

上真济世之心不一而足，必若一元之发，育万物，无处不有，无时不然而后已。其灵征瑞应，班班可考者，《启圣录》备之矣。至于潜扶阴翊于冥冥中者，又岂笔舌之可殚记哉？当赵宋时，自武当飞神降精于蜀之元武县，托迹赵岩者，首结茅于武曲峰，寻建殿讫，即尸解于中，至今遗蜕如生，伏谒者毛发尽竖，罔敢怠而弗处。绍熙间屡应祈祷，有司请于朝，封以妙济真人之号。自时厥后，灵威（《民国三台县志》作“威灵”）益著，香火益隆：上自王公大人，下至闾阎小子，莫不争先快睹，奔走恐后。论者以为蜀之太和云。第年岁寖久，不无颓圮之弊，蜀藩承奉正杨旭，尝斋香诣殿，覩兹废坠，有感于中。是夕圣灯现于圣母山，大如车轮，光耀迥异，还以备闻。睿情欣可，赐以白金，俾其理之。于是遂鸠工聚材，克日始事，或持其所欲仆，或足其所未完，殿瓦则易以琉璃，楹栋则文以金碧，下及旁堂、便宇、枋牌、碑亭，莫不以次成就。复陶甓并石，合门三重，砻石甃甬道直抵殿。廉视诸畴，昔大不侔矣。且山径修阻，不通舟车，较诸平易力殆数倍。香炉凡五付，三付出于睿恩，二付则承奉正宋景院、郭（嘉庆版、民国版三台县志引中均脱，今据《云台胜记》补）亨之所施也。柏凡数千株，则承奉赵昌之所植也。工甫毕，始具末，来帝都以碑记为属予，蜀产者，于蜀之名胜，素喜谈而乐道之，况重以杨侯请，不记可乎？谨按北方七宿成元武之形，其神乃武当所奉佑圣真君，此之妙济真人，又自彼一体之分化，其神应不合而同，宜矣。吾儒所谓两在故不测者，于此为益信，原其所以然之故，亦在乎尊主、庇民、弭灾、捍患而已。今杨侯奉敕（《嘉庆重修三台县志》作“教”，据《民国三台县志》改）

[1]《明史·万安列传》。

新此，以为祝釐之所，是亦上真之心为心也，非忠爱诚敬之至者畴克尔耶。姑述此，以纪岁月，复系之以诗曰：

惟此有神曰元武，赫赫威灵遍寰宇。

粤从飞驾至飞乌，载振元风福西土。

四民莫畴若灵屯，欲阳则阳雨则雨。

理庙特降真人封，烜赫徽称冠今古。

巍峨大殿倚云开，上去青苍才尺五。

迩来三百有余年，粉藻无文嗟木腐。

杨侯自是列仙俦，充拓君心真内辅。

自今百废一朝兴，功在兹山非小补。

仰祈圣寿乾元（脱一字），上衍遐（《嘉庆重修三台县志》作“进”，据《民国三台县志》改）龄归睿主。

该《记》中为我们了解云台观提供了以下信息：

一、万安本人没有到过云台观，其所作“记”是根据杨旭的描述而撰写的。蜀藩承奉正杨旭奉敕修葺云台观后，“来帝都以碑记为属予”。

二、云台观的兴建与赵法应尸解后“至今遗蜕如生”、并经宋光宗“封以妙济真人之号”推波助澜密切相关，才有后代愈传愈神秘，“自时厥后，灵威益著，香火益隆”（详见下文）。

三、蜀藩王对云台观很重视。万安仕时，历蜀藩王和王、定王、怀王、惠王四王。而根据《云台胜纪》的记载，本次对云台观的维修当在怀王时，“成化六年（1470 年），遣臣杨侯炷香建醮乞恩。应感王宫，孕诞世子。[1]”这杨侯可能就是“蜀藩承奉正杨旭”。而大兴土木维修云台观，可能与“建醮乞恩。应感王宫，孕诞世子”有关：从史料记载看，怀王无嗣，故死后由其弟通江王嗣蜀藩王位。

四、杨旭修葺之前，云台观已经是一处建筑群，不仅有殿，还有“旁堂、便宇、枋牌、碑亭”。杨旭至云台观时，由于年久失修，建筑“不无颓圮之弊病”。

五、杨旭此次修缮，不仅对原建筑进行抢险修缮，还将建筑群的布局进一步完善，“或持其所欲仆，或足其所未完”。将主体建筑屋面瓦更换为琉璃，柱饰以金碧，修葺“旁堂、便宇、枋牌、碑亭”，新建石三重门（即今三合门），从门至殿铺石甬道（图 1-4）。

我们以该志书为界，分析其前、后关于云台观的史料记载。

我们先看看万历十九年（1591 年）《云台胜纪》成书以前各史志的记载情况：

《嘉靖四川总志》中，既无云台观或祐圣寺之记载，亦无赵真人的事迹[2]。

《万历四川总志》（万历九年，1581 年）无云台观或祐圣观之名，亦无赵肖庵的事迹。显然是沿袭嘉靖志。但在卷十一“潼川府·山川”有“云台山，南百余里。山形如台，高耸云汉。”“宫室”有“拱宸楼，云台山。”记载[3]。三合门上发现的成化十七年（1481 年）培补云台观三合门的题记，证明成化时期云台山上就有云台观，而万历九年（1581 年）四川修志时只提拱宸楼而不提云台观，是修志

[1]《云台胜纪》卷四“彩雾腾光”。

[2] 见明杨慎等纂修：《嘉靖四川总志》卷十一：“潼川府”祠庙、仙释。

[3] 见刘庠、李江等编纂：《万历四川总志》“祠庙”“仙释”。

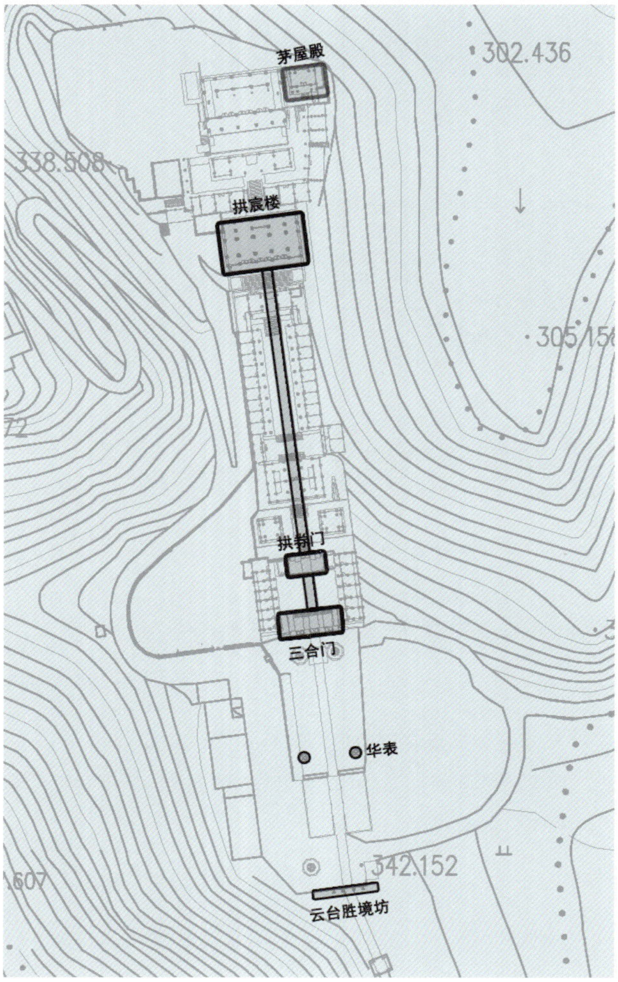

图 1-4　成化六年云台观建筑示意图

者不知有云台观，故不列云台观而列拱宸楼？但从成化十七年至万历九年的百年时间中，加上蜀府又如此重视云台观，按理说云台观的名气应该很大，时人不应该不知道云台观，可能修志者采用了部分借代整体的手法，以拱宸楼借代云台观。康熙《四川总志》卷六“宫室”有“拱辰楼，云台山。”卷二十四“寺观”有“祐圣观，治南六十里。明敕赐赵真人修炼处。”拱辰楼与祐圣观同时出现，雍正《四川通志》亦有同样的记载，或为把祐圣观及其内的主要建筑根据建筑类型进行了分类记录。

我们再看看《云台胜纪》成书以后相关史志的记载情况：

明万历中“官夔州府通判”、在蜀三年的何宇度[1]著有《益部谈资》三卷，卷上云：

玄帝幻身在今中江之云台山，峰岫逶迤，殿宇弘丽，乞灵者踵接。另有《志》可考[2]。

这个记载表明了以下几个问题：

其一，云台山在当时的行政区划中的中江；

[1]《钦定续文献通考》：宇度，里贯未详，万历中官夔州府通判。《千顷堂书目》云，何宇度，字仁仲，何迁子。

[2]《文渊阁四库全书》本。

其二，云台山上有“殿宇弘丽”的建筑，但建筑为供“玄帝幻身”的一座殿，还是几座建筑，则不得而知；

其三，云台观在当时、当地很有名，而“乞灵者踵接”，显然是因为“玄帝幻身”之故。

其四，其所云“有志可考”之“志”，当指“玄帝”之志，因有文献记录有玄帝的八十三幻身。

明曹学佺《蜀中广记》卷七十六“仙人记”云[1]：

（无著）道君姓赵氏，讳法应，梓州飞乌人也。宋宁宗庆元乙卯上已日生于县之赵村垭，其夕光焰烛天，村中林木皆作金玉色。有香云芬馥，天花布空之异。七岁读经书，以一览辄尽，弱冠出家于县之云台山，时则嘉泰丙寅之年矣。（考《志》：飞乌元时始并入中江县，山无云台名，惟云中江南百七十里有飞乌山，甚峻，或即其地也。）道君既入山，诛茆修炼，远近来学者日众，乃营一殿崇事帝。土木已毕，琢石粗具，一夜椎凿，声彻于空谷，迟明视之，瑶阶忽成，自天界、地界至水阳界，咸整齐焉。已于本村设炉范，圣像高丈二尺，按剑长七尺二寸，以应七十二候。岁癸酉告成，篮迎之期，曰：“重阳子时吉。”先一日道君躬行巡视位置，毕，谓门人曰：“观名佑圣，殿名普应可也。”次日辰时，云日开朗，中隐隐有灵旗摇映，香风袭人，大众欢閧之间，道君忽然端坐而化，偈云：“拓落一贫道，谪凡十有九，纪其归去时，在饮重阳酒”。门人龛其蜕于殿西偏。五百余年乃遭火劫，神光未泯，缔构加崇焉。

曹学佺，字能始，福建侯官人，《明史》有传。万历二十三年（1595年）入仕，后任四川右参政、四川按察史。天启二年（1622年）起用为广西右参议。顺治三年（1664年）殉节于福建[2]。曹学佺先后仕宦福建、四川、广西，每仕处，辄记、考当地风土人情、历史、古迹等，并在小学、诗等方面有成就。曹学佺在四川的时间大致为万历三十年（1602年）至天启二年（1622年）。从文献记载看，曹学佺在四川期间的著录有《蜀中名胜记》30卷、《蜀中方物记》12卷、《蜀中神仙记》4卷（亦有作10卷）等。万历四十六年（1618年）《蜀中名胜记》刊行于世。后曹学佺将其有关四川的著作集成《蜀中广记》108卷，因其“谈蜀中掌故者，终以《全蜀艺文志》及是书为取材之渊薮”，价值较高而为《四库全书》收录，归入“史部·地理类·杂记之属”。该书：

“名胜记”中无祐圣寺（观）或云台观之记载[3]；

“神仙记”中有“赵法应”的记载。根据该书的体例，记载神仙事迹时，前列引用书目。而在该条前注“无著”，不知道君事迹采自何处。

“著作记”中不列《益部资谈》、《云台胜纪》，但多处引用《益部资谈》，表明曹学佺是读过该书的。但其记赵法应事迹时云“无著”，是否为《云台胜纪》，待考。

从以上几点分析、推测，曹学佺仕宦四川期间，似乎并没有亲临云台观。

另《乾隆苍溪县志》卷之三“仙释”[4]载：

[1] 见卷七十六·神仙·川北道，《文渊阁四库全书》（地理·杂记）本。
[2]《明史·曹学佺列传》。
[3]《蜀中广记》卷二十九：《名胜记·川北道·潼川州》，《四库全书》本。
[4] 清丁映奎纂修，乾隆四十八年刻本。海南出版社，第200页。

[1] 林志茂、谢勷等纂修：《民国三台县志·舆地志·寺观》，民国二十年铅印本。

赵法应，号肖庵，中江人。幼时灵异，年十五□云台山结茅练习，至十九岁留偈云："拓落一贫道，谪凡十有九，记其归去时，在饮重阳酒。"遂端坐化去之。遗蜕历宋、元犹存，望之如生。

事迹与曹学佺的记载相同，但更侧重于"遗蜕"年久如生，故对其结茅建殿之事无题。

后代相关于云台观的记载，似乎基本没有离开万安的《重修云台观记》，即关于云台观从创建至明，基本是以追述的方式记载的：云台观创建于宋绍熙间（1190～1194年），云台山为赵肖庵修炼之处，原名祐圣观，亦有云祐圣寺[1]。但是对于云台观记载比较明确的是在明代，明以前的历史均为追述。且由于年代久远，宋时遗构已无从可考。

从《云台胜纪》的记载看，云台观在明万历十九年（1591 年）时，建筑有头天门、二天门、三天门、圈洞门、山门、拱宸楼、天乙阁、八角楼、茅屋殿、中殿、正殿及梓潼殿、龙王宫。《云台胜纪》卷五在记载这些建筑时采用了由主要建筑及次要建筑的顺序，根据这个记载及现存建筑的情况，头天门、二天门、三天门、圈洞门、山门、拱宸楼、中殿、正殿应该是建筑群中轴线上的建筑，天乙阁、八角楼、茅屋殿是建筑群内的次要建筑，应该是分布于建筑中轴线两侧的建筑。龙王宫应该是分布于头天门外的建筑。梓潼殿当位于头天门与二天门之间中轴线侧的建筑（图 1-5）。

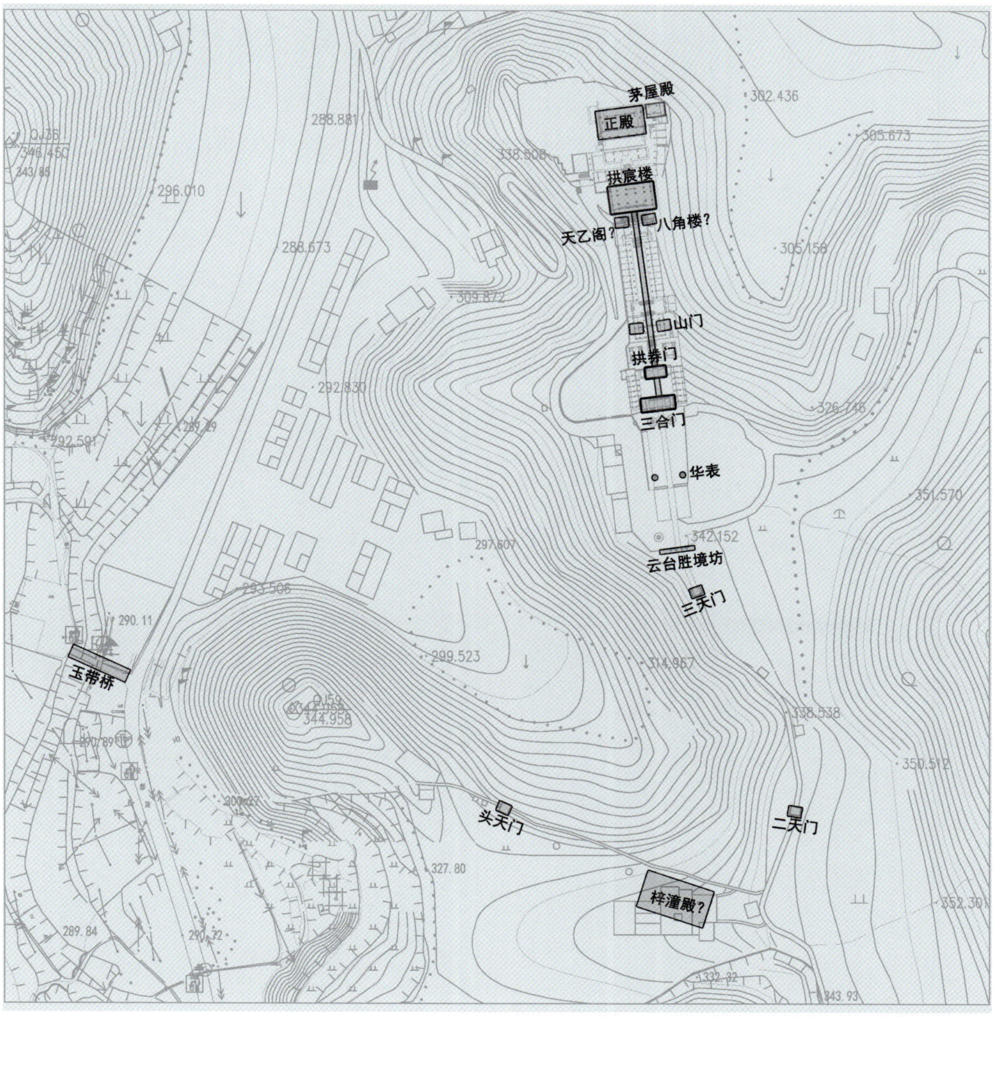

图 1-5　万历十九年云台观建筑布局示意图

《云台胜纪》之后关于云台观的记载，以林志茂、谢勷等纂修的《民国三台县志》（民国二十年铅印）为多，卷一“舆地志”、卷二十二“艺文志”、卷二十五“礼俗志”、卷二十六“杂志”等均有提及。其记载可与《云台胜纪》在时代上衔接。据现立于降魔殿的《重修云台观报销碑》，可作为最为直接的史料（图1-6）。该碑为清光绪十九年（1893年）罗意辰所书，《民国三台县志》卷二十二“艺文志”有收录：

溯观之由权舆，赵宋绍熙间爰有真人赵肖庵者结茆兹峰，採金铸玄帝像，因而作玄天宫并拱宸楼。及尸解后，其从群以为玄帝八十三化身，果屡彰灵应，光宗遂授为妙济真人，于是香火不绝，自宋历元，洎明尤盛。永乐间奉敕大建宫殿，蜀藩献王又创修天一阁，遂栋宇云连，甲于蜀北。万历十五年中江王家麟复捐资培修，三十二年毁于火，又大发内帑，复还旧制。又两遣内监颁道经、诸子数百卷，其诏轴二、象笏一，讫今犹存。每年上巳间，商贾、士女景从云集，诚吾乡一名胜地也。光绪丙戌上九，复不戒于火，将前殿及拱宸楼毁去，独遗玄天宫及山门内九间房等处，余等目击心悲，志余力歉，于是禀请邑侯给予示谕印簿，募化十方……持筹计之，若合符节。自香亭以下、钟楼以内皆其新建也。……是役也，肇工于光绪丁亥，越五年始竣，谨识巅末，用告将来。

光绪十九年岁在癸巳嘉平下浣，首事暨众绅粮并住持公立。戊子科举人、内阁中书、邑人罗意辰书□。

我们对云台观自创建以来不同时期的建筑，根据相关文献记载，梳理如下：

一、自宋至明万历三十二年

云台观的建筑仅有赵肖庵的茅庵、玄天宫、拱宸楼。到了明代，由于蜀王的介入兴建，从永乐年其大建宫殿，又修建了天一阁，云台观的建筑“栋宇云连”，“甲于蜀北”，成为川北规模最大的建筑群。

万历三十二年，云台观毁于火，寻蜀王出资“复还旧制”，又“颁道经、诸子数百卷，其诏轴二、象笏一”，成为川北名胜。

二、蜀王蜀王出资“复还旧制”至道光二十九年

明末张献忠之乱，云台观幸免于难，“此观几经数百秋，屡遭兵燹偶存留。”[1]“观不尽没于蔓草荒烟者，谓非默护有灵不至此。”但战乱对四川经济、社会造成巨大的破坏，经济困顿、材料匮乏，很长一段时期无力对云台观进行修葺，“风雨之飘零者几何时，樵牧之践踏者着而辈将见，栋则折而榱则崩矣，瓦则破而壁则穿矣。以言神像，金彩脱而手足无全矣；以言香火，炉灰寒而虫鼠争集矣。”[2]（图1-7：1、2）

清道光二十九年（1849年）罗昶“约捐资八百余金，计工三千有零”补修三皇观时，云台观似乎仍保持了明代的规模：

迨明而增其式廓，规模宏敞，有难以言语形容，略举大概：元帝殿其最上也，

[1] 程福筹：《培修三皇观赞》。该碑20世纪80年代尚存，今失。
[2] 罗昶：《补修三皇观碑记》。该碑20世纪80年代尚存，今失。

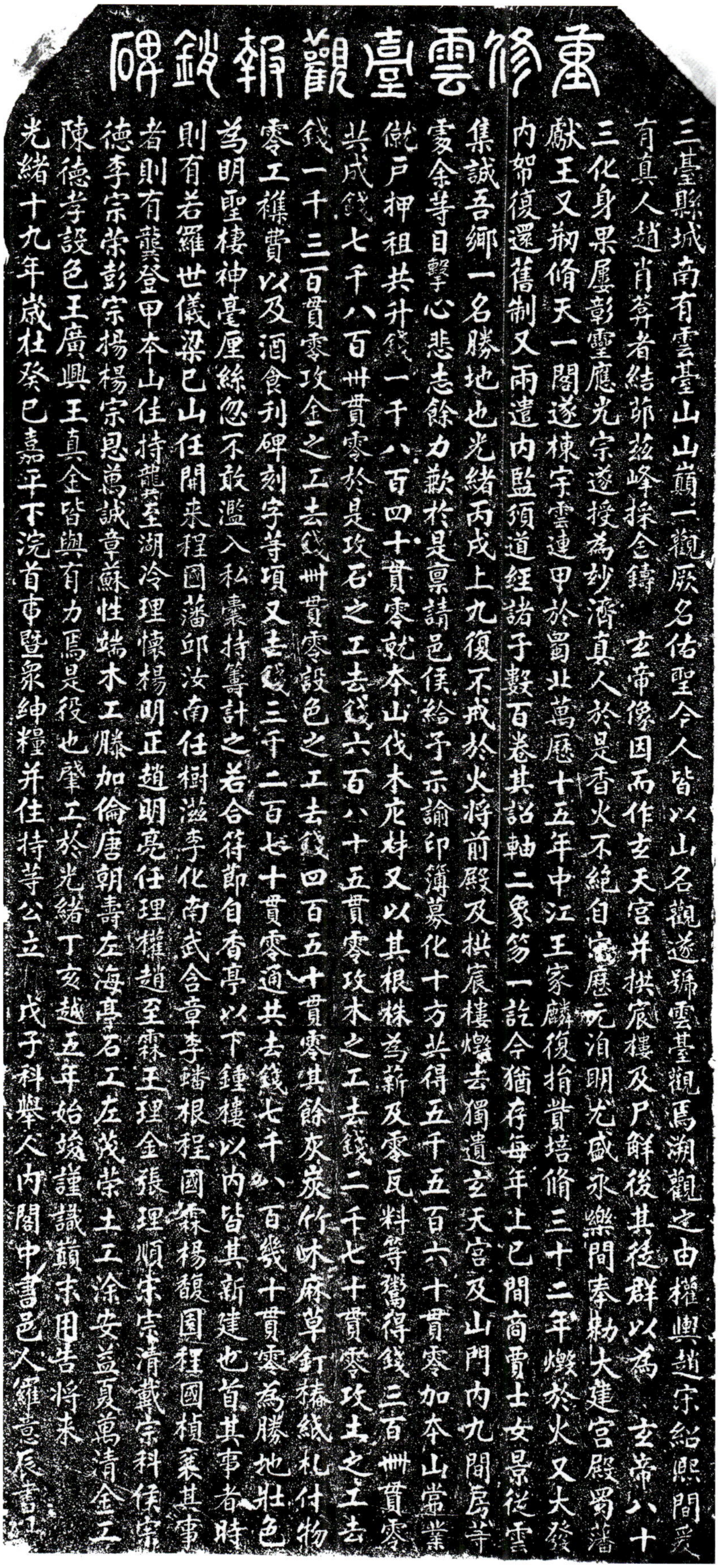

重修雲臺觀報銷碑

三臺縣城南有雲臺山山巔一觀厥名佑聖令人皆以山名觀遂稱雲臺觀焉溯觀之由權輿趙宋紹熙間受
有真人趙肖菴者結茆茲峰採金鑄玄帝像因而作玄天宮并拱宸樓及尸解後其徒群以為玄帝八十
三化身果屢彰靈應光宗遂授為妙濟真人於是香火不絕自宋歷元洎明尤盛永樂間奉勅大建宮殿蜀藩
獻王又捐脩天一閣遂棟宇雲連甲於蜀北萬歷十五年中江王家麟復捐貲培脩三十二年燬於火又大發
內帑復還舊制又兩遣內監須道經諸子數百卷其詔軸二象笏一訖今猶存每年上巳間商賈士女景從雲
集誠吾鄉一名勝地也光緒丙戌上九復不戒於火將前殿及拱宸樓燬去獨遺玄天宮及山門內九間房等
處余等目擊心悲志餘力歉於是稟請邑侯給予示諭印簿募化十方共得五千五百六十貫零加本山常業
僦戶押租共升錢一千八百四十貫零就本山伐木庀材又以其根株為薪及零瓦料等鬻得錢三百卌貫零
共成錢七千八百卌貫零於是攻石之工去錢六百八十五貫零攻木之工去錢二千七十貫零攻土之工去
錢一千三百貫零攻金之工去錢卌貫零設色之工去錢四百五十貫零其餘灰炭竹味麻草釘樁紙札什物
零工樵費以及酒食刊碑刻字等項又去錢三千二百七十貫零通共去錢七千八百幾十貫零為勝地壯色
為明聖棲神毫釐絲忽不敢濫入私橐持籌計之若合符節自香亭以下鍾樓以內皆其新建也首其事者時
則有若羅世儀梁巳山任開來程國藩邱汝南任樹滋李化南武含章李蟠根程國霖楊馥園程國楨襄其事
者則有龔登甲本山住持龍其至湖冷理懷楊明正趙明亮任理權趙至霖王理金張理順宋宗清戴宗科侯宗
德李宗榮彭宗楊楊宗恩萬誠章蘇性端木工滕加倫唐朝壽左海亭石工左茂榮土工涂安益夏萬清金工
陳德孝設色王廣興王真金皆與有力焉是役也肇工於光緒丁亥越五年始竣謹識巔末用告將來
光緒十九年歲在癸巳嘉平下浣首事暨眾紳糧并住持等公立　戊子科舉人內閣中書邑人羅意辰書

图 1-6　重修云台观报销碑

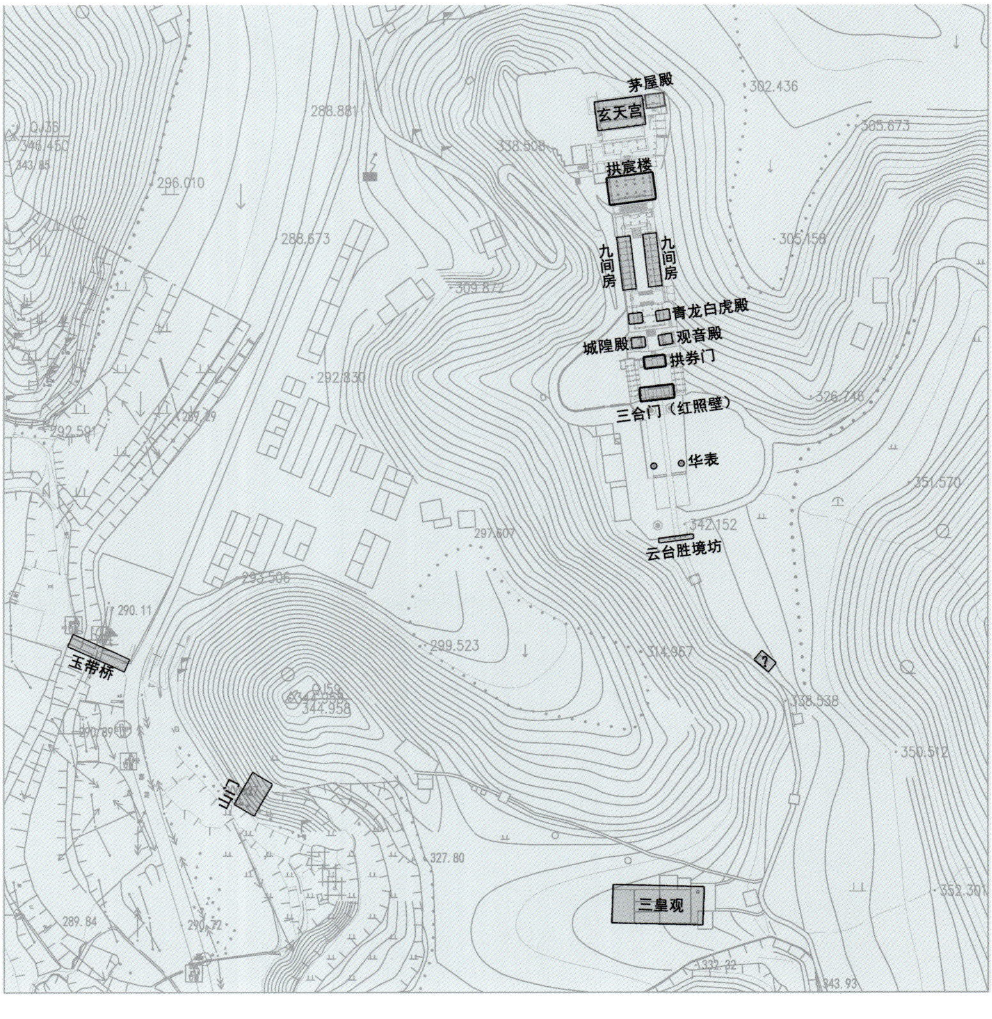

1
2

图 1-7

1.（嘉庆）《三台县志·卷一·图考》中的云台观

2. 嘉庆二十年云台观建筑布局示意图

次即灵官殿，由二十四道石梯而下，有楼曰拱宸，上出重霄，下临无地，真人间天上也。又从楼至红照壁、鱼池，具以抵头天门，逦迤而东约里许，则为三皇观焉。

按，元帝殿，即今玄天宫，地处云台观最高处。向南依地形地势，由灵官殿经二十四道石梯而下为拱宸楼，从拱宸楼向南依次为红照壁、鱼池、头天门、三皇观。结合光绪丙戌（1886 年）火灾仅存的山门、九间房，参照《嘉庆三台县志》所附“云台对峙”图，红照壁疑为三合门，以其墙面刷红而得名，鱼池可能为现迎仙桥位置，其余所述建筑与图绘基本吻合（图 1-8）。

三、光绪丁亥（1887 年）重修云台观

光绪丙戌（1886 年），前殿及拱宸楼毁于火，仅存玄天宫及山门内九间房等处。次年即光绪丁亥（1887 年），罗意辰等“禀请邑侯，给予示谕印簿，募化十方”，肇工培修，除“将前殿及拱宸楼基址改为降魔殿”，同时新建了“香亭以下、钟楼以内”的建筑，前后历时五年，“通共去钱七千八百几十贯零”[1]。然据罗意辰所述，“前殿及拱宸楼毁于火”，似为两座单体建筑，但在培修时于其“基址改为降魔殿”，而罗昶的记载中只有拱宸楼而无前殿，则前殿及拱宸楼

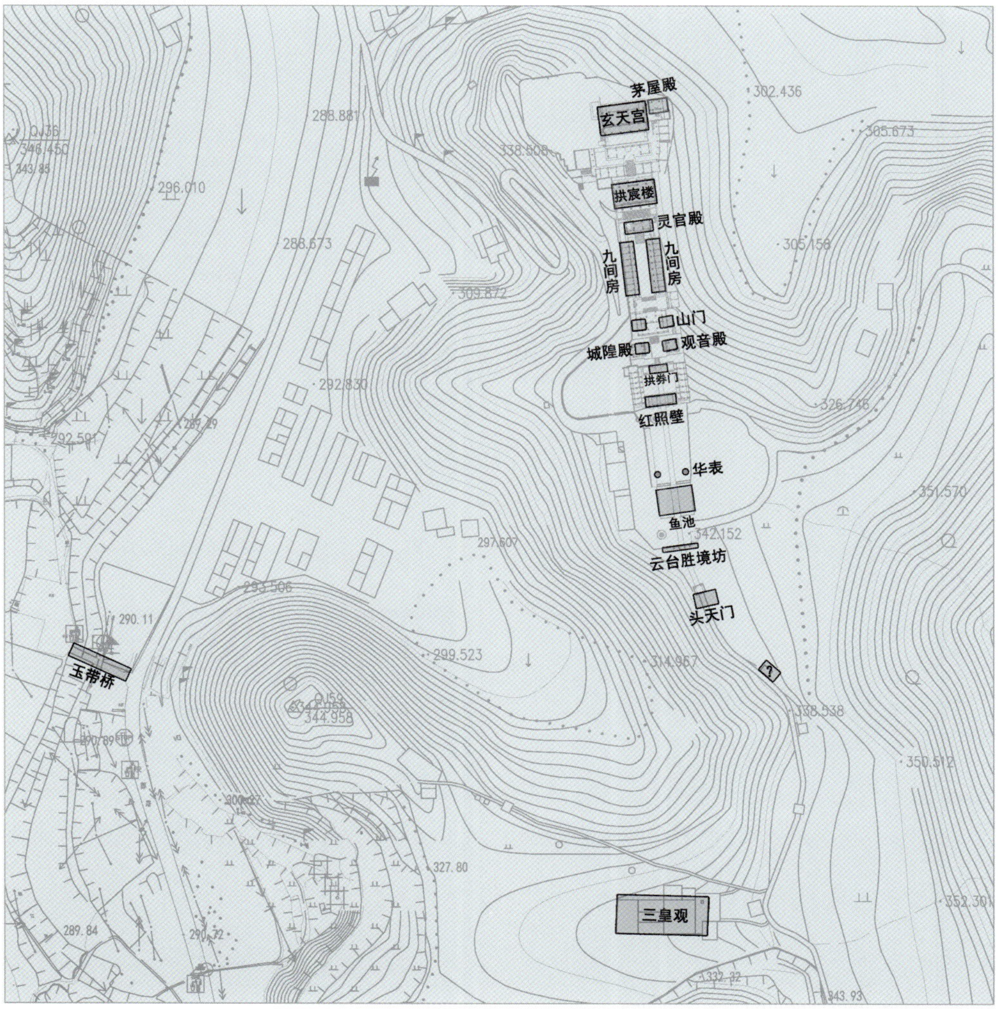

图 1-8　道光二十九年云台观建筑布局示意图

[1]《民国三台县志》卷一“寺观”。

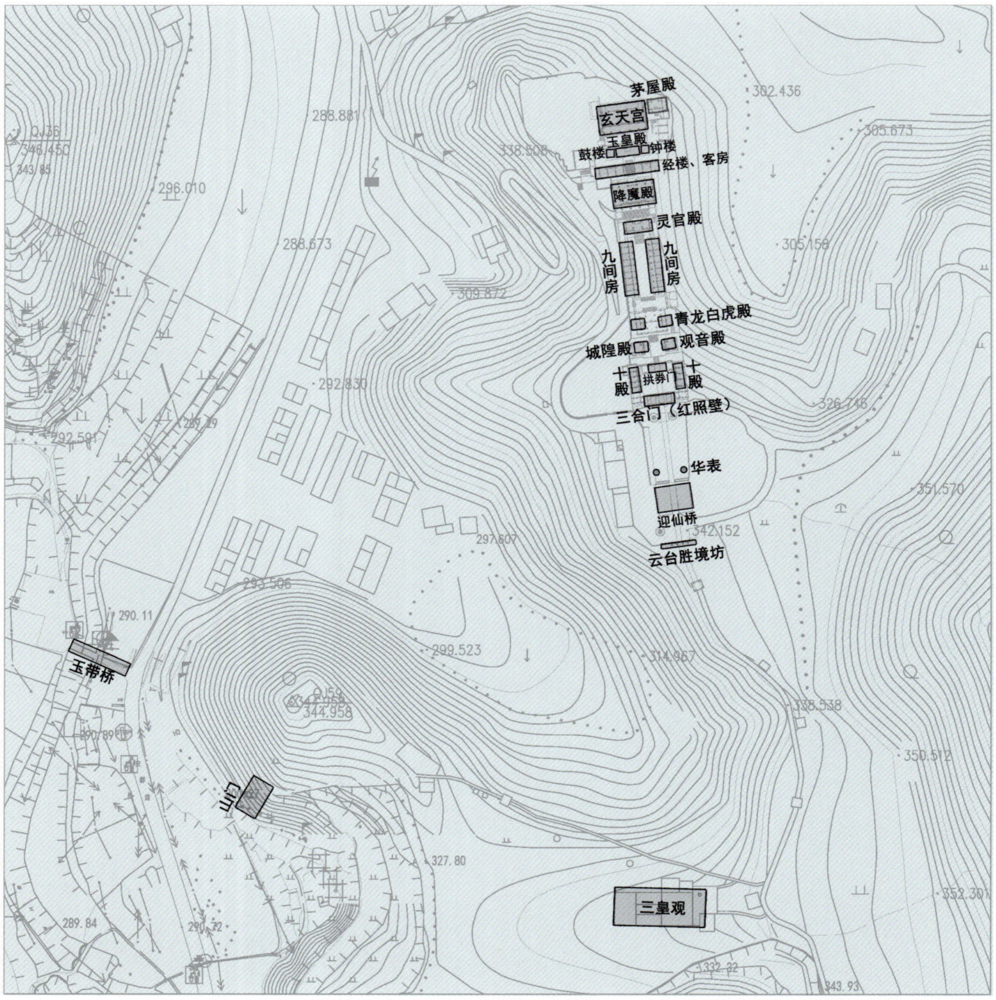

图 1-9 光绪十三年云台观建筑布局示意图

抑或是一座建筑有不同的功用？抑或是两座建筑而相距较近？有待于进一步考证（图 1-9）。

这次历时五年的重修、维修和新建后，云台观似乎成今日之规模，期间是否有修缮，由于史料的阙如，我们不得而知。民国十五年，田颂尧立碑对云台观进行保护。直到二十世纪六十年代，云台观受到“文化大革命”的影响，部分建筑遭到破坏，八十年代又进行了修缮，《培修云台观功果碑》记载了这次捐资维修经过（碑存于玄天宫台基前）。

通过《云台胜纪》及《嘉庆三台县志》、《民国三台县志》的相关记载，据此我们大体可以确定现存建筑的时代。云台观现存建筑由南向北，中轴线上的建筑有“云台胜境”坊、玉带桥、华表、三合门、拱券门、青龙白虎殿、灵官殿、降魔殿、香厅（玉皇殿）、玄天宫，次要建筑有十殿、观音殿、城隍殿、九间房、钟鼓楼、茅庵殿。

玉带桥，《云台胜纪》卷二“云台十景”中有“锦江玉带”：

碧波滚滚过桥[头]，素练千寻不断流。

天上银河时落地，白云霜冷尚悠悠。

《嘉庆三台县志》卷一所附的“云台对峙”图在山门外锦江上有一桥，当为玉带桥。桥之得名，因桥横跨锦江，“高架石砑如玉带”[1]故名。桥为三孔石桥，建于明正德年间。现仍存。

山门，今不存。从《嘉庆三台县志》卷一所附的“云台对峙”图看，山门位于云台观主体建筑群之外，在云台山的山麓地带，距离“云台胜境”坊也较远。今在原址新建牌坊一座。

头天门，《云台胜纪》有载。或为《嘉庆三台县志》卷一所附的“云台对峙”图中的山门。

三皇观，始建年代不详，《云台胜纪》无载。《嘉庆三台县志》卷一所附“云台对峙”图中标注有三皇观，可见嘉庆时期已有该建筑。清道光二十九罗袒捐资补修。三皇观位于今头天门与二天门之间道路的南侧，为一处建筑群，但整体损坏严重。

回龙阁，创建年代不详，文献无载。现无。

二天门，《云台胜纪》有载。

长廊亭，创建年代不详。文献无载。

三天门，《云台胜纪》有载。

梓潼殿，《云台胜纪》有载。

龙王宫，《云台胜纪》有载。

“云台胜境”坊，或建于成化年间杨旭的奉旨修缮。牌坊华版有“大明正德元年培修”题记，当在正德元年进行过修缮。《嘉庆三台县志》卷一所附的“云台对峙”图中的牌坊位置及形制与现“云台胜境”坊相似。二十世纪八十年代曾进行维修，重饰油漆。

[1]《云台胜纪》卷二“云台十景”之“锦江玉带”。

华表，华表是建筑等级的象征，相关史料中不载。根据《云台胜纪》中蜀藩王对云台观一直很重视的记载，推测华表在明代就已有了。《嘉庆三台县志》卷一所附的“云台对峙”图中就有华表。

迎仙桥，史料无记载，从建筑形制结构看，为清代所建。《嘉庆三台县志》卷一所附的“云台对峙”图中没有绘有该桥，可知嘉庆时期迎仙桥尚无。清道光二十九年（1849 年）罗昶补修三皇观时，有“又从楼至红照壁、鱼池，具以抵头天门”记载，鱼池或为现迎仙桥位置，则迎仙桥当建于道光二十九年后。

三合门，即《云台胜纪》所载石合门。根据三合门正面西门门墙贴砖“大（天？）运成化拾柒年（1481 年）月日吉”题记，三合门在成化年间蜀府出资进行过维修。《云台胜纪》卷四收录石合门对联一副，“世上无双胜境，天下第一名山。”但与现门上对联不同。《嘉庆三台县志》卷一所附的“云台对峙”图中华表后门形象为一字照壁式，中间高，两侧低，中间开门三个，建筑形制与现三合门相近。石砌须弥座，与拱券门的须弥座形制、风格相似。因其墙面刷红，或为罗昶记载中的红照壁。中门门额砌石上有“同治 年二月廿八日”题记，现刻于水泥抹饰上，或为后期修补后在原来位置所做，诚如是，当为同治年间进行过培修。

“十殿”，《嘉庆三台县志》卷一所附的“云台对峙”图中没有绘制“十殿”，从建筑风格来看，“十殿”为清代建筑风格，当建于清嘉庆以后。

圈洞门，圈当为券。《云台胜纪》有载。正面与背面均镌有对联，与《云台胜纪》所载一致。正面门额“乾元洞天”，对联“乾元福地人间少，茅屋云台天下无”。背面门额“蓬莱境”，对联“矗矗名山真海岛，巍巍胜境类蓬莱”。石砌须弥座台座，雕刻、装饰与石合门风格接近。圈洞门两侧为新建的黑无常殿和白无常殿。

结合《云台胜纪》的记载，三合门至圈洞门之间，包括两侧的“十殿”建筑，均当建于清代。

观音殿、城隍殿，对称分布于圈洞门北中轴线两侧，重檐歇山建筑。《嘉庆三台县志》卷一所附的“云台对峙”图中绘制有该建筑形象，与现存建筑形制、风格相同。从建筑风格来看，具有典型的四川地区清代建筑风格，当建于清嘉庆以前。

青龙白虎殿，悬明崇祯皇帝御书“天下第一名山”匾额。建筑系后期在原址改建，原为东西并列的两座单体建筑，分别为青龙殿和白虎殿，中间为道。现改造连为一体，成为门庑式建筑，南面门内供祀青龙、白虎，北面门内供祀药王、财神。《嘉庆三台县志》卷一所附“云台对峙”图其位置与现青龙白虎殿一致，为面阔三间建筑，门长方形，不似圈洞门之圆形门洞，或即为青龙白虎殿。时称“山门”者或即为青龙、白虎殿。存疑。

青龙、白虎殿旧存墨书题记“大明万历三十二年岁次甲辰”，药王、财神殿明间檐檩下皮“大清乾隆三十六年岁次辛卯季夏月望五日谷旦谨立”题记，则是后期修建中或是利用了其他建筑的旧料。

九间房，位于青龙白虎殿北中轴线东、西两侧。创建年代不详。《嘉庆三台县志》卷一所附“云台对峙”图中有九间房，则九间房当创建于嘉庆二十年之前。据罗意辰《重修云台观报销碑》记载，光绪丙戌年火灾，独遗玄天宫及山门内九间房等处，则光绪丙戌年之前该建筑就已存在。

前殿，从《云台胜纪》卷五“天府留题”之“对联”的顺序推测，灵官殿或为《云台胜纪》所载之前殿。光绪丙戌年毁于火，后于其址建降魔殿，然降魔殿在现灵官殿后；且文献所载前殿与拱宸楼并毁于火，后在其址重建降魔殿，则两者距离应较近，则前殿或为灵官殿。存疑。建筑为清代构架。

拱宸楼，《云台胜纪》卷二“云台十景”云“天顺五年本山住持谢应玄同徒何玄澄等重建。”成化二年、正德十一年、万历戊子先后进行修缮。万历三十二年毁于火，后重建。光绪丙戌年与前殿同毁于火灾，光绪乙亥年在其前殿及其基址上新建“降魔殿”。现降魔殿为清代构架。

中殿，《云台胜纪》卷三“灵奕显应”之“甘霖应祷”载：“（宋）嘉定十年入夏以来，苦旱不雨。农心儆儆，恐伤苗稼。合境士民及府、县僚属诣中殿祈祷于六月初七日，随即甘雨如霔。”则建筑当创建于宋。又据卷五“天府留题”所载“对联”推测，其位置在正殿即玄天宫及拱宸楼之间，根据现地形位置推测，其址可能为现香殿，又称“玉皇殿”。

藏经楼，位于降魔殿与玉皇殿之间的二十四步石梯之上，后有廊与玉皇殿相连。创建年代不详，现构架为清代构架风格。

玉皇殿，史称香亭。清光绪丁亥至辛卯年新建。《重修云台观报销碑》载：“即自香亭以下、钟楼以内皆其新建也。”

钟、鼓楼，位于香亭东西两侧。清光绪丙戌年火灾后新建。

正殿，从对联“生本王相，元气未曾还，造化温润常兴山。坐非泥塑，后身不必换，如来精灵永随日。”当为现在的玄天宫。正殿创建于宋，据罗意辰的《重修云台观报销碑》载明万历三十二年毁于火。2010年在维修玄天宫时，在正脊中发现木印一枚、铜镜一面、有题记绢帛两卷、条木两块。条木当系固定烧制的琉璃正脊构件，其中一块条木上记载了乾隆三十六年春修建玄天宫的事：“自先朝建修云台正殿于大明万历三十六年竖立，又于崇祯七年重□□□□/又于大清乾隆三十陆年岁在辛卯本山住持道人李复元忍复琏□□□刘元本宁徒孙雷合（端）［煓］冷合英眷属人等若积捐资银两买办油灰钉匠资等费/共计银二千余金自修之后祈山门清净道法亨（？）通永垂万古不朽天□各为记”，局部文字缺失。从现存所获信息可知，玄天宫于万历三十六年重新修建，崇祯年间似乎又发生了什么事，清乾隆三十六年在住持道长的主持下，道士雷合煓等集资对玄天宫进行了修缮。但这次对玄天宫是不是仅仅限于“买办油产”，从花费二千余银看，且在正脊中放置木印、铜镜、经文等看，则其工程当不小，应该是进行了一次大的维修。现存建筑具有明代建筑风格向清代建筑风格过渡的特点。

茅屋殿，《云台胜纪》卷一“启圣实录·结屋云台”载：“嘉泰六年丙寅入此山，首结茅屋”。茅屋为“云台十景”之一，名“草屋金容”，卷五“天府留题”

收录茅屋殿对联一副。现茅屋殿在大殿东侧，即今祖师殿。

另《云台胜纪》所载创建于永乐年间的天乙阁及八角楼、梓潼殿、龙王宫等建筑不详，后部分建筑在原址新建。

《云台胜纪》“启圣实录”第一卷“结屋云台”对云台观的选址有记载：

地接岷峨，脉连玉垒；瑞气葱欝，岩洞幽丽，真佳境也。且南有火峰，西有金顶、岘㟂山。峻耸凌霄，若纛旗树于侧。陟其巅，四顾苍然，一望无际。锦江盘旋若玉带，流溅珠而声敲玉。印台、圣灯，献于左、右。而凤来、太平诸山，势若星拱。苍翠跪伏，绮绾繍错。此古人所谓“五星得位、九龙捧圣”之地，盖天为帝造、地为帝设也。

也就是说，云台观建于形胜之地。云台山主峰为圣母山，周围九条山脉四面围合朝向圣母山，为九龙捧圣之地形，是帝王之形势，华表、玄天宫正脊吻兽上的龙为五爪，可证其等级之高（图 1-10）。

图 1-10　云台观航拍影像图

图 1-10　云台观鸟瞰图

云台观道众有云，云台观建筑布局融入了道家“天地人”三官合一的理念。灵官殿以上为胸、头，为天界；九间房为腹，为人界；青龙白虎殿以南至三合门为地界。按照道家的理论，父母之元气结成胎，父为阳，为乾，母为阴，为坤，人从母体而生，故地界为人体之源，十殿是人入世、出世之地。怀胎十月后，受慈航、普度转化、投生，进入人界即人间。在人间根据个人的修炼和因缘，形成半凡半仙之体，仙者上升进入天界，故灵官殿至玄天宫地势为逐级上升。玄天宫台基高大，正面无路，东、西廊墙设门，进入天界要从东门进、西门出。由南向北，代表人从出生进入人界、最后至天界的过程。当然，这些是对建筑选址所进行的神秘化解说而已。

第二章

云台观建筑

云台观自南宋嘉定三年（1210 年）赵肖庵自诣云台结茅屋修炼，并召集门徒募资修建大殿玄天宫及二殿拱宸楼，云台观自此初具规模以来，至今约八百年历史。明代由于蜀王皇室给予恩惠，达到大盛。清光绪丙戌（1886 年）火灾后，部分建筑被毁，光绪丁亥（1887 年）开始的、历时五年的重建中又新修了一些建筑，始成今日之建筑规模。

云台观现存古建筑有玉带桥、“云台胜境”木牌坊、迎仙桥（廊桥）、石华表、三合门、十殿、券洞门、城隍庙、慈航阁、青龙白虎殿、九间房、灵官殿、降魔殿、藏经楼、玉皇殿、钟鼓楼、玄天宫、祖师殿等。

三合门以前部分是进入云台观的过渡性建筑，原在玉带桥和“云台胜境”木牌坊之间还有“步上南天”坊、头天门、二天门、三天门，后毁，现为在原址新建，并在二天门与三天门之间新建送子殿、灵官殿，“云台胜境”坊与迎仙桥之间修建三圣同源殿。

云台观主体建筑由四进院落组成，从三合门进入至拱券门，为第一进院落，包括三合门及两侧的配殿“十殿”等建筑。拱券门向北至青龙白虎殿，形成第二进院落，建筑包括城隍殿和慈航殿等建筑。青龙白虎殿向北至灵官殿，形成第三进院落，两侧为东、西九间房。灵官殿、降魔殿及藏经楼为第三进院落与第四进院落之间的过渡建筑。藏经楼至玄天宫为建筑群布局的最后一进院落，建筑包括玉皇殿及钟鼓楼和仓楼、百子殿等。

原玄天宫西有三清殿及放生池，东有茅庵殿，今均毁不存。后在茅庵殿原址建祖师殿，供云台观祖师像。仓楼（东）和百子殿（西）在 1962 ～ 1990 年 7 月为县精神病院占用时毁坏，后重新修建。

据道众云玄天宫后为老君阁，与玄天宫后门有廊相连，不详，尚有待于考证。

玉带桥

玉带桥位于云台山脚下锦江之上，是云台观最南的建筑。始建于南宋，明正德三年（1508 年）重建。《嘉庆三台县志》卷一所附的“云台对峙”图中玉带桥仍存。因桥横跨锦江，“高架石桥如玉带”[1] 故名。

玉带为三孔石桥。东西向横跨于锦江之上，为两墩纵联式三券拱石桥。桥长 12.8 米，宽 5.2 米，高 4 米，中拱跨 5.2 米，拱高 2 米。墩顶刻高浮雕龙形，上水为头，下水为尾，逆水而卧。桥面呈弧形，用石板铺成。5·12 汶川大地震后，为通行方便，当地村民改建，增加了预制板桥面（图 2-1：1 ～ 9）。

“步上南天”坊

与玉带桥隔公路相对，为新建四柱三间三楼牌楼式建筑（图 2-2）。

[1]《云台胜纪》卷二“云台十景”之“锦江玉带”。

1
2
3

图 2-1 玉带桥

1. 俯视
2. 正视
3. 桥券拱细部

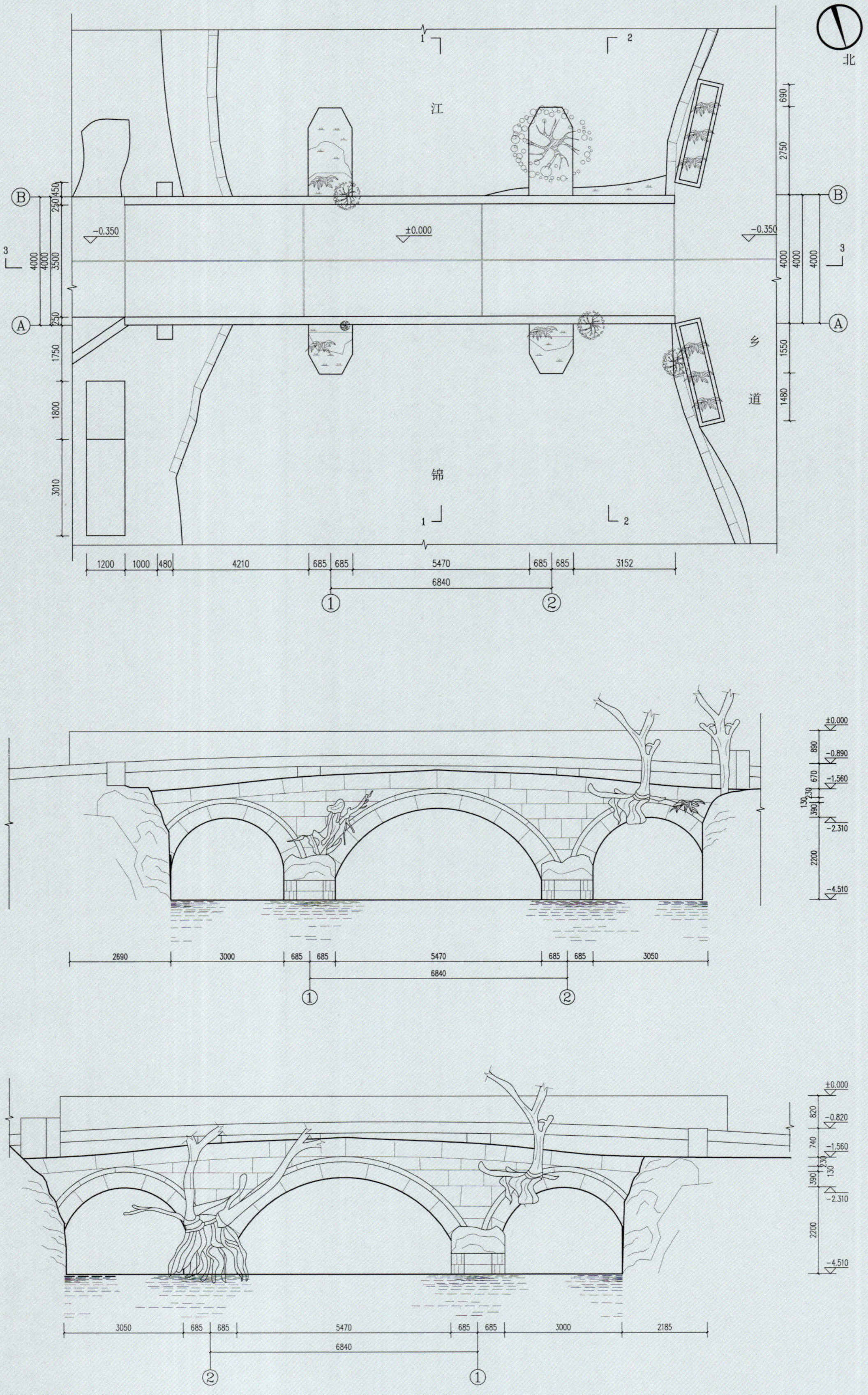

4
5
6

图 2-1　玉带桥

4. 平面图
5. 北立面图
6. 南立面图

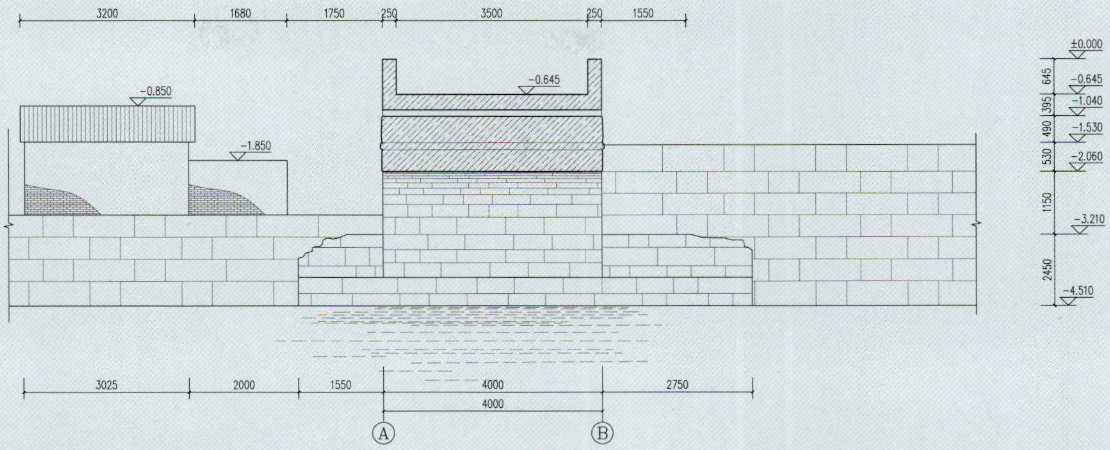

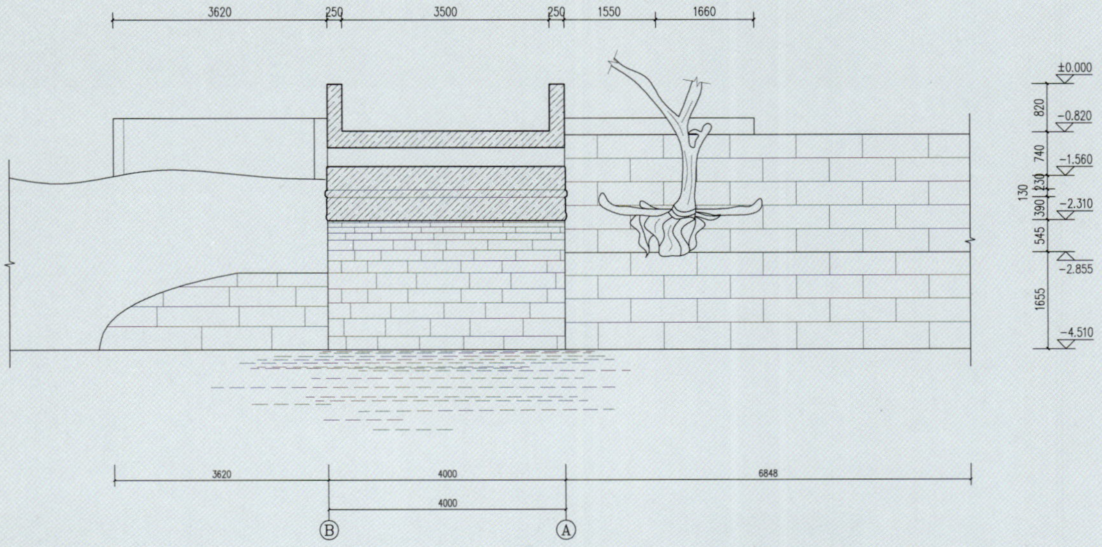

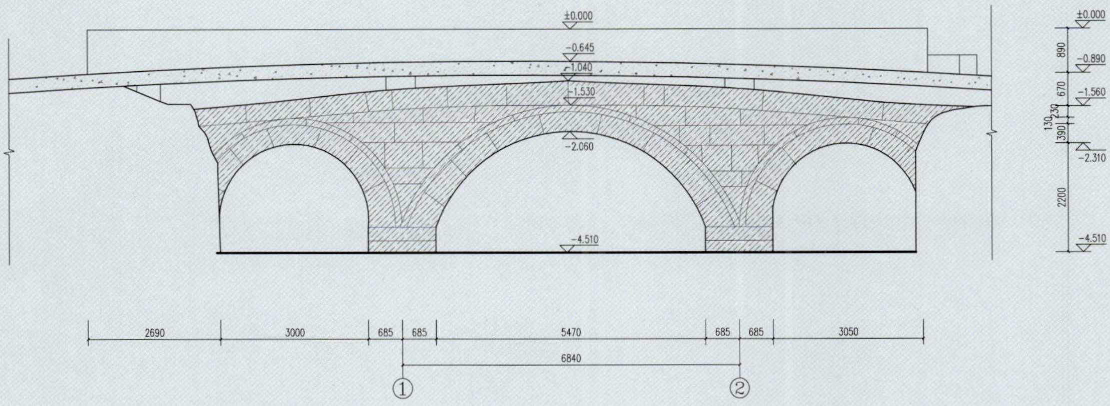

7 | 8 | 9

图 2-1 玉带桥

7. 1-1 剖面图

8. 2-2 剖面图

9. 3-3 剖面图

图 2-2　“步上南天”坊

文昌殿

位于“步上南天”坊与头天门之间、道路的南侧。新建建筑。平面呈长方形，由主殿和两侧的配殿组成，立面呈“山”字形。歇山顶青筒瓦屋面（图 2-3）。

图 2-3　文昌殿

子牙殿

位于头天门西、道路的南侧。新建建筑。面阔、进深各一间，青石砌筑须弥座，屋顶为整石雕刻而成，庑殿式。门两侧镌刻、填黄楹联“天子开疆五行末，诸侯保封三才中”，额镌篆体“热爱家乡”。内供姜子牙坐像，坐像白须、蓝袍，着云头鞋（图 2-4）。

图 2-4　子牙殿

谭猫殿

位于老子殿东侧、道路南侧，东与头天门、西与老子殿相邻。2001 年新建。平面略呈正方形，普通台基，面阔、进深各一间，庑殿顶，系用整石雕刻而成。圭形门，门两侧楹联“云台谭猫震四方，玉猫云台显威灵”，门匾额镌“谭猫殿”。内供蹲卧猫像一尊，侧有一桌，桌上有石雕食皿，刻“云台玹神”（图 2-5）。

图 2-5 谭猫殿

头天门

原建筑已毁，现为砖混结构新建建筑。平面成方形，须弥座，面阔、进深各一间，歇山顶，青筒瓦屋面。拱券门。外墙面刷红（图 2-6）。

1/2

图 2-6　头天门

1. 头天门
2. 头天门与二天门之间的竹林夹道

三皇观

位于头天门与二天门之间道路的南侧。坐西朝东，现为两进四合院建筑。三皇观始建年代不详，《嘉庆三台县志》卷一所附“云台对峙”图中标注有三皇观，可见嘉庆时期已有该建筑，清道光二十九罗昶捐资补修（图 2-7）。

图 2-7　三皇观航拍

二天门

《云台胜纪》有载，原建筑已毁，现为砖混结构新建建筑。结构、形制与头天门相同（图 2-8）。

图 2-8　二天门

灵官殿、送子殿

位于二天门与三天门之间、道路的东侧。新建建筑。平面呈长方形，歇山顶，青筒瓦屋面（图 2-9、图 2-10）。

图 2-9　灵官殿

图 2-10　送子殿

三天门

原建筑已毁，现为新修。结构、形制与头天门、二天门相同，平面近方形，长 6.13、宽 5.23 米。墙为砖砌，厚 0.25 米。底部为须弥座形，座高 1.06 米，束腰素面。内东、西两侧设龛，宽 0.98 米。单拱券门，门宽 2.35 米，通高 3.18 米。歇山顶，筒瓦屋面。脊高 7.55 米。正脊两端饰鱼龙吻，正中施圆塔形宝顶。垂脊施靠背，戗脊前端施卷草。墙面刷红（图 2-11）。

图 2-11　三天门

“云台胜境”坊

位于三天门北、迎仙桥桥南，为云台观现存第一处木构建筑，也是四川省保存数量不多的明代木构牌楼建筑遗存之一。

牌坊平面呈长方形，为四柱三间三楼木构建筑。明间宽 4.58 米、次间宽 3.26 米，明间与次间面阔比约为 1.4 ∶ 1。明间柱头施五踩斗栱一攒，上额枋上施平板枋，其上施五踩斗栱两攒。次间柱头亦各施五踩斗栱一攒，与明间柱等高处施斗栱 1/2 攒，上额枋顶施平板枋，上施五踩斗栱一攒。正楼、次楼低。四柱前、后两侧施红砂岩夹杆石，夹杆石与柱间施铁销固定。次间柱前后施撑栱，当为清代维修时所增添。庑殿顶，青筒瓦屋面，花瓦脊。正脊两端施龙吻，垂脊上施走兽。

明间、次间额枋下施雀替，雕刻并绘彩，明间雀替长 1 米，施三幅云，并用栱头承托，饰卷草纹和云纹浮雕。次间檐下施斜栱，栱上雕刻蟠龙，绘彩。上额枋上施平板枋，上施斗栱，明间两朵，次间一朵。明间正额阴刻行书“云台胜境”四字。次间额上阴刻“丹台”“碧洞”，镌刻联云：“到此来头头是道，向前去步步登云”。牌坊华版有“大明正德元年培修”题记。柱头、枋上原施彩画，现彩画为新绘，但与建筑时代风格不符合（图 2-12：1 ～ 10）。

“丹台”“碧洞”暗含清康熙四十一年（1702 年）御赐碧洞宗宗师陈清觉“丹台碧洞”匾额。据《龙门正宗碧洞堂上支谱》记载：“陈公清觉，道号寒松，又号烟霞，系湖北武昌人氏，生于明万历丙午年（1606 年）三月初五日申时。弱冠登第，为少年名进士，入庶常，后因看破宦途险恶，顿悟生死机关，辞官弃职，隐姓埋名，至武当山太子坡拜投詹公太，簪冠受派，改儒为道。于康熙八年（1669 年）游川参访，止杖青城天师洞，见山川奇秀，殿宇荒凉，因停驾鹤，整饬洞天。诸事甫毕一新，即交道友张清湖经理，于康熙二十六年（1687 年）之成都青羊宫养静。三十四年（1695 年），缘遇臬宪赵公良壁，……偶至茅庵见公，惊喜不禁，……遂以师礼，领受微言。旋发心捐俸修建二仙庵，置买粮田五百余亩，请公住持，开堂接众，大阐真风。越次年，赵公升任两广，进京引见，将公之事奏闻，蒙恩诏见。……至康熙四十一年（1702 年），感圣祖仁皇帝恩赐，敕封碧洞真人之号，又钦赐御书‘碧洞丹台’匾额，‘赤龙黑虎’诗章，珊瑚树、金杯等件，至今尚存二仙庵。康熙四十四年（1705 年）寿近百，预嘱遗偈，于九月二十二日午时羽化归真。”[1]

陈清觉传有弟子多人，多为各地宫观的主持人，其中龙一泉开建主持三台云台观。陈清觉之师兄张清湖、张清云、张清仕等亦收徒若干，这些弟子递相传授，逐渐形成一个有较多门徒的龙门支派，尊陈清觉为开山宗师，以其碧洞真人号之，“碧洞”二字名宗，称碧洞宗，成为清代、民国时期四川很有影响的一个宗派。

[1] 转引自卿希泰《中国道教史》，四川人民出版社，1996 年，第 135 页。《民国灌县志》卷十二·人士传谓陈清觉于“康熙二十六年入川”，与《龙门正宗碧洞堂上支谱》记载略有出入。

图 2-12 “云台胜境”坊

1. 背立面

2
3
4

图 2-12 “云台胜境”坊

2. 边楼
3. 明间雀替
4. 明间华版题记

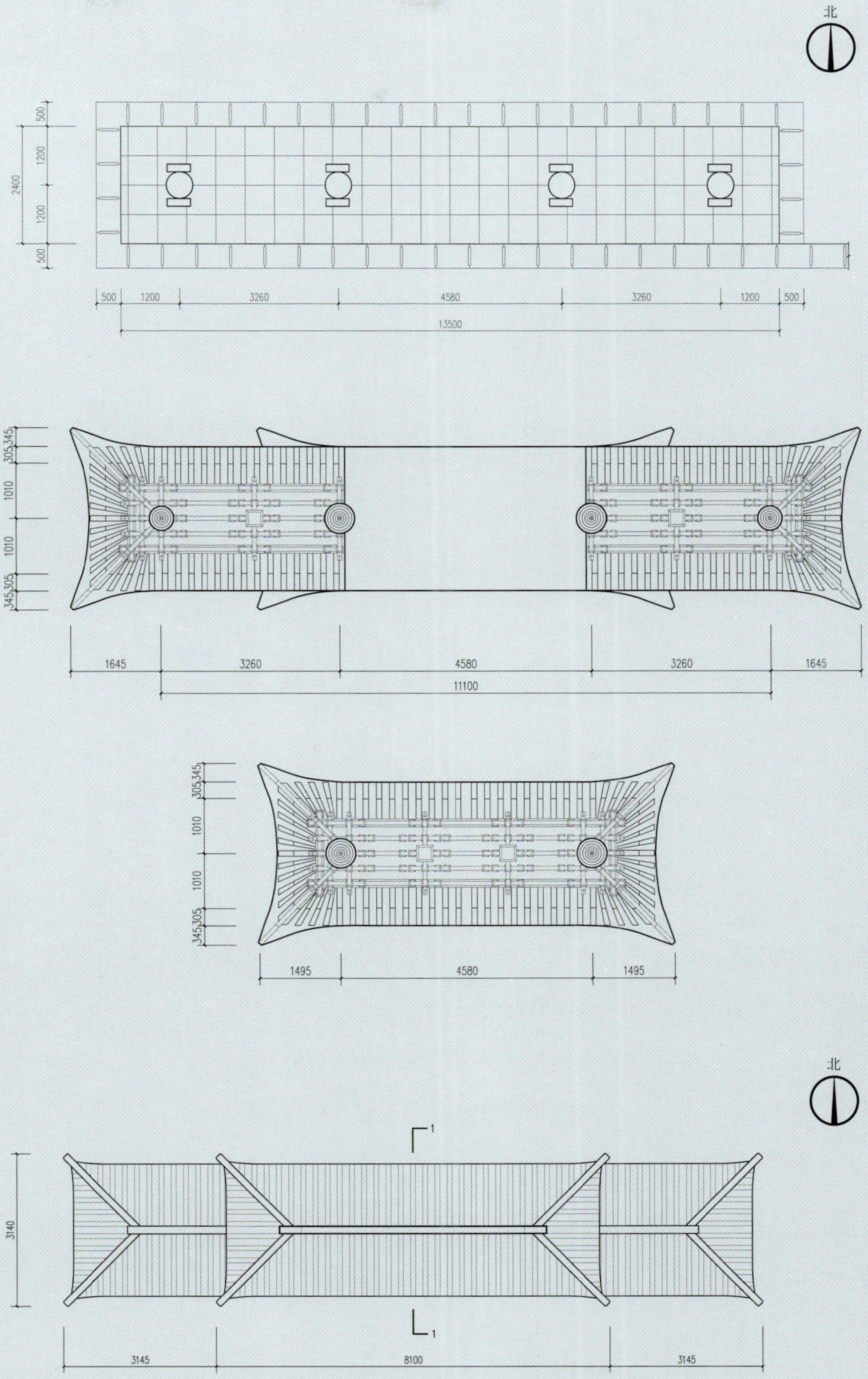

5
6
7

图 2-12　“云台胜境”坊

5. 平面图
6. 一二层仰视图
7. 俯视图

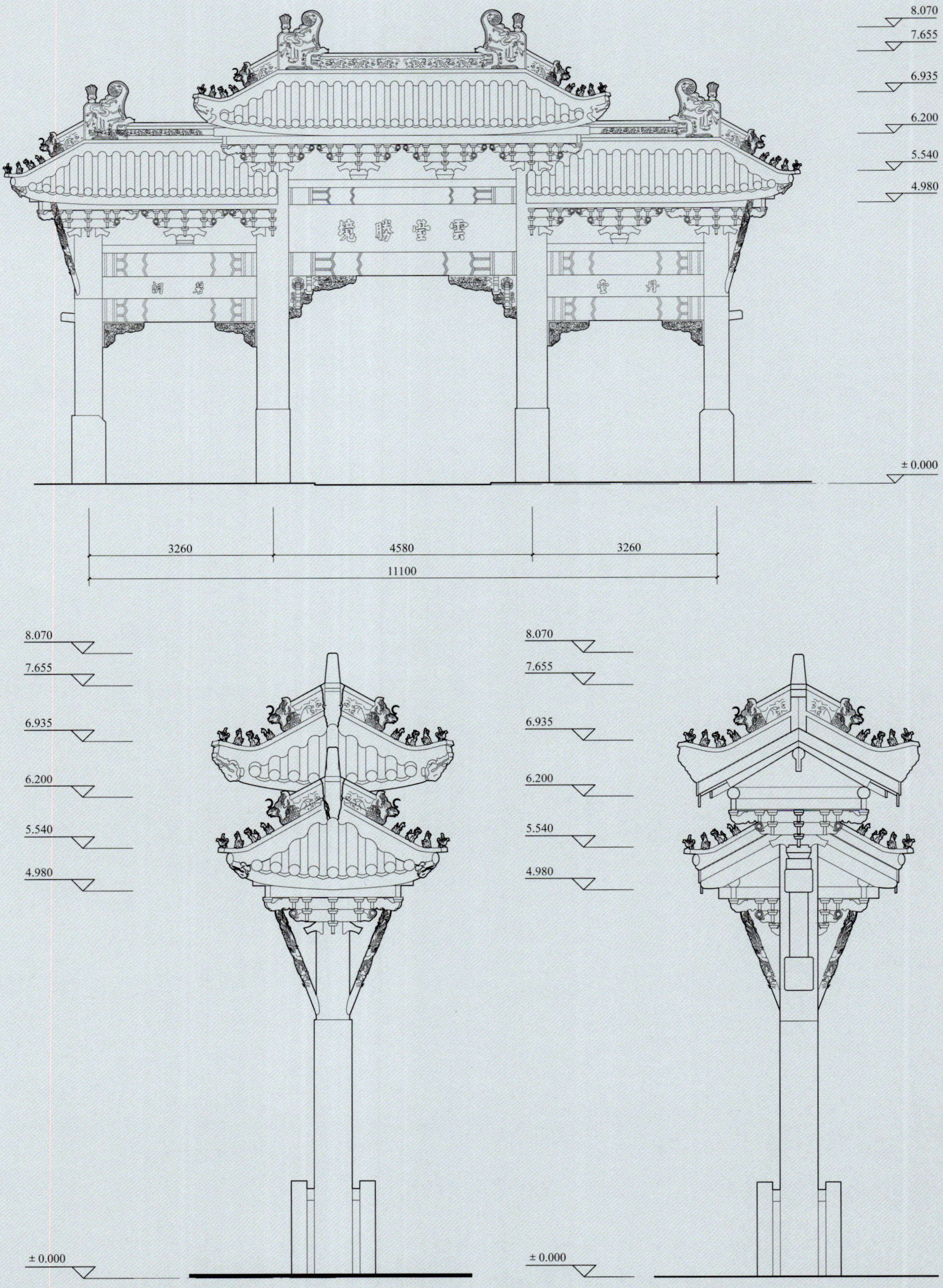

8	
9	10

图2-12 “云台胜境”坊

8. 正立面图
9. 侧立面图
10. 1-1 剖面图

三教同源殿

位于“云台胜境”坊与迎仙桥之间道路东侧，新建建筑。

平面呈方形，面阔一间、进深一间，正面开门，其余三面墙体维护，砖砌墙体，墙面刷红。歇山顶，翼角起翘明显。室内供孔子、释迦牟尼和老子坐像，分别代表儒教、佛教、道教（图 2-13）。

图 2-13　三教同源殿

迎仙桥

位于“云台胜景”坊与华表之间。

桥为廊桥，纵跨长方形水池之上，水池周围施矮围栏。桥台为条石砌筑，中间为长方形桥洞。桥面上廊面阔一间，进深三间。下部柱间设美人靠，现为后期改建。柱身约 2/3 高处施穿枋一圈。穿斗式木结构，由两重梁构成，下重为两柱间施插梁，梁略高于外圈穿枋，插梁上立童柱，柱端承圆檩，柱头间施挂梁相连，挂梁上再立童柱，柱上施卷棚双檩，形成卷棚歇山顶。下重童柱与金柱间施以穿枋，并延伸至檐檩下形成挑枋，挑枋与檐檩间施垂花柱。翼角处施 45° 穿枋与檐檩相交于垂花柱，两侧施挑枋与立于圈枋上的童柱相交，挑枋与檐檩相交处亦施垂花柱。从 45° 穿枋两侧垂花柱处施枕头木，与老角梁相交，老角梁梁头雕刻成龙头形，老角梁前端上施仔角梁，与两侧虾须木相交，形成由仔角梁向两侧降低的起翘。檩上施扁椽，椽上施小青瓦，形成屋面。垂花柱柱头施雕刻（图 2-14：1 ～ 9）。

廊桥纵跨水池之上，桥两侧水池湛蓝，两侧古木参天，在桥中可观一线之天。

1
2
3 | 4

图 2-14　迎仙桥

1. 正立面
2. 侧立面（南—北）
3. 梁架结构
4. 翼角结构

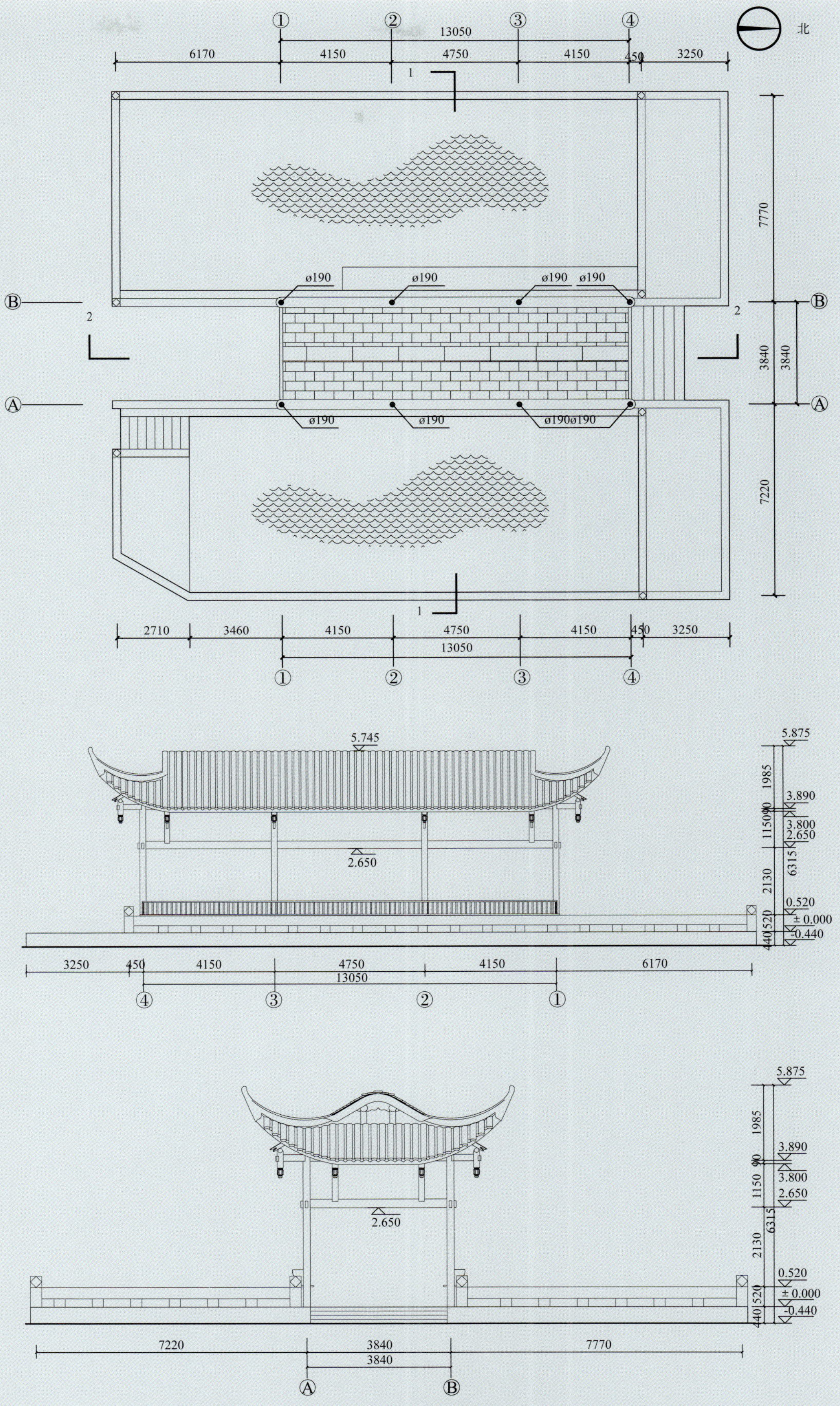

5
6
7

图 2-14　迎仙桥

5. 平面图
6. 西立面图
7. 北立面图

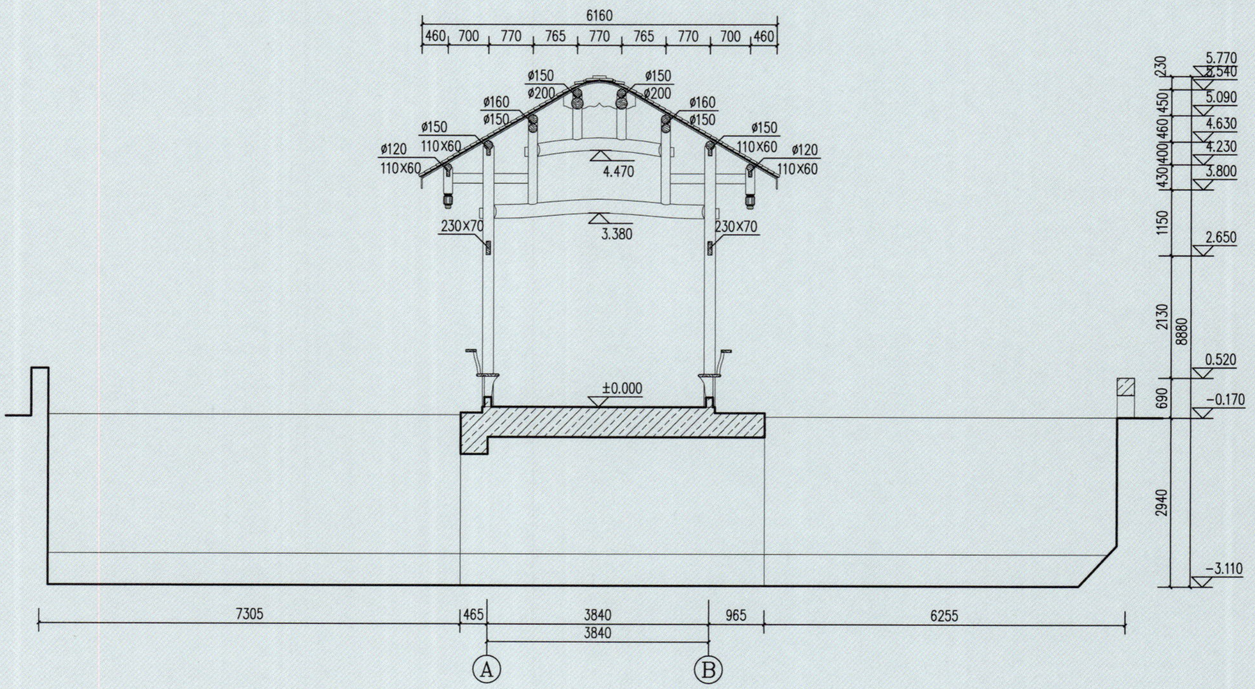

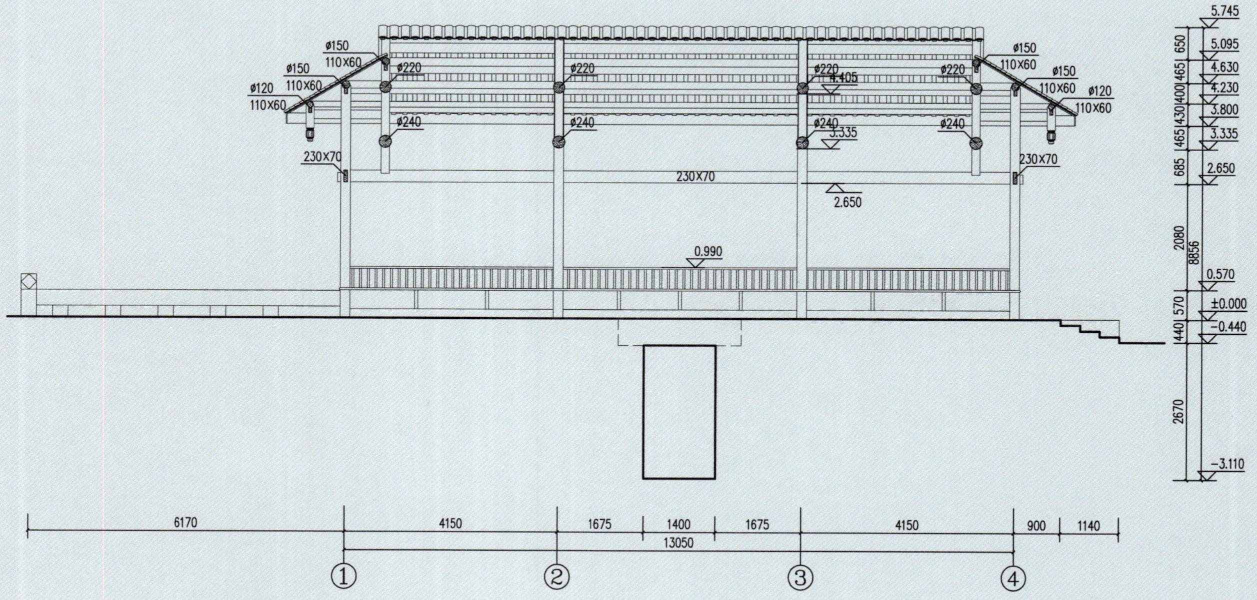

8 / 9 图 2-14　迎仙桥

8. 1-1 剖面图

9. 2-2 剖面图

华表

位于迎仙桥北面。

华表由华表座、柱身及柱头组成，通高6.5米。华表立于正方形基座上，基座为条石砌筑，高两层，上层内收。

华表座呈八边形须弥座式，系用整石加工而成。基座高0.77米，各构成部分均素面无饰。华表柱身为八边形，柱身为整红砂岩条石加工而成，素面，高5.8米。柱身上方施横插的云板，云板表面浮雕云朵。明、清时华表的柱身一般都做成龙柱，柱多呈八角形，一条巨龙盘绕柱身，龙首向上，龙身外布满云纹。云台观的华表柱身素面无饰，或因云台观为蜀王所眷顾，其级别当低于皇帝的体现。

柱头上为圆形承露盘。承露盘略宽于柱身，由上、下两层仰俯莲所组成，中间有一道小珠相隔。承露盘上立着狲犼小兽。狲犼是明清时期的华表上所立一种形似犬的神兽（图2-15：1～5）。

根据文献记载，华表在古代有过许多不同名称，除华表外还叫表木、交午木、诽谤木（《古今注》）、桓表、和表（《汉书·尹赏传》注）、望柱（《搜神后记》注）。原始华表的基本形状是柱头有木板十字交叉，是木质的，后来由于华表立于露天，木质受风吹日晒雨淋易朽而代之以石，柱头上的云板，因其表面施有云朵故名。

华表的基本功能是“表”，即标识，古代在亭邮、街道、桥梁、城门等交通要道及宫殿等建筑、陵墓前所立得华表，是标识交通、建筑级别和墓葬等级的标识。云台观的华表属于建筑华表，四川古代建筑中，有华表的建筑数量不多，且一般都与皇家有一定的关系，所以是高级别建筑的标识。

华表过去为文官停轿、武将下马之处。

1 | 2

图2-15　华表

1. 东华表柱
2. 西华表柱

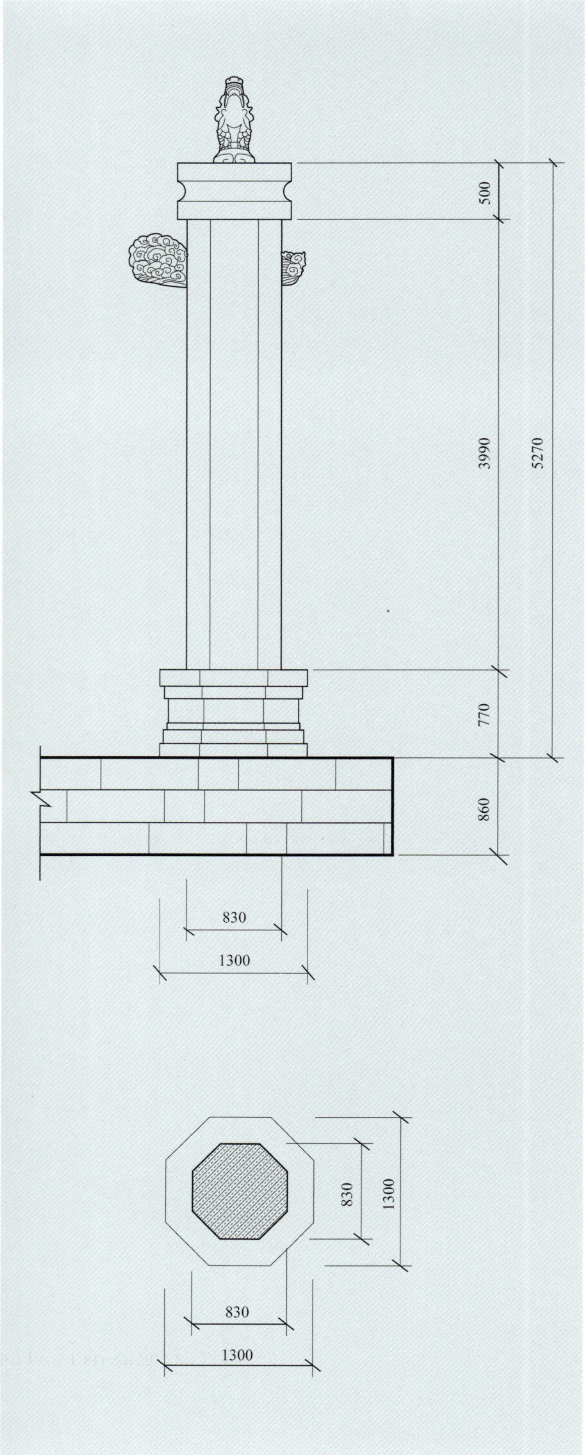

3	5
4	

图 2-15　华表

3. 东华表柱柱头
4. 西华表柱承露盘上望兽
5. 华表平面、剖面

三合门

即《云台胜纪》所载石合门，为进入云台观主体建筑的正门。根据门上贴砖题记，三合门当于成化十七年修建，《云台胜纪》卷四收录其对联一副。《嘉庆三台县志》卷一所附的“云台对峙”图中华表后门形象为一字照壁式，中间高，两侧低，中间开门三个，建筑形制与现三合门相近。清嘉庆十八年（1813 年）、嘉庆二十三年（1817 年）和同治三年（1864 年）分别进行过培修。因墙身刷红色，故罗昶有红照壁之说。

三合门坐北向南，因有三个门洞，故名。三合门又名红照壁，除因墙身刷红外，其结构形制类似于在一字照壁上开设三个门洞而故名。须弥座为青砖砌筑，具有典型的明代特征。圭脚素面未饰雕刻，下枋、上枋均由两层平砖砌筑，下枋上层侧面磨光，呈弧面，上枋下层侧面呈弧面，均素面。下枭、上枭施减地雕刻的俯莲瓣和仰莲瓣。束腰为青砂岩条石砌筑，圆雕玛瑙边柱，束腰两端施减地椀花结带浮雕，中间浮雕宝相花。上枋为青砖丁砌，丁头外侧施线雕云纹。门洞均为长方形，中间门洞高于两侧门洞，门过梁上施贴砖，贴砖上阴刻题记，局部被后期水泥抹饰掩盖。门为双扇实木门，门上施门簪，明间四个，次间两个，形制相同。明间木门彩绘门神秦叔宝、尉迟恭像，次间木门无彩绘。

墙身用条石砌筑，墙面刷红。墙身顶部正面和背面施砖雕浮雕椀花结带与宝相花的箍头枋子，各门之间额枋以垂花柱相隔，两端亦施垂花柱。箍头枋子交于墙体两端的垂花柱，出头为三叉头。自箍头枋子以上按照木梁架的形式做出砖垫板、砖斗栱、砖檩、砖椽望和砖飞椽等构件。砖斗栱为仿木三踩五铺作单昂，共计 64 朵，昂无嘴。墙顶为仿木结构单檐歇山顶，花砖脊，两端施嵌瓷鱼龙吻，正中葫芦宝顶，宝顶下南侧浮雕抱鱼坐姿渔翁，北侧浮雕两童子。翼角起翘明显。垂脊尾端施素靠背，脊上原施有瑞兽。戗脊脊端施卷草。

三合门须弥座及墙顶额枋、平板枋做法、仿木砖斗栱等具有典型的明代特色，屋顶正脊及鱼龙吻兽、翼角起翘做法具有四川清代木构建筑做法，调查中三合门正、背两面的门梁贴砖上有“嘉庆二十三年丁丑□□月刻　日吉旦”及后补“同治　年二月廿八日”等题记，可证三合门在清代嘉庆、同治年间进行过培修，结合四川地区清代对前朝建筑的修缮、培修方式[1]，屋顶当是清代维修中改变了的。“同治　年二月廿八日”的题记位于正面中门过梁贴砖上，字刻于水泥抹面上，当为后期修补中为保留历史痕迹而摹刻的。

三合门两侧为后期仿三合门墙体形制增建的墙体，高度低于三合门，墙身腔内分别塑文王访贤和八仙图，两侧与新砌矮墙相接，故三合门整体形制看似江西、安徽一代的五叠封火山墙（图 2-16：1 ～ 29）。

[1] 参见姚军：《四川地区明至清代建筑结构和风格演变原因分析》，《考古与文物》2017 年第 6 期：69-80 页。

1
2
3

图 2-16　三合门

1. 全景
2. 正立面
3. 侧视

4
5
6

图 2-16　三合门

4. 东次间须弥座墙北正面
5. 须弥座结构（北立面）
6. 明间东墙须弥座南立面

7
8
9

图 2-16　三合门

7. 明间东墙须弥座北立面
8. 明间东墙须弥座北面东侧面
9. 明间东墙须弥座北面西侧面

10
11
12

图 2-16 三合门

10. 明间西墙须弥座南面西侧面
11. 明间西墙须弥座南面正立面
12. 西次间西墙须弥座南面东侧面

13
14
15

图 2-16　三合门

13. 西次间西墙须弥座北立面
14. 墙顶侧立面
15. 西次间仿木柱头、补间、转角铺作及仿木屋顶

16
17

图 2-16　三合门

16. 东次间墙顶及吻兽
17. 墙顶翼角砖雕

18 20
19 21

图 2-16　三合门

18. 砖雕仿木顶
19. 砖雕仿木结构翼角
20. 砖雕仿木斗栱
21. 脊饰及宝顶

22	23
24	

图 2-16　三合门

22. 正脊异兽（宝顶西侧）
23. 正脊异兽（宝顶西侧）
24. 门神彩画

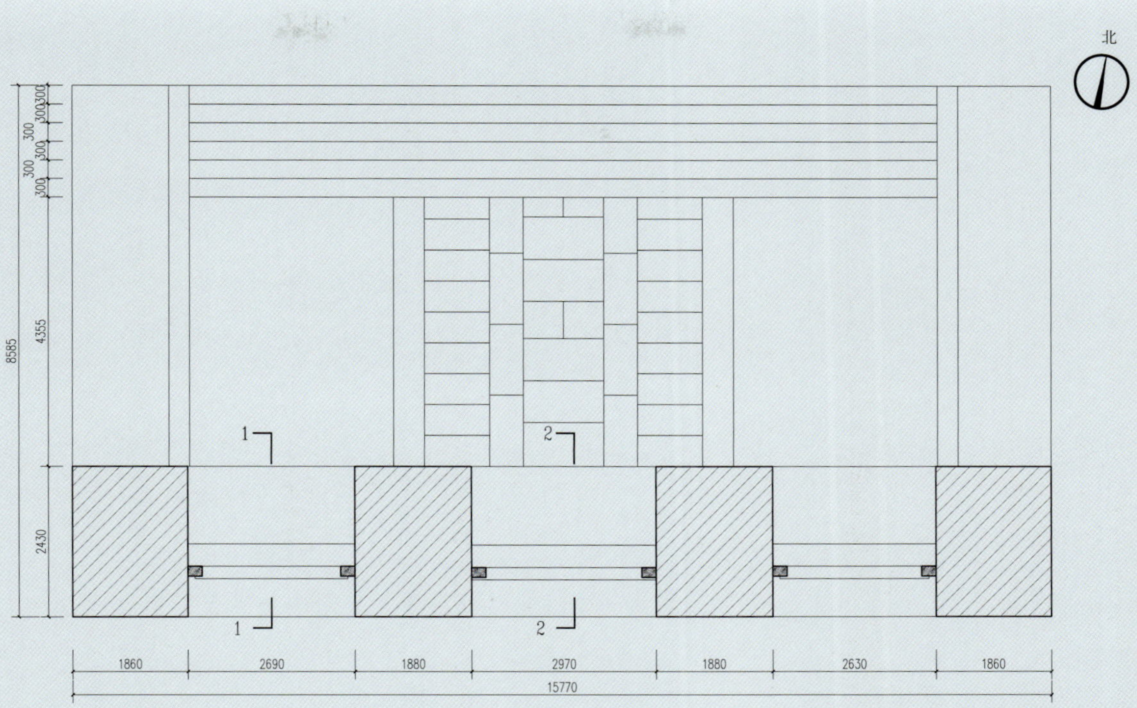

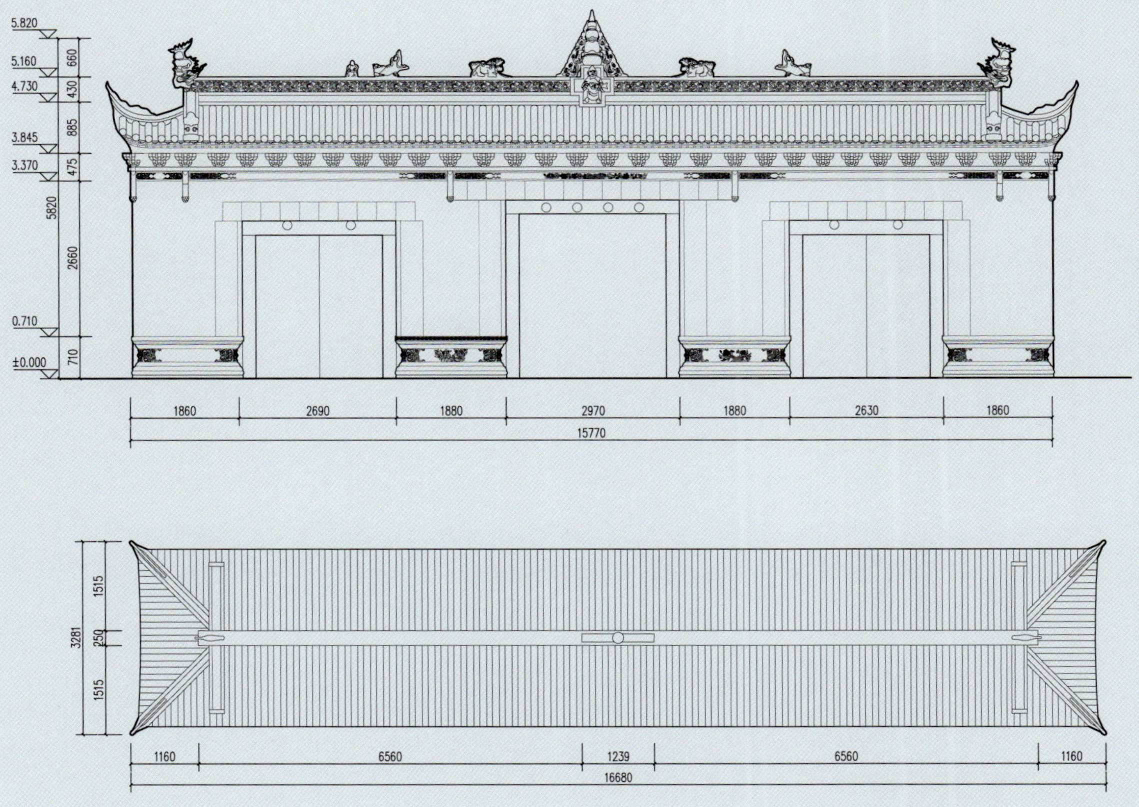

25
26

图 2-16　三合门

25. 平面图

26. 立面及俯视图

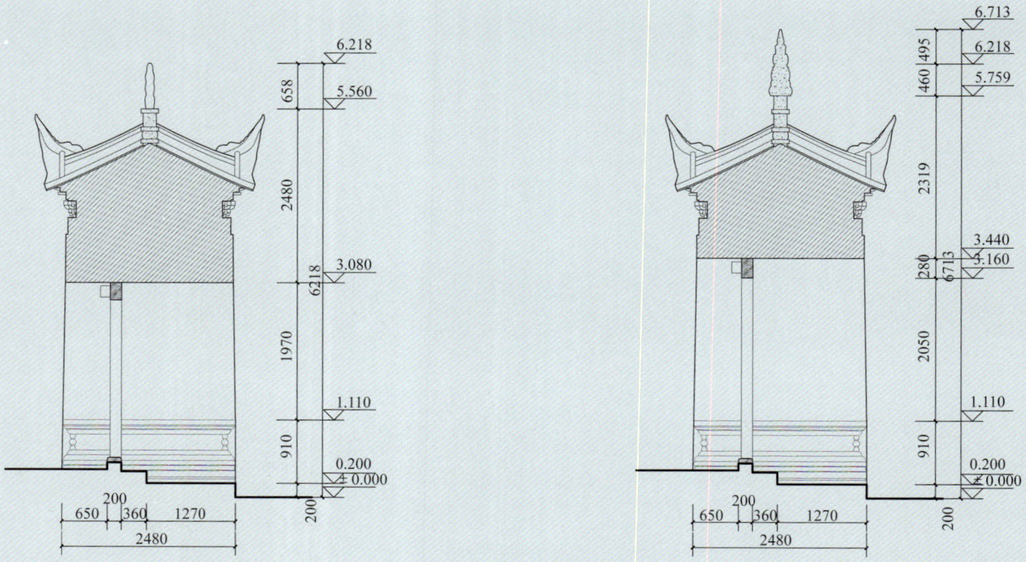

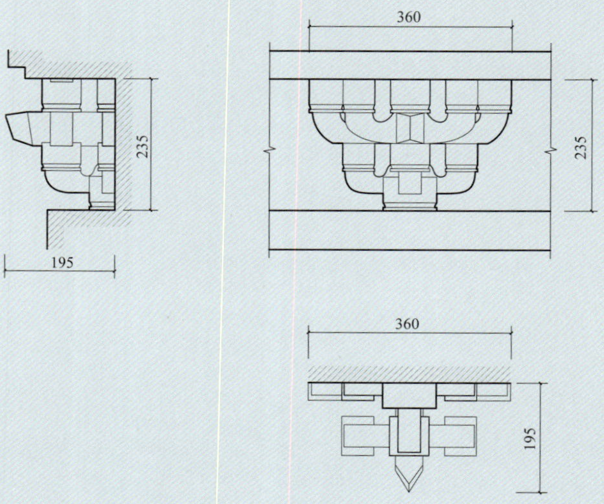

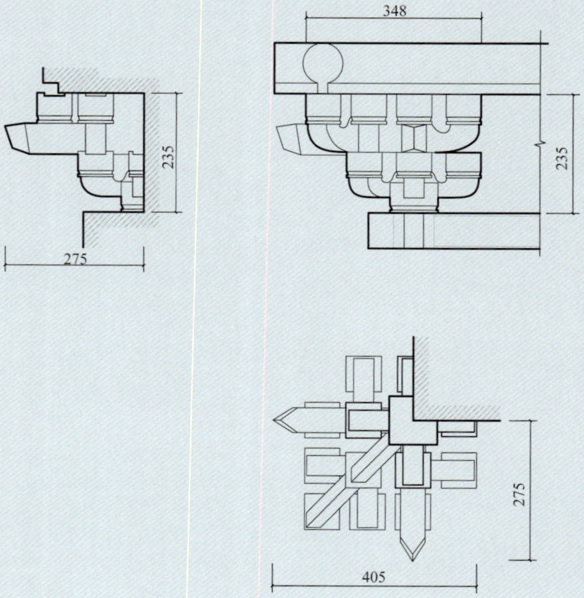

27
28
29

图 2-16　三合门

27. 2-2、1-1 剖面图
28. 柱头、补间铺作（仰视平面、正立面、侧立面）
29. 转角铺作（仰视平面、正立面、侧立面）

十王殿

位于第一进院落中轴线东西两侧，地势低于三合门六级踏步。因供奉“十殿阎君”，故名（图 2-17：1 ～ 10）。

十王殿建筑结构相同，平面呈长方形，石砌普通台基。面阔五间，减柱露明造，进深一间。进深前后檐柱施木装板和竹编墙形成隔墙，分隔为五间，每一间为一殿。东殿由南向北依次为第一殿秦广王、第二殿楚江王、第三殿宋帝王、第四殿五官王、第五殿阎罗王，西殿由南向北依次为第六殿卞城王、第七殿泰山王、第八殿都市王、第九殿平等王、第十殿转轮王。十殿阎君，民间俗称阎王爷，是管理阴间的天神。隔墙头圈枋下前施门，贯通各间。

十王殿为穿斗式梁架结构，中柱前后分两柱，悬山顶。单步前廊，挑枋下施穿枋一重，穿枋与挑枋、挑枋与屋面椽间用竹编夹泥墙封护。东面殿明间挑枋下施雀替，浮雕凤凰、双鹿芙蓉等图案。十殿高一层，悬山顶，小青瓦屋面。脊饰为后期制作，鱼龙吻，正中为宝瓶葫芦宝顶直接置于正脊上，下做幞头形，东面宝顶塑右肩扛扫帚、左手持书卷、作乘云行走状道士，背面减地浮雕草书“福”字。西面宝顶下幞头形内塑弥勒和尚，赤脚坐姿，袒胸露乳，右手持念珠，背面刻双

图 2-17　十王殿

1. 东十王殿

2
3 | 4

图 2-17　十王殿

2. 西十王殿
3. 前檐结构
4. 门上狴犴装饰

5
6
7

图 2-17　十王殿

5. 宝顶
6. 挑枋雀替雕刻
7. 挑枋雀替雕刻

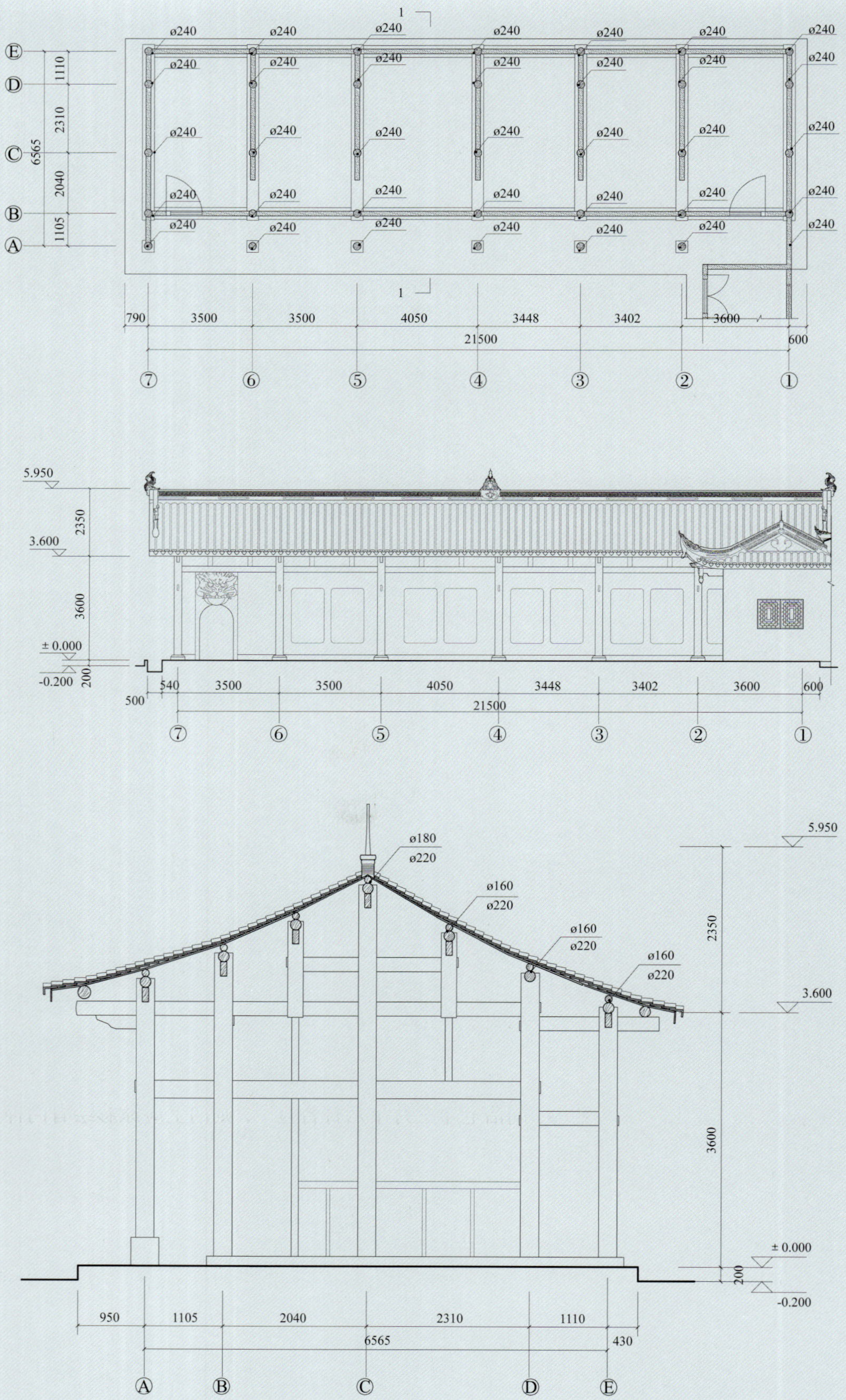

8
9
10

图 2-17 十王殿

8. 平面图
9. 立面图
10. 剖面图

钩繁体“寿”字。宝瓶葫芦两侧为卷草，上小下大，构成等腰三角形。垂脊靠背立圆雕人物，北端屋面分别于黑、白无常殿相交接。

入口均设于南梢间，门上悬挂狴犴头像。狴犴，又名宪章，形似虎，是龙之第七子，传说狴犴浑身带刺，集勇猛、忠诚、正义于一身，掌管刑狱，是古代法官的象征。不仅急公好义，仗义执言，而且能明辨是非，秉公而断，寓意由此进入十殿，接受阎王爷的公正审判。殿内塑十殿场景，均为后期新塑。前木栅栏外后施三合板封闭，外侧表面彩绘“二十四孝”。

十王殿为典型清代穿斗式构架，屋面装饰亦为清代特色，《嘉庆三台县志》卷一所附“云台对峙”图上无十殿形象，推测十殿当建于清嘉庆以后。

“乾元洞天”门

为第一重四合院的后墙门，拱券型门洞，故又称“券洞门”、“圈洞门”，是进入第二进院落的门道。

“乾元洞天”圈洞门平面呈长方形，两侧带照壁墙，整体平面呈平躺的“中”字，中间宽、两侧窄，照壁墙东、西两侧为后建的黑、白无常殿。

“乾元洞天”圈洞门《云台胜纪》有载，墙座须弥座结构、形制与三合门须弥座相同，惟束腰玛瑙柱雕刻呈竹节状，雕刻椀花结带，修建时间当与三合门同时或相近。墙身条石砌筑，正中开单门洞，正面为拱券形，背面为长方形。券拱起于须弥座上三层半条石上，条石经磨光，素面。墙檐为单层冰盘檐，歇山顶，青筒瓦屋面，素面砖脊，两端施鱼龙吻，龙口吐水，扇形鱼尾，鱼背嵌瓷。正脊两侧各有瑞兽一个，朝向宝顶。宝顶为灯盏承宝珠形，灯盏底盘为莲花，莲瓣下垂，覆盖正脊，灯盘上为火焰宝珠。垂脊南北形成一条完整的龙，头在正面即南面，尾在北，龙口含宝珠，龙身穿过正脊鱼龙吻。

拱券中部镌刻“乾元洞天”，两侧镌刻“乾元福地人间少，茅屋云台天下无”。门洞后面为长方形，门额贴砖与三合门贴砖规格相同，阴刻“蓬莱境”门额，两侧镌刻“矗矗名山真海岛，巍巍胜境类蓬莱”，现字内填白。门正面和背面所镌额、对联与《云台胜纪》所载一致。门道为木过梁，双扇实木门，门上施门簪四个。西内侧拱券镌刻“发心装彩门神二尊 / 弟子石以春、石以柱 / 杨明正 / 住持赵明亮 / 同治七年三月十六日吉旦”，则门上应原彩绘有门神，现门当为后期更换，无彩绘门神。

两侧照墙须弥座高度相同，然素面无饰，墙体砌筑方式及墙檐、墙顶均相同，但墙体砌筑与圈洞门不联结，即依券洞门侧墙砌筑而成，当为后期砌筑。墙顶部分具有典型四川地区清代木构建筑特点，当为后期维修中改变的（图 2-18：1 ～ 15）。

蓬莱境

1	3
2	4
	5

图 2-18 “乾元洞天”门

1. 正立面
2. 背立面（北）
3. 东墙体须弥座雕刻
4. 西墙须弥座雕刻
5. 拱券门顶

6	9
7	10
8	

图 2-18 “乾元洞天”门

6. 墙顶结构
7. 墙檐细部
8. 墙帽脊饰
9. 平面图
10. 立面图

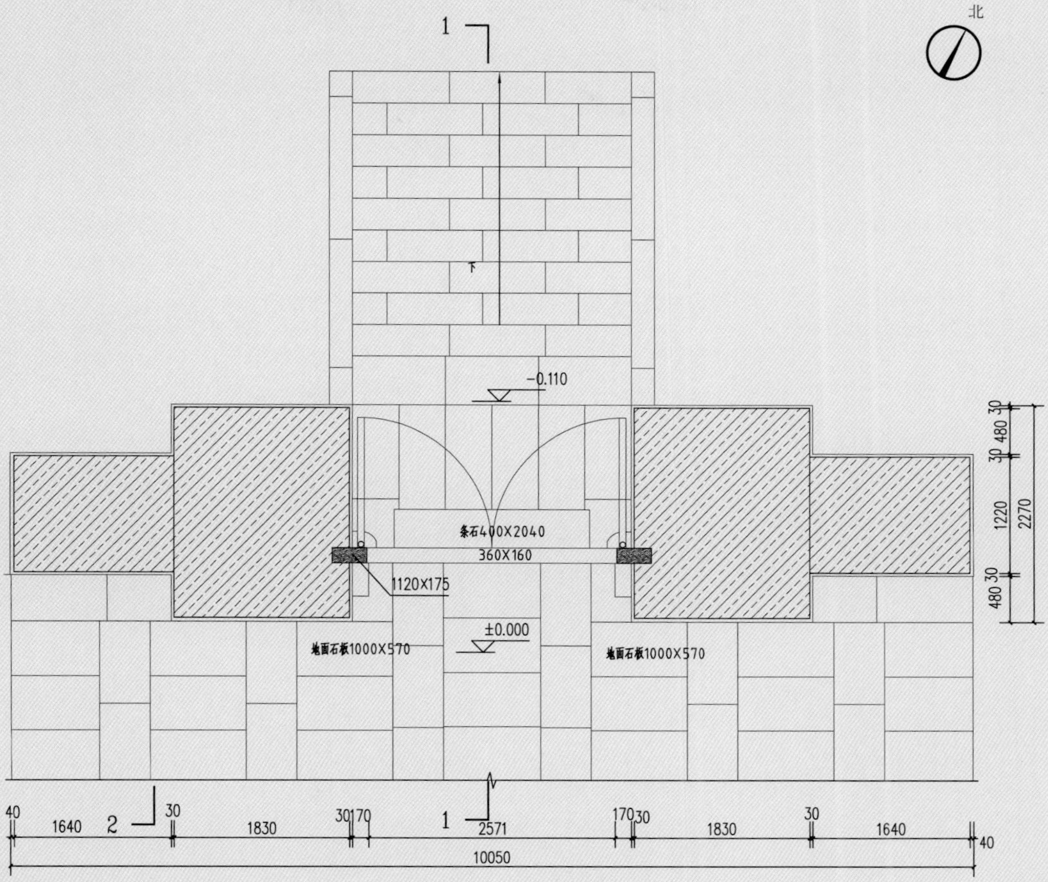
北
1
−0.110
条石400X2040
360X160
1120X175
±0.000
地面石板1000X570
地面石板1000X570
30
480
30
1220
2270
480
30
40
1640
2
30
1830
30
170
1
2571
170
30
1830
30
1640
40
10050

10680
405
1140
1285
5020
1285
1140
405
6.340
5.535
5.145
4.350
4.030
3.401
3.241
3.131
0.760
0.490
0.250
±0.000
805
390
795
320
629
160
110
2371
270
240
250
3.730
天洞元乾
2.055
2.055
1.730
0.135
3530
180
2610
180
3530
10029

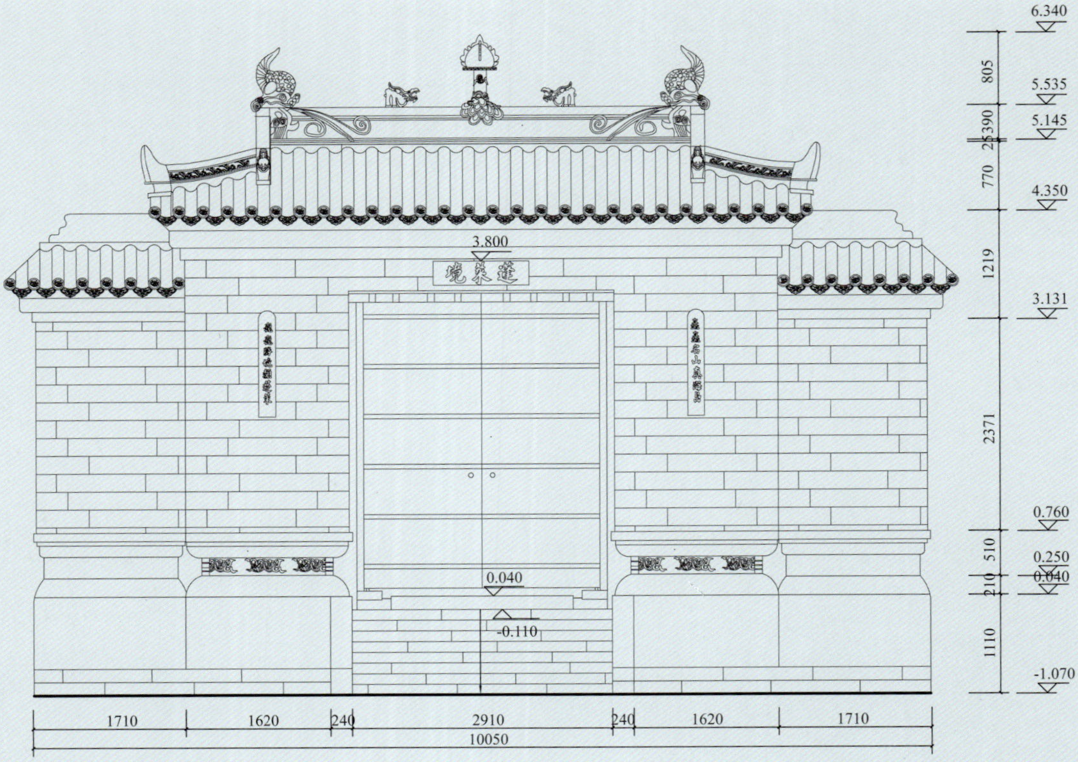
6.340
5.535
5.145
4.350
3.800
3.131
0.760
0.250
0.040
0.040
-0.110
-1.070
805
390
25
770
1219
2371
510
210
1110
1710
1620
240
2910
240
1620
1710
10050

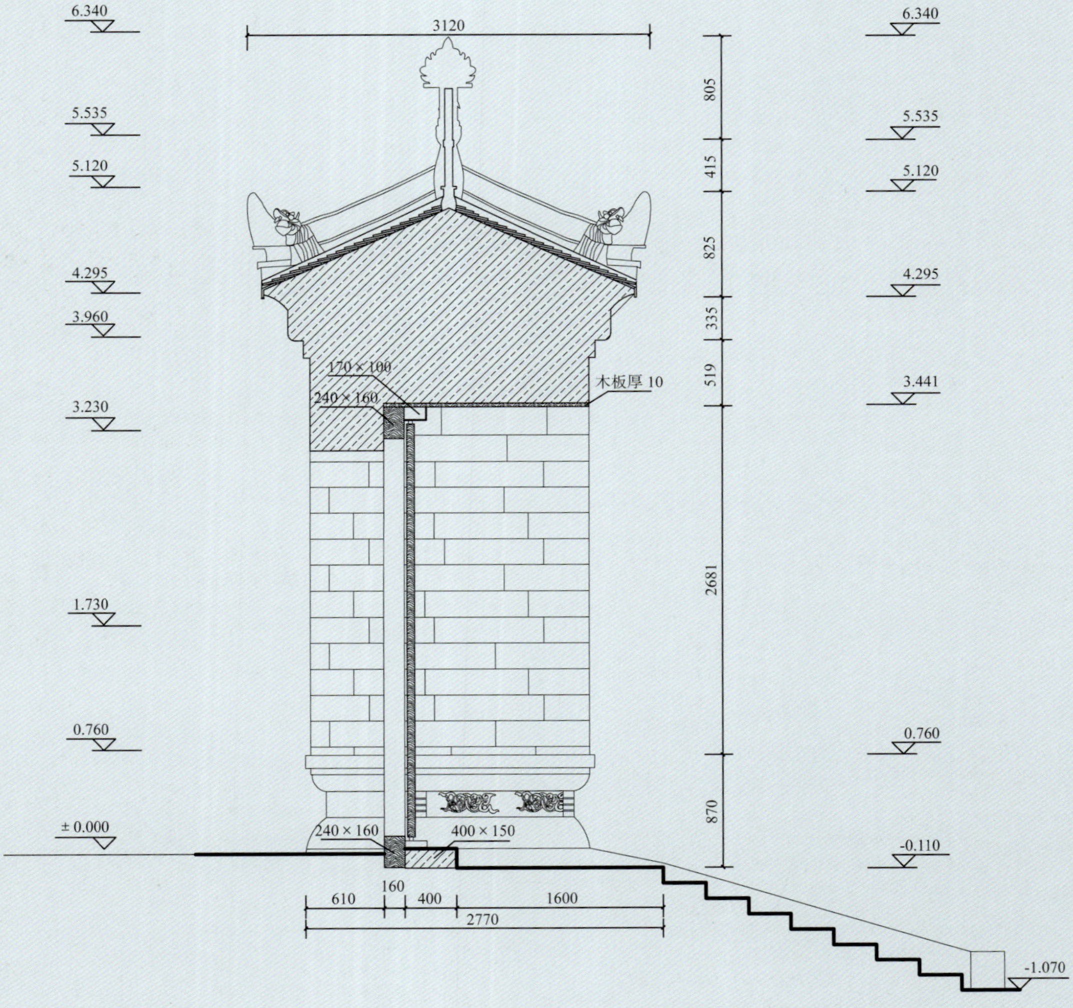
6.340
5.535
5.120
4.295
3.960
3.230
1.730
0.760
± 0.000
6.340
5.535
5.120
4.295
3.441
0.760
-0.110
-1.070
3120
805
415
825
335
519
2681
870
170 × 100
240 × 160
木板厚 10
240 × 160
400 × 150
610
160
400
1600
2770

11	13
12	14
	15

图 2-18 “乾元洞天”门

11. 背立面图
12. 1-1 剖面图
13. 仰视图
14. 俯视图
15. 须弥座大样

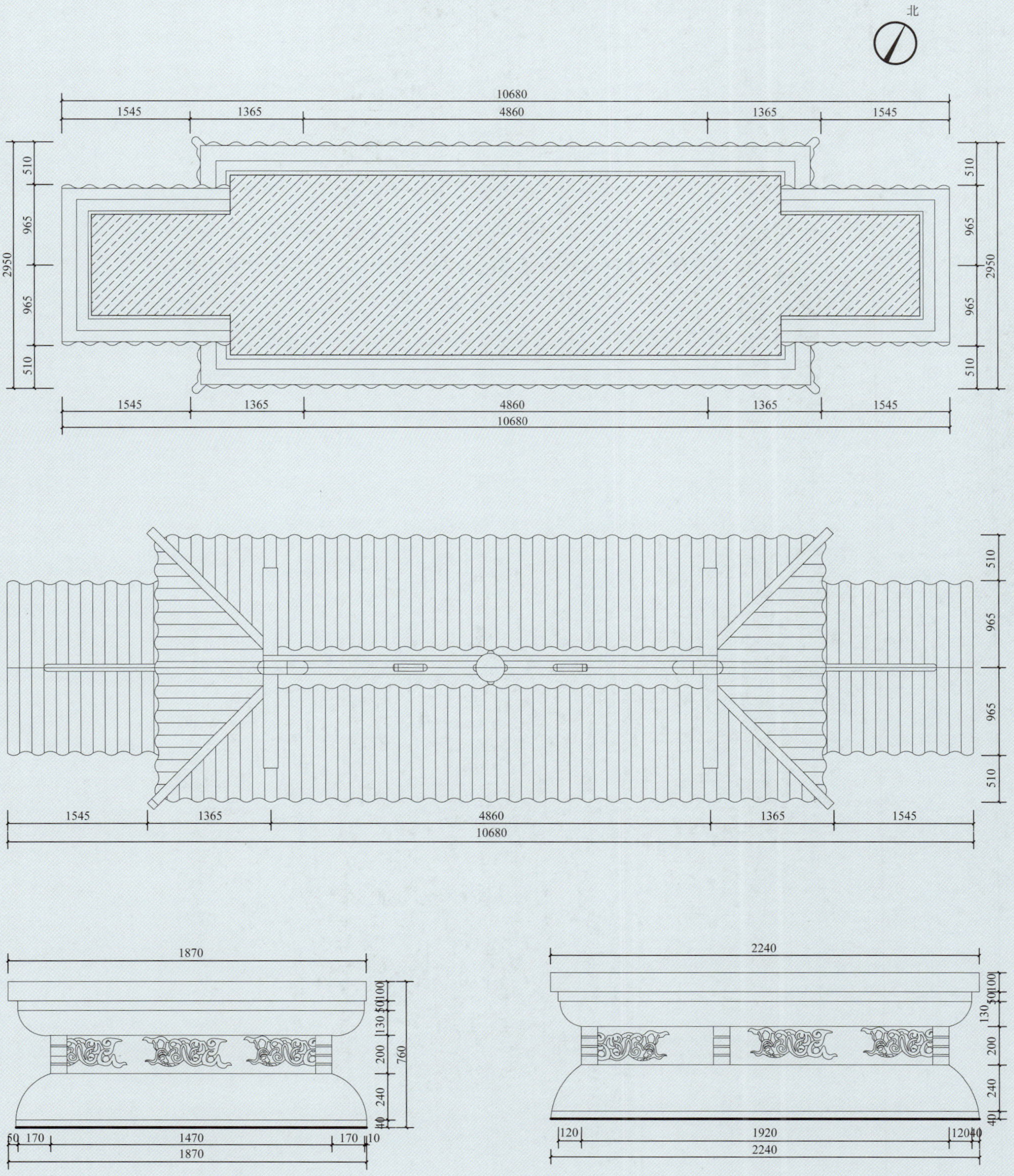

观音殿、城隍殿

对称分布于圈洞门置青龙白虎殿中轴线的两侧，东侧为观音殿，西侧为城隍殿（图 2-19：1 ～ 15；图 2-20：1 ～ 13）。

观音殿和城隍殿结构、形制基本相同。平面呈方形，面阔三间、进深三间，明间与次间宽度比约为 3 ： 1，山墙施槛窗，木板槛墙，方格形隔扇心，后墙用竹编墙围护。抬梁式构架，重檐歇山顶。中间四柱为通柱，柱身施穿枋三重：柱身约 3/4 处一圈，近柱头一圈，柱头一圈。柱身 3/4 处穿枋与外层柱构成下檐屋面的结构体系，与近柱头的穿枋间四围用竹编夹泥墙封护，中间设一码三箭直棂窗。柱头两重穿枋之间施间柱分隔为三部分，柱间原施透雕木隔板，部分遗失，用竹编夹泥墙封护。屋顶结构为五架梁式：穿枋上施梁两道，梁上施驼峰，上承三架梁，梁上施檩，檩上铺扁木椽，椽间铺小青瓦。现檩为并排一大一小两根，小檩当为后期所增加。三架梁上搭接山面屋面椽。五架梁下施垂花柱，柱头略经砍削加工，无雕刻。垂花柱向两侧及 45° 外出挑檐枋。角柱施撑栱，交于 45° 穿枋下。檐檩下施随檩枋，略等高于挑檐枋。老角梁梁头雕刻含珠龙头。两侧下檐柱及上檐角柱均施扁平撑栱，交于挑枋下，撑栱上下侧加工呈连续弧状。小青瓦屋面，正脊断面呈“工”字形，脊肚砖表面抹灰，素面。正中为灰塑宝顶，宝顶底部灰塑“一团和气”图案；脊端施鱼龙吻。垂脊前施人物靠背，翼角起翘明显，整个屋面以轻盈活泼之感。围脊及额枋均后期绘苏式彩绘。

明间额枋叠压于次间额枋上，故较次间高，额枋均后期绘苏式彩画。明间施门三扇隔扇门，中间一扇可开启，两侧固定，方格隔扇心。次间施槛窗，木槛墙，花隔扇心。

观音殿和城隍殿具有清代典型楼阁式建筑的特点，但也有后期修葺中改造的因素。如五架梁下施垂花柱，垂花柱向两侧伸出的挑檐枋穿过柱头两重枋之间的木雕隔板而交于檐檩下，撑栱交于挑檐枋下，与柱、挑檐枋构成三角形受力结构；五架梁上施一大一小并列双檩，大檩与梁交接处梁上皮开凿卯口以防止檩滚动，而小檩位于大檩外侧，且无防止滚动的措施。这些都是后期加固屋面所采取的措施。

1
2

图 2-19 观音殿

1. 正立面
2. 正面俯视

3
4
5

图 2-19　观音殿

3. 梁架结构
4. 梁架结构
5. 正脊

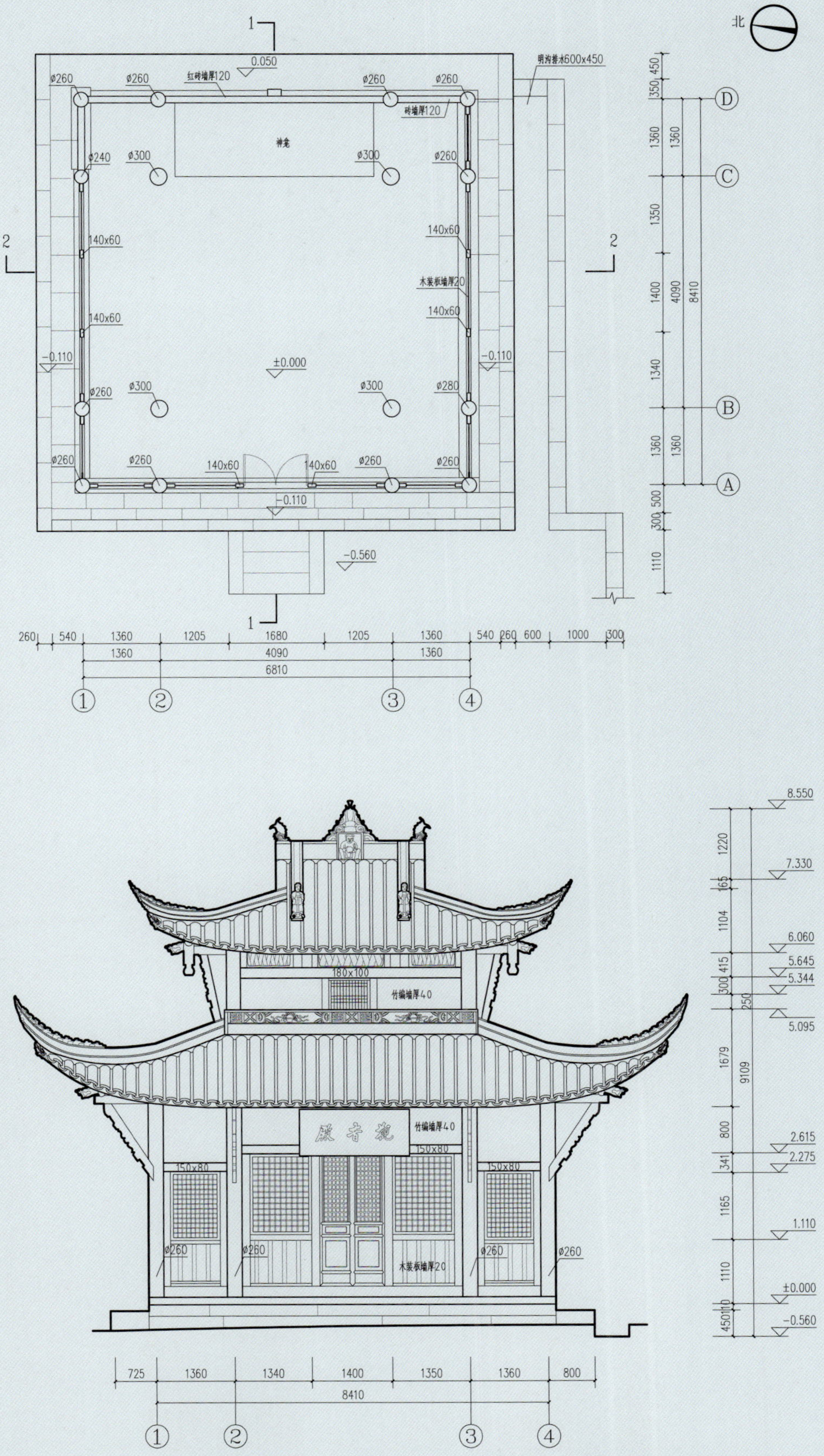

6
7

图 2-19 观音殿

6. 平面图

7. 西立面图

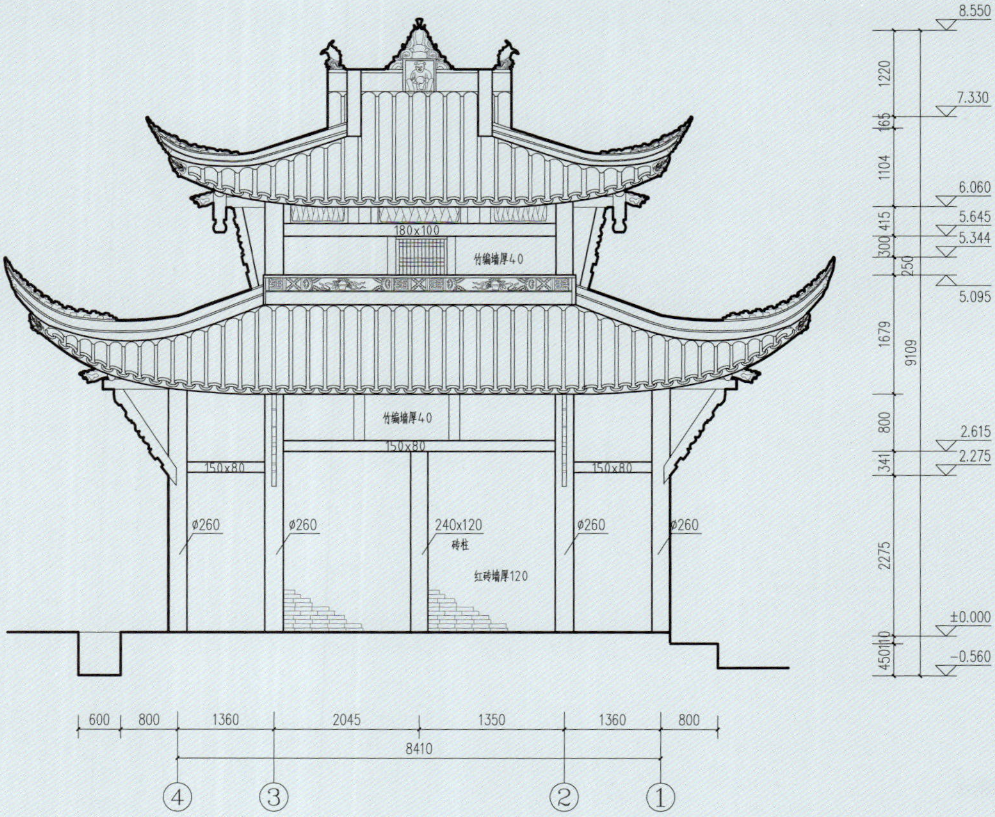

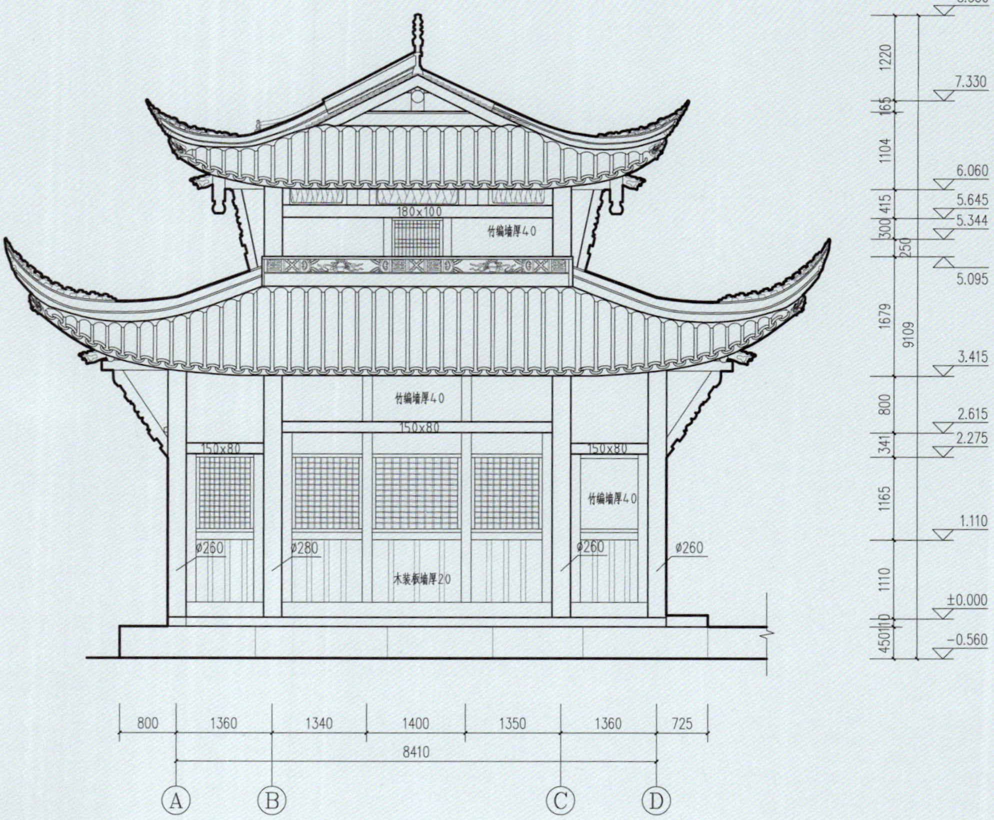

8
9

图 2-19　观音殿

8. 东立面图
9. 南立面图

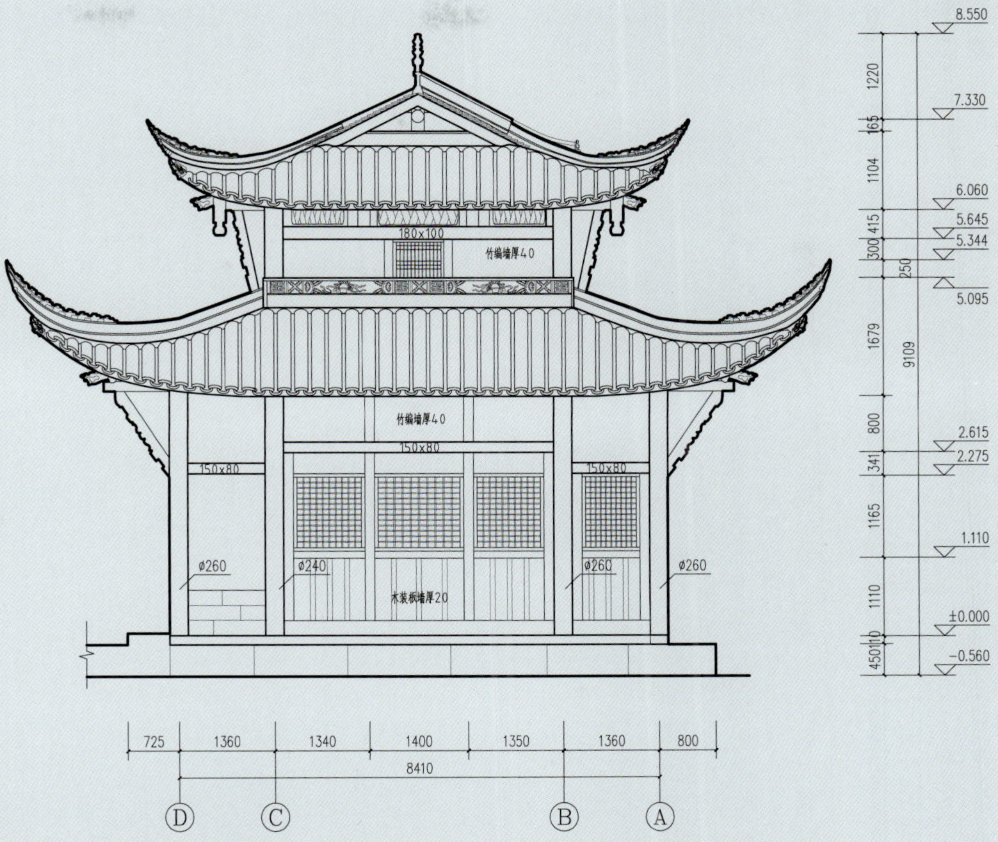

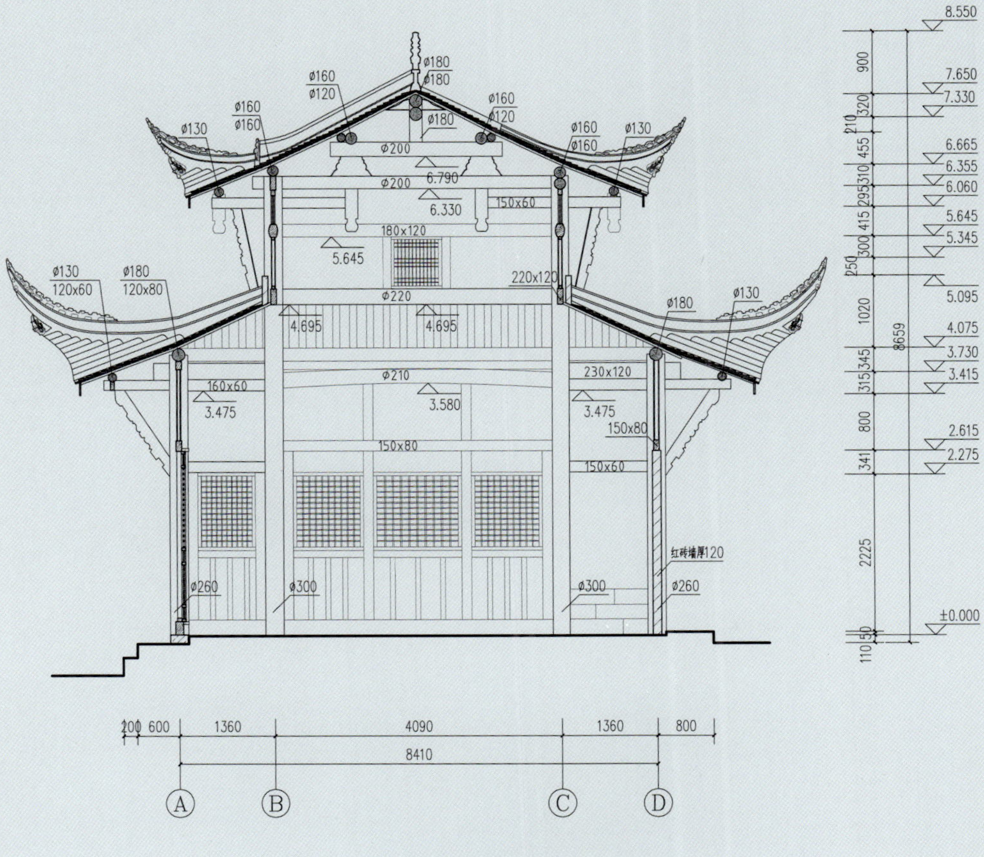

10
11

图 2-19 观音殿

10. 北立面图

11. 1-1 剖面图

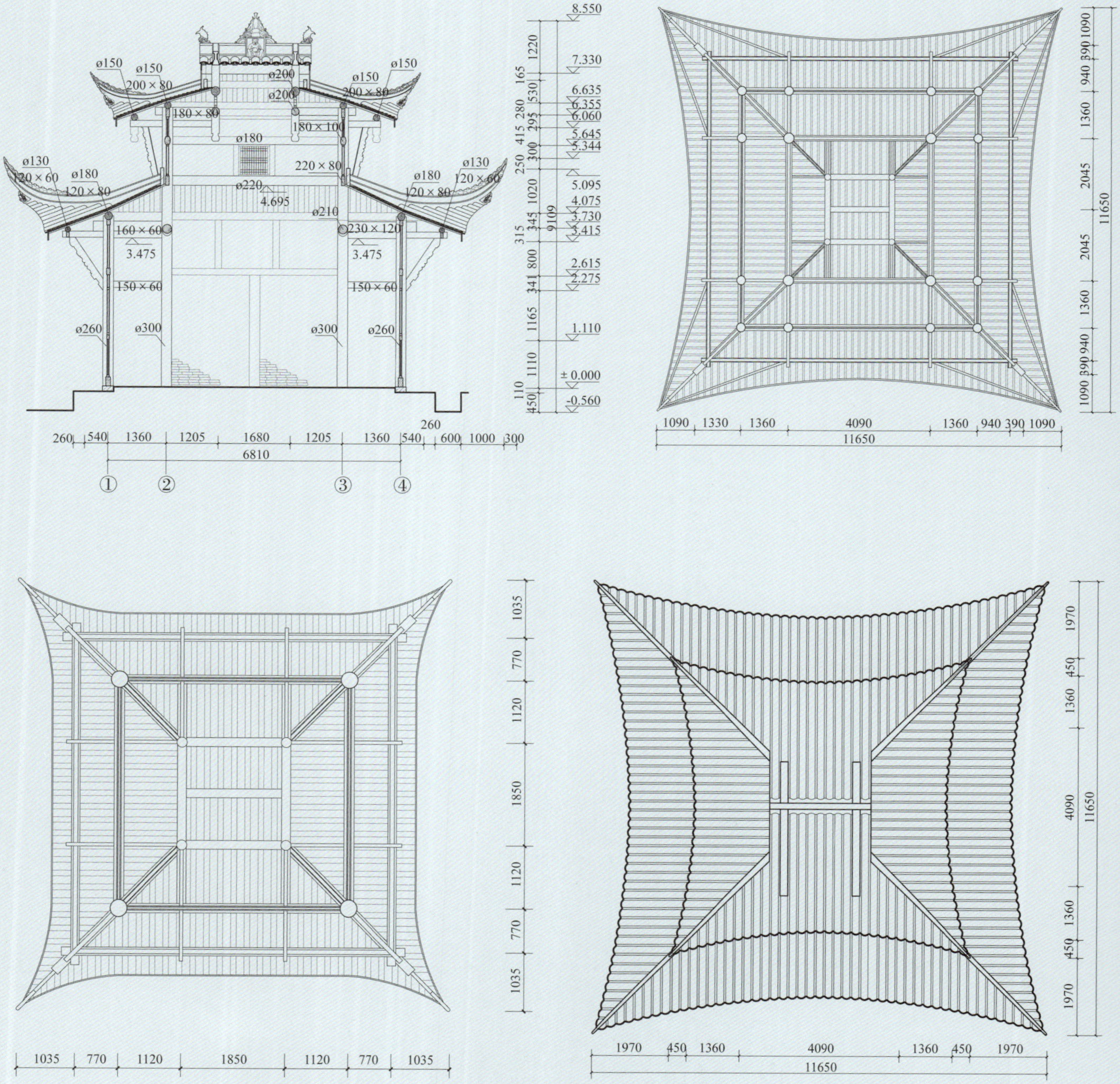

12 | 13
14 | 15

图 2-19　观音殿

12. 2-2 剖面图
13. 一层梁架仰视图
14. 二层梁架仰视图
15. 屋顶平面

1	
	2
	3

图 2-20　城隍殿

1. 正立面
2. 45° 侧视
3. 翼角

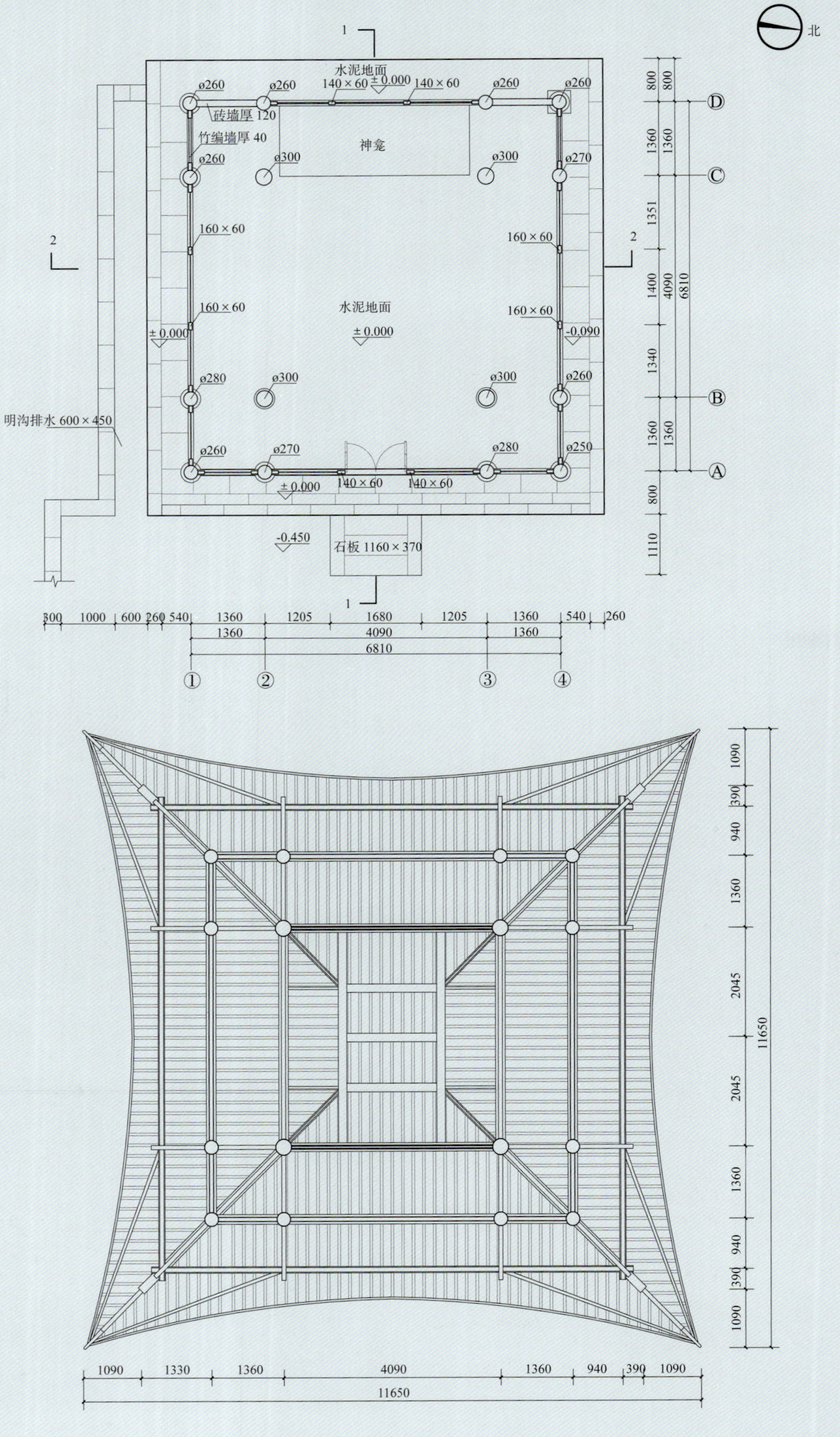

4
5

图 2-20　城隍殿

4. 平面图
5. 一层梁架仰视图

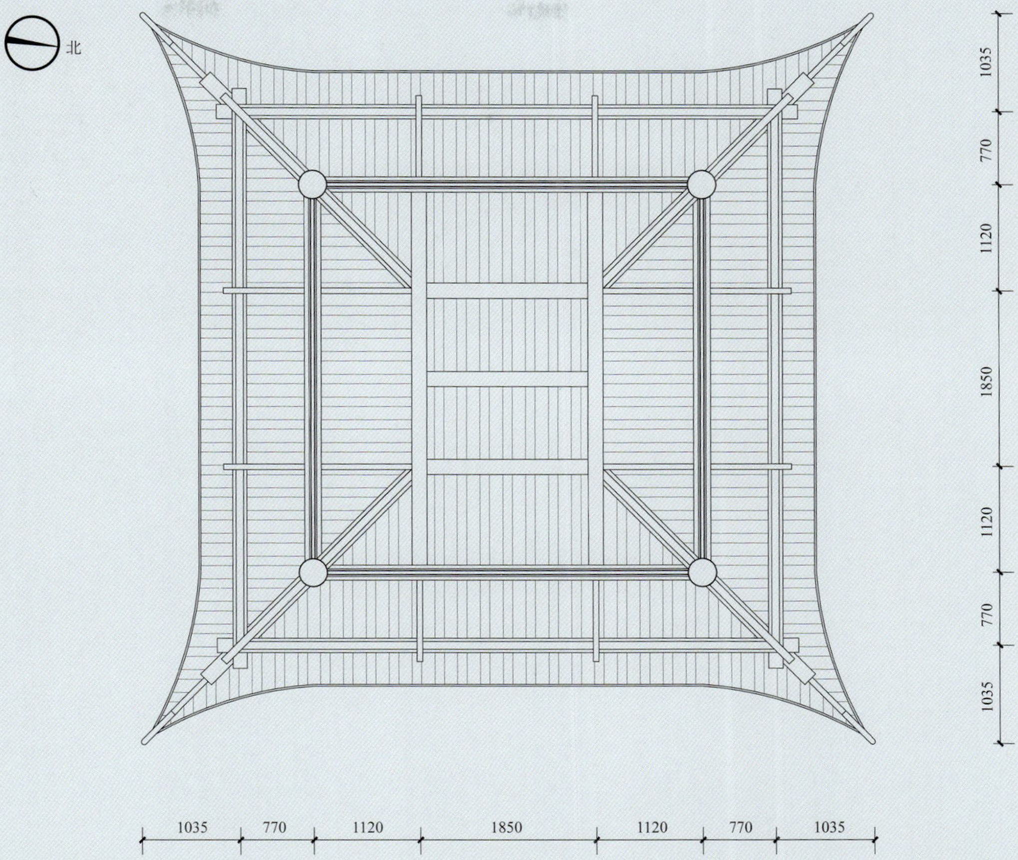

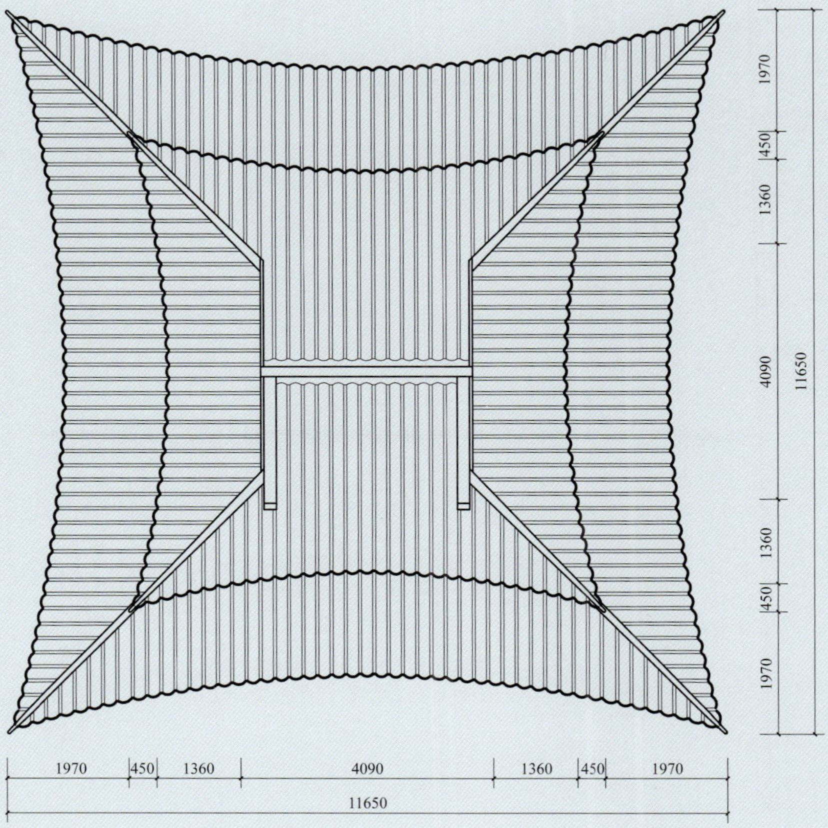

6
—
7

图 2-20 城隍殿

6. 二层梁架仰视图
7. 屋顶平面图

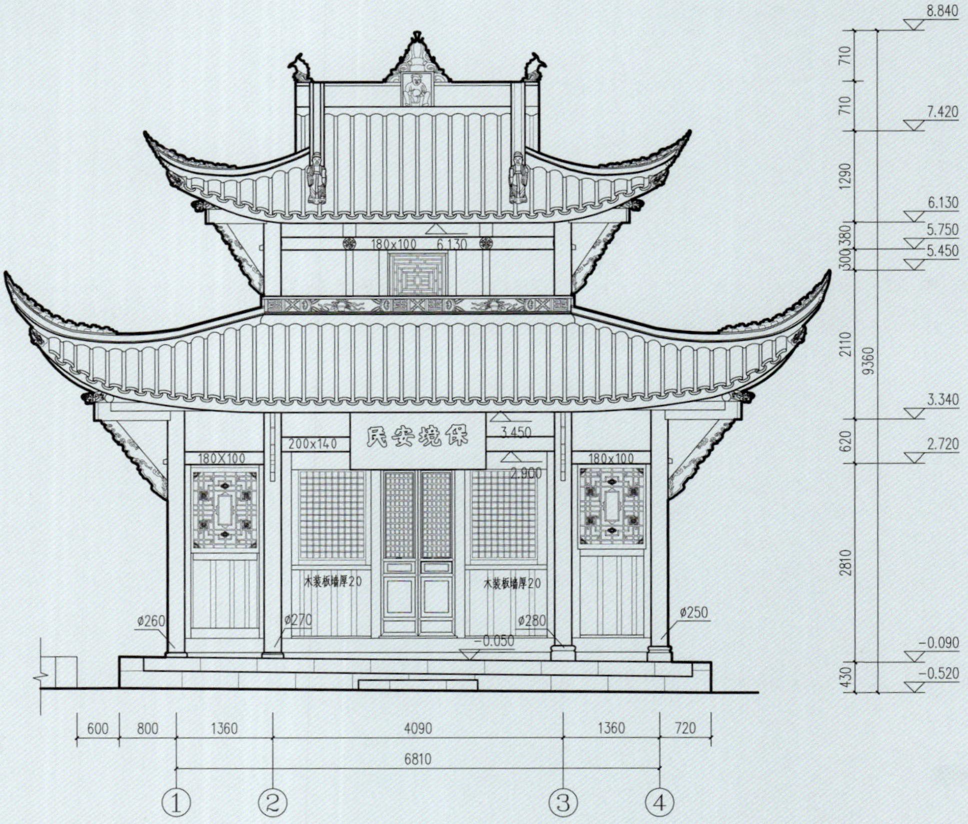

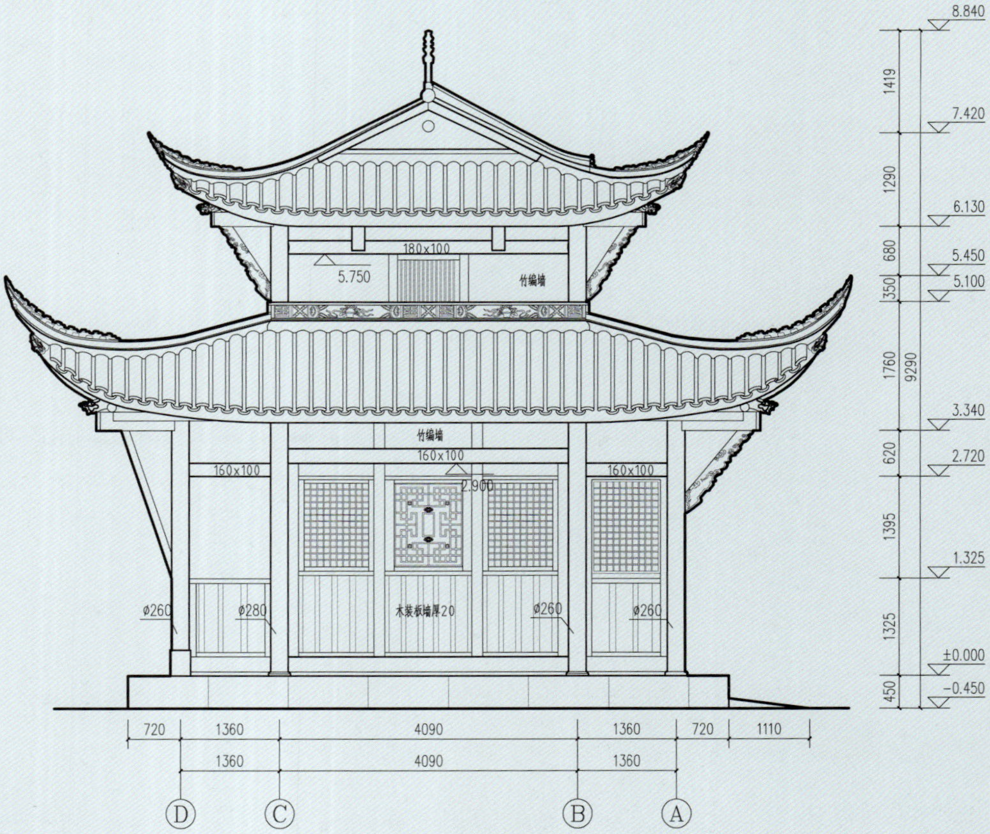

8
9

图 2-20　城隍殿

8. 正立面图
9. 南侧立面图

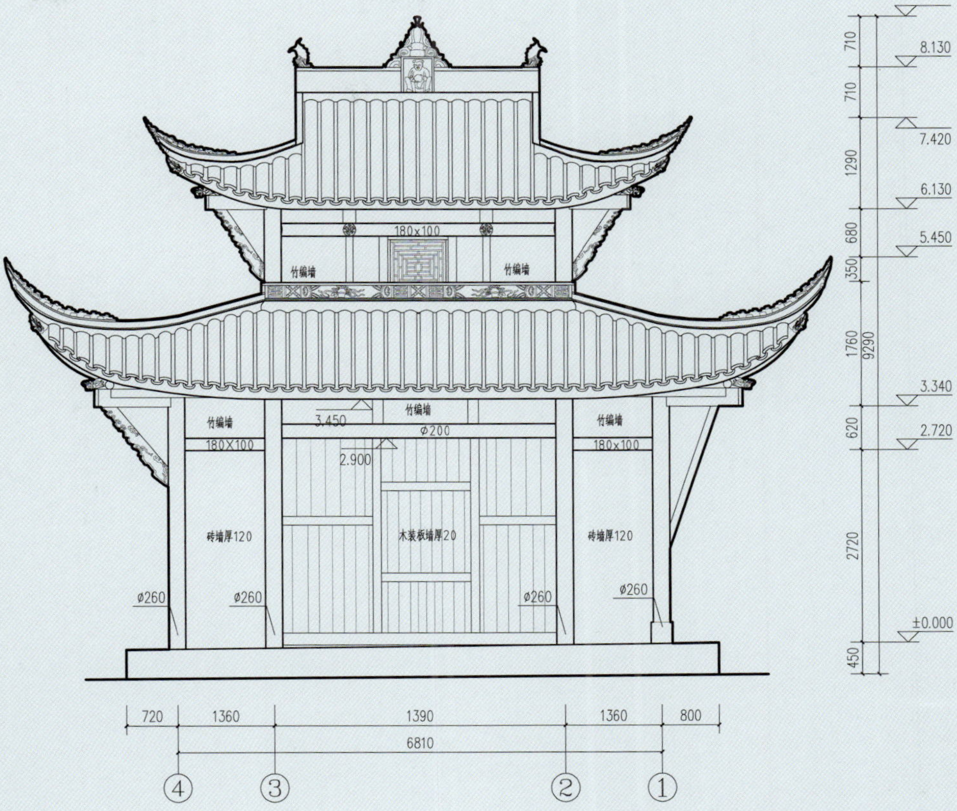

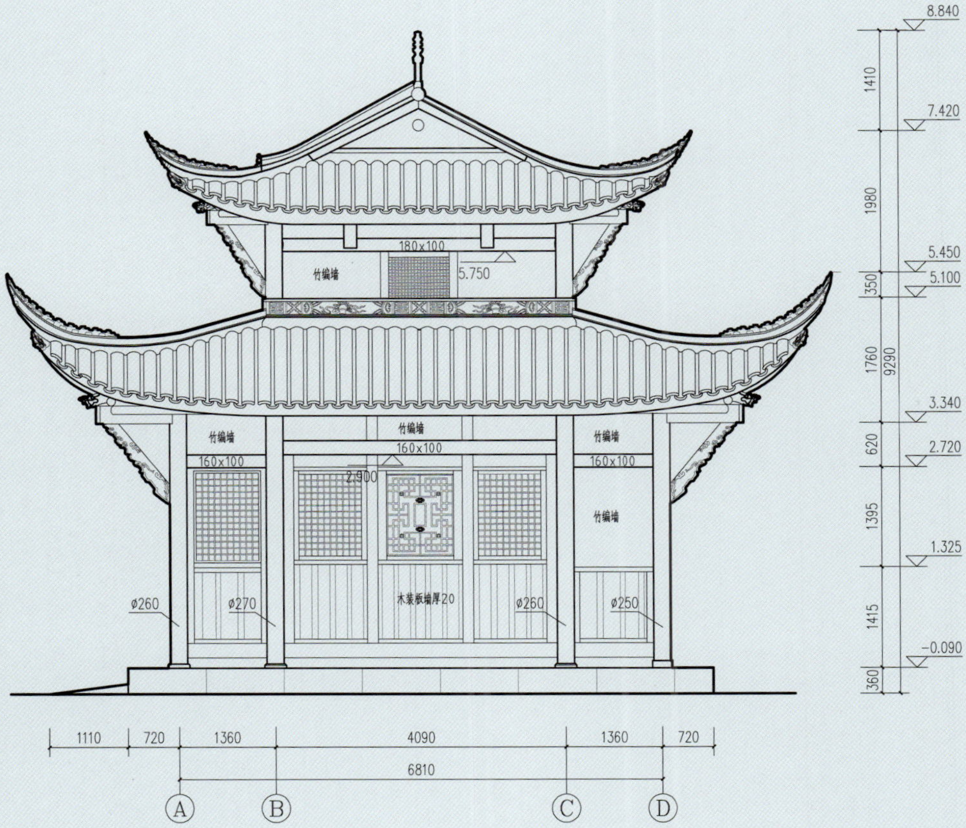

10
11

图 2-20 城隍殿

10. 背立面图
11. 北侧立面图

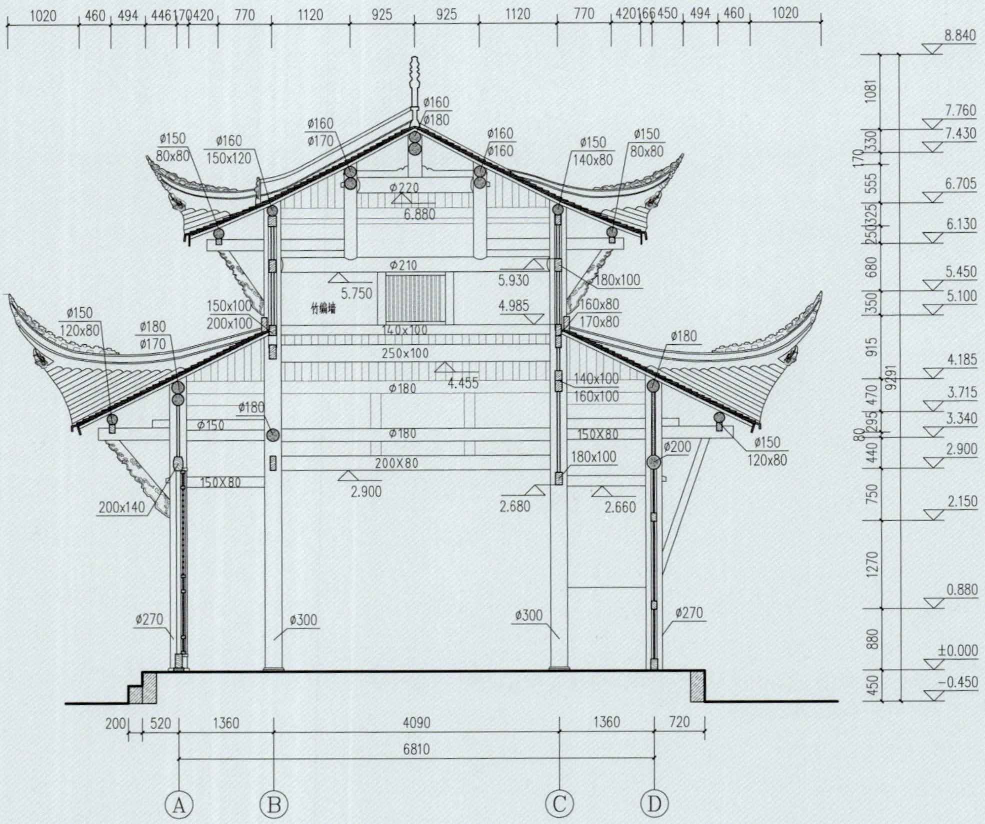

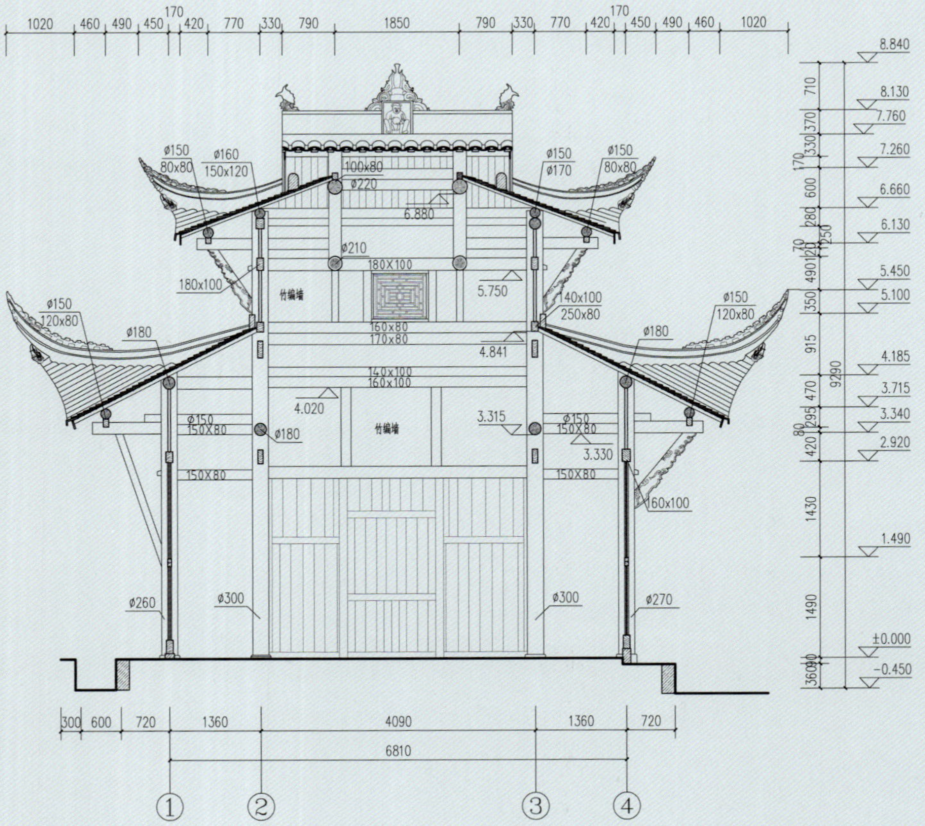

12
13

图 2-20　城隍殿

12. 1-1 剖面图
13. 2-2 剖面图

青龙白虎殿

青龙白虎殿南临观音殿和新城隍殿，向北为九间房，是第三进四合院的前殿，由青龙白虎殿向北，地势依旧降低，至九间房达到最低。

现青龙白虎殿平面呈长方形，为山门建筑，开间带前后廊，厅堂式构造，十架椽屋分心前后乳栿用五柱，歇山顶。面阔五间，中柱间设门，带前、后廊，廊为双步。殿内进深一间，为三步，形成以中柱为轴、前后对称前、后两殿。中柱为通柱，上托脊檩，中柱与前、后步柱间施穿枋四重，上、下金檩施童柱，与中柱用穿枋相连。双步廊童柱因柱间距小而改用驼峰。前后檐施斗栱18朵，斗栱置于平板枋上：前檐6朵，柱头斗栱4朵、转角斗栱2朵，无补间斗栱。斗栱为双下昂，昂头上卷，为象鼻昂，翼角斗栱昂头雕刻为鸟头状。后檐12朵，与柱头、补间铺作相同，为七踩三昂。明间补间施斗栱两朵，次间施补间斗栱一朵，梢间未施斗栱。明间设门，双扇实木门，相传明时鲁班化身到此修建两扇木渣门，其门远看刨木凹凸不平，近触光滑平整。次间山墙为竹编夹泥墙，前有石雕须弥座，上为神像，分别新塑青龙、白虎及财神、药王像。卷棚顶，小青瓦屋面，烧塑灰陶缠枝牡丹垂脊，垂脊前施靠背，靠背顶部雕饰正面蝙蝠，靠背上施人物，脊上灰塑瑞兽。戗脊施卍字花砖脊，翼角施卷草，起翘明显。套兽为猪头，在川内建筑中少见。后期的修建中又将卷棚歇山顶改为歇山顶。

青龙白虎殿明间下金檩下皮有“□玄天上帝圣像一堂中江乡宦进士□□□福建道监察御史宋……司”题记，檐檩下皮题记为维修时主持和参与维修的人员。药王、财神殿明间檐檩下皮以太极图为界，两侧各有题记，西侧为“大清乾隆三十六年岁次辛卯季夏月望五日谷旦谨立/皇图巩固”，东侧为“本山住持道任李复元复莲徒侄潘本通刘本宁余本忠复徒冷合英雷合煓徒郑教琳木匠陈昌荣昌增昌义侄陳弘道讳胜□弘泰弘陽瓦蓋匠劉崑山何登榮蕭一元羅端/帝道遐昌。”明间正门悬明崇祯皇帝御书“天下第一名山”匾额，门联云“世上无双胜景，天下第一名山”。

青龙、白虎是道教中门镇守道观的山门特殊的门神，明姚宗仪《常熟私志·叙寺观篇》云：“道观山门二大神，左为青龙孟章神君，右为白虎监兵神君。”青龙、白虎被人格化，并给予其封号。面南背北的建筑中，青龙位于东、白虎位于西，常说的“左青龙，右白虎”是以背对建筑即面向与建筑朝向相同的情况下所指。

青龙白虎殿梁上旧存墨书题记“大明万历三十二年岁次甲辰（1604年）”，药王、财神殿明间檐檩下皮“大清乾隆三十六年岁次辛卯（1771年）季夏月望五日谷旦谨立”题记，但据调查，青龙白虎殿原为位于中轴线两侧，为东、西对称分布、结构和形制相同的两座建筑，二十世纪九十年代后改变为现形制，现在有题记的檩等构件当为利用其他建筑的旧料所修建。现青龙白虎殿整体结构与苏式建筑的六界边贴相似，做法上有较多的苏式建筑工艺。另山墙为穿斗结构，未施斗栱；旋子小点金彩画也是后期所绘，与建筑整体形制不协调（图2-21：1～28）。

1 3
2 4

图 2-21 青龙白虎殿

1. 背立面
2. 背立侧视
3. 梁架结构（南部，由东向西）
4. 翼角结构

5
6
7

图 2-21　青龙白虎殿

5. 斗栱局部
6. 前檐柱头科斗栱
7. 后檐柱头科斗栱

8 | 9

图 2-21　青龙白虎殿
8. 角科斗栱
9. 屋顶脊饰

10
11
12

图 2-21　青龙白虎殿

10. 金檩题记
11. 药王财神殿额枋下皮题记
12. 药王财神殿额枋下皮题记局部

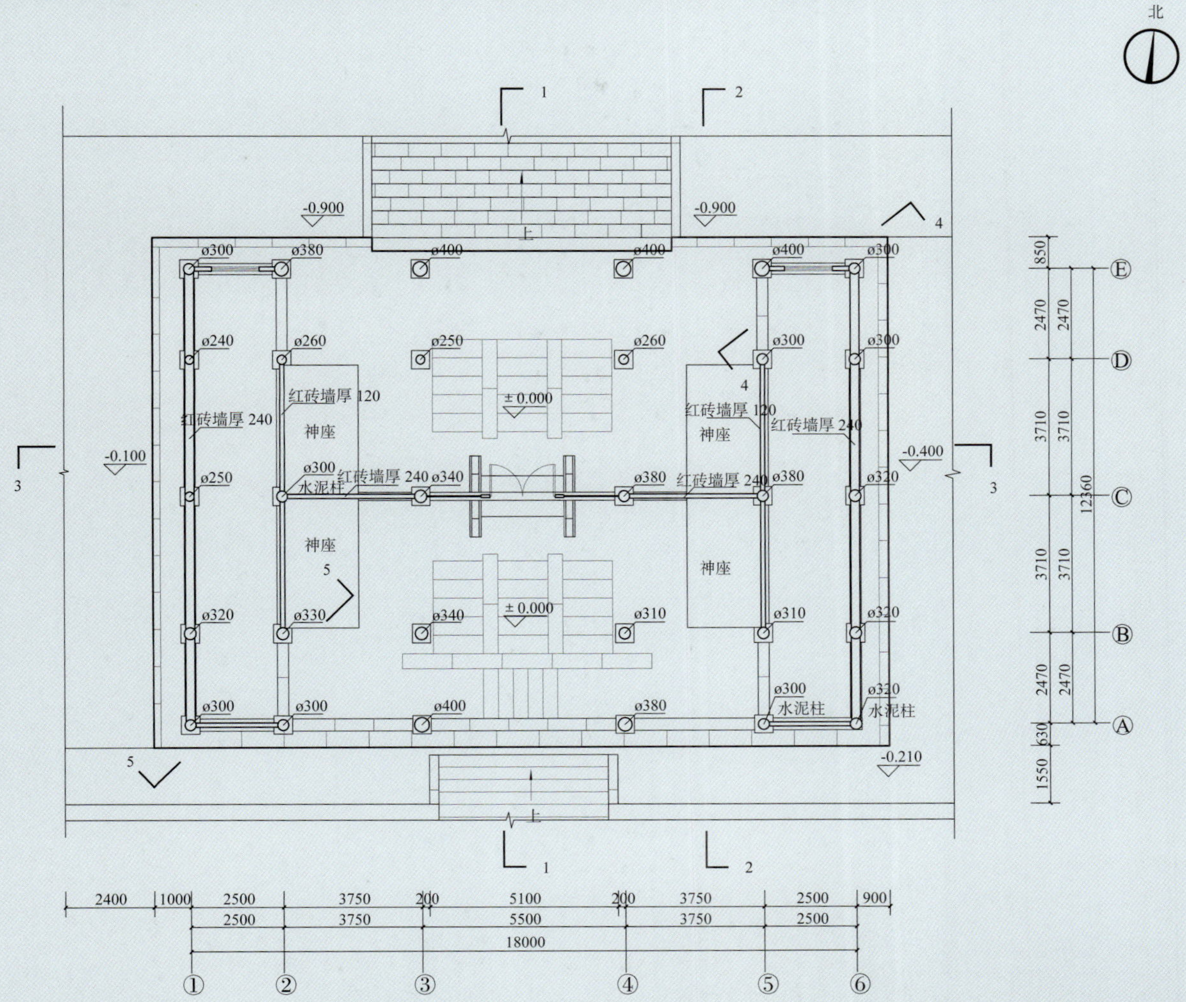

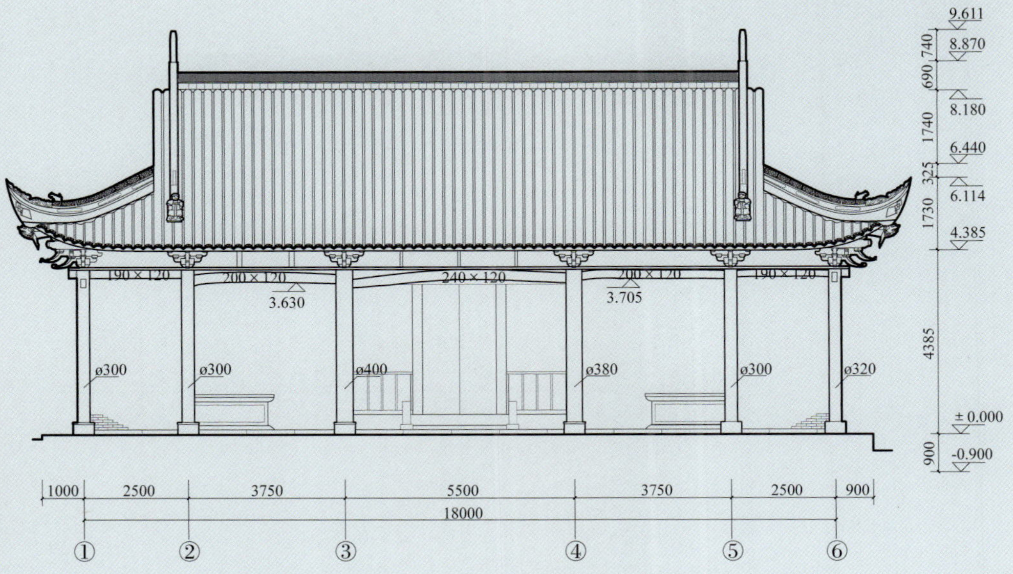

13
14

图 2-21 青龙白虎殿

13. 平面图

14. 南立面图

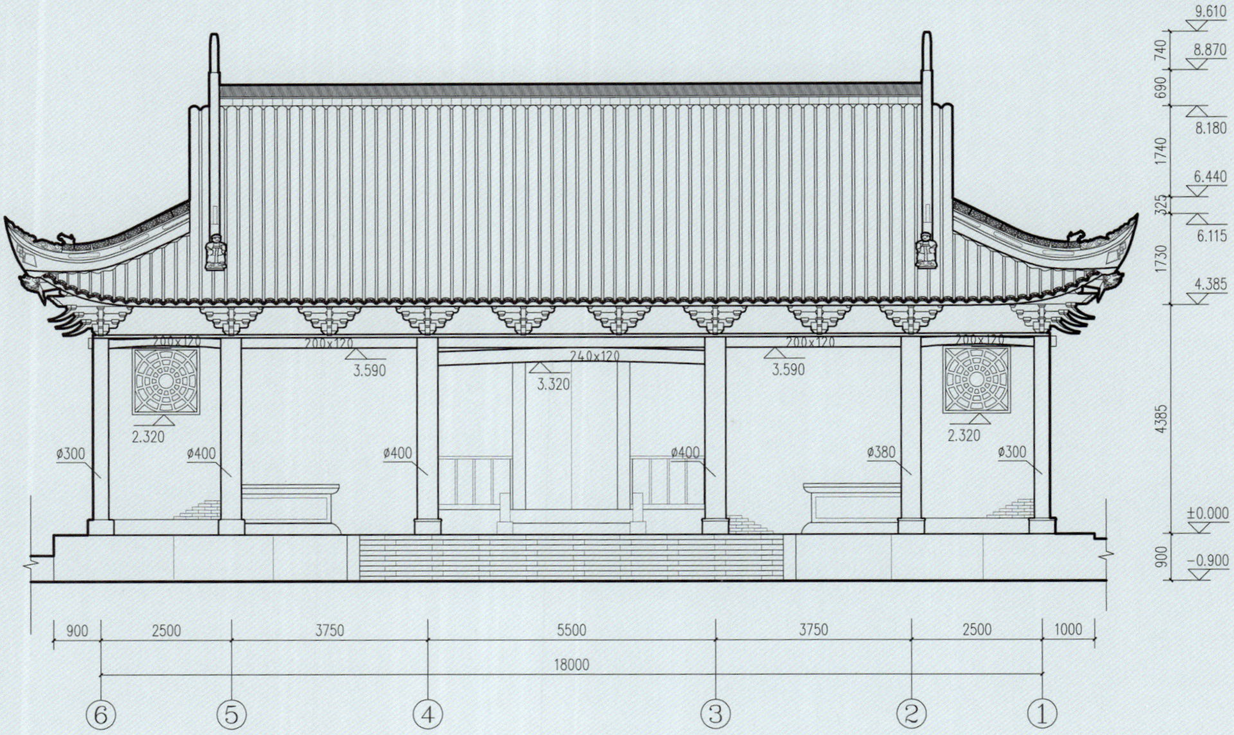

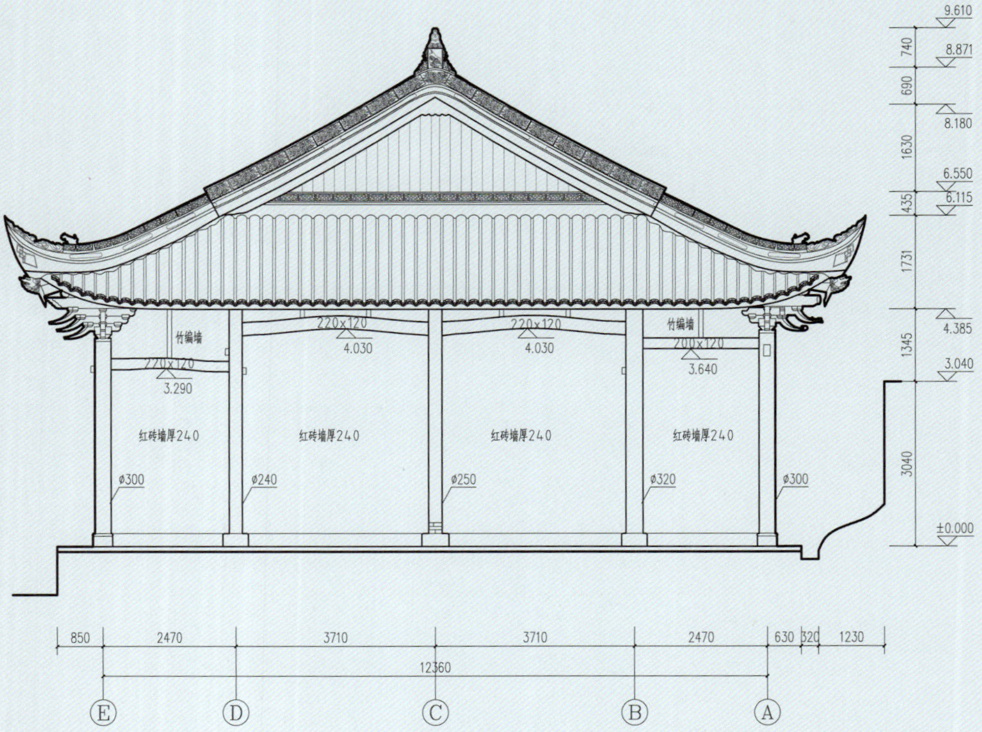

15
16

图 2-21 青龙白虎殿

15. 北立面图
16. 西立面图

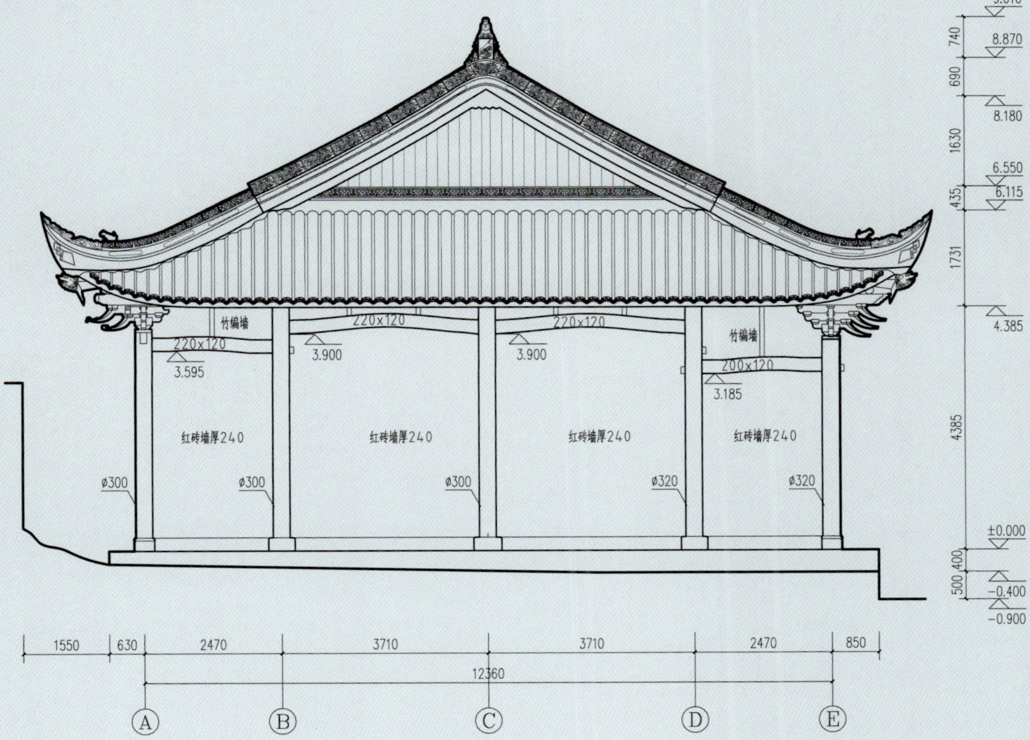

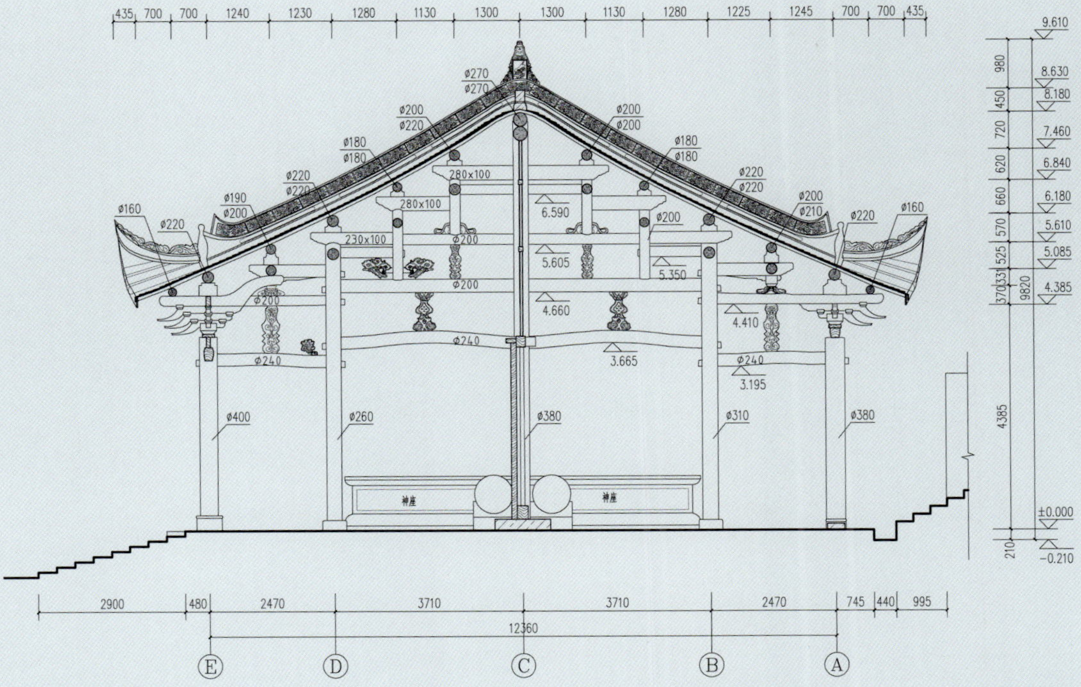

17/18 图 2-21　青龙白虎殿

17. 东立面图

18. 1-1 剖面图

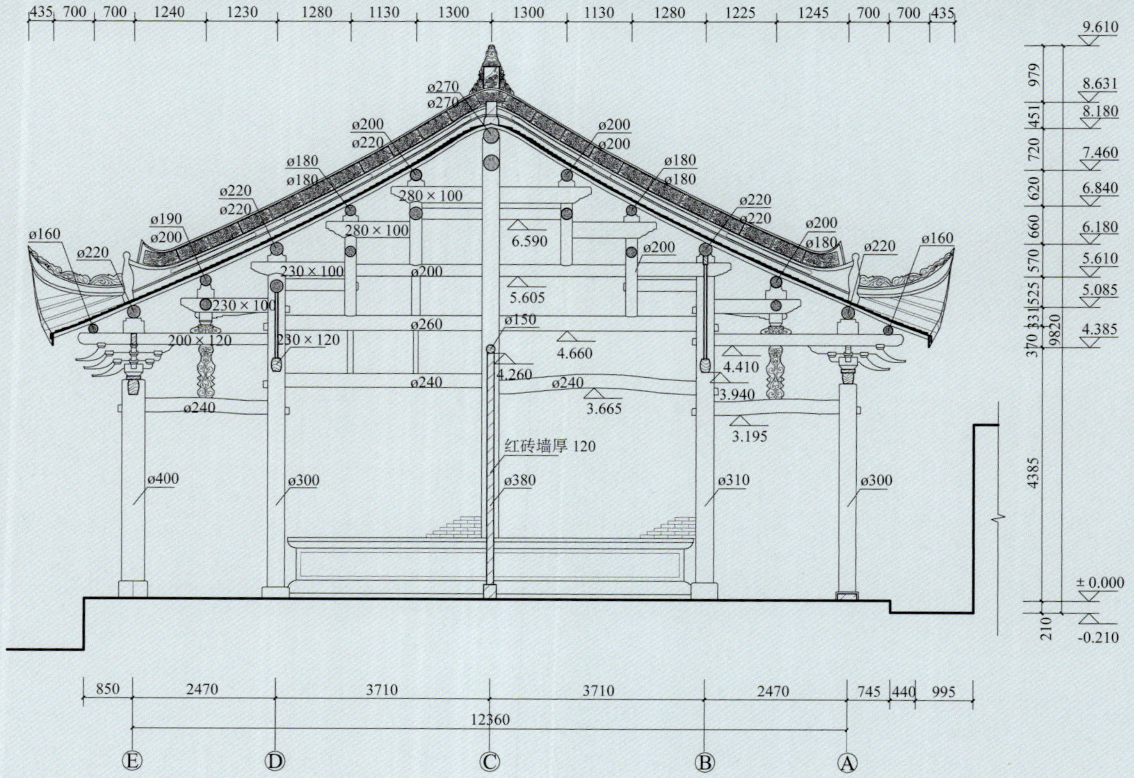

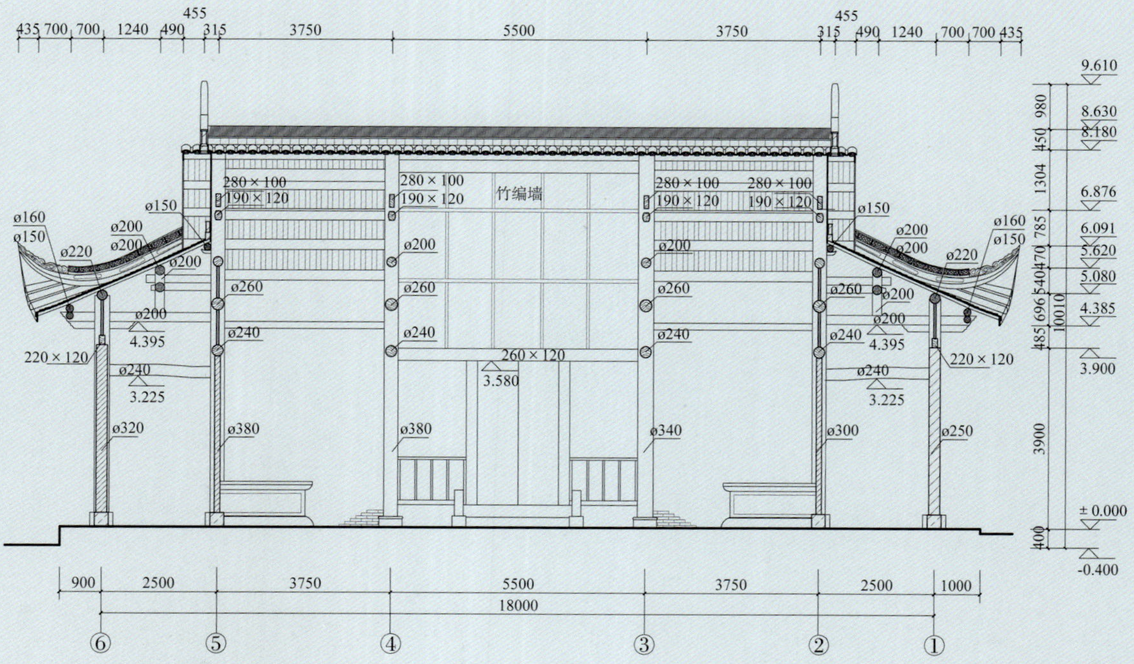

图 2-21　青龙白虎殿

19/20

19. 2-2 剖面图
20. 3-3 剖面图

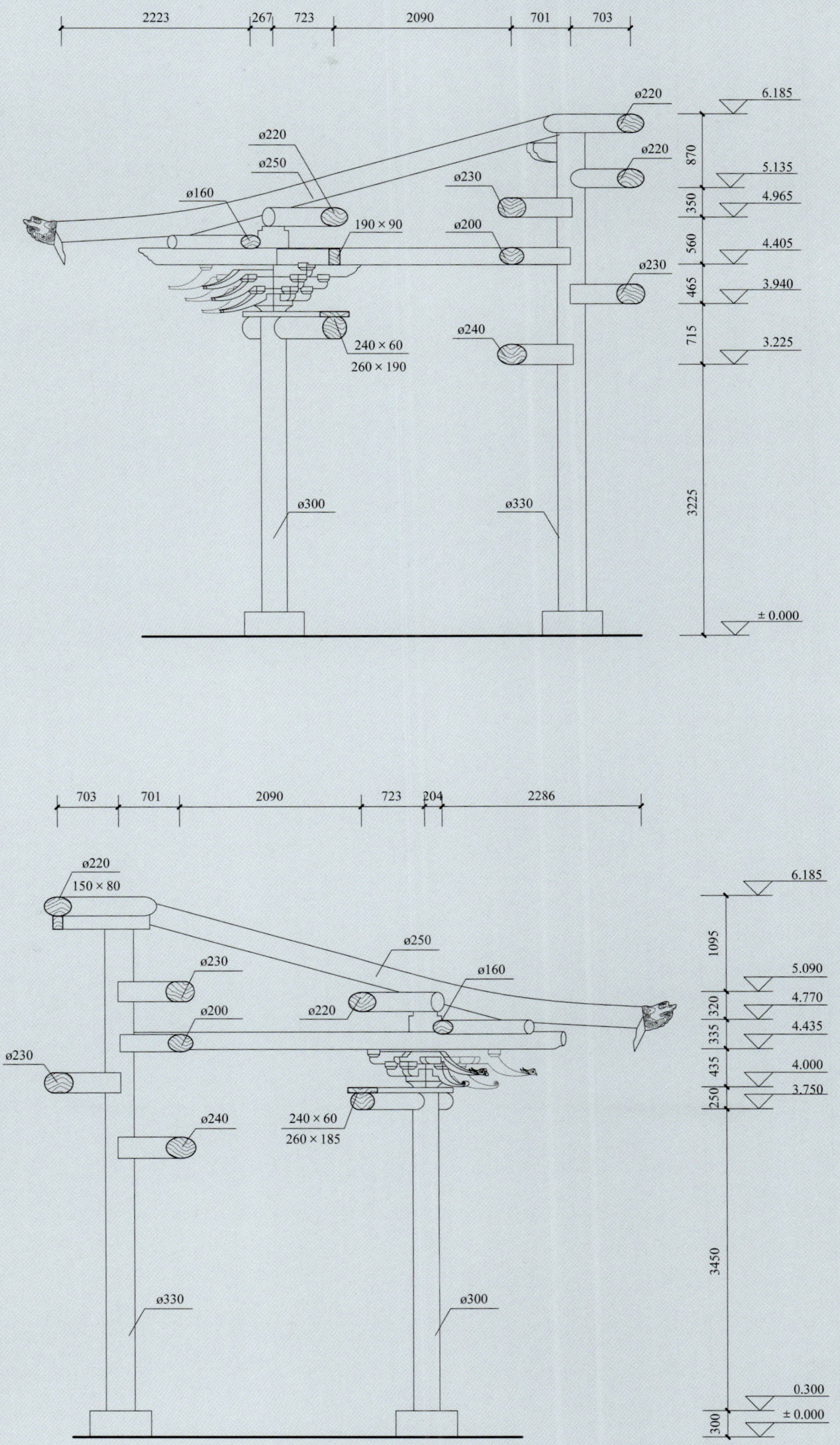

21
22

图 2-21　青龙白虎殿

21. 4-4 剖面图
22. 5-5 剖面图

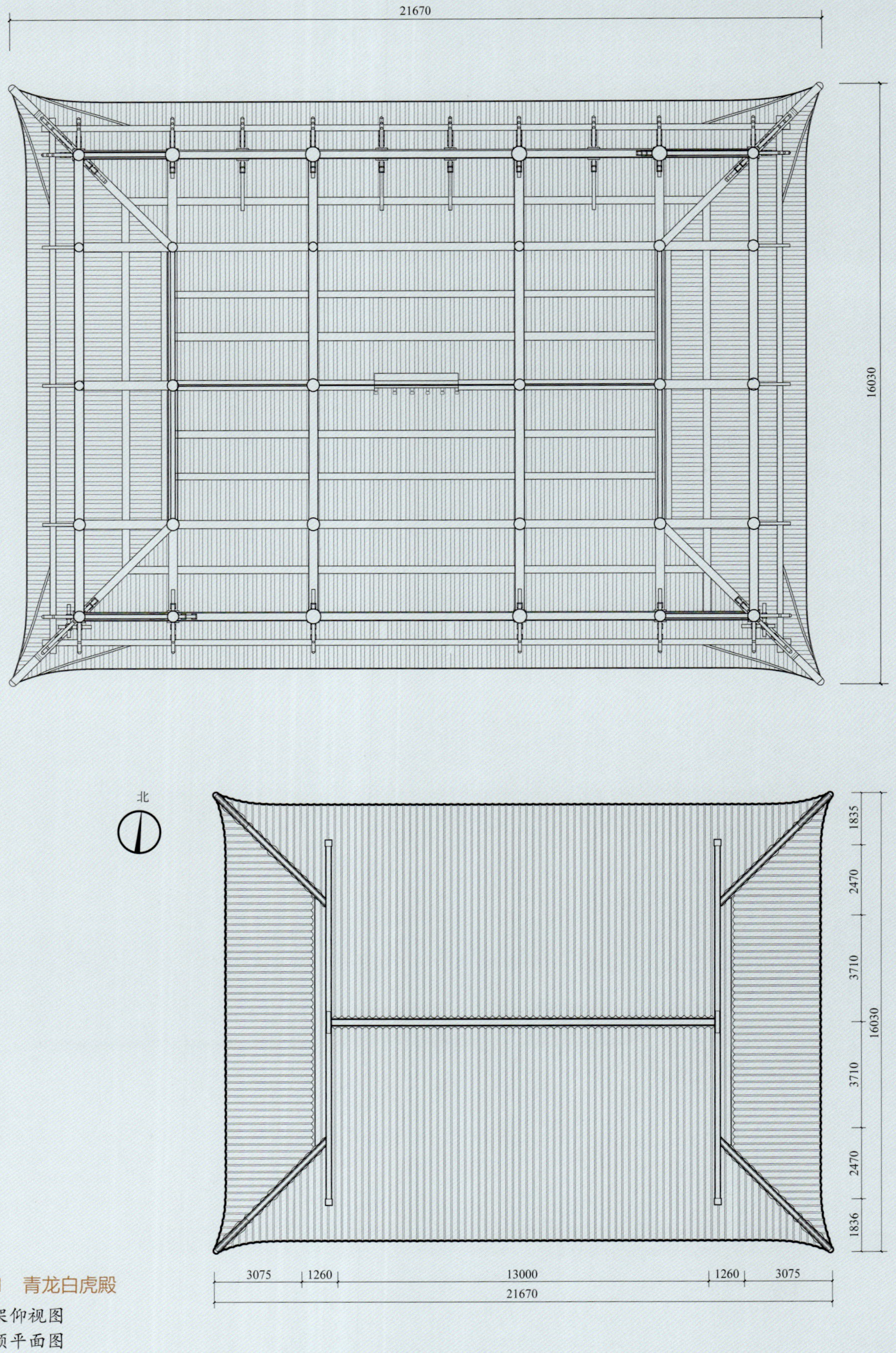

23
24

图 2-21 青龙白虎殿

23. 梁架仰视图
24. 屋顶平面图

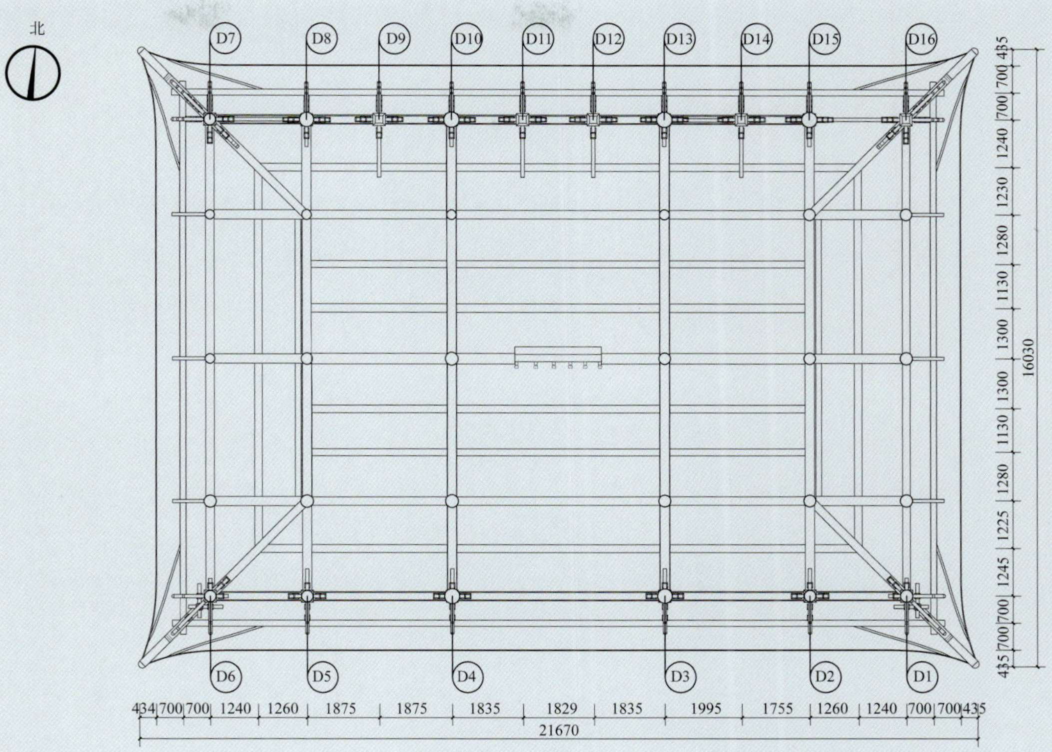

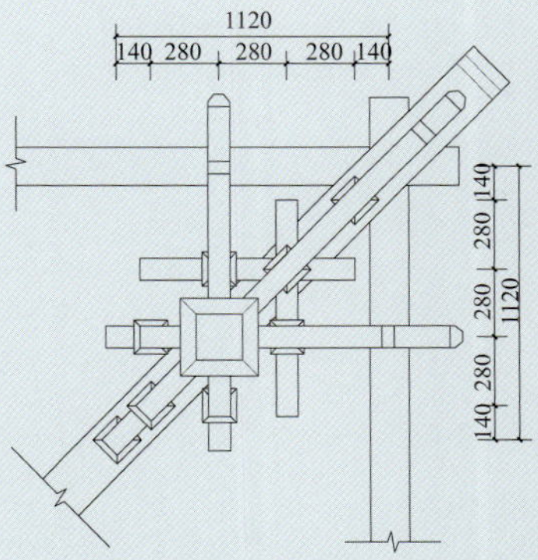

前檐转角铺作平面图

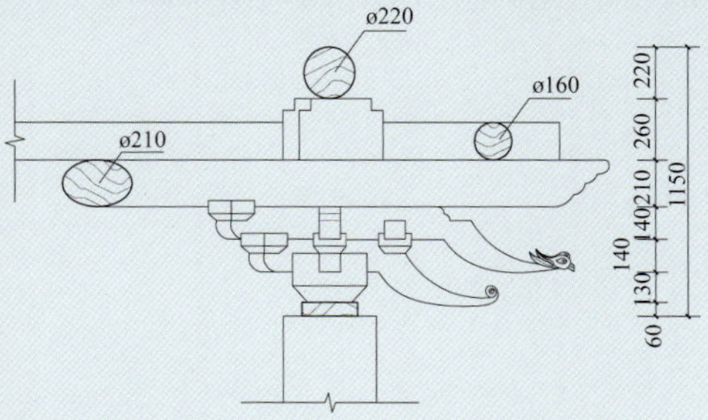

前檐转角铺作侧立面图

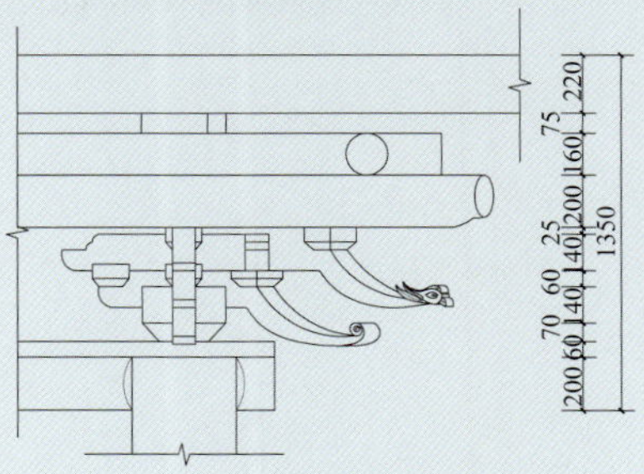

前檐转角铺作正立面图

25
26

图 2-21　青龙白虎殿

25. 斗栱分布图

26. 前檐转角铺作斗栱详图

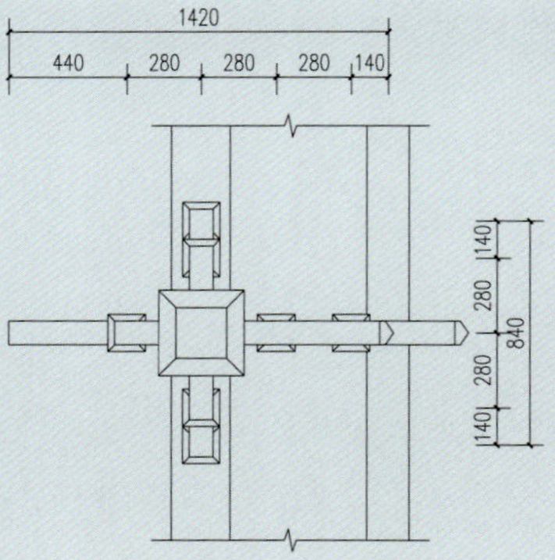

前檐柱头铺作平面图

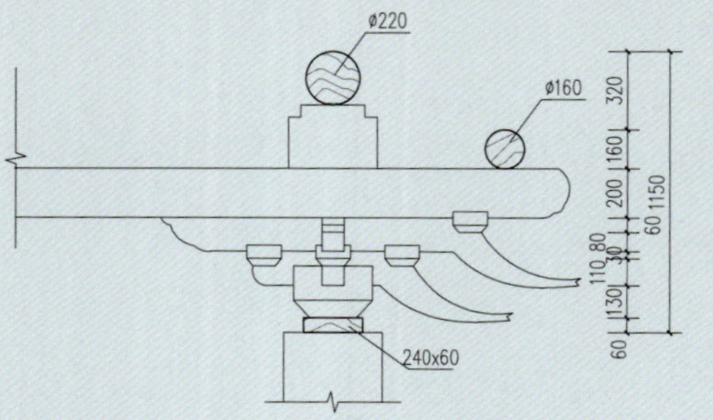

前檐柱头铺作侧立面图

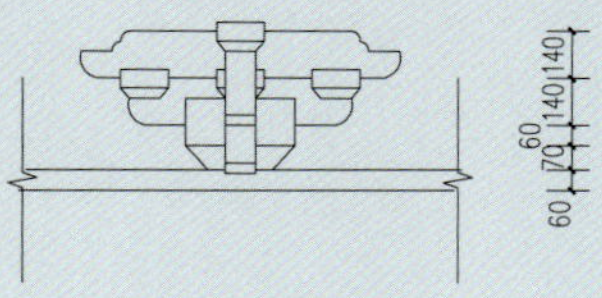

前檐柱头铺作正立面图

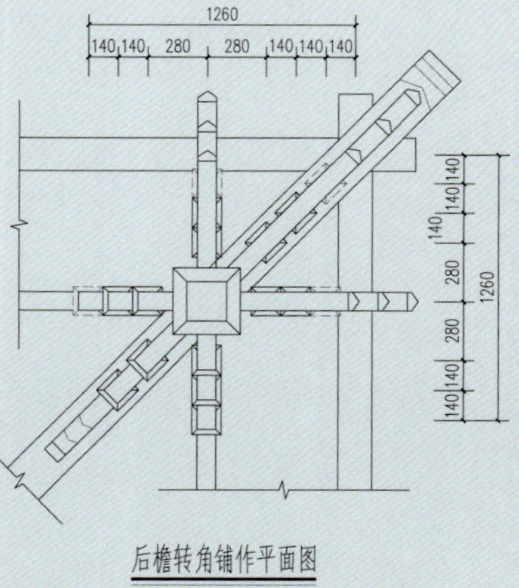

后檐转角铺作平面图

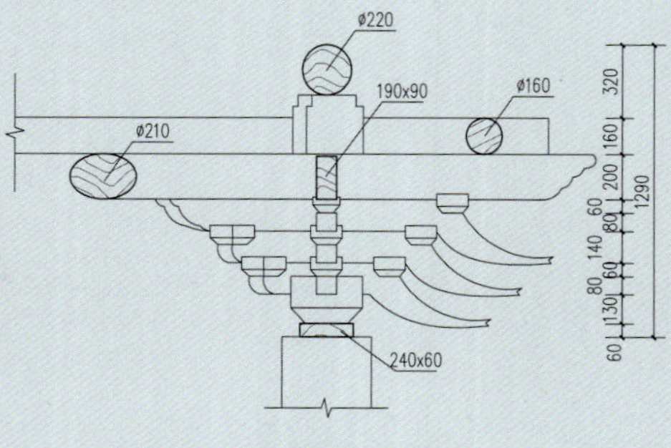

后檐转角铺作侧立面图

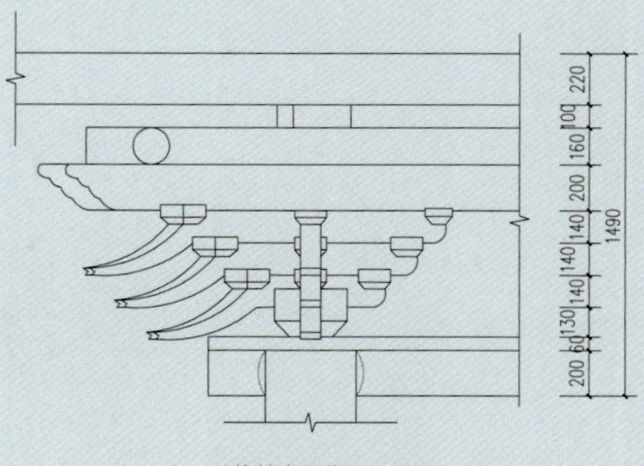

后檐转角铺作正立面图

27
28

图 2-21　青龙白虎殿

27. 前檐柱头铺作斗栱详图

28. 后檐转角铺作斗栱详图

/云台观即古之佑圣观也，始于大宋光宗绍熙。玄帝自武当分身化炁游驾蜀川，驛驻飞乌，讬胎于赵岩之宅，至庆元乙卯岁三月三日圣诞，号无著道君，乃/帝八十三化身，于嘉泰六年始入此山，首结茅屋，指示图式，命工修造大殿三间。自制一疏，降一童子募铁鼎，铸降魔圣像于文曲峰下赵村垭。是夜，电掣雷鸣，铁像浮/空至殿；自标云台十景，因名其观曰佑聖，名其殿曰普应，于九月至吉帝即升隐而去，遗嘱本山诸子赵希真、李纲等募建拱宸楼于正殿之右，即今遗脱处也。/至元为兵燹废。明初洪武献王分茅治蜀，凡所祈祷，靡不灵异。乃捐金，命工培修殿，瓦则易以琉璃，楹栋则文以金碧；下及旁堂、便宇、枋牌、碑亭，以次成就。至万历廿/七年，遣使斋经壹藏、圣旨、朝笏各件。三十年，道房忽遭回禄毁坏，拱宸楼等处由潼川州申详按院各部入奏，遣余、杨二差官并饬蜀藩发帑督修。功竣，复斋经一藏/圣旨一函，而拱宸楼等处庙貌仍然难新。我皇清光绪十二年正月初九日夜，拱宸楼火起，而灵祖、香亭各殿概然无存。附近绅耆会商，禀县申详大宪，发给□□募/资重修，卜吉于十三年七月，鸩工冬月。立降魔殿，次年春藏经阁、灵祖殿、九间房、香亭以次而立，规模初具，尚未大备。诚恐世远年湮，渐就消没，略述颠末，以誌不朽。/光绪十四年戊子岁冬月初九日，经理首士罗世仪、梁己山、程国蕃、邱汝南、任树滋、李化南、武含章、李蟠根、杨馥园、程国桢程、国霖、张廷举、张廷左、冷时界，管事龚登甲重建。/

从九间房梁上题记可知，九间房是光绪十四年云台观时任住持龚至湖等主持修建的。

图 2-22　九间房

6. 脊饰

1	3
2	4
	5

图 2-22　九间房

1. 九间房（北—南）
2. 西九间房侧视
3. 西九间房二层梁架结构
4. 东九间房二层梁架结构
5. 前檐结构（西）

九间房

位于青龙白虎殿北中轴线东、西两侧（图 2-22：1 ～ 16）。

九间房为一楼一底，悬山顶。每层面阔九间，柱间用木板为隔墙，形成共计三十六间房。过去为官员进香休息之所。

底层进深两间，带前廊。进深柱间施楼板梁，面阔柱间施枋，高与楼板梁平齐，楼板梁之间中部施穿枋一根，穿枋、楼板梁与楼板梁之间的穿枋构成楼板的承重结构体系，其上铺木板为楼板。每间设单扇木板门，木槛墙，直棂槛窗，除明间门开设于中间、两侧为木槛窗外，其余门均以明间为对称，分别开设于靠近明间一侧柱处。

二层亦带廊，较底层减去一柱，故房间小而厅宽，廊深三柱、四步，房间进深一间。穿斗式木构架，前檐檐柱与后檐金柱间柱均不落地，形成廊厅。后檐金柱与前檐檐柱间施抬梁，梁弯曲，上施童柱两根，柱间施穿枋相连，后檐金柱与童金柱间施穿枋，枋上为脊柱，支撑脊檩。房间于头圈枋上施柱，柱与后檐金柱间有穿枋相连，与后檐檐柱间施穿枋出挑，承托挑檐檩。底层前檐檐柱与内金柱间楼板梁出挑，与前端施带雕刻望柱头的垂花柱相交，各垂花柱间施木板封护，与两山面的栏杆围合。护栏施间柱两根分隔为三块，栏板均为素面，未饰。前檐檐柱施圆形圆雕、透雕撑栱，交于前檐挑檐枋下，构成前檐三角形承重结构。撑栱雕刻残损严重。每间房于正中开实木门，两侧为竹编夹泥墙，门上有竹编夹泥横风窗，外抹灰。山墙开门，以供出入。

九间房为悬山顶，小青瓦屋面。正脊滚筒饰卍字纹，脊肚上开窗，窗内无饰。脊肚上马路砖上置烧制拼接的透雕缠枝牡丹花砖。陶质宝顶，由多块拼接而成，主体图案为“福禄寿喜”四字。宝顶两侧分布虎和异兽。两端为陶制草龙脊饰，草龙以卷草缠枝为龙身，昂首。

东九间房明间脊檩施彩绘，明间、次间梁下有维修及维修主持人、木工、雕工等题记，题记均为楷书。

南次间南缝柱梁下题记：总理龙门正宗天仙状元二十一代孙住持龚至湖、冷理怀、杨明正、赵明亮、赵至霖、任理权、王理金、宋宗清、侯宗德、万诚章。

明间南缝柱梁下题记：重修木工滕家伦率徒唐朝寿、刘昌明、聂承界、罗以仁、许宗又，徒孙王至诚、易训勇、周义兴、羊直义、赵心位、许三鼎、周长兴、易清山、杨宗交、张应亨、杨王洪、唐元顺、李春贵、刘洪顺，众木工葛良柱、王步金、骆远程、梁伯之、王庆龙、王庆云、唐上清、何心之、曾合兴、左国民、安天心、聂朝君、安天魁。

明间北缝柱梁下题记：石工左茂、华荣，泥工王真金，瓦工涂德怀，雕工左龙潭，塑工夏万清，铁工陈德。

西九间房明间脊檩亦施有彩绘，其余各间脊檩下皮墨书题记，记载云台观历史沿革，由北向南，依次为：

7
8

图 2-22　九间房

7. 山花及正脊
8. 宝顶

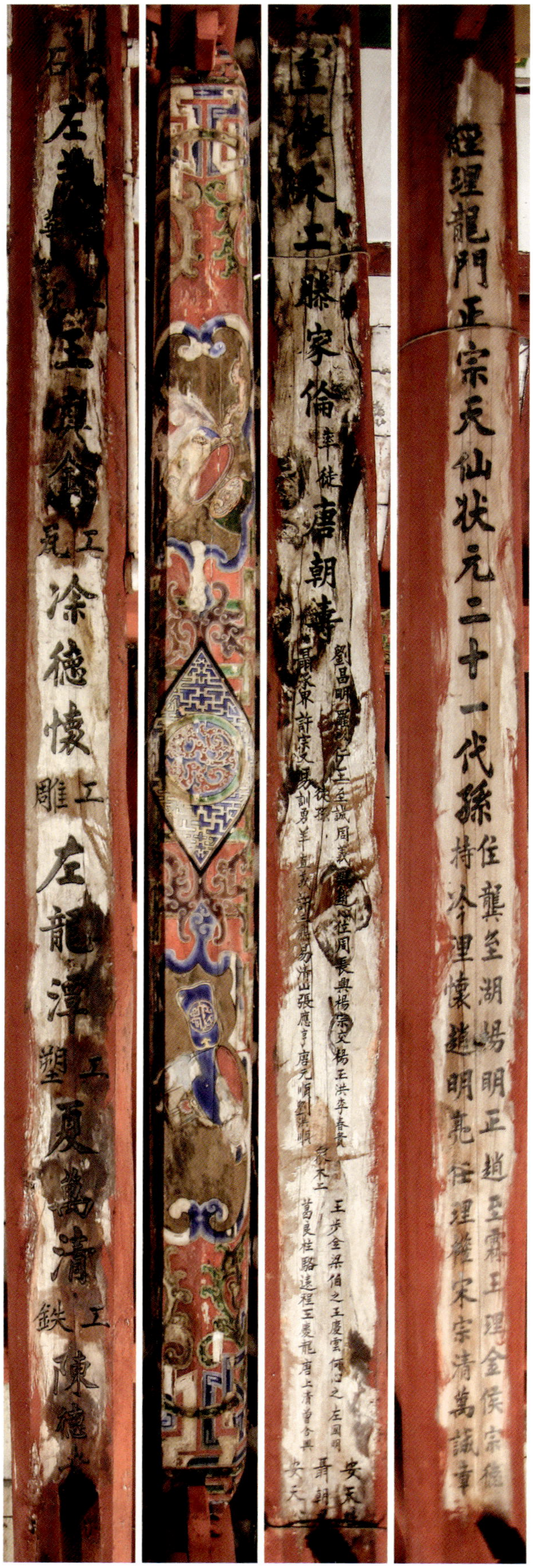

9-1 | 9-2 | 9-3 | 9-4

图 2-22　九间房

9-1. 东九间房明间北缝柱梁下题记
9-2. 东九间房明间脊檩彩画
9-3. 东九间房明间南缝柱梁下题记
9-4. 东九间房南次间南缝柱梁下题记

图 2-22 九间房

10. 西九间房脊檩题记及彩画（由北向南）

11
12
13
14

图 2-22　九间房

11. 九间房一层平面图
12. 九间房二层平面图
13. 九间房东立面图
14. 九间房西立面图

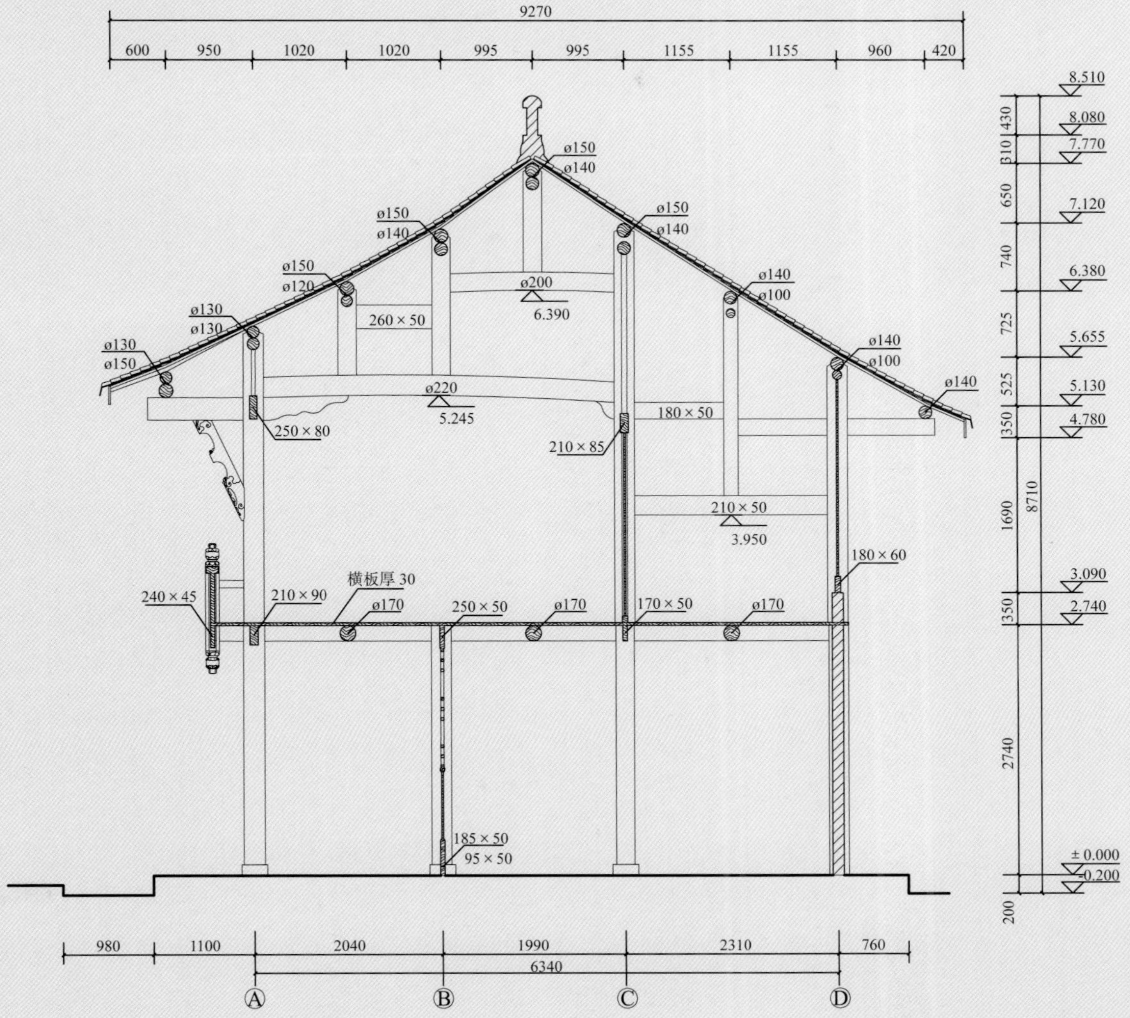

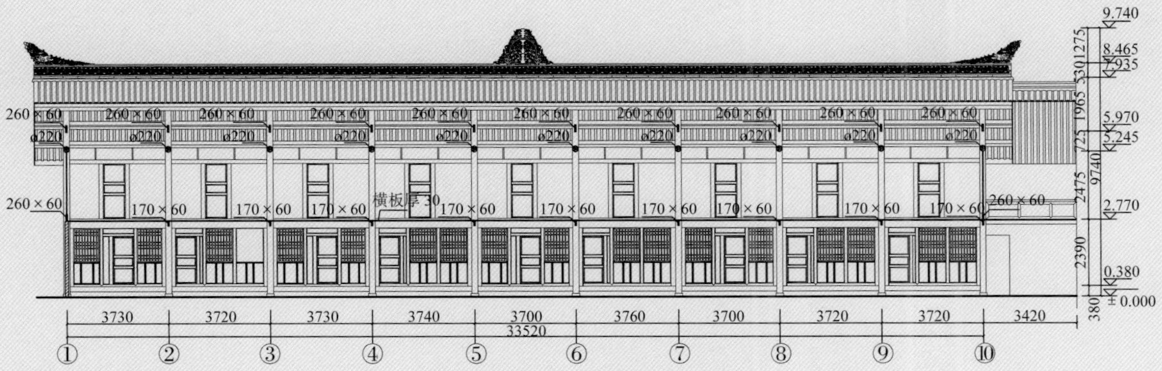

15
16

图 2-22　九间房

15. 九间房 1-1 剖面图
16. 九间房 2-2 剖面图

灵官殿

位于十间房北部的第一个台地上，地势由此逐级抬升（图 2-23：1 ～ 19）。

灵官殿位于条石砌筑的高台上，正中施条石砌筑垂带踏步，踏步宽与灵官殿明间等宽。灵官殿建于石砌台基上，台基与高台前缘之间形成一个平台，两侧有门与十间房二层相通。

灵官殿台基为普通台基，石砌，台帮均无雕饰，台缘无栏杆。灵官殿平面呈长方形，面阔三间，进深一间，抬梁穿斗混合式木构架，卷棚悬山顶。前后金柱间施梁一重，梁上施童柱，童柱直接承托金檩，柱头施梁，柱间施穿枋一重。童柱与金柱间施穿枋，叠压于童柱间穿枋下，穿枋出挑檐檩，形成挑枋；挑枋与柱间施撑栱，构成三角形受力支撑结构体系。明间撑栱为圆形，每个撑栱分上、下梁部分，分别立雕塑的八仙：正面为张果老、曹国舅和吕洞宾、何仙姑，北面为汉钟离、蓝采和和铁拐李、韩湘子，八仙是在雕刻完成后固定于撑栱所砍削的台面上的，现通体为金色。次间撑栱为扁平形，两侧施雕刻，后期上彩。梁上又施童柱两根，柱间仍用穿枋拉牵。柱上承脊檩，檩上施罗锅椽，柱头施鳖壳，贴于卷棚扁椽下，鳖壳正面施雕刻。各檩下均施随檩枋。小青瓦屋面，悬山山面出檐较深，博缝板端头雕刻如意云头悬鱼，木板山花，刷红。后檐檐柱山墙两侧有看面墙相连。

灵官殿柱础较高，分两部分组成：底部为八边形座，外露各面浮雕芙蓉、兰等花草；上部为鼓磴，鼓磴上部雕刻出鼓钉。后檐柱础均部分砌于墙内，故墙当为后期砌筑。前檐檐柱额枋下施雀替，雀替为镂空透雕花草，现表面绘彩。正面无门窗，明间无门，次间为砖砌槛墙，无槛窗，槛墙为后期砌筑，抹灰表面用白色勾出砖缝。额枋上横风窗为编壁墙，用间柱隔为等同的三部分，编壁墙表面抹白灰，明间额枋悬挂“驱邪扶正”匾额。后檐明间砖砌到额枋下，墙前为须弥座台，台上为王灵官像，背面墙身抹灰，中间墨绘太极图，两侧竖向墨书“道法自然”四字。次间施隔扇门三扇，当为后期所配。横风窗结构、形制与前檐横风窗相同。前、后檐明间撑栱截面为圆形，每根撑栱正面圆雕八仙两位；次间撑栱截面为扁平状，浮雕花草。现撑栱均后期绘彩。

悬山顶屋面，垂脊前为花瓶靠背，脊端蹲坐麒麟、狮瑞兽，中部蹲塑瑞兽一只。两垂脊间正脊由三重组成，脊饰“正”“直”“无私”“扶”“正”“诛”“邪”与“海水江牙、福如东海”、行龙、飞凤等间错装饰分布。正脊两端置鱼龙吻，龙张口含脊，背斜插宝剑；中部为卷云葫芦宝瓶宝顶，宝顶两侧分别塑朝向宝顶的蹲坐状瑞兽一只和面南背北站立的文官一个。排山宽五椽，两重脊，即无上重花脊。

看面墙为局部猫拱背风火墙式，看面墙依后檐角柱向两侧砌筑，砖砌墙身，单层菱角檐，墙顶由灵官殿向外呈弧状降低，墙帽脊的形制与山面脊相同。墙身为空斗墙，结构形制与江西做法相同。

1 | 2

图 2-23　灵官殿

1. 正立面
2. 背侧立面

灵官殿为卷棚顶施脊的结构、做法在云台观建筑中仅见，形制结构较为特殊。

王灵官，本名王恶，后因萨祖师改名王善，明代享受国家祭祀的重要道教神仙，为道教的第一护法神，因此道教宫观中经常镇守道观山门，山门内的第一座殿往往为灵官殿。王灵官又称火车灵官王元帅，为赤面髯须，身披金甲红袍，三目怒视，左持风火轮，右举钢鞭，形象极其威武勇猛。王灵官面对山门，额上火眼金睛能辨识真伪、察看善恶，明间悬挂的“驱邪扶正”匾额是其职责的写照，因此道教徒到宫观，进山门后首先朝拜王灵官，民间流传有“上山不上山，先拜王灵官”的俗语。

3	6	
4	5	7
		8

图 2-23　灵官殿

3. 梁架结构
4. 明间东榀梁架细部
5. 前檐撑拱
6. 翼角
7. 前檐柱柱础
8. 后檐檐柱柱础

9
10

图 2-23　灵官殿

9. 南屋面
10. 供桌

11
12
13

图 2-23　灵官殿

11. 西侧砖墙
12. 山面与砖墙搭接细部
13. 砖墙墙檐墙帽结构

月十一日立”等墨书题记，光绪十三年即1887年，也就是说降魔殿在火灾后即进行重建，重建后改名降魔殿。

降魔殿后为二十四级石台阶，古称“二十四步朝金阙”，降魔殿后与二十四级石台阶之间为一小天井，天井两侧墙上开花砖，降魔殿后檐明间与“二十四步朝金阙”间有廊相连。

1 3
2 4

降魔殿

1. 正立面
2. 前廊（由西向东）
3. 梁架结构局部
4. 梁架结构（后部）

5	7
6	8

图 2-24　降魔殿

5. 明间西缝柱结构细部
6. 明间仰视
7. 降魔殿与藏经楼之间天井连接结构
8. 屋面（由西向东）

9
10
11

图 2-24　降魔殿

9. 廊柱柱石
10. 前金柱柱石
11. 后金柱柱石

12
13
14

图 2-24　降魔殿

12. 前廊彩画雕刻
13. 前檐雀替及彩画
14. 明间东缝柱梁下题记

16
15 17
18

图 2-24　降魔殿

15. 明间新匾额
16. 殿内降魔大帝、周公、桃花女塑像
17. 周公云头鞋及塑像石座
18. 桃花女塑像石座

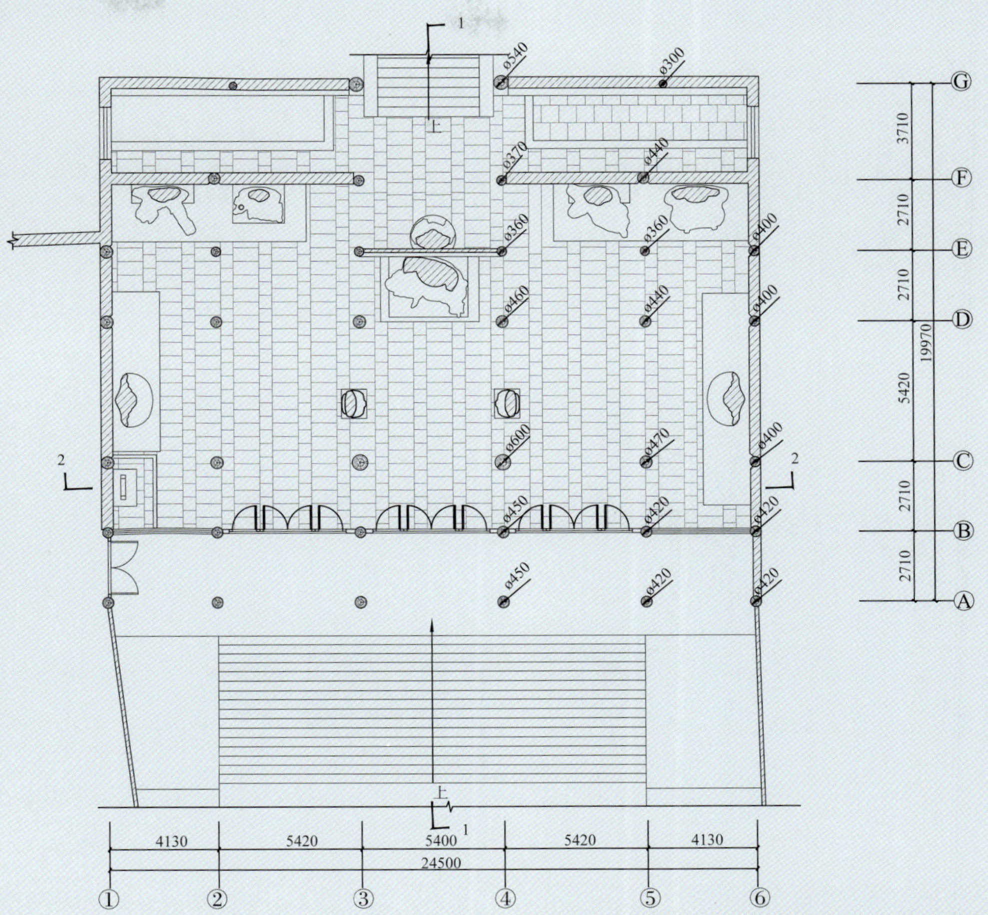

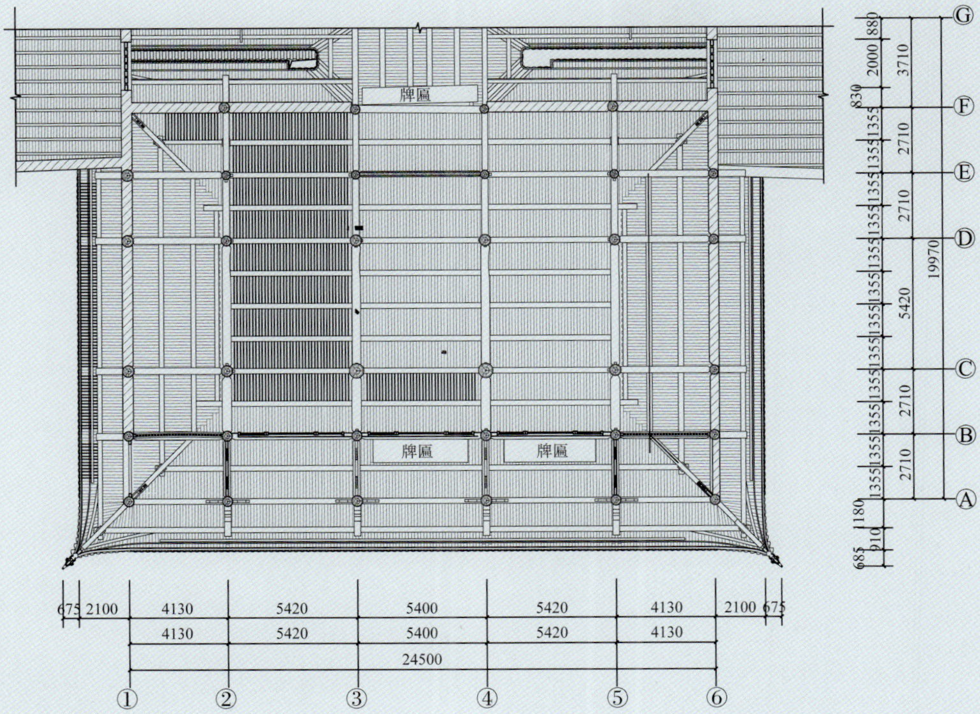

19
20

图 2-24　降魔殿

19. 平面图
20. 仰视图

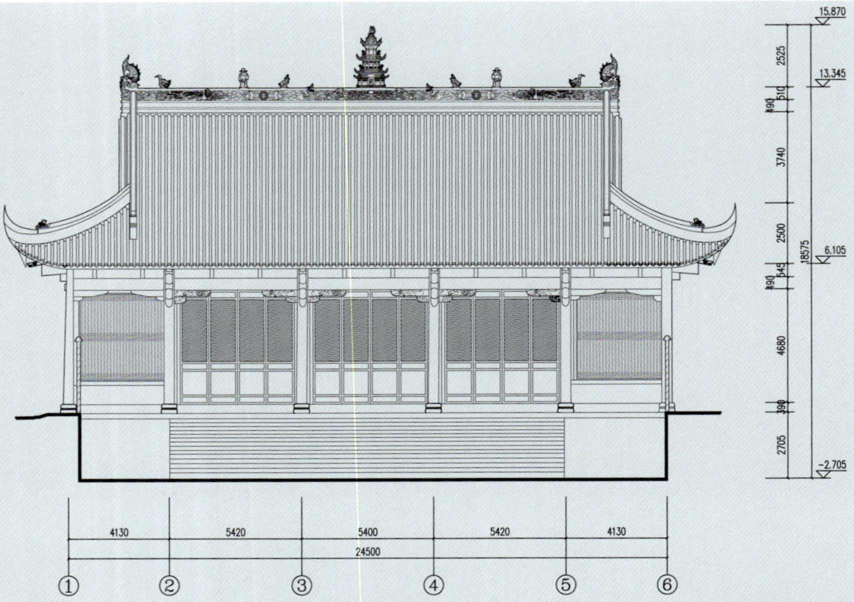

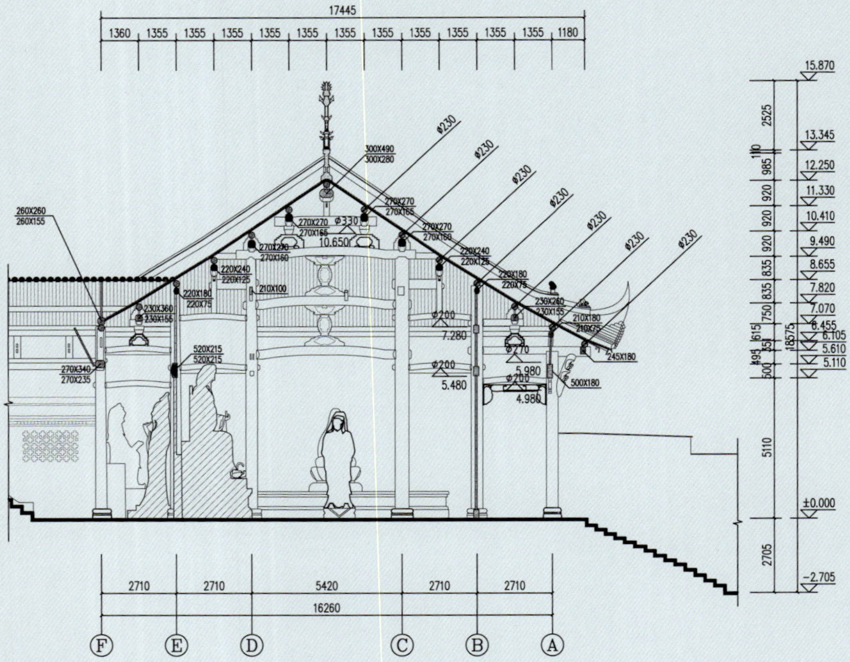

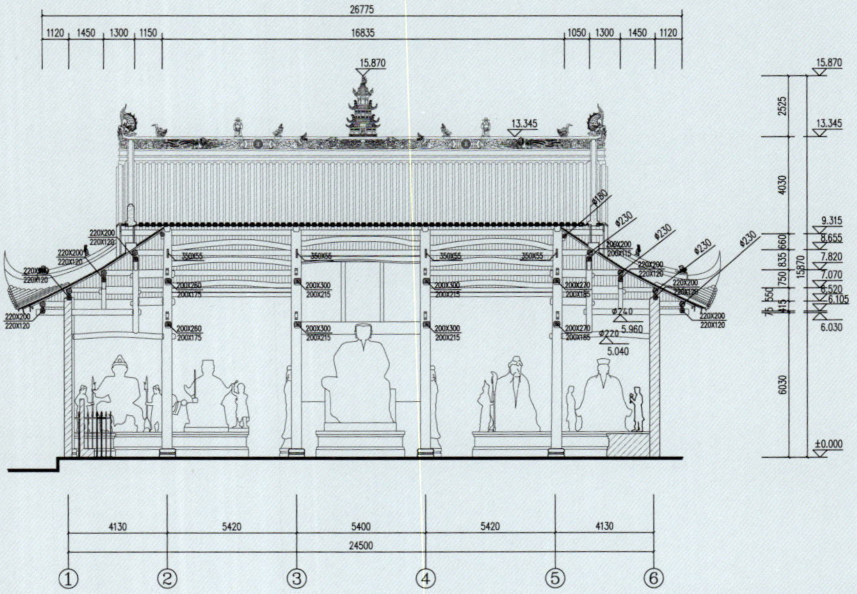

21

22

23

图 2-24　降魔殿

21. 立面图

22. 1-1 剖面图

23. 2-2 剖面图

藏经楼

藏经楼位于降魔殿与玉皇殿之间的二十四步石梯之上，后有廊与降魔殿相连，前有廊与玉皇殿相连（图 2-25：1 ～ 13）。

二十四步石梯两侧条石砌筑墙体，因二十四步石梯地处由降魔殿所在台地到玉皇殿所在台地的地势过渡区，二十四步石梯因地制宜，利用地势的坡度而形成，因此梯步两侧的墙体南高北低，呈直角三角形，条石垂带，素面无饰。墙体南端立柱，与降魔殿后檐明间柱间施枋，构成降魔殿与二十四步梯之间的两面坡廊道结构体系。南端柱柱头施梁，梁下施雀替，与其他枋构成藏经楼楼底的支撑结构体系。墙体南部高，在墙面上开设膛子，膛子边缘为砖砌，北端与玉皇殿所在台地平齐。藏经楼即构建于二十四步梯之上。在墙体上立柱两根，与南端的柱一起构成进深三间，柱下有正方形柱础，砖砌连磉，柱端施穿枋，穿枋与连磉间为木刻清罗意辰《三台县城南佑圣观碑》及功德人名。各柱柱头施梁，与穿枋上施 8 根楼板枋、楼板枋上铺木板构成藏经楼的底层。

小青瓦屋面，歇山顶。正脊三层，每层以平砖相隔。顶层花脊为陶四爪云龙，前、后中间为海水江牙、火珠、太阳和飞翔的蝙蝠。宝顶为陶质的楼阁式建筑，高三层、四滴水。宝顶两侧有麒麟和文、武官员各一对。正脊两端施鱼龙吻，形制和降魔殿吻兽相同。垂脊和戗脊五正脊顶层烧制的拼接砖图案，脊肚上马路砖上覆盖筒瓦，前端为靠背，靠背饰雕刻。戗脊前部灰塑蝙蝠、羊等，翼角为卷草，起翘明显。前（南）屋面坡面中部灰塑袒腹露乳、和膝而坐的大肚和尚。

藏经楼西侧有楼梯可达楼上。楼上原为藏经之所，现空置。

客房

位于藏经楼东、西两侧。平面呈长方形，面阔三间，进深两间，有中柱。西客房带耳房一间。山墙头圈枋以下施木装板，头圈枋以上施竹编夹泥墙，表面抹灰。客房为前后中分穿斗式构架，以中柱中分、两侧梁架结构相同。悬山顶，小青瓦屋面。花脊，正脊中施宝顶，脊端施昂首戏水螭龙。

客房明间设双扇隔扇门，室内两山墙近前、后檐柱各施门以通次间。次间施槛窗：木槛墙，槛墙以上分为三部分，中间施槛窗，两侧施木装板，东客房槛窗装板表面施团“道法自然”四个团字，西客房施“福禄寿喜”四个团字。门窗中槛与上槛间为竹编夹泥横风窗，西客房东次间为通向藏经楼的楼梯间，宽 0.8 米，进深一间、3.05 米，楼梯为木制。

正脊结构与灵官殿、降魔殿相同，为花脊，滚筒斜铺烧制的表面浮雕图案的砖，白灰粘接，砖之间白灰勾缝。脊肚分段开窗，窗内素面无饰。脊肚上施烧制的透雕花砖，图案与灵官殿、降魔殿相同。花砖上平盖筒瓦一层，宝顶和吻兽即置于花砖上。宝顶结构、形制和做法与九间房相似，为“福”“禄”“寿”“喜”四字，外饰卐字，组合成吉祥寓意图案。

1 3
2 4

图 2-25 藏经楼

1. 降魔殿与藏经楼之间的天井（东）
2. 二十四步朝金阙石梯
3. 藏经楼与二十四步梯两侧碑记
4. 藏经楼与周围建筑屋顶俯视

回頭看

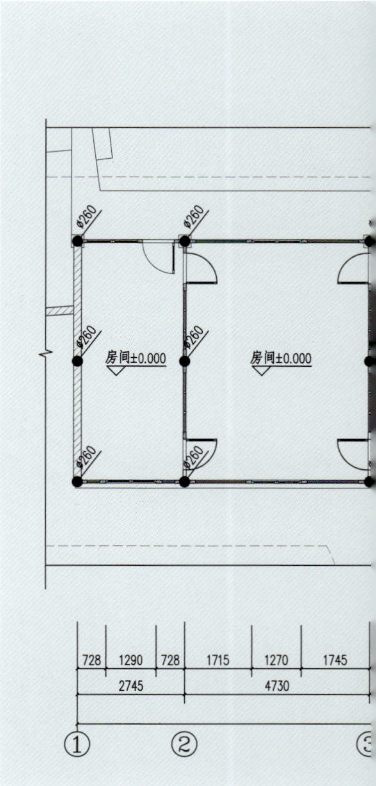

5
6

图 2-25　藏经楼

5. 屋顶侧视
6. 屋顶翼角

7
8

图 2-25 藏经楼

7. 藏经楼与玉皇殿之间廊道结构

8. 藏经楼、东西客房平面图

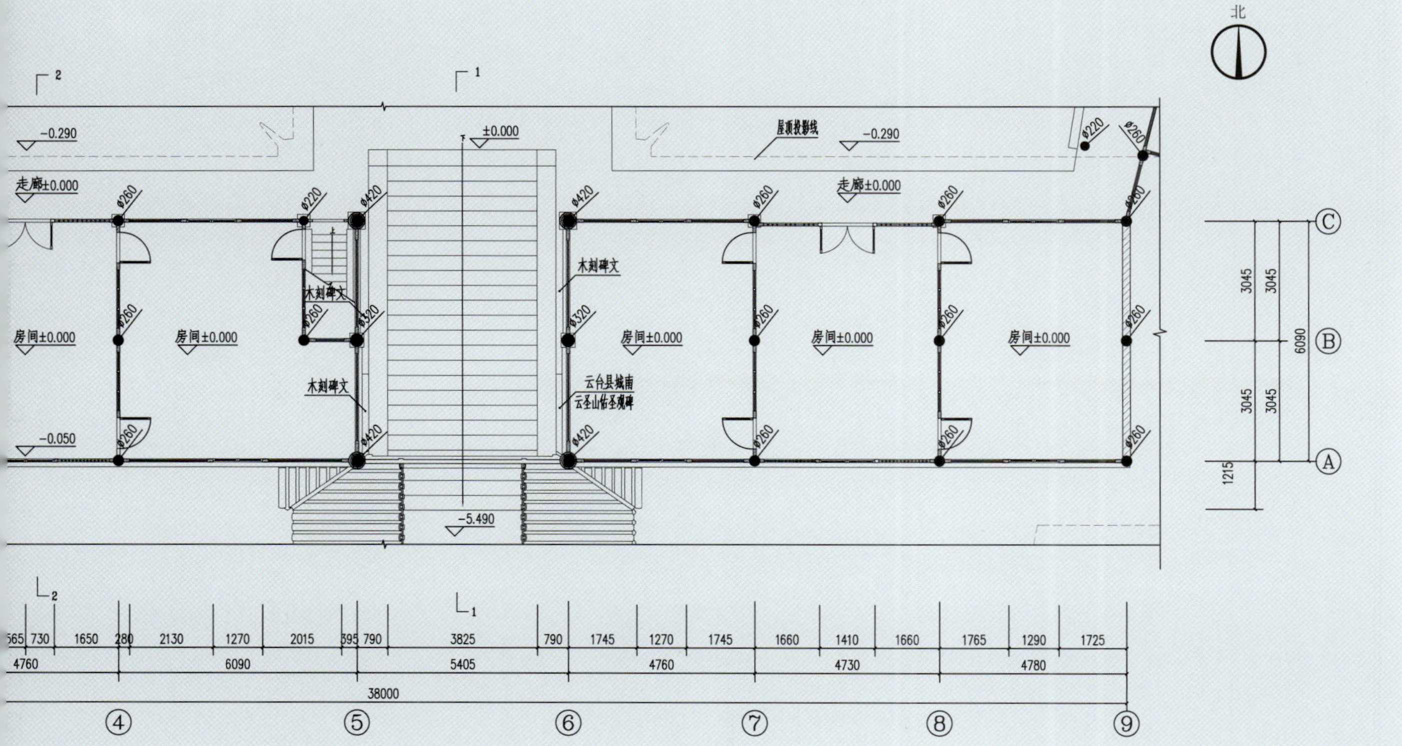

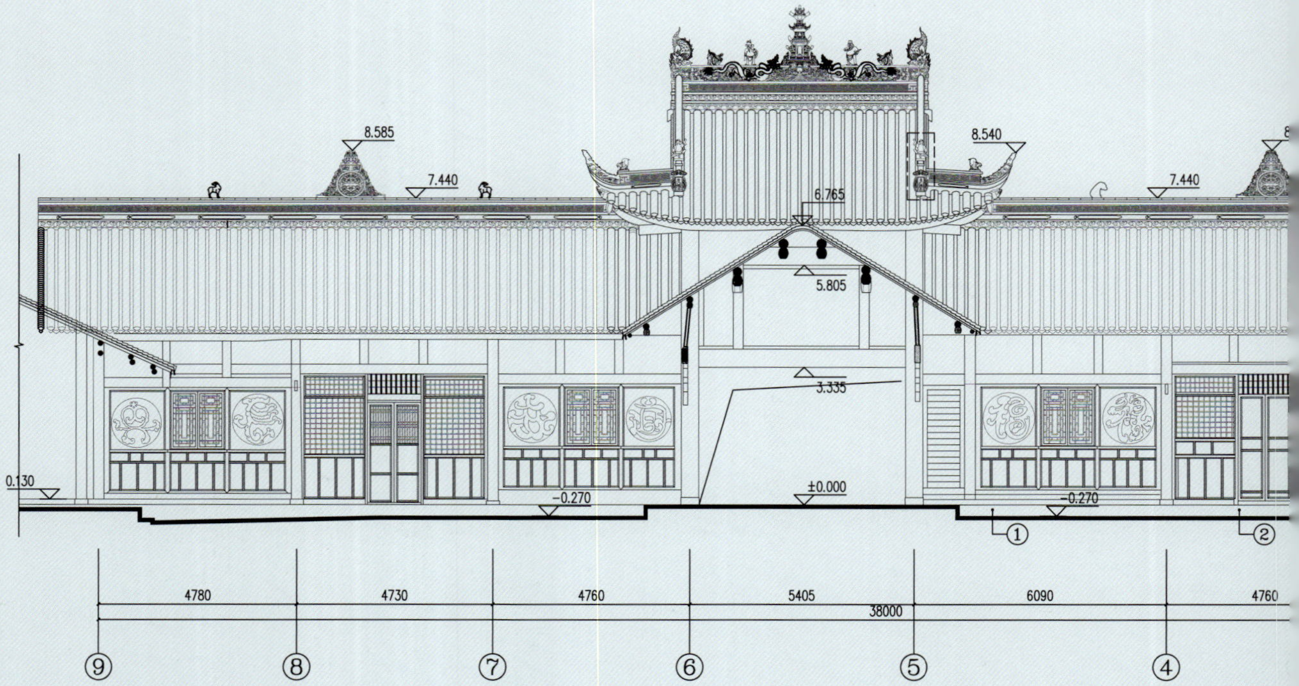

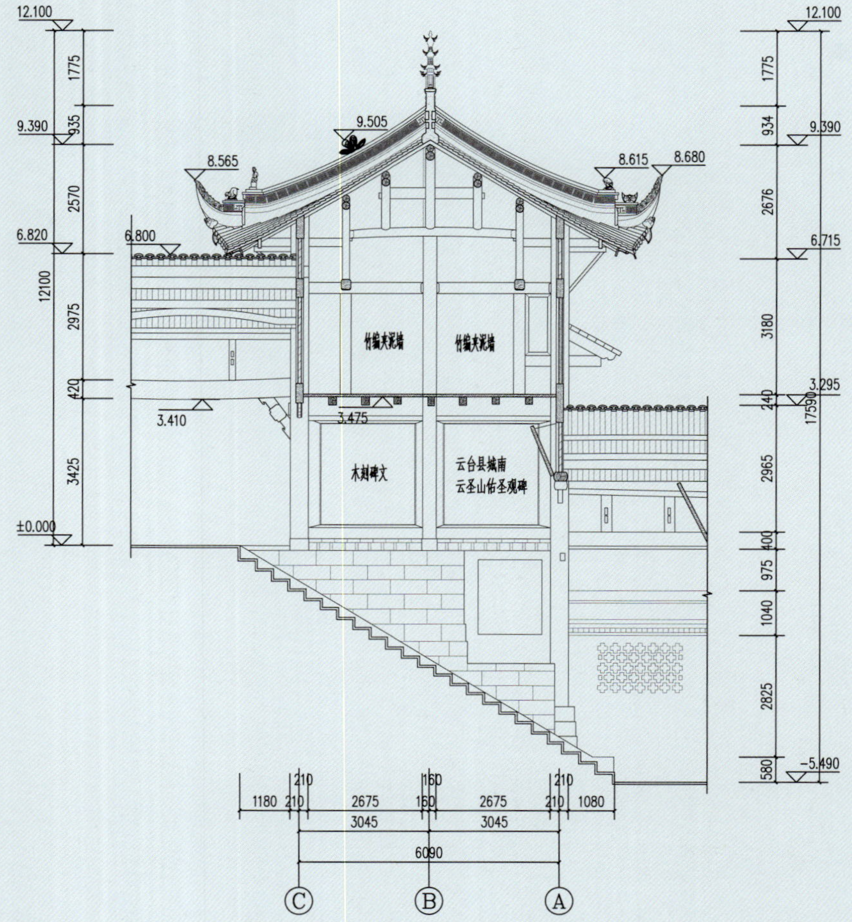

9
10

图 2-25 藏经楼

9. 藏经楼、东西客房立面图

10. 藏经楼 1-1 剖面图

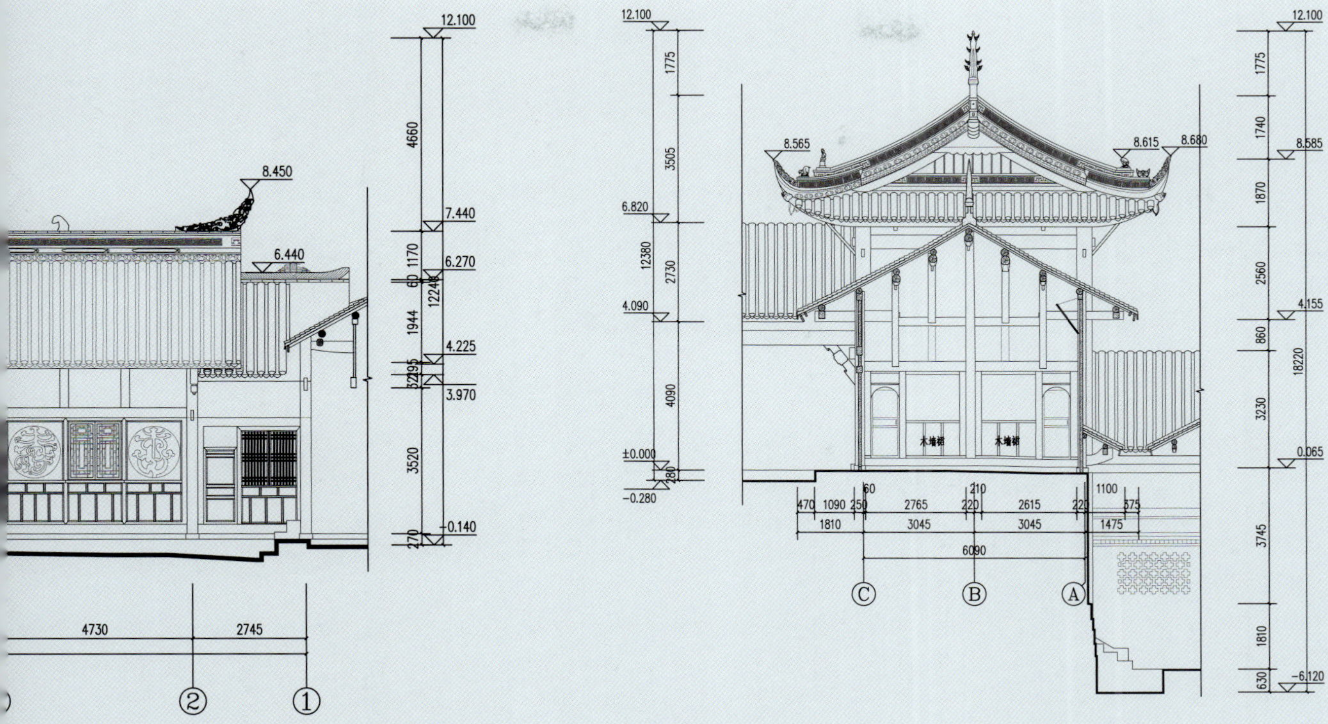

11

12

13

图 2-25　藏经楼

11. 东西客房剖面图

12. 客房槛窗详图

13. 客房隔扇门详图

玉皇殿

玉皇殿位于玄天宫前藏经楼后，前面与藏经楼有廊相连，两侧与钟、鼓楼相连，次间山墙设圆形门通钟、鼓楼（图 2-26：1 ～ 8）。

连接玉皇殿和藏经楼的廊是在玉皇殿明间前檐柱与藏经楼后檐柱施枋，即南与藏经楼檐柱交接，北与玉皇殿屋面交接，构成连接藏经楼与玉皇殿走廊的结构体系，檐柱与枋间施圆木撑栱，撑栱浮雕、圆雕技法结合，后期绘彩，现雕刻残损严重。廊为卷棚顶。脊檩后期彩绘。

玉皇殿，文献中又称香亭。罗意辰《重修云台观报销碑》载："即自香亭以下、钟楼以内皆其新建也。"按云台观火灾在光绪丙戌年（1886 年），罗意辰《重修云台观报销碑》作于"光绪十九年岁在癸巳嘉平下浣"，即 1893 年，所云"自香亭以下、钟楼以内，皆其新建也。"则玉皇殿、钟鼓楼当建于清光绪丁亥（1887 年）至癸巳年（1893 年）间。

玉皇殿石砌普通素面台基，前与廊和客房台基、左右与钟鼓楼台基相连，整体形成"工"字形平面，台基结构、形制相同，高度相同。

玉皇殿平面呈长方形，面阔三间，进深三间。减柱露明造，前、后金柱减去，中间设石须弥座，安置神像。抬梁穿斗式混合两架结构，前后檐柱间施上弯拱形梁，梁上立童柱两根，上托金檩，檩为双檩，随檩较金檩规格大；柱间施穿枋，穿枋上施驼峰两个，上托脊檩。两个驼峰底部相连，为一个整体，底部雕刻与中间雕刻构成一个完整的寓意图案，明间为"螭龙拱寿"：驼峰底部为一螭龙，龙头朝向中间的团"寿"字；次间为蝙蝠，驼峰顶坐一栌斗，栌斗无斗口，脊檩下皮平，直接置于栌斗上。驼峰上部座一栌斗，栌斗无斗口，脊檩下皮平，直接置于栌斗上。脊檩间施鳖壳，鳖壳雕刻、彩绘倒立的蝙蝠。

玉皇殿前檐未施门。檐柱与额枋下施雀替，明间浅浮雕仙鹤海水，次间浮雕凤、云，雕刻均后期施彩绘。后檐用墙封护，明间前安置神像。山墙与钟、鼓楼共用，中间设门，可进入钟、鼓楼，门以上为竹编夹泥墙，表面抹灰。

玉皇殿卷棚顶屋面与钟、鼓楼下檐屋面有机结合，整体形成歇山式屋面。垂脊与钟鼓楼的围脊相交，脊上施灰塑烧制的牛、鹿，垂脊前施靠背，靠背内灰塑人物，后屋面垂脊脊端靠背座上立宽袍戴冠戏剧文官人物。

殿内主供玉帝坐像，两侧为南极仙翁和北极仙翁。

东次间无驼峰，脊檩直接置于梁上。

1
2
3

图 2-26 玉皇殿

1. 梁架结构
2. 抬梁穿斗混合式结构
3. 西山面穿斗结构

4	7
5	8
6	

图 2-26　玉皇殿

4. 西次间山面驼峰及檩彩绘
5. 明间西榀梁架驼峰及檩彩绘
6. 东次间山面驼峰及檩彩绘
7. 明间脊檩彩画
8. 西次间脊檩彩画

钟、鼓楼

钟、鼓楼，位于玉皇殿东、西两侧，东为钟楼，西为鼓楼，结构、形制相同（图2-27：1～18）。

钟、鼓楼平面呈方形，面阔三间、进深三间，台基与玉皇殿台基整体相连。高两层，四角攒尖顶。山面和背面现用砖墙维护，南墙、北墙施木槛墙，正中施槛窗，中槛上为竹编夹泥长窗，抹灰。与玉皇殿相对的一侧开圆光门，门东、西相对，门与玉皇殿相通，内有楼梯可达二层。

钟、鼓楼与玉皇殿共同组成两楼夹一厅的布局，平面上玉皇殿中间两柱减去，形成大空间以安置造像。钟、鼓楼中间四柱为金柱，构成主要结构体系，柱间用上下三层穿枋联系、固定；上层穿枋形成抬梁枋，枋上立童柱，与金柱间施穿枋联系，枋正中施雷公柱。穿枋与挑檐檩间施垂花柱，垂花柱柱头施雕刻、绘彩，垂花柱下施透雕花牙子。屋檐下施卷棚。

一层施木楼板。钟楼二层于东排金柱间施一梁，悬挂铁钟一口。钟身上部周铸八卦符号，其下铸铭文一周："法轮常转，皇土巩固。帝道遐昌，神日增辉。"钟身竖向铸铭"皇明万历三十六年八月十一日造。蜀府令承泰司冯应梁总理钱粮/门正司有理督里重建/董工官余尚宽杨庆寿/本省塑钟（铸）通堂匠人陈岷峨杜如德"。根据钟铭，钟为明万历三十六年铸造，系蜀府赐予云台观的。鼓楼设木

图 2-27　钟、鼓楼

1. 钟鼓楼与玉皇殿

图 2-27 钟、鼓楼
2. 钟楼侧立面

鼓架，上置鼓。柱脚为普通方形石质柱础，与连磉石等高，下层角柱和山面柱施撑栱，角柱为 45° 斜撑，斜撑上立圆雕人物或神祇形象；山面柱为扁平撑栱，浮雕，现均施彩绘。撑栱交于挑枋下，与柱、挑枋构成三角形结构体系。

额枋下是雀替，额枋后期彩绘旋子彩画，雀替为透雕彩绘，图案有云龙、人物、花卉等。

钟、鼓楼高二层，一层屋面为小青瓦，二层为青筒瓦屋面。垂脊和围脊形制相同：由滚筒、脊肚、花砖脊等几部分构成。与玉皇殿相邻的山面无围脊，前、后围脊与玉皇殿垂脊相交。围脊底瓦瓦沟未封护，盖瓦与滚筒交接处施如意云头纹，装饰性强，垂脊滚筒与瓦均以抹灰封护，滚筒为素面抹灰。脊肚上间以上开窗，窗内无饰。脊肚上为烧制的透雕卍、卐组合纹花砖拼接而成，花砖上置平砖一重，平砖上平铺筒瓦，瓦面裹灰。围脊与垂脊交接处施烧制的陶流云螭龙和拐子龙。垂脊中部施烧制的鳌鱼，脊端施昂首、张口的龙头，翼角起翘明显。二层为四角攒尖顶，筒瓦屋面，四条垂脊结构、形制与下层相同，脊中部施蹲猴、展翅欲飞的蝙蝠、直立兔、鸡等，下层垂脊上施鳌鱼等。垂兽昂头，张口，与垂脊前端起翘的卷云相呼应。塔形宝顶，垂脊与宝顶间施草龙，龙头向上，朝向塔顶，一方面加固宝顶，同时极具装饰效果。宝顶与垂脊相交处施如意云纹。翼角仔角梁施灰陶猪首套兽。

钟、鼓楼为清光绪丙戌年（1886 年）火灾后新建。有联曰“楼阁倚云霄，千百世光明日月；威灵扶社稷，亿万处功镇乾坤。”

3
4

图 2-27　钟、鼓楼

3. 钟鼓楼、玉皇殿背（北）立面

4. 钟鼓楼与玉皇殿屋面结构关系

5
6

图 2-27　钟、鼓楼

5. 二层梁架结构

6. 屋顶仰视

7
8
9

图 2-27　钟、鼓楼

7. 钟楼屋面

8. 鼓楼屋面与玉皇殿屋面

9. 钟鼓楼屋面

10 | 11
12

图 2-27 钟、鼓楼

10. 钟鼓楼二层翼角

11. 下檐翼角下层翼角

12. 屋面脊饰

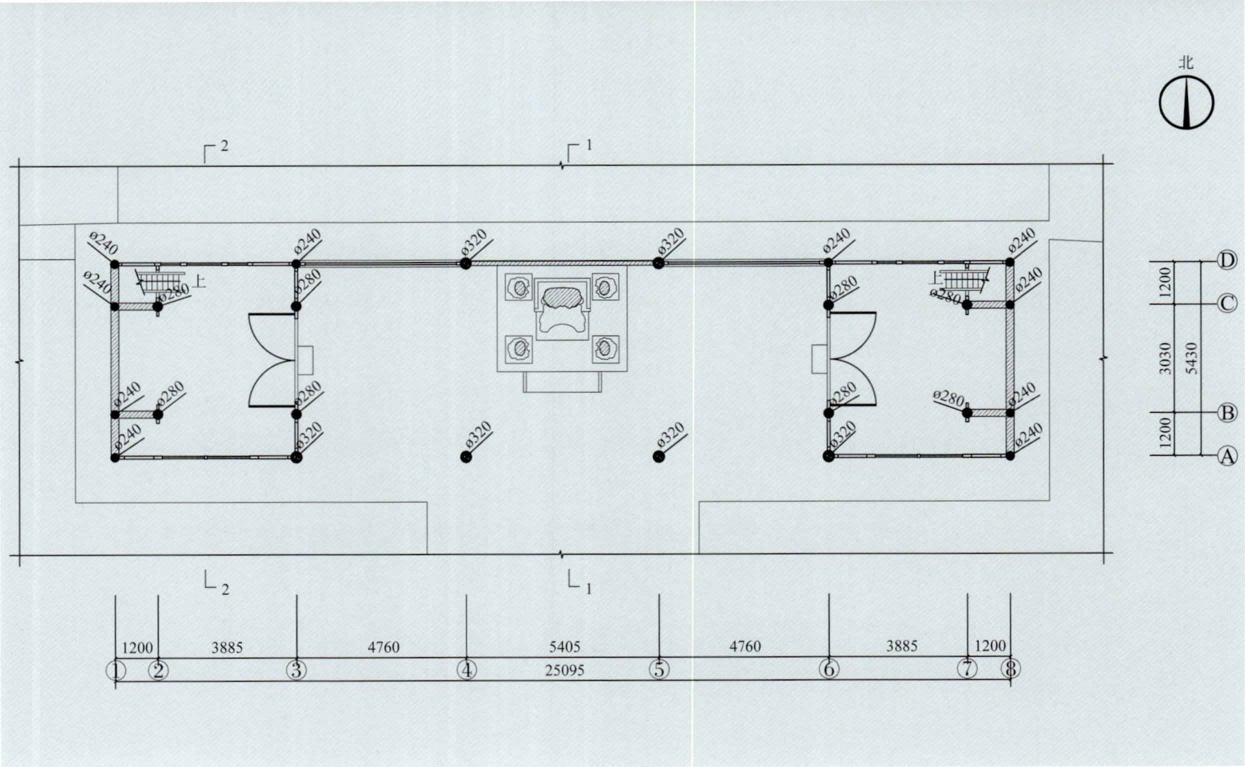

13
14

图 2-27　钟、鼓楼

13. 蜀府赐铁钟

14. 玉皇殿、钟鼓楼首层平面图

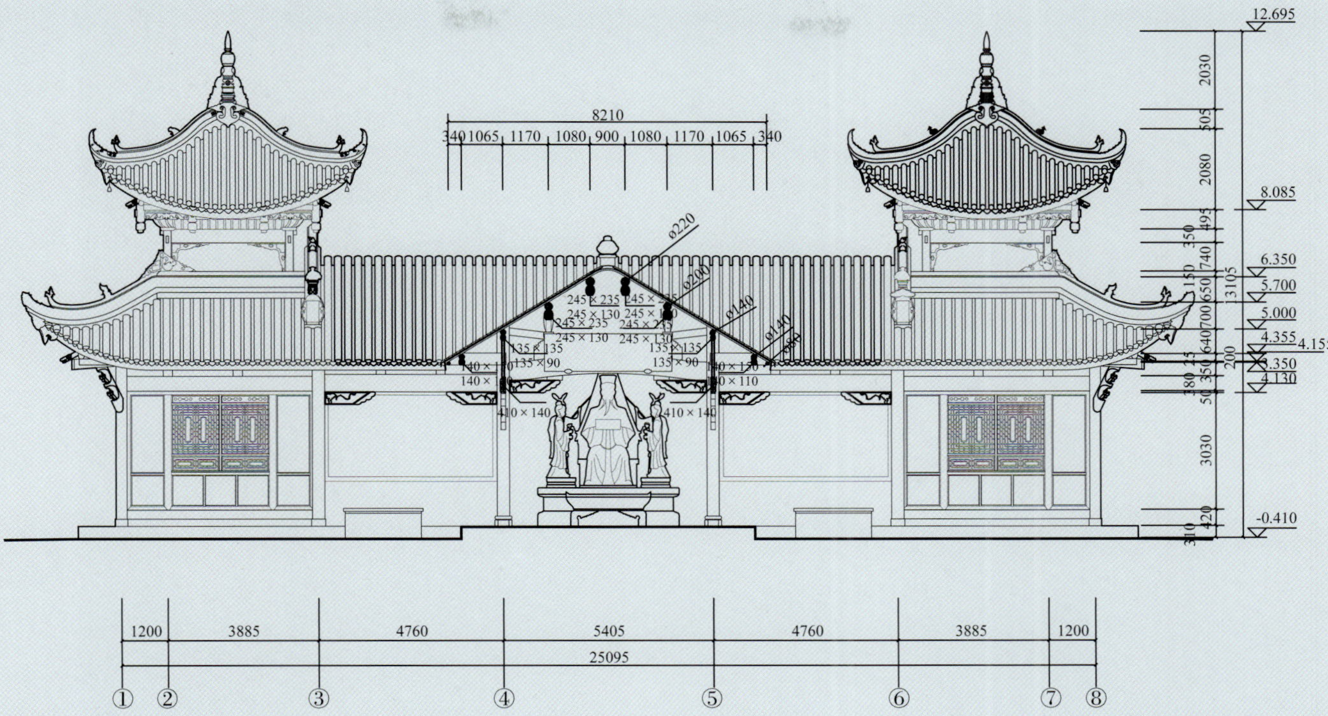

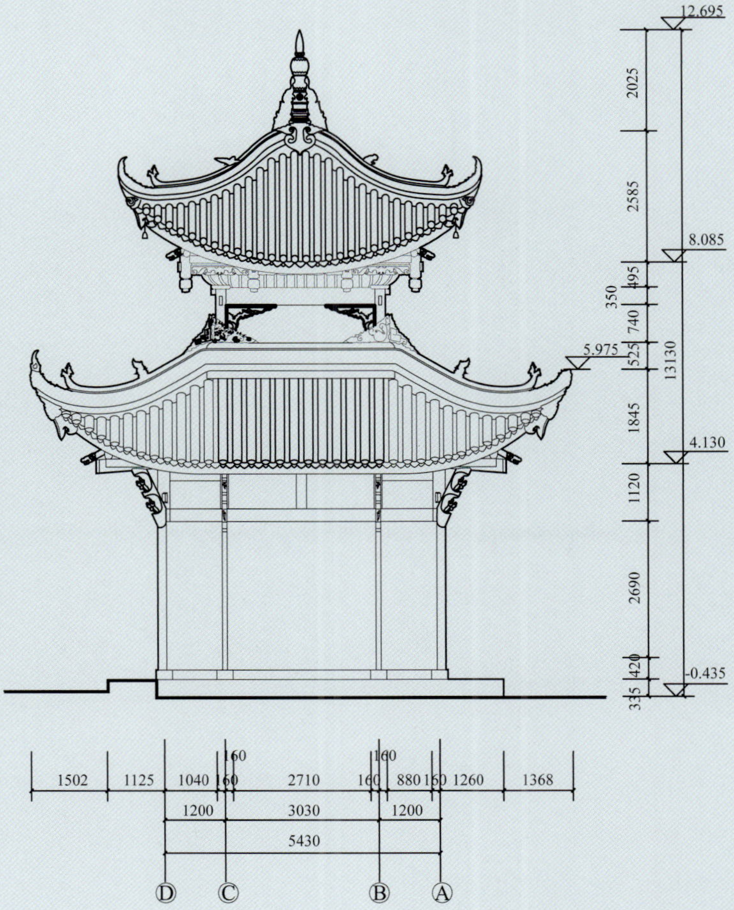

15 | 16

图 2-27 钟、鼓楼

15. 玉皇殿、钟鼓楼立面图

16. 钟鼓楼侧立面图

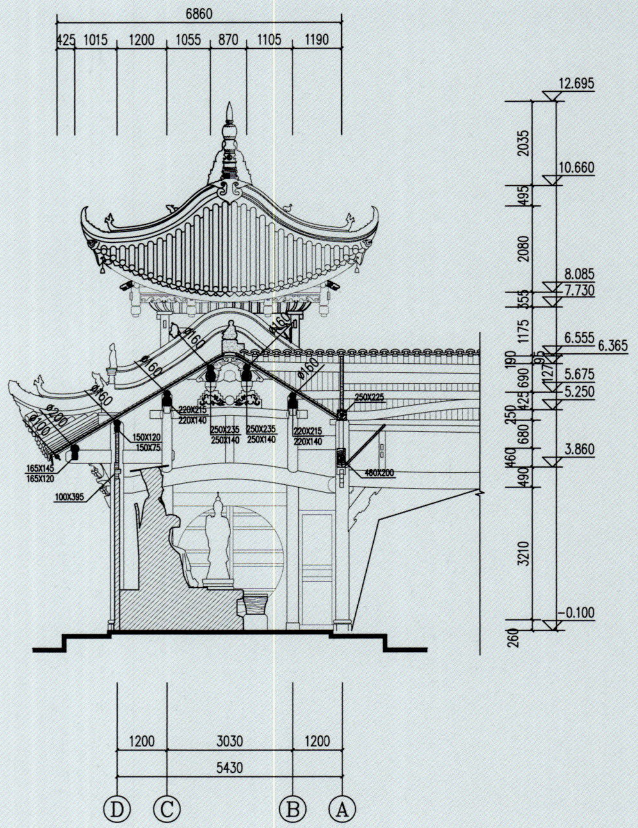

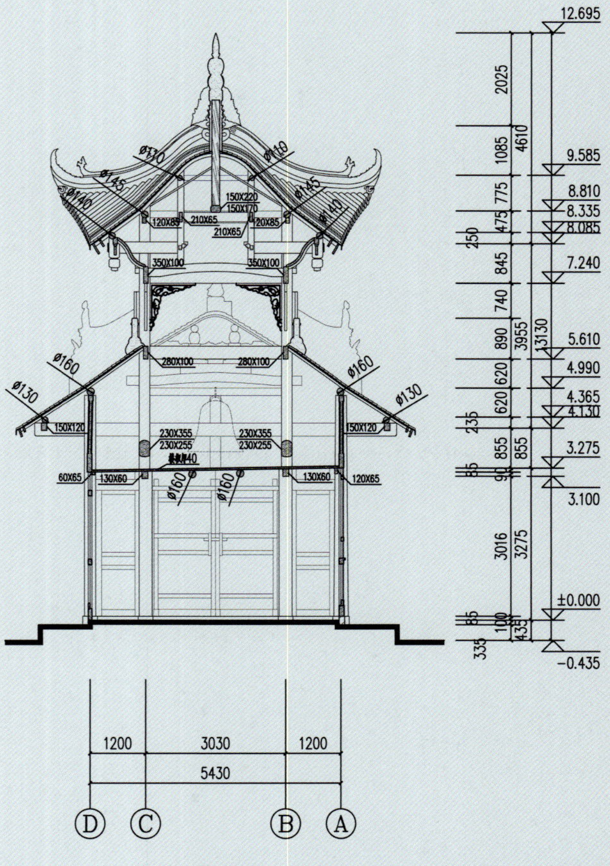

17
———
18

图 2-27　钟、鼓楼

17. 玉皇殿 1-1 剖面图
18. 钟楼 2-2 剖面图

玄天宫

玄天宫是云台观的主体建筑，俗称正殿，位于建筑群中轴线的最北端。所在位置地势最高，体量最大，是云台观现存的明代遗存（图 2-28：1 ～ 73）。

玄天宫坐北朝南，坐落于石高台之上，高台东、西两侧设踏步，由前副阶东西两头进殿，经 6 米高的三重 24 级垂带踏道而上，穿过与玄天宫东、西廊墙间开设的拱形门，此为进出玄天宫的通道。

玄天宫高台为条石砌筑。明间前原有踏步可达殿内，现封砌，从东西两侧拱形门出入。高台台邦正面用条石玛瑙柱间隔，柱间华版施浮雕图案，现风化严重，可辨者有二龙戏珠、松、鹤、鹿等，应该是寓意吉祥的图案。两端角柱圆雕头下尾上、戏绣球的狮子。高台顶部前缘内收后再抬升，前缘抹灰，底凹，为前坡面屋檐雨水的排水沟；排水沟后抬升的台基前缘施石栏杆，望柱及华版施简单的雕刻，桪杖与华版间施束莲宝瓶。台基栏杆样式具有典型的官式风格。

玄天宫平面呈长方形，面阔五间，进深三间，带前廊，廊深近 4 米。柱用材较大。玄天宫为抬梁穿斗混合式木构架，草架梁以下为插梁式。明间、次间前后金柱间施穿枋、挂梁三重，下面两重为明穿枋，上重穿枋施井口天花，穿枋间中间施驼峰，与柱衔接处施雀替，驼峰与雀替结构相同，均施雕刻，惟雀替为驼峰的一半。柱头施挂梁，因挂梁以上支撑草架穿斗结构及屋面，故插梁下有随梁枋。两重穿枋起拉牵檐柱作用。天花以上为草架柱，于柱头施挂梁，为屋顶实际受力结构，梁上为三架穿斗结构，脊柱两侧施方形角背。后金柱用木板密封形成背屏，背屏前、后正中均有塑像。前廊为双步，抱头梁置于廊柱柱头斗栱上，柱头平板枋下施穿插枋，穿插枋枋头伸出廊柱，枋头雕刻龙头。穿插枋下施雀替，穿插枋与抱头梁间施隔架雀替。抱头梁上施驼峰，上承挑枋，枋上托檩。

玄天宫前、后檐及山面平板枋上均施有斗栱。前廊施溜金斗栱，溜金斗栱形制与平武报恩寺中轴线上各建筑的形制相同。玄天宫的溜金斗栱为挑金做法，即杆件后尾附在檐檩之下，杆件二分之一处、挑杆下施十八斗，承二升栱，麻叶头后带菊花头秤杆。前檐各间均施补间铺作，明间 4 铺、次间 3 铺、梢间 2 铺，为六铺作重栱出单抄双下昂并计心，斗栱里拽和外拽翘施减地浮雕龙头，头昂为琴面昂，二昂为象鼻昂。斗栱用材小，但栌斗较大。承托挑檐枋是装饰的耍头，内跳支撑下平槫，在二分之一的部位出翼形栱。山面各补间均施补间铺作两铺。后檐为双步，柱头施斗栱，双步间施驼峰。后檐补间所施斗栱数量与前廊相同，惟斗栱形制不同，无挑杆。木装栱眼壁，绘白色散花朵。

玄天宫为歇山顶，圆形椽，为云台观建筑群中唯一一处圆形椽建筑，椽头施飞椽。椽上铺有望板，望板局部上铺竹席一层，望板或竹席上覆盖黄土为苫背，做法较为随意。绿琉璃筒瓦屋面，前坡面有一大二小三个绿黄色琉璃瓦组成的菱形图案，当地俗称“三颗印”。正脊中部为绿色琉璃火焰宝珠宝顶，两侧各蹲坐瑞兽一个，脊两端施龙吻，东、西吻兽形制不同，西端为绿色琉璃，吻身上有一

图 2-28　玄天宫
1. 前廊（由西向东）

大一小两条龙，大龙在下，龙头与吻兽龙相背，作回首张口吐水，周饰如意云纹；仔龙在上，为走龙，亦作回首状，龙为五爪。东端吻兽为灰陶，仔龙为四爪，当为后期维修中补配。垂脊、戗脊上分别施琉璃走兽一个，有狮、凤、海马、獬豸等。垂脊垂兽为四爪龙，脊端为靠背，靠背顶部蹲坐琉璃狮；靠背前为琉璃武士，武士作弓箭步，两手上举作用力拉牵状。戗脊前端施走兽三个，脊端施骑凤仙人。琉璃龙首套兽。檐角微反举，瓦垄头施瓦当和滴水，滴水、瓦当均施龙纹。

前檐明间各次间各施六抹隔扇门四扇，双交四椀菱形隔扇心，现仅存两扇，其余为后期补配，因原隔扇心复杂而改为菱形；绦环板和裙板浅浮雕莲花、宝相花等装饰。明间檐柱为滚龙缠柱，金童系红绫骑于龙上，入云穿梭。相传大门为鲁班所造：左手开门金鸡啼晓，右手关门鸾凤和鸣，声传数里。梢间为槛窗，砖砌槛墙，一码三箭直棂槛窗。山面墙体维护，山墙延伸至廊柱外台基前缘，即山墙、廊墙为整体。山墙和后檐墙为条石砌筑五层墙基，墙身略内收，山墙为砖砌空斗墙，西山墙局部为条石砌筑，或为后期修补。抹灰八字墙尖。廊柱外墙顶施琉璃瓦，花砖脊。廊墙开设拱券门，砖砌拱券。后檐明间檐柱上遗留有卯孔，明间亦用砖封砌，与次间和梢间后檐墙封砌方式不同，当为后期封堵，相传玄天宫北有老君殿，表明真武祖师受老君派遣下凡，体道治世，功成归天，威镇北方，但是否还有其他建筑则不得而知。

殿内当心间和次间装有天花，明间正中天花为高浮雕、圆雕持宝珠团龙，天花岔角彩绘如意云。余天花彩绘走龙和团花，墨绘流云岔角。斗栱、梁枋、雀替和天花均施彩绘。梁枋彩画遗留有旋子彩画痕迹，旋花较大，岔口线为弧形，当为明代遗存，后期维修中外檐均经重新彩绘，彩画题材带有浓厚的乡土气息。

三台县人刘仲才（生于1928年）所作《风入松·云台观》云“堂中供奉祖师神，十帅两边分。”殿内原有塑像。殿内正面原为玄天上帝铁铸像及纯阳祖师（东侧）和长春祖师（西侧）塑像，“文革”中铸像被毁。现主像“玄天上帝”尊高丈二，脚踏鬼蛇。两侧为辛、苟、温、关、毕天君和王、马、杨、段、赵十大元帅塑像，威严神武，执兵著器，护法于旁。玄天上帝背壁为开山祖师赵肖庵父母塑像。塑像均为泥塑彩绘，为现代复塑。

玄天宫既有明代建筑风格，又有清代建筑因素，表明建筑经多次维修，如空斗砖墙和前廊梁枋、斗栱彩画等，则为清代建筑做法和风格；而建筑屋面做法、吻兽及戗脊仙人走兽、台基前的栏杆、前檐隔扇门样式等则为典型的官式建筑特点。2011年玄天宫维修时在正脊中发现墨书题记方木条两根、篆文“九老仙都之印”印文木印一枚、宋明时期流行的仙人龟鹤铜镜一面、有墨书题记的黄绢两卷，从题记中可知，玄天宫在乾隆三十六年进行过一次大的修缮，建筑梁架结构也具有明代向清代过渡的特点，则现存建筑可能是清乾隆三十六年的构架体系。歇山顶，绿色琉璃瓦，正脊大吻上的五爪龙形象，均表明玄天宫建筑的等级较高。

2
3

4
5 6
7

图 2-28　玄天宫

2. 侧立面
3. 屋面俯视
4. 前坡屋面
5. 屋面结构
6. 屋面结构
7. 山花

图 2-28　玄天宫　8. 前廊结构

9

10

11

图 2-28　玄天宫

9. 前廊溜金斗栱尾部结构

10. 前廊梁架局部

11. 前廊柱枋装饰（西—东）

12
13

图 2-28　玄天宫

12. 前廊驼峰结构

13. 前檐明间西缝柱结构

14
15
16

图 2-28 玄天宫

14. 前廊枋间雀替
15. 前廊东梢间结构（正视）
16. 前廊东梢间局部（由西向东）

17
18
19

图 2-28　玄天宫

17. 殿内梁架结构
18. 翼角撒网椽
19. 殿内西梢间梁架结构

20
21
22

图 2-28　玄天宫

20. 驼峰
21. 明间天花板
22. 次间天花板

23 25
24 26
27

图 2-28 玄天宫

23. 明间天花正中龙
24. 前廊斗栱侧视
25. 前廊斗栱里拽
26. 前廊溜金斗栱后拽
27. 前廊溜金斗栱全貌

28
29
30

图 2-28　玄天宫

28. 前廊溜金斗栱秤杆细部
29. 前廊柱头铺作
30. 前廊柱头铺作里拽细部

31
32
33

图 2-28　玄天宫

31. 前廊东次间补间溜金斗栱
32. 前廊东次间溜金斗栱后尾
33. 东南转角铺作正视

34
35
36

图 2-28 玄天宫

34. 东南转角铺作仰视

35. 西南转交铺作正视

36. 西南转角铺作仰视

37
38
39

图 2-28　玄天宫

37. 后檐西北转角铺作斗栱仰视
38. 后檐西北转角铺作里拽结构
39. 西山面柱头、补间铺作

40
41
42

图 2-28 玄天宫

40. 山面铺作里拽
41. 山面柱头铺作
42. 山面补间铺作正视

43
44
45

图 2-28　玄天宫

43. 西山面补间铺作里拽
44. 西山面补间铺作里拽侧视
45. 山面后檐及转角铺作里拽结构

46
47

图 2-28　玄天宫

46. 后檐斗栱
47. 后檐补间铺作侧视

48
49

图 2-28　玄天宫
48. 后檐斗栱里拽结构
49. 台基角兽

50

51

图 2-28　玄天宫

50. 隔扇门

51. 前廊梁枋彩画

52
53

图 2-28 玄天宫

52. 枋彩画及雀替雕刻
53. 廊柱雀替及柱头彩画

台觀惠存

54 / 55　56 | 57

图 2-28　玄天宫

54. 柱头梁枋彩画及雀替
55. 前檐东梢间西缝柱枋下雀替
56. 明间柱泥塑童子（东）
57. 明间柱泥塑童子（西）

58	60-1
59	

图 2-28　玄天宫

58. 翼角梁套兽（正）
59. 翼角梁套兽（侧）
60-1. 正脊出土木题记

60-2	60-3
	60-4

图 2-28　玄天宫

60-2. 正脊发现的仙人龟鹤铜镜
60-3. 正脊发现的木九天仙都之印
60-4. 正脊发现的木枋与绢盖头

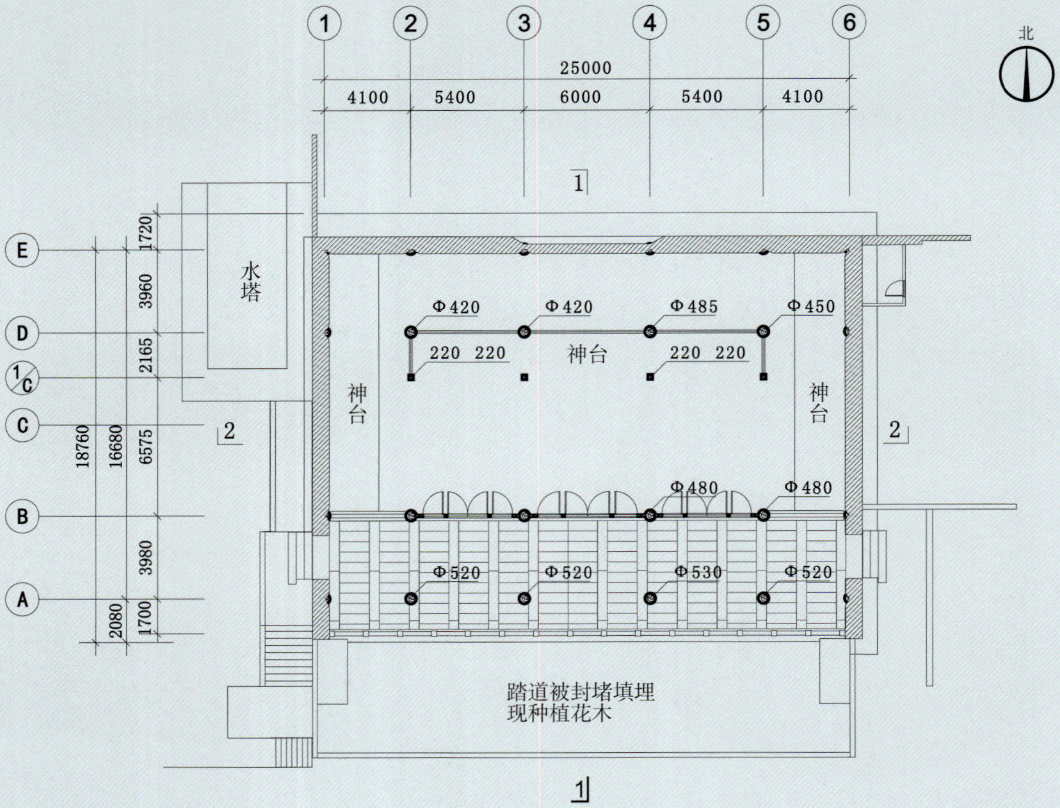

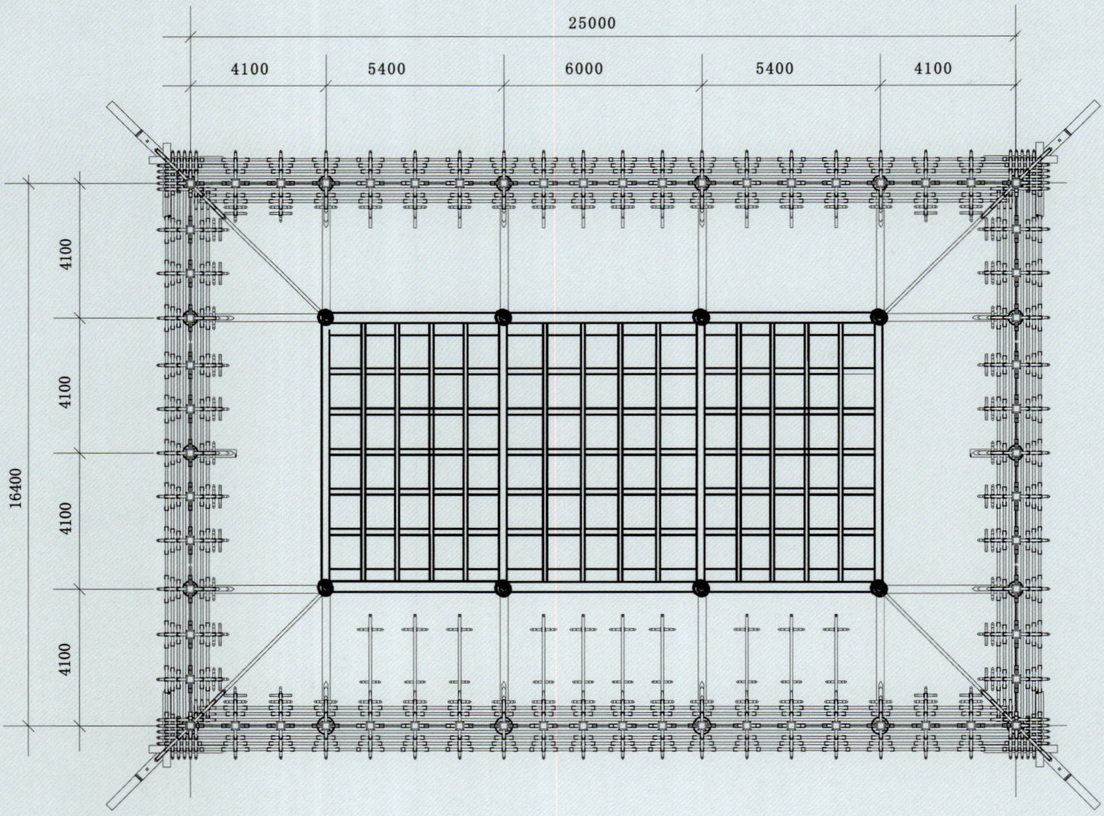

61	63
62	64

图 2-28　玄天宫

61. 平面图　　63. 屋面俯视图
62. 仰视图　　64. 正立面图

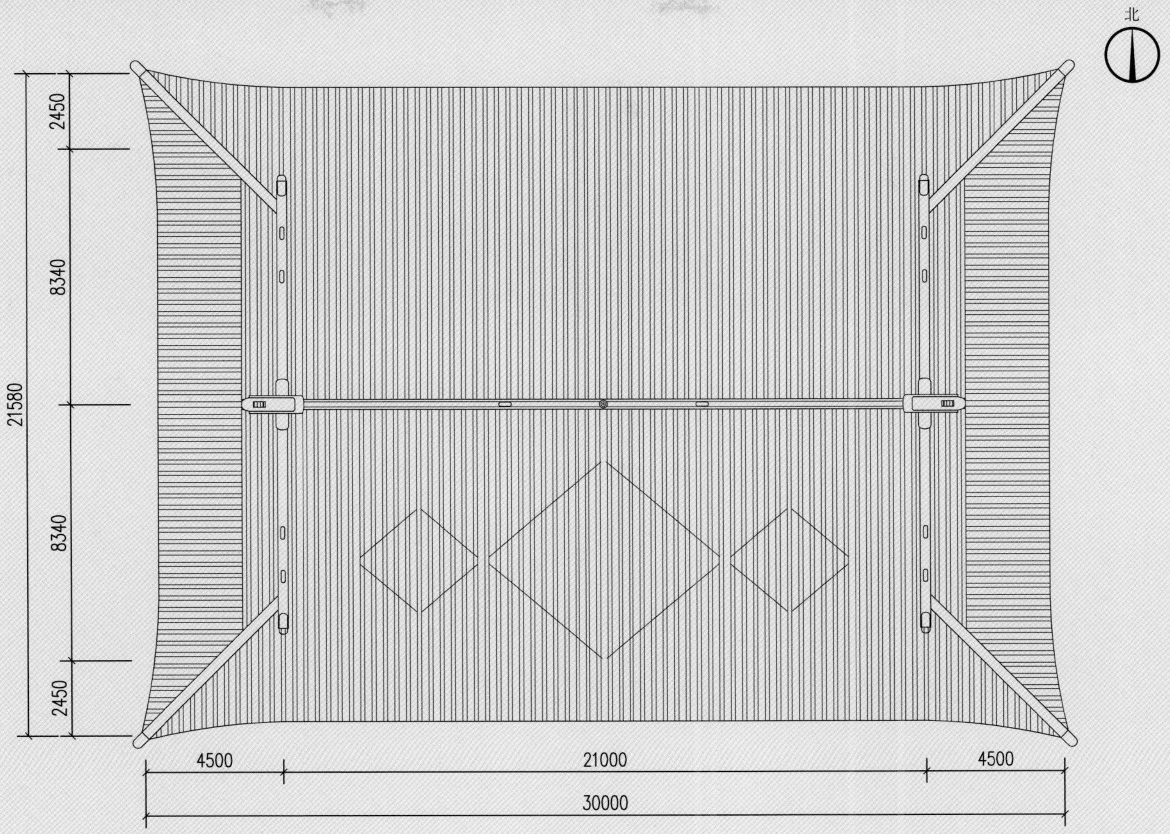
北
2450
8340
8340
2450
21580
4500
21000
4500
30000

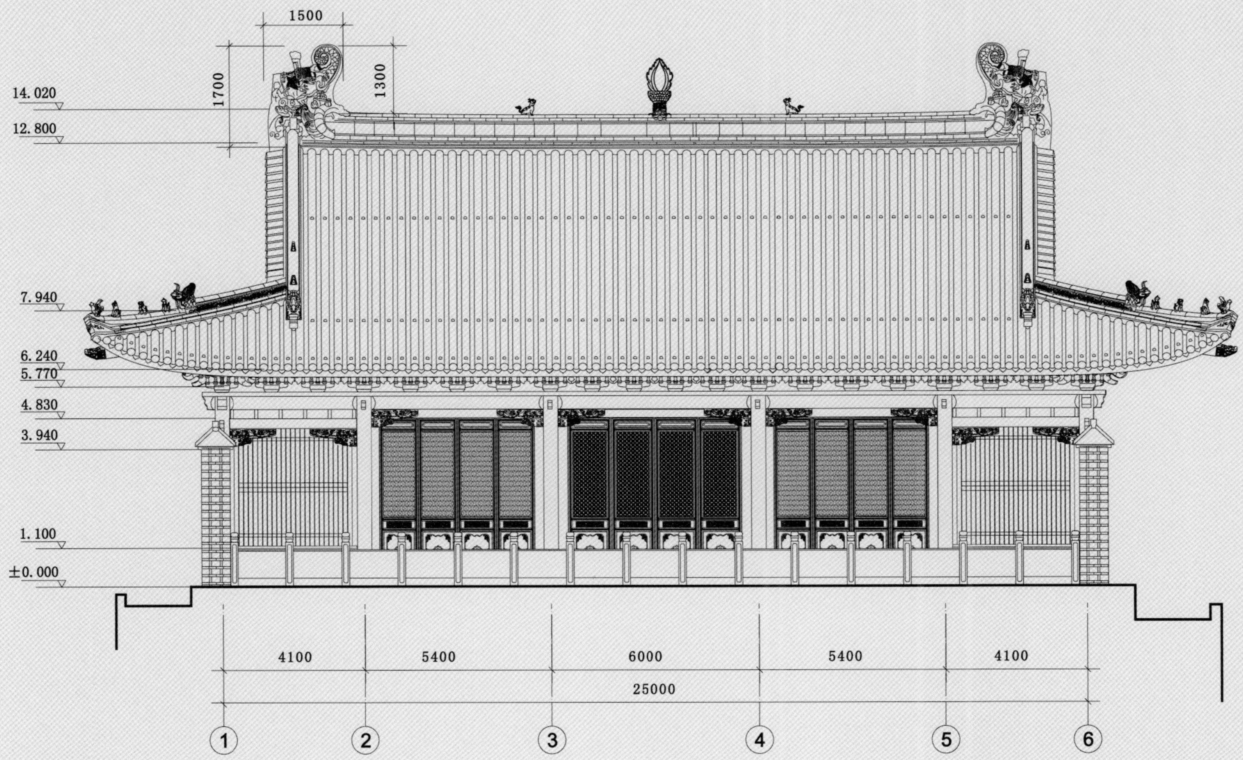
1500
1700
1300
14.020
12.800
7.940
6.240
5.770
4.830
3.940
1.100
±0.000
4100
5400
6000
5400
4100
25000
1
2
3
4
5
6

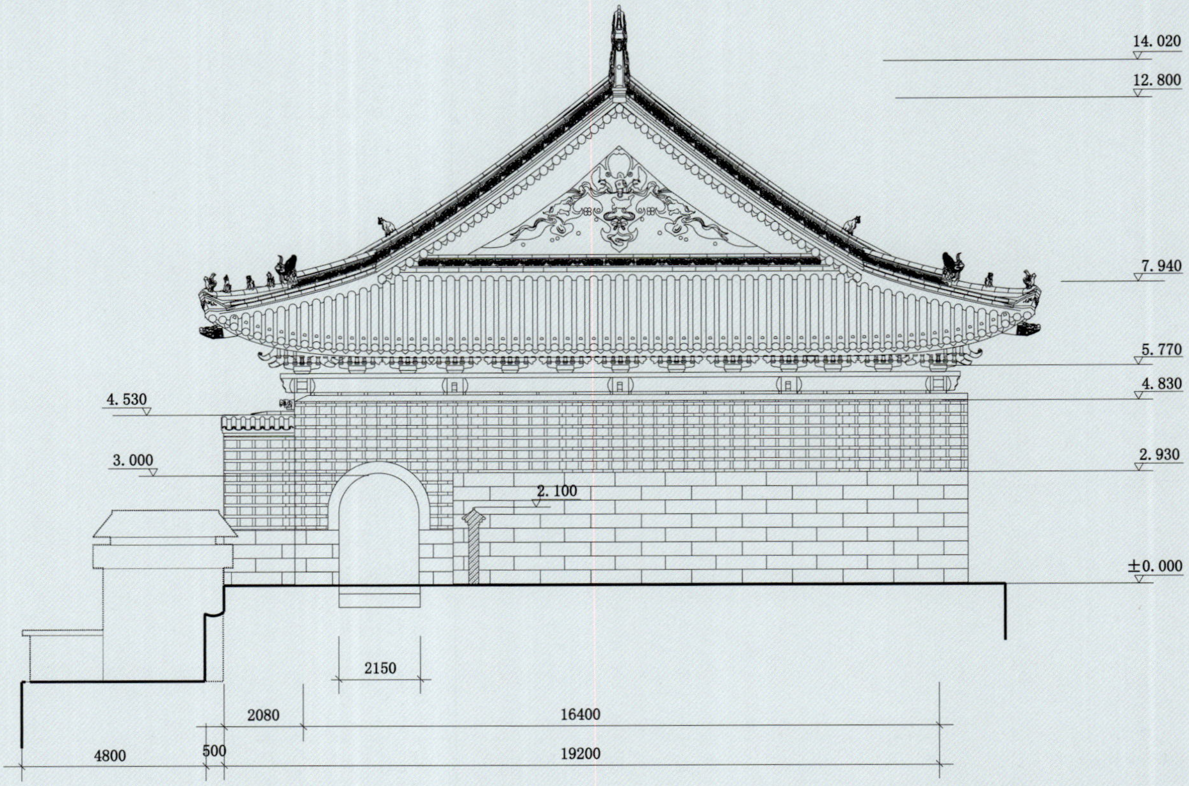

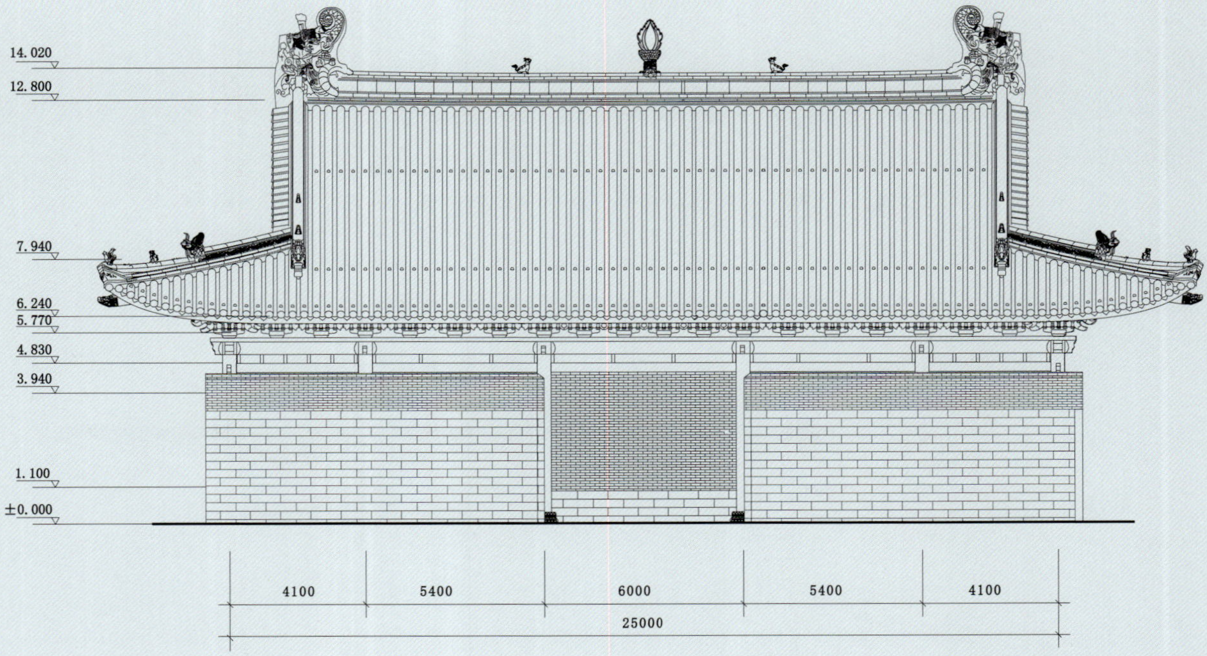

65
66

图 2-28　玄天宫

65. 东侧立面图

66. 背立面图

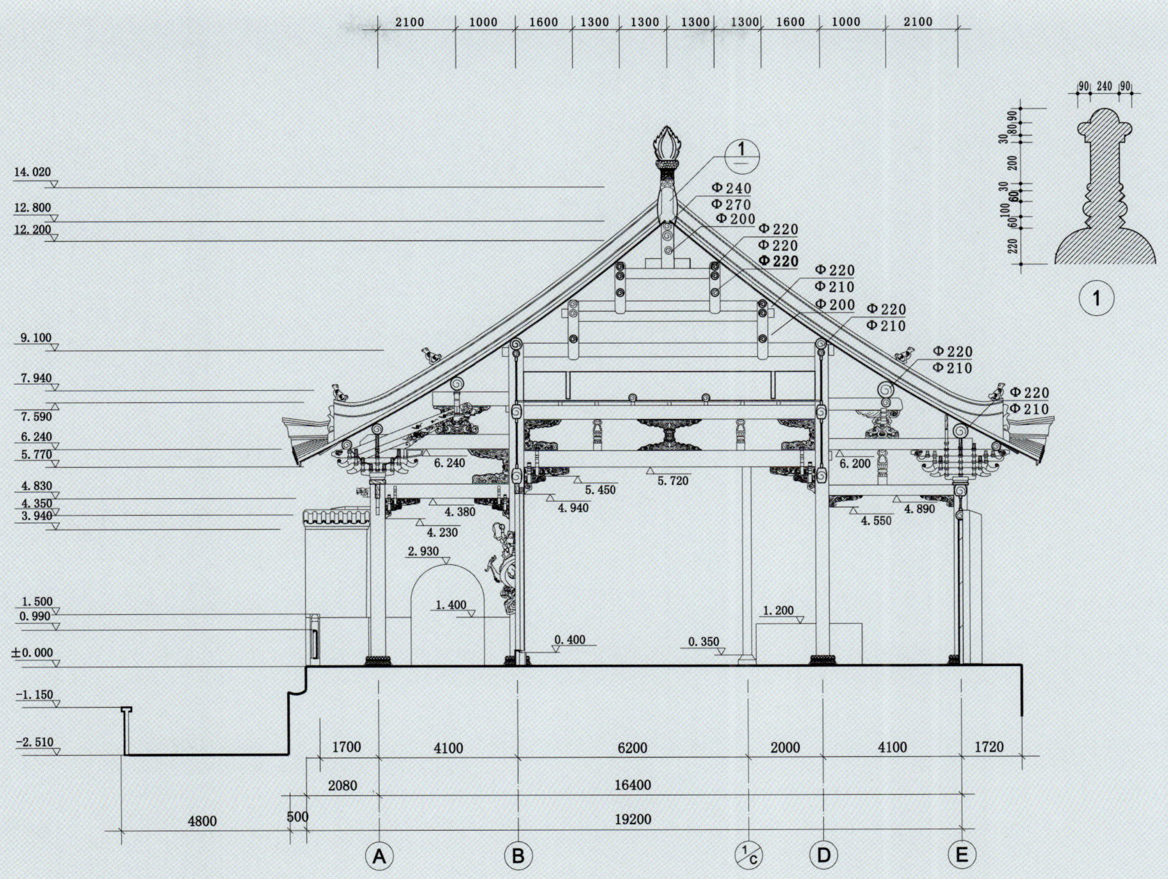

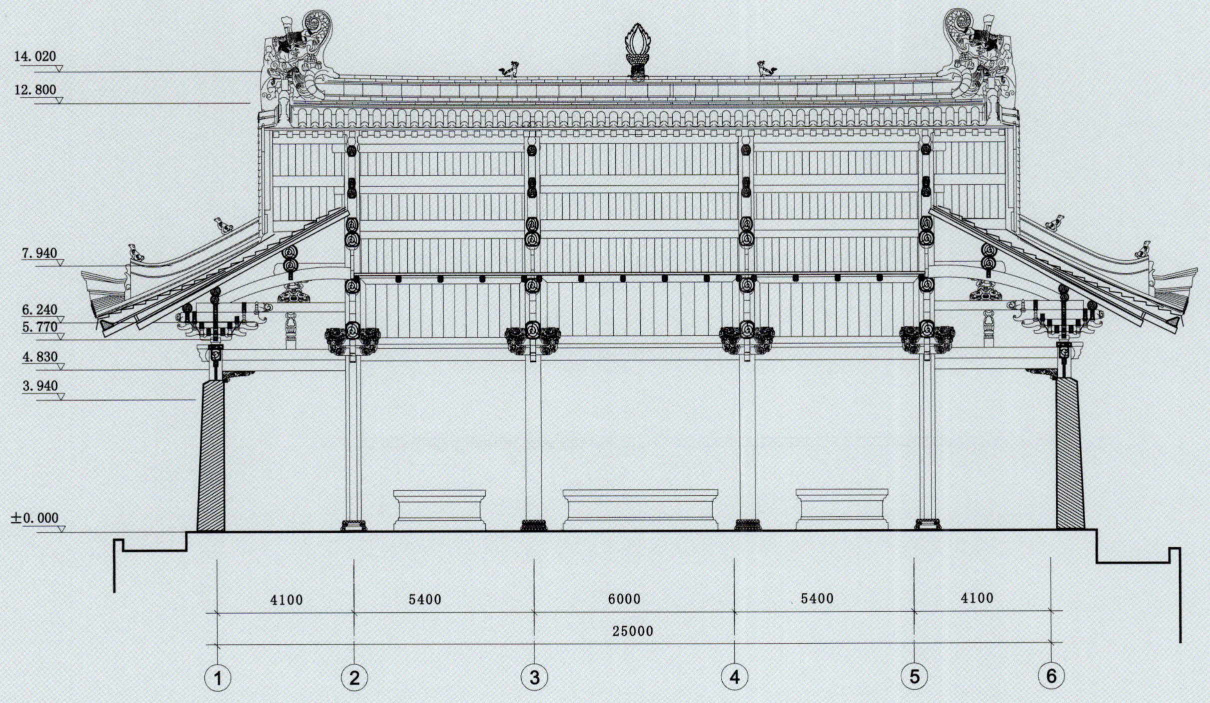

67
68

图 2-28 玄天宫

67. 1-1 剖面图

68. 2-2 剖面图

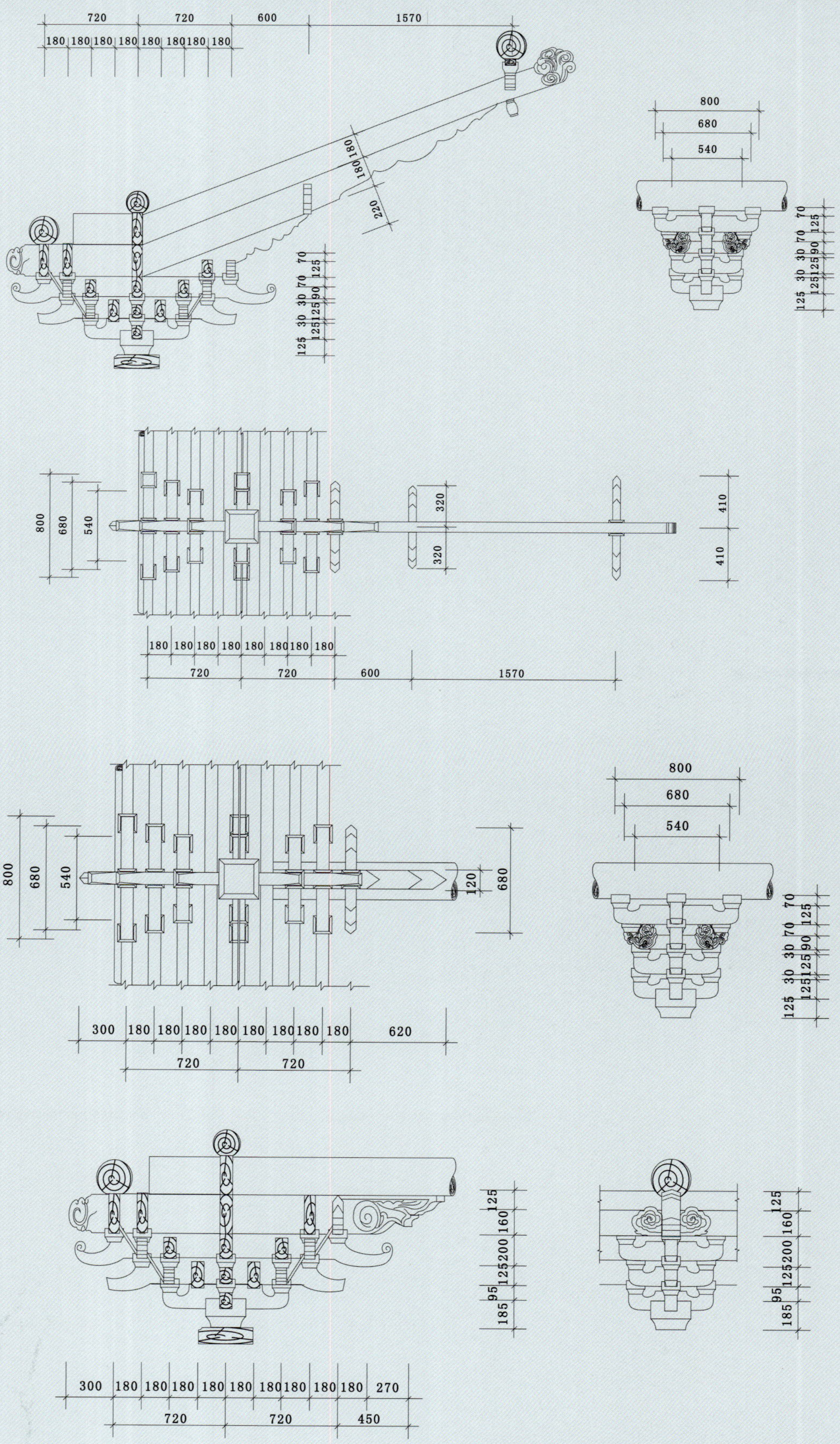

69
70

图 2-28　玄天宫

69. 前廊明间补间溜金斗栱详图

70. 前廊梢间柱头铺作详图

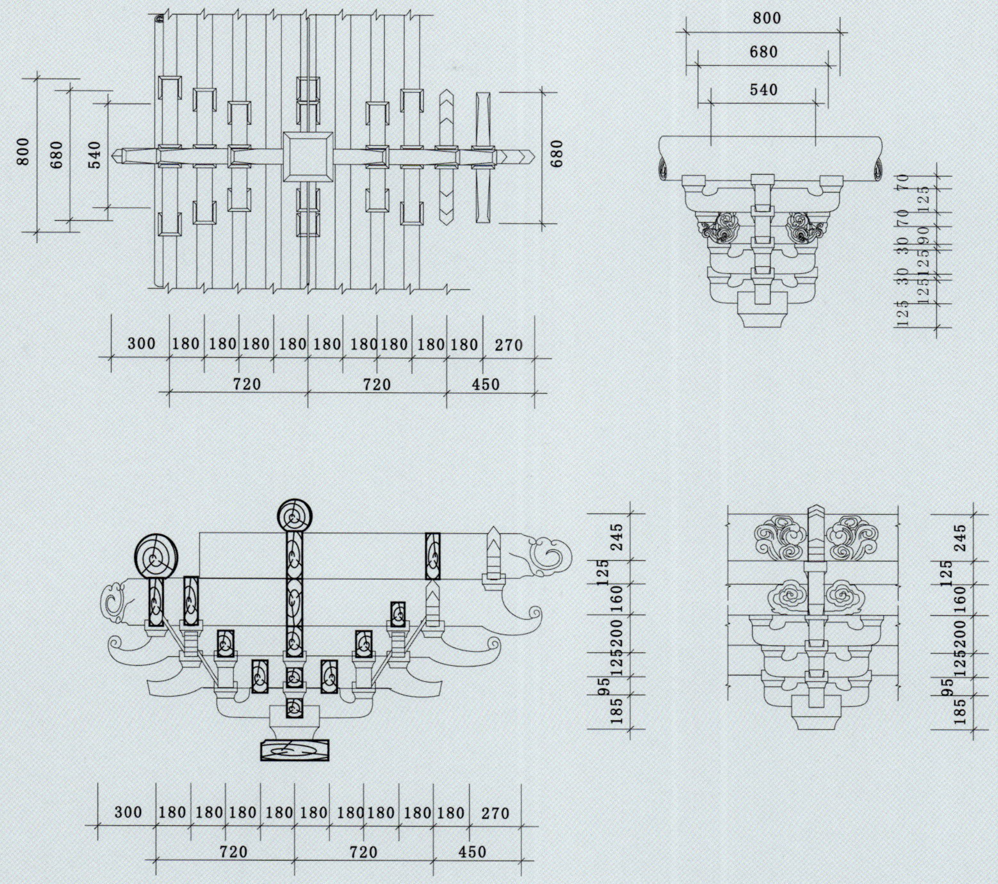

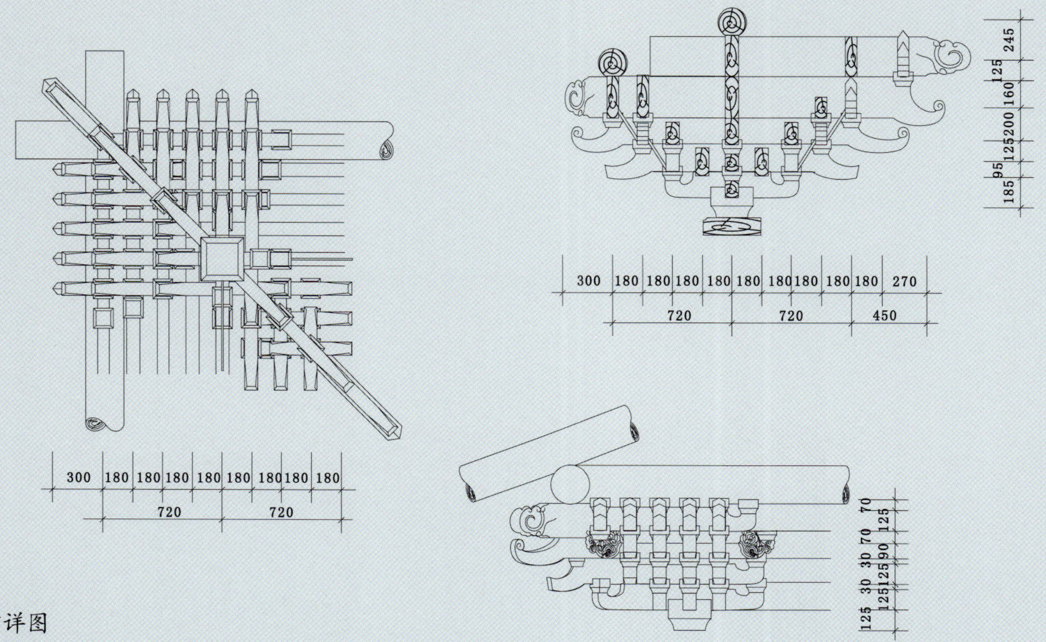

71
72

图 2-28 玄天宫

71. 西山面补间铺作详图

72. 前廊转角铺作详图

图 2-28　玄天宫

73. 隔扇门及台基栏板详图

茅屋殿（祖师殿）

茅屋殿位于玄天宫的东侧，地处空间相对独立的东北隅。茅屋殿也叫祖师殿，是赵肖庵最早结屋修炼处，羽化后遗蜕曾存放于此。

茅屋殿平面略呈方形，面阔三间，进深两间，带前廊。前檐明间施圆洞门，木板门，前施踏步五级；次间施槛窗，竹编夹泥抹灰槛墙，直棂槛窗。其余三面墙体围护。单檐歇山顶，小青瓦屋面。脊中为叠瓦宝顶（图 2-29：1 ～ 4）。

茅屋殿为抬梁穿斗混合式木构架结构，前檐金柱和后金柱柱头施抬梁枋，上承三架梁，抬梁枋与三架梁梁间施驼峰，驼峰表面施雕刻。脊柱两侧施合楷。脊檩和上金檩均施随檩，下金檩和檐檩下施随檩枋。前廊和后檐均为双步。前廊廊柱柱头施平板枋，上置斗栱。柱头斗栱一朵，明间施补间斗栱两朵。斗栱为单翘，麻叶头翘头后带昂，抱头梁头雕刻麻叶。金柱与檐柱间施穿插枋，穿插枋下施雀替。前檐额枋下施雀替。

明间正中设神座，供二世祖师李真果和他的化身塑像。

茅屋殿明代有对联“修真茅屋垂千古，显化云台镇一邦。”从建筑结构等方面看，茅屋殿不是明代遗构，当为后期所建。

回龙阁、梓潼殿、龙王宫，《云台胜纪》有载，现不存，所在位置不详。

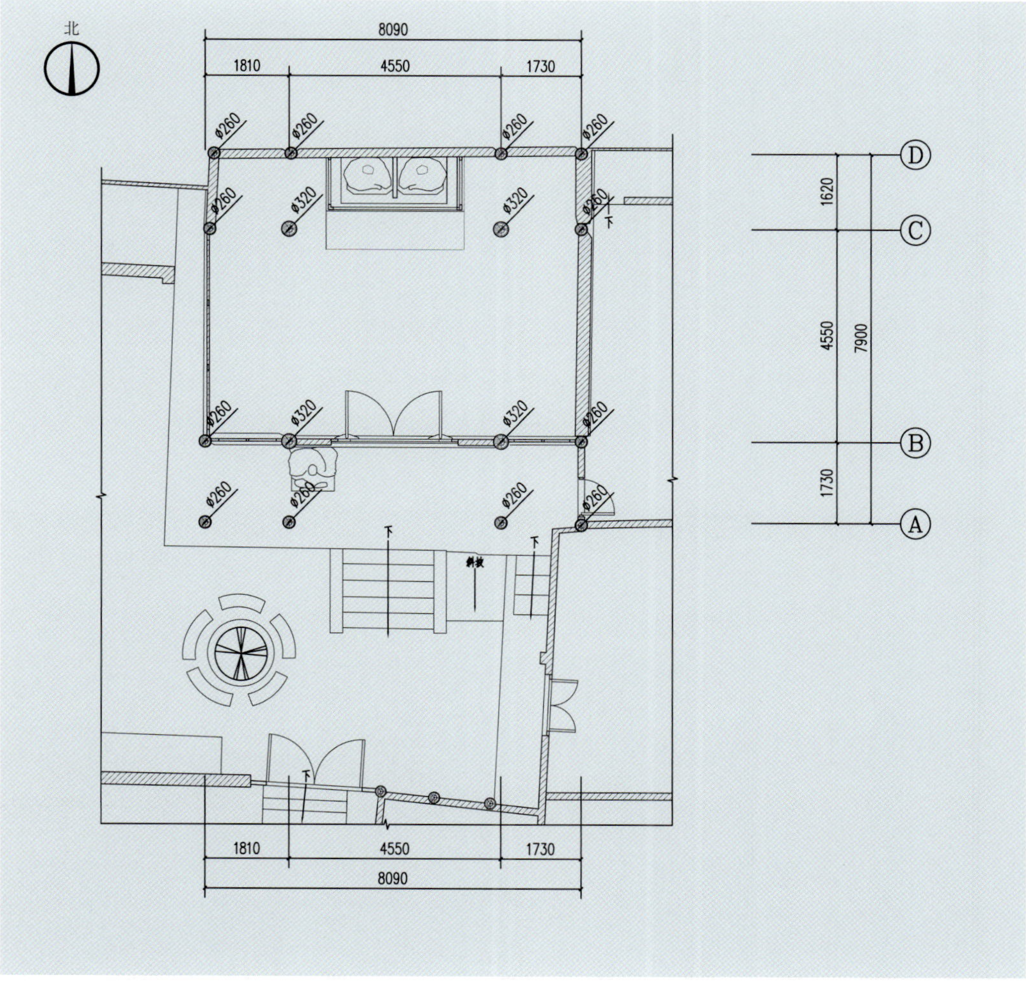

图 2-29　茅屋殿

1. 祖师殿平面图

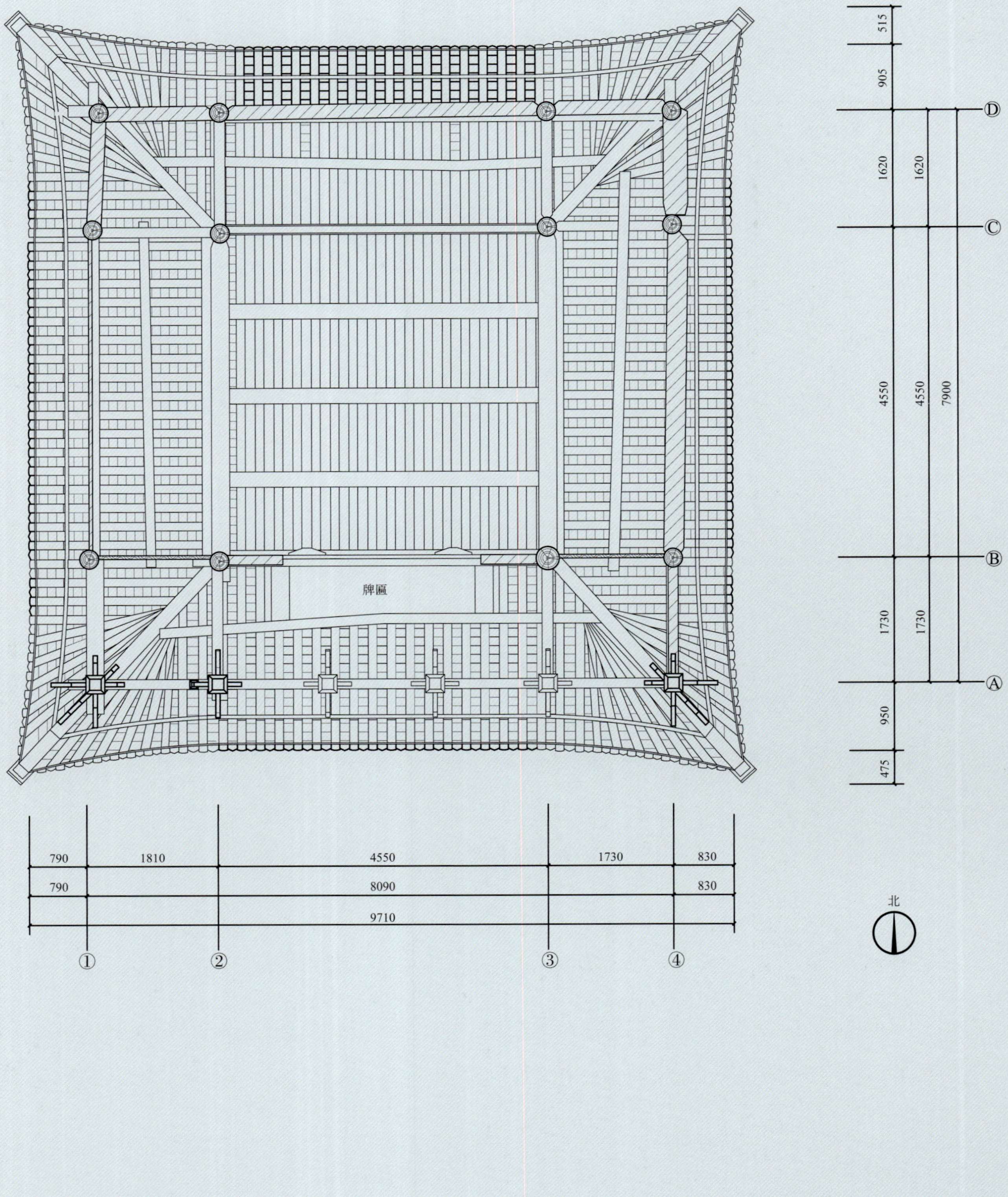

2 | 3/4

图 2-29　茅屋殿

2. 祖师殿仰视图
3. 祖师殿立面图
4. 祖师殿明间剖面图

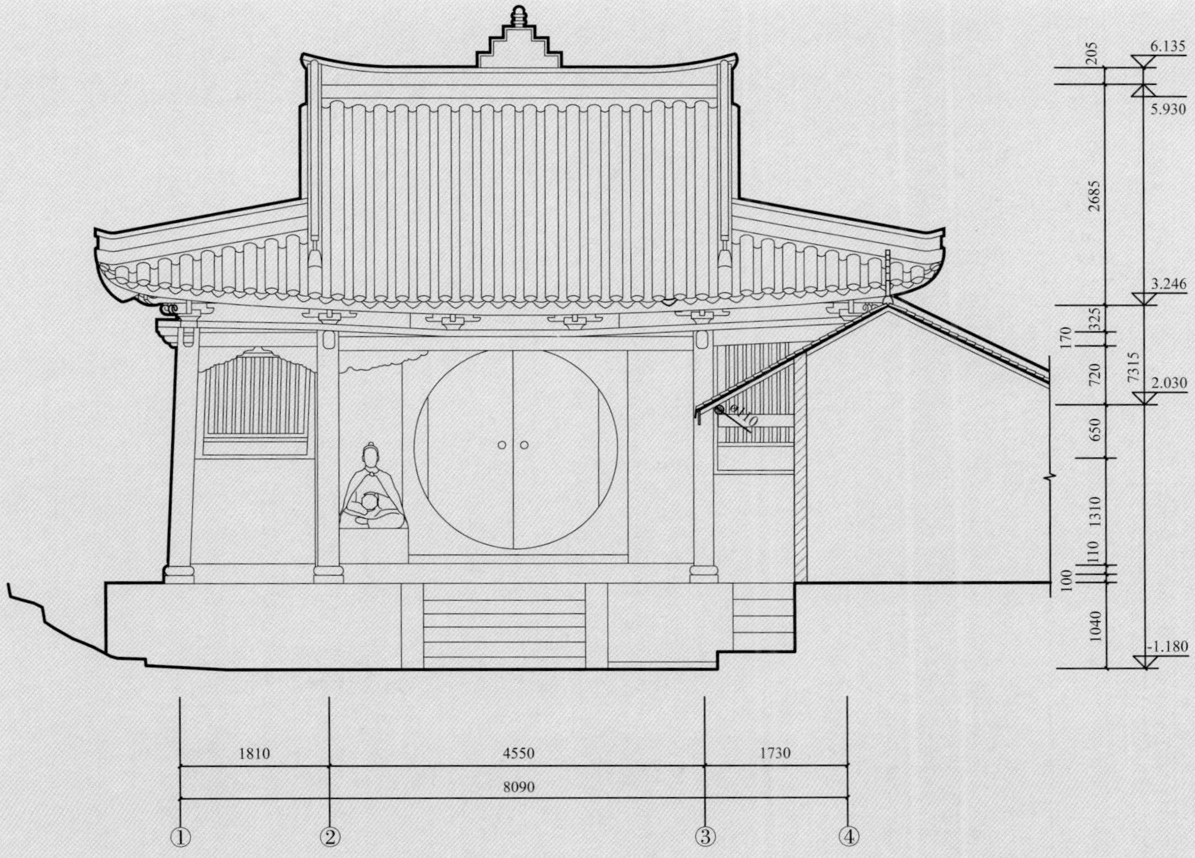
6.135
5.930
3.246
2.030
-1.180
205
2685
325
170
720
7315
650
1310
110
100
1040
1810
4550
1730
8090
①
②
③
④

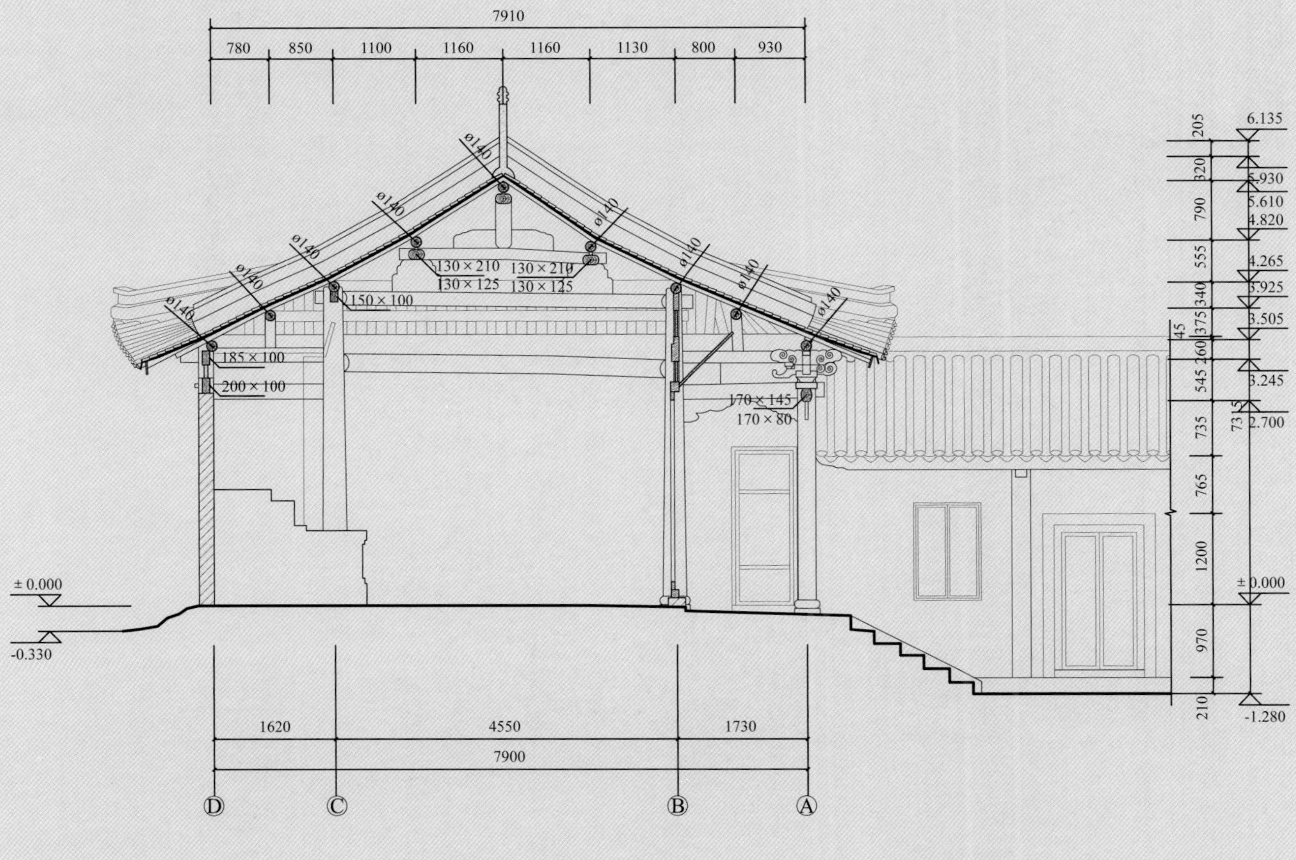
7910
780
850
1100
1160
1160
1130
800
930
130×210
130×125
130×210
130×125
150×100
185×100
200×100
170×145
170×80
6.135
5.930
5.610
4.820
4.265
3.925
3.505
3.245
2.700
± 0.000
-1.280
± 0.000
-0.330
205
320
790
555
340
375
45
260
545
735
7315
765
1200
970
210
1620
4550
1730
7900
D
C
B
A

第三章

云台观建筑脊饰

云台观除“云台胜境”坊、华表、三合门、拱券门、玄天宫为明代遗存外，其余各建筑均为清代所建；即使是明代的建筑遗存，在后期的维修中，也把当时的建筑技术、审美等附加于上，形成明、清建筑风格共存的现象。如拱券门主体结构为明代的，但是屋顶却为典型的清代做法，玄天宫梁架结构为明代官式结构，而建筑彩画是清代的彩画叠压于明代彩画之上，带有强烈的民间风格。

云台观建筑的装饰中，屋顶脊饰颇具特点，装饰题材多样，整体装饰与建筑的风格协调，突出建筑本身的主题，同时又与云台观各建筑整体融为一体，这在清代各建筑遗存中表现得更为突出。

“云台胜境”坊和玄天宫整体构架为明代遗构，清代维修时有改动，屋面装饰保留了或部分保留了明代的风格，如两者的正脊吻兽为龙吻，吻兽也是明代官式风格：吻身上施龙，背上插宝剑，鸱龙尾上卷。“云台胜境”坊鸱吻为灰陶烧制，吻身上的龙为五爪；玄天宫鸱吻为琉璃，吻身有一大一小两条龙，大龙在下，龙头与吻兽龙相背，作回首张口吐水状，周饰如意云纹；仔龙在上，为走龙，亦作回首状，龙为五爪。垂脊上施走兽，但垂脊前置靠背的做法，则是清代建筑屋面常见的做法。“云台胜境”坊、玄天宫正脊鸱吻上的龙为五爪，是云台观高级别的体现（图 3-1：1 ～ 9）。

1	2
3	4
5	6
7	8

图 3-1　玄天宫脊饰

1. 凤
2. 垂兽
3. 海马
4. 獬豸
5. 天马
6. 正脊吻兽
7. 垂脊、戗脊脊饰
8. 戗脊走兽

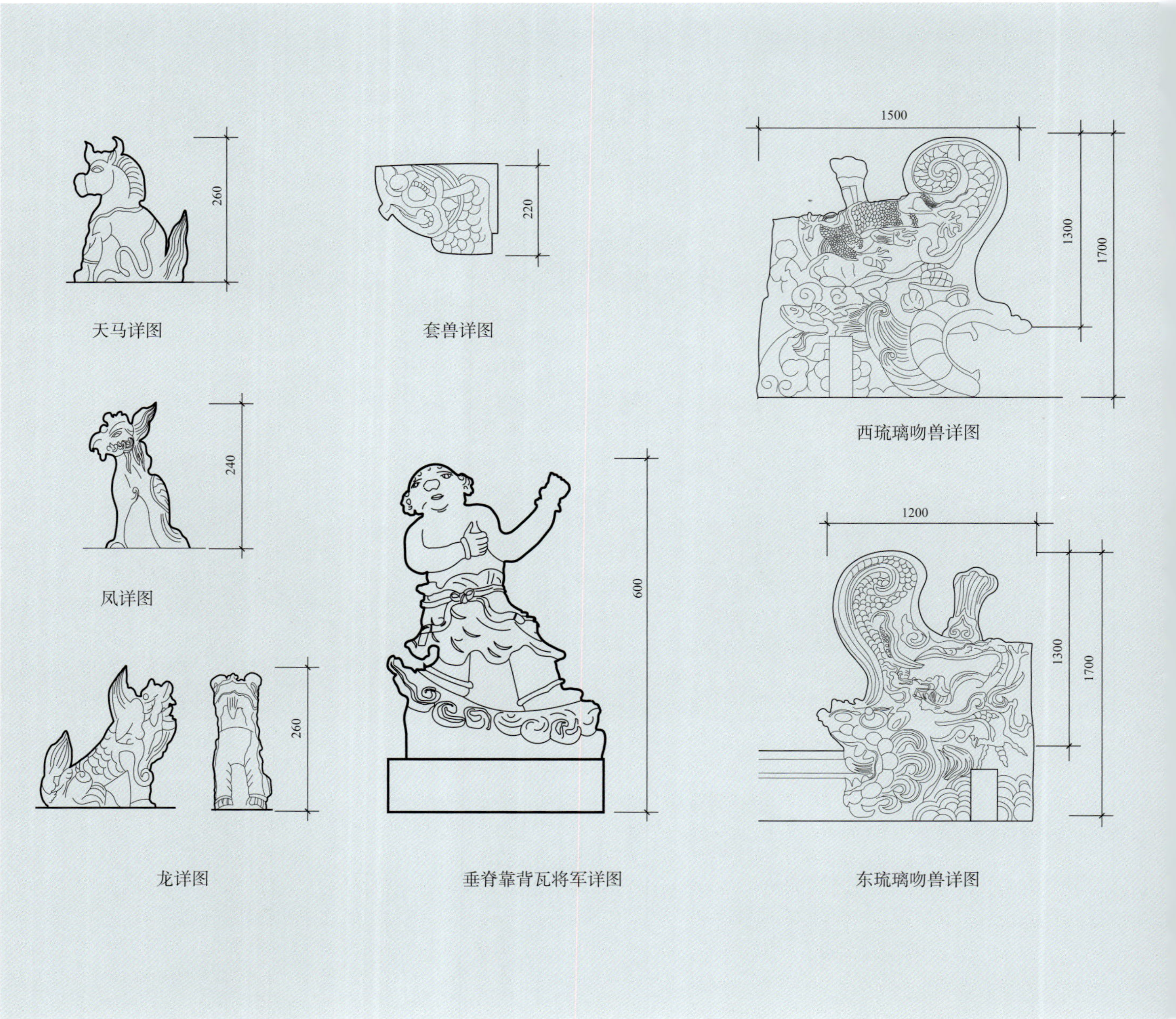

图 3-1　玄天宫脊饰

9. 屋面装饰线图

云台观现存建筑是在清代经过大规模的扩建和火灾后新建的，现存的明代建筑保持了原基本结构或构造，但建筑屋顶仍在后期修缮中被改变，这种改变或为追求与建筑风格的整体协调性而改为当时流行的样式。受当时四川整体社会因素的影响，建筑中官式建筑因素基本消失，原来抬梁式木结构体系消失，主体建筑的梁架结构改为抬梁穿斗混合式，而两侧次要建筑则为穿斗式木构架。屋面出檐多用撑栱，与挑檐檩、挑枋构成三角形结构体系。屋面椽改为扁椽，椽上直接铺瓦，不用苫背，以减轻屋面荷载；脊饰变得精美，艺术性强，构成了云台观建筑的一个特点[1]。

云台观清代建筑屋顶结构为四川地区同时期普遍采用的结构：脊檩上斜搭掌扁椽，椽头不相接，搭于脊檩偏向两侧，两椽头间形成一定的间隙，间隙小于屋面沟瓦宽度。椽根据屋面檩的情况是分段搭接的，这种分段搭接形成了屋面坡面的平缓程度，四川地区称“分水”，实际就是举架。椽头交接出各砍削成45°斜面搭接，为防止椽滑动，搭接处用铁钉与檩固定。两椽之间直接宽沟瓦，沟瓦一般采用“一搭三”或“一搭四”的方式，沟瓦上下层之间为“压七露三”或“压六露四”，即一片沟瓦十分之七或十分之六被上层瓦压住，仅十分之三或十分之四露出；沟瓦之间覆盖板瓦或筒瓦。

屋面脊的装饰是清代建筑中装饰艺术性较强的部分。屋面正脊的结构和四川地区同时代、同类型的建筑相同，一般结构做法是：

在脊檩上平铺板瓦三至五层，每层板瓦交错平铺，高度约一板瓦宽度。板瓦层两侧用板瓦或长方形薄砖包裹，包裹的板瓦或薄砖的外侧再裹灰，使之形成一个整体，这部分称为“滚筒”。为了增加装饰性，裹灰上饰软如意云纹或拐子如意云纹或卍字流水纹，一般是一瓦一个完整的如意云装饰。这一部分构成正脊的基础部分，其功能相当于墙体的基座部分。

脊饰第一层分布于基础层之上。在基础层上层板瓦上平铺厚砖一层、薄砖一层，薄砖较厚砖内收，形成叠涩，是下层基础层与上层脊肚层的分界层。再在上层平铺的薄砖上卧砌青砖一排，是为脊肚部分。脊肚在做法上有素饰和装饰之分。素饰只在砖两侧抹灰，与下层基础层及上层构成部分形成一个整体，整体无装饰。装饰脊肚是在卧砖两侧粘贴板瓦，板瓦瓦面和瓦背向外间错，瓦面向外的内凹，瓦背朝外的外凸，往往内凹者构成脊肚的开光部分，其内或素面抹灰，或灰塑、嵌瓷装饰图案，如花草、动物、博古及寓意吉祥的组合图案，讲究者还施彩。外凸者构成开光两端的装饰部分，多饰以龙、卷草和软、硬卡子图案，如藏经楼正

[1] 姚军：《四川地区明至清建筑结构和风格演变原因分析》，《考古与文物》2017年第6期。

脊脊饰等。再于脊肚砖上平铺薄、厚砖两层，薄砖在下、厚砖在上，下层薄砖内收，与脊肚下层砖结构相同。脊肚砖与上、下层的叠涩薄厚砖是一个整体结构，截面呈“工”字形，外面抹灰，形成一个整体。也有在基础层上放置烧制的由多块花砖组合的脊饰，如降魔殿正脊是放置烧制的两侧饰镂空二方卍字纹、内空心的青砖。

脊饰的第二层是在第一层的平砖上面放置烧制的空腔、两侧镂空卍字等纹饰的花砖，砖体截面略呈梯形，内空，宽度略内窄于其上、下部的平砖。花砖上部平置青砖一层。

第三层，也是脊饰最具装饰特点的部分。于第二层上面的平砖上放置烧制的构成连续灰塑或嵌瓷图案的花脊砖，灰塑采用镂空、高浮雕、线刻等多种技法，立体感极强，且灰塑或嵌瓷花脊砖两侧的图案并不相同。该层是脊饰的主体部分，两端施鱼龙吻，正中施楼阁形宝顶，宝顶高度较高，前后用铁链拉牵固定于前后屋面；宝顶与两端吻兽之间施走兽、文武官员、瑞兽形象等。

云台观建筑的脊饰从叠瓦基础层以上，最多的为三层，以两层的多见。藏经楼正脊为三层，也是整个建筑群中脊最高的建筑。其余建筑的正脊均为上、下两层：或下层为脊肚，上层为烧制的镂空卍字纹空心青砖，或青砖两侧为宝相花蕊，如三合门正脊，或为烧制的镂空缠枝牡丹，如玉皇殿垂脊、九间房正脊等。三合门等建筑的正脊虽然是两层，但下层改为脊肚开光、开光内素面无装饰的形式，高度明显降低，大概与建筑的体量有关（图 3-2：1 ～ 8）。

垂脊脊饰则一般较正脊减少一层，即一般没有装饰精美的第三层，而直接在

1
2-1
2-2

图 3-2　正脊结构

1.二层结构（东客房）

2-1.二层结构（灵官殿正脊北侧面）

2-2.灵官殿正脊北侧线图

空腔花砖上平铺的青砖上置一层筒瓦，再于表面抹灰，筒瓦上有的还置牛、羊、雄鸡、蝙蝠、鳌鱼、瑞兽等（图 3-3：1 ～ 5）。垂脊的尾端一般都有靠背，靠背有座，背屏一般饰人物或花瓶（图 3-4：1、2）。垂脊脊尾反举，顶部施立人或蹲狮等，均为整体烧制的形象（图 3-5：1、2）。

歇山建筑的戗脊和攒尖建筑的垂脊尾端，均向上弯举起翘，给人以活泼轻盈的感觉。脊端的弯举、起翘是通过建筑的翼角结构和置于脊尾的烧制的草龙或卷草来表现的，其形似海浪，有以水压火之意（图 3-6：1 ～ 6）。

云台观各建筑的脊饰不同程度地有残损，或者局部缺失后期进行修补过，如降魔殿垂脊靠背、三合门垂脊靠背等；或者进行粘接修补，如九间房宝顶、东西客房宝顶等；部分建筑垂脊上的蹲兽仍保持局部缺失现状，如玉皇殿垂脊上的一只牛角缺失、九间房正脊虎尾缺失等。

3-1
3-2
4

图 3-2　正脊结构

3-1. 三层结构（藏经楼正脊北侧面）
3-2. 藏经楼正脊北侧线图
4. 三层结构（藏经楼正脊南侧面）

5
6
7
8

图 3-2　正脊结构

5. 二层结构（九间房）
6. 二层结构（钟楼围脊、玉皇殿）
7. 二层结构（三合门）
8. 二层结构（降魔殿正脊线图）

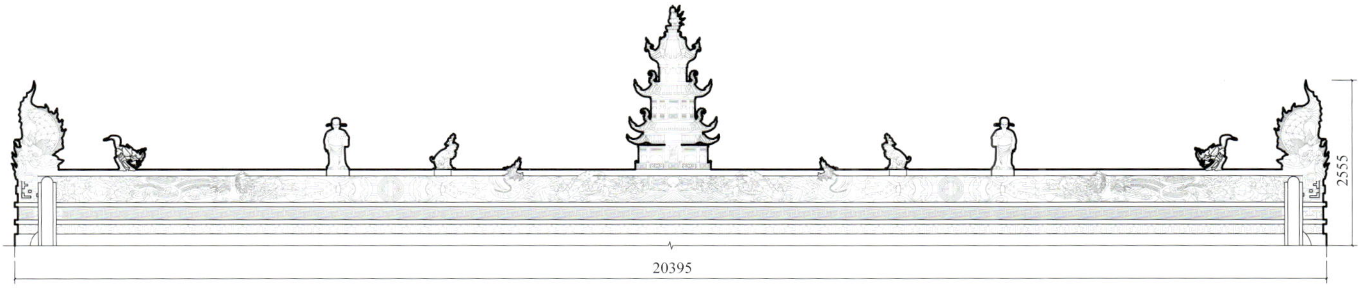

1	
2	3
4	5

图 3-3　垂脊

1. 藏经楼屋面装饰
2. 藏经楼正脊与垂脊
3. 青龙白虎殿垂脊、戗脊
4. 降魔殿正脊、垂脊、戗脊
5. 钟鼓楼垂脊起翘

1 | 2

图 3-4　垂脊靠背

1. 花瓶靠背（灵官殿）
2. 麻姑靠背（藏经楼）

1 | 2

图 3-5　垂脊上的人物

1. 人物（玉皇殿与钟楼）
2. 人物（玉皇殿）

云台观清代建筑屋脊装饰题材、内容丰富，既有现实生活的题材，也有神话故事题材，还有建筑形象题材，不一而足。

花卉果木类。主要缠枝牡丹、宝相花和卷草。

见于正脊的滚筒（灵官殿）和第一层（灵官殿）、第二层（三合门、九间房），及垂脊第一层（灵官殿）、第二层（青龙白虎殿、玉皇殿），均为多块烧制的陶瓦或陶砖组成的连续缠枝图案，一瓦或一砖上为单枝单花（灵官殿），或单枝两花（九间房、玉皇殿），花带枝蔓和叶片。除灵官殿滚筒、三合门正脊为减地雕刻外（图 3-7：1、2），其余均为镂空单枝牡丹，花、枝和叶以外的部分全部减去，以突出花。缠枝构图为“S”形，单瓦或单砖连续摆放，形成横“S”状，有绵绵不绝之感，故缠枝纹又有“长寿藤”之称。“S”形状这种同种弧线相反相切的构图，又如太极，体现老子的“万法归一”：道生一、一生二、二生三、三生万物，连绵不绝，无止无息（图 3-8：1、2）。

1
2

图 3-7　减地缠枝牡丹、葡萄

1. 三合门正脊滚筒
2. 灵官殿正脊滚筒

1 | 2

图 3-4　垂脊靠背

1. 花瓶靠背（灵官殿）
2. 麻姑靠背（藏经楼）

1 | 2

图 3-5　垂脊上的人物

1. 人物（玉皇殿与钟楼）
2. 人物（玉皇殿）

1 2 3 4 5 6

图 3-6　戗脊

1. 钟楼垂脊起翘
2. 钟楼戗脊
3. 降魔殿戗脊
4. 钟楼垂脊
5. 降魔殿垂脊、戗脊
6. 藏经楼戗脊翼角起翘

云台观清代建筑屋脊装饰题材、内容丰富，既有现实生活的题材，也有神话故事题材，还有建筑形象题材，不一而足。

花卉果木类。主要缠枝牡丹、宝相花和卷草。

见于正脊的滚筒（灵官殿）和第一层（灵官殿）、第二层（三合门、九间房），及垂脊第一层（灵官殿）、第二层（青龙白虎殿、玉皇殿），均为多块烧制的陶瓦或陶砖组成的连续缠枝图案，一瓦或一砖上为单枝单花（灵官殿），或单枝两花（九间房、玉皇殿），花带枝蔓和叶片。除灵官殿滚筒、三合门正脊为减地雕刻外（图 3-7：1、2），其余均为镂空单枝牡丹，花、枝和叶以外的部分全部减去，以突出花。缠枝构图为“S”形，单瓦或单砖连续摆放，形成横“S”状，有绵绵不绝之感，故缠枝纹又有“长寿藤”之称。“S”形状这种同种弧线相反相切的构图，又如太极，体现老子的“万法归一”：道生一、一生二、二生三、三生万物，连绵不绝，无止无息（图 3-8：1、2）。

1
2

图 3-7　减地缠枝牡丹、葡萄

1. 三合门正脊滚筒
2. 灵官殿正脊滚筒

1
2

图 3-8　镂空缠枝芙蓉

1. 九间房正脊
2. 灵官殿正脊第二层

中国人“图必有意，意必吉祥”，缠枝纹最为表象的含义就是“长生”与“富贵”，不同类别的花卉植物其内涵不尽相同，所以和缠枝纹组合的寓意也就不同。雍容华贵的牡丹被视为“国色天香”，象征高贵、繁荣，是历代文人吟诗作画的题材，缠枝牡丹纹则寓意繁荣昌盛、富贵荣华。

宝相花。仅见于三合门正脊。

卷草饰于部分歇山建筑戗脊的脊尾，轻盈反举，使翼角起翘更加灵动活泼。

动物类。见于藏经楼两侧的客房、钟鼓楼、玉皇殿、九间房等建筑。均为烧制而成的立体形象，或饰于建筑的正脊上，或饰于建筑的垂脊上，个别见于戗脊的尾端，以钟鼓楼数量和种类最多。可见的形象有牛、虎、兔子、山羊、猴、鸡、鹿等，动物体态丰满，体毛栩栩如生。牛见于玉皇殿南垂脊中部，鹿见于玉皇殿北垂脊中部，胸部贴伏于脊，后肢曲立，双角，蹄足（图 3-9：1～8）。青龙白虎殿、钟楼垂脊的套兽则为猪头形象，大耳，长嘴，嘴略张（图 3-10：1、2）。九间房正脊上的动物因头部残缺为后期补配，从动物身体局部有鳞及尾巴情况看，当不是山羊（图 3-11）。

牛、虎、兔、羊、猴、鸡、猪是我国古代民俗文化中的吉祥动物，也是传统文化中十二生肖的代表动物。牛、兔、羊、猴、鸡、猪等动物与道教很早就发生了关系，战国时期道家的代表人物之一庄周所作《庄子》（又称《南华经》）就有与鸡、龟、龙、鱼等相关的故事，龙、凤等瑞兽祥禽，蝴蝶等昆虫及牛、虎、兔、羊、猴、鸡、猪等动物形象也多运用于道教宫观建筑中，且以艺术化的形象并赋予一定的寓意。

云台观建筑脊饰上的牛、虎、兔、羊、猴、鸡、猪等动物多为写实形象，主要见于钟、鼓楼：钟楼北面两条垂脊上为兔子，南面两条垂脊上为鸡；鼓楼北面两条垂脊上为鸟（？）和蝙蝠，南面西垂脊上为猴子，东垂脊一是。钟鼓楼为四

1	2
3	4
5	6
7	8

图 3-9　动物

1. 虎（东九间房正脊）
2. 虎（西客房屋脊）
3. 蹲猴（钟楼）
4. 雄鸡（钟楼）
5. 兔子（钟楼）
6. 山羊（藏经楼戗脊前端）
7. 青牛（钟楼）
8. 鹿（玉皇殿垂脊）

1 | 2 图 3-10 猪头套兽

1. 猪头套兽（钟楼） 2. 猪头套兽（青龙白虎殿）

图 3-11 九间房正脊动物

角重檐攒尖顶，东、西两侧与香殿屋面相接，则共有脊十六条（其中香殿垂脊四条），由于部分脊饰遗失或被改变，这些动物形象是否为十二生肖，或者表现十二生肖？南朝人沈炯的《十二属诗》是今天能见到的最早的一首生肖体诗："鼠迹生尘案，牛羊暮下来。虎啸坐空谷，兔月向窗开。龙隰远青翠，蛇柳近徘徊。马兰方远摘，羊负始春栽。猴栗羞芳果，鸡跖引清杯。狗其怀物外，猪蠡窅悠哉。"可见在南朝时十二生肖已经成熟。十二生肖俑在唐墓中已是常见的随葬器物，初唐时期多为端坐的兽首人身官员俑，盛唐以后以站立的兽首人身生肖俑为多[1]。十二生肖与道教也有直接关系，有"川西第一道观"美称的青羊宫内最著名的单角青羊造

[1] 李曼丽：《十二生肖俑略说》，《收藏》2007 年第 9 期。

型包含了十二生肖的特征，有鼠耳、牛身、虎爪、兔背、龙角、蛇尾、马嘴、羊胡、猴头、鸡眼、狗肚、猪臀，为清朝雍正时期大学士张鹏翮捐赠。钟鼓楼垂脊上的牛、兔、羊、猴、鸡等动物是否有一定排列组合，是否代表方位，或代表其他意义，因部分缺失，则不得而知。

人物神祇类（图 3-12：1 ～ 17）。见于三合门宝顶、十殿宝顶、灵官殿正脊宝顶两侧、降魔殿正脊宝顶两侧、藏经楼宝顶两侧及藏经楼垂脊脊端上部、玉皇殿垂脊脊端。人物神祇类都是单独塑造、烧制后，置于靠背前的。

人物形象从制作技法上分为整体雕塑和减地雕刻，以及综合高浮雕和圆雕的技法，都是以单个为单元制作。整体雕塑的人物见于藏经楼正脊及垂脊尾端、降魔殿正脊、灵官殿正脊、玉皇殿元宝脊及垂脊尾端，为整体模型制作后烧制而成。减地雕刻仅见于三合门宝顶和十殿宝顶，采用先抹灰、再雕刻的过程，图案覆盖、叠压在正脊之上。用高浮雕和圆雕技法制作则为组合图案，见于垂脊尾端的靠背，可能为道教中的仙人形象。

云台观建筑的人物，有男性，也有女性；有道教神仙，也有佛教题材的人物；还有官员形象，官员有文职，也有武职。官员形象从人物的衣冠装束看，应该是戏剧人物装饰，头戴乌纱帽，帽后有软翅，玉皇殿垂脊脊尾上的人物和藏经楼正脊宝顶东侧的人物、灵官殿正脊上的人物宽袍上束有玉带，应该是文职官员形象。藏经楼正脊宝顶西侧的武官身着锁子甲，外罩袍，露右臂，左手叉腰，右手捋须，立于脊上，面相威武。

女性形象见于藏经楼垂脊脊尾及靠背。藏经楼垂脊脊尾上的女性脚、手局部残缺，从着斜对襟衫、系丝带，小脚及身姿、手持物等看，当为凡间俗子，或为戏剧人物。靠背上的人物当为戏剧故事，女性头部为后期补配，着锁子甲，也是小脚。

玉皇殿元宝脊正中灰塑袒腹露乳、和膝而坐的大肚和尚，面朝北，面部为后期修补。从形象看或为五代后梁时期的僧人布袋和尚，僧名契此，又号长汀子，常以杖背一布袋云游四方，自称弥勒化身，据说能示人吉凶，十分灵验，除寺庙中供奉外，还常为玉雕、木雕等题材。降魔殿垂脊脊尾的人物，可能是道教神仙：头戴冠，软翅长而垂，宽袍大袖，系丝带；面带笑容，长须，慈眉善目，似为福星或禄星。三合门宝顶座用灰抹出的“十”字框内浮雕一坐姿老者，老者束高髻，慈眉善目，长髯，面带笑容，着宽袍大袖，鞋露于袍外，怀中抱一鲤鱼，从装束看，老者当为道家弟子。十殿宝顶座塑右肩扛扫帚、左手持书卷、做乘云行走状道士。

祥禽瑞兽类（图 3-13：1 ～ 19）。瑞兽即吉祥兽。云台观尽管在明代受到蜀府恩宠，但现存建筑主要为清代重建或修建，玄天宫尚能体现出明代官式的特色，这在建筑脊饰中的龙、麒麟等瑞兽形象中也有体现。但在清代建筑脊饰的瑞兽中，更多的是民间祥禽瑞兽形象，在纹样的造型上区别于官式模式，充满民间艺术特色、乡土风情及民间百姓的艺术创造力。云台观建筑脊饰上的瑞兽有龙、凤、麒麟、鳌鱼、蝙蝠等，从造型上看，似乎以官式建筑中屋面走兽为模板，但地方色彩更为浓厚。瑞兽的位置，一是分布于正脊宝顶两侧，一般成对出现，以宝顶为轴对

1
2 3

图 3-12 人物类

1. 大肚和尚
2. 小脚女人（藏经楼）
3. 状元（钟楼）

4	5-1	6-1
	5-2	6-2

7	8
9	10

图 3-12　人物类
4. 禄星？（降魔殿）
5-1. 文官（藏经楼）
5-2. 文官线图(藏经楼宝顶东侧)
6-1. 武官（藏经楼）
6-2. 武官线图(藏经楼宝顶西侧)
7. 道士［十殿（东）宝顶］
8. 弥勒［十殿（西）宝顶］
9. 童子（三合门宝顶背面）
10. 渔翁（三合门宝顶南面）

11	12		15
13	14	16	17

图 3-12　人物类

11. 童子（青龙白虎殿南屋面东垂脊靠背）
12. 童子（青龙白虎殿南屋面西垂脊靠背）
13. 龙童子（藏经楼）
14. 麻姑献寿（藏经楼）
15. 降魔殿垂脊靠背人物（南坡面东垂脊）
16. 玉皇殿北坡东垂脊靠背人物
17. 玉皇殿北坡西垂脊靠背人物

图 3-13　祥禽瑞兽类

1. 草龙（藏经楼戗脊）
2. 草龙（西九间房北面脊头花）
3. 行龙（藏经楼正脊）
4. 草龙（灵官殿正脊南侧西段）
5. 草龙（灵官殿正脊南侧东段）

图 3-13　祥禽瑞兽类

6. 凤凰（藏经楼正脊南侧面东段）
7. 凤凰（藏经楼正脊南侧面西段）
8. 凤凰（灵官殿正脊南侧西段）
9. 凤凰（灵官殿正脊南侧东段）

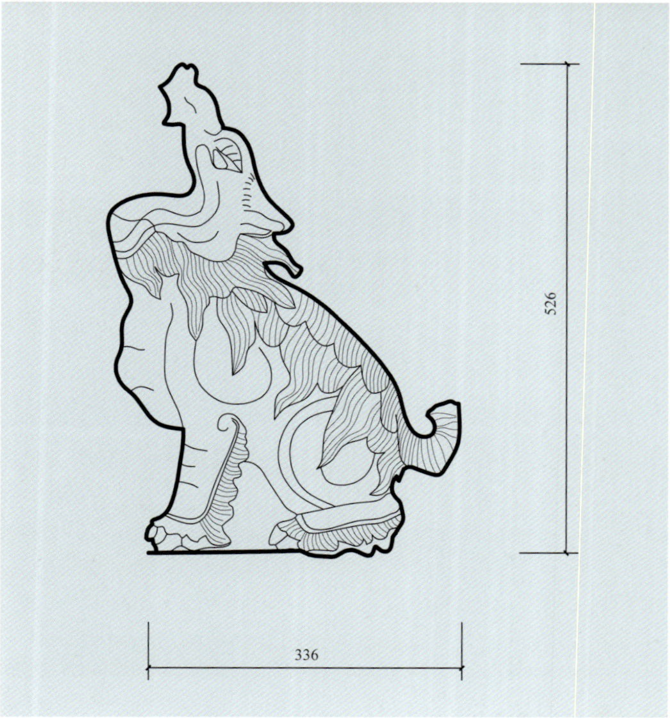

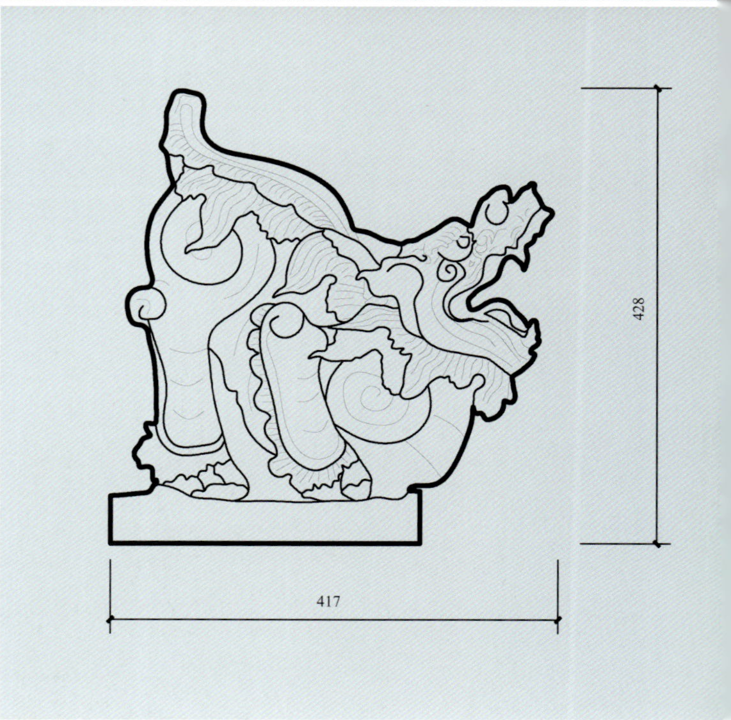

10-1	11-1
10-2	11-2

图 3-13　祥禽瑞兽类

10-1. 天禄（灵官殿）
10-2. 天禄线图（灵官殿正脊）
11-1. 麒麟（藏经楼）
11-2. 麒麟线图（藏经楼正脊）

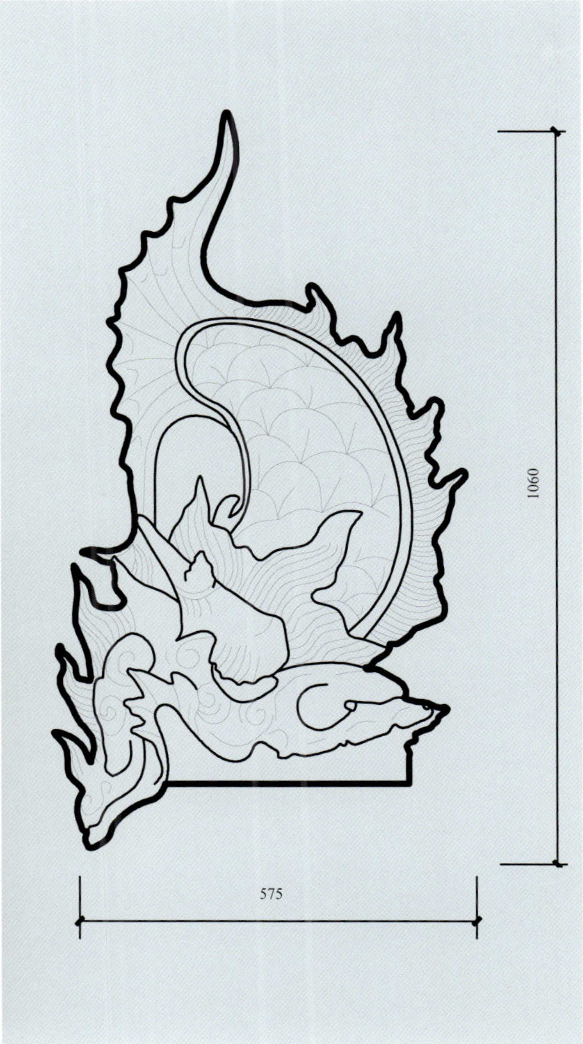

12
13-1 13-2

图 3-13　祥禽瑞兽类

12. 麒麟（西九间房）
13-1. 鳌鱼（藏经楼）
13-2. 鳌鱼线图（藏经楼正脊）

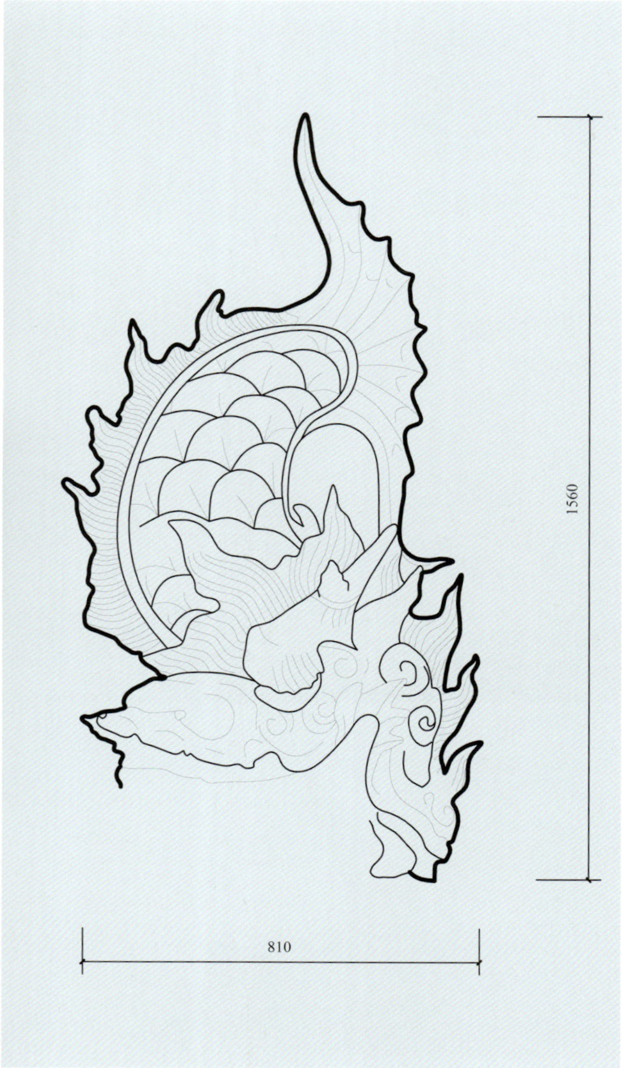
1560
810

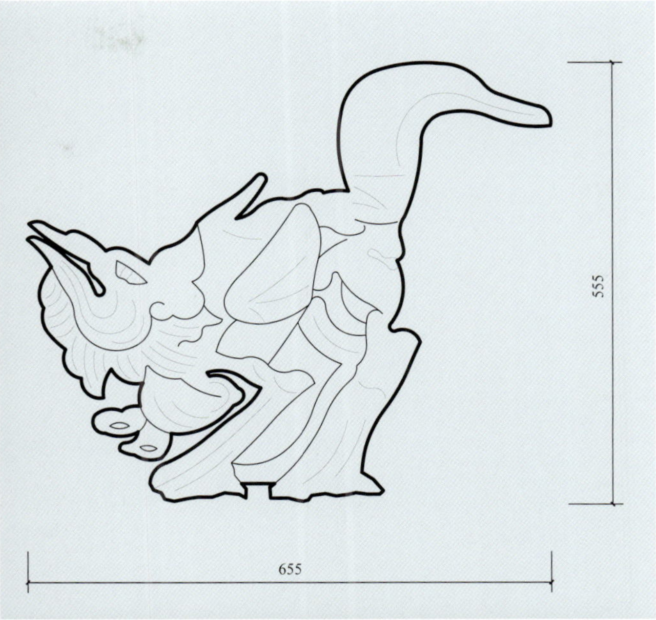

14-1	14-2
15	16

17-1	17-2
18	19

图 3-13 祥禽瑞兽类

14-1. 鳌鱼（降魔殿）
14-2. 鳌鱼线图（降魔殿正脊）
15. 鳌鱼（钟楼垂脊）
16. 蝙蝠（降魔殿）
17-1. 金翅鸟（？）（降魔殿正脊）
17-2. 金翅鸟（？）线图（降魔殿正脊）
18. 金翅鸟（？）（东九间房正脊）
19. 金翅鸟（？）（东九间房正脊）

称分布；二是位于垂脊中部或脊尾上部；三是见于正脊花脊。前两种以圆雕为主，后一种则为浮雕形式。

龙，有行龙和草龙。行龙见于藏经楼正脊，龙身若隐若现于云气中，龙昂首前行，龙为四爪。

草龙，见于灵官殿正脊、九间房正脊及藏经楼等建筑戗脊脊尾。灵官殿正脊南侧的草龙以卐字为地，一做行状，一做回首状。九间房正脊脊端草龙做昂首吐仙气状，形成起翘。藏经楼等建筑戗脊草龙置于脊尾翼角上，随翼角的起翘更增加了翼角的起翘，使翼角更显轻盈，草龙身上卷草的花包上一般刻有“福禄寿喜”等吉祥字。

凤。凤是传说中的瑞鸟，是四灵之一、百禽之王，为“仁义礼德信”这五种美德的象征。见于藏经楼正脊和灵官殿正脊，均为浮雕，藏经楼正脊的凤凰昂首展翅飞翔于祥云之中，为写实形象；灵官殿正脊的凤凰则以卐字纹为地，凤亦为飞凤，凤尾艺术化为卷草。

麒麟。云台观建筑麒麟见于灵官殿和藏经楼和九间房。灵官殿的天禄为蹲坐式，位于垂脊脊尾反举的上端，头朝天做吼叫状。藏经楼和九间房的麒麟位于正脊宝顶两端，做匍匐状，狮头，头顶一角，马尾，爪足，然身上没有刻画鳞片。《说文解字》：“麒麟，仁兽也，麋身，牛尾，一角。麟，牝麒也。”麒麟是毛类动物之王，传说中的祥瑞之兽，在古代麒麟是吉祥神宠，主太平、长寿，也可辟邪赐福，与龙、凤、龟合为“四灵”。

鳌鱼。鳌鱼是一种龙头、鱼身，并且带有四个脚的神兽。在民间有“鱼跃龙门”“鱼化龙”之说，实际就是鲤鱼在成为龙之间的一个变化阶段，由于其为水族，为龙生九子之首，“鳌占头”，故在清代以来的南方地区常作为压胜之物置于建筑的正脊，以压火灾。云台观中的鳌鱼与其他地方的建筑一样，多作为正脊两端的脊饰，一般是龙头、鱼身，头下、尾上，张口，置于正脊两端，但降魔殿正脊的鳌鱼背上多了一柄剑。此外钟楼垂脊中部也置有鳌鱼，形象与藏经楼等建筑脊饰鳌鱼相同。

蝙蝠。见于降魔殿垂脊前端和鼓楼北垂脊，为立体雕塑形象，蝙蝠双翅为支点立于脊上，作飞翔状。

蝙蝠是唯一能够飞翔的兽类。古代有关于蝙蝠生活在钟乳洞里，因喝到洞里的水得以长生，故蝙蝠又叫仙鼠。在传统的装饰艺术中，蝙蝠被当作幸福的象征，习因“蝠”“福”谐音，故单独或以蝙蝠纹组合，借喻福气和幸福之意。

另外九间房、降魔殿正脊可见集鸡头、狮身、鸡爪、马尾、长有翅膀的异兽，其形象在其他建筑装饰中少间，或为四灵之一的朱雀，或为四川本地民间的金翅鸟，是一种祥禽。

建筑类。藏经楼和降魔殿的宝顶均为楼阁式样（图 3-14：1 ～ 9）。

降魔殿宝顶为三层、四滴水楼阁式建筑。底层为六边形，台基边缘施护栏，明间敞开为门道。二层、三层柱间施栏杆，枋间施楣子。六角攒尖顶，筒瓦屋面。

1
2 3

图 3-14　建筑类

1. 楼阁宝顶北立面（降魔殿）
2. 楼阁宝顶北立面第一二层（降魔殿）
3. 楼阁宝顶北立面第三四层（降魔殿）

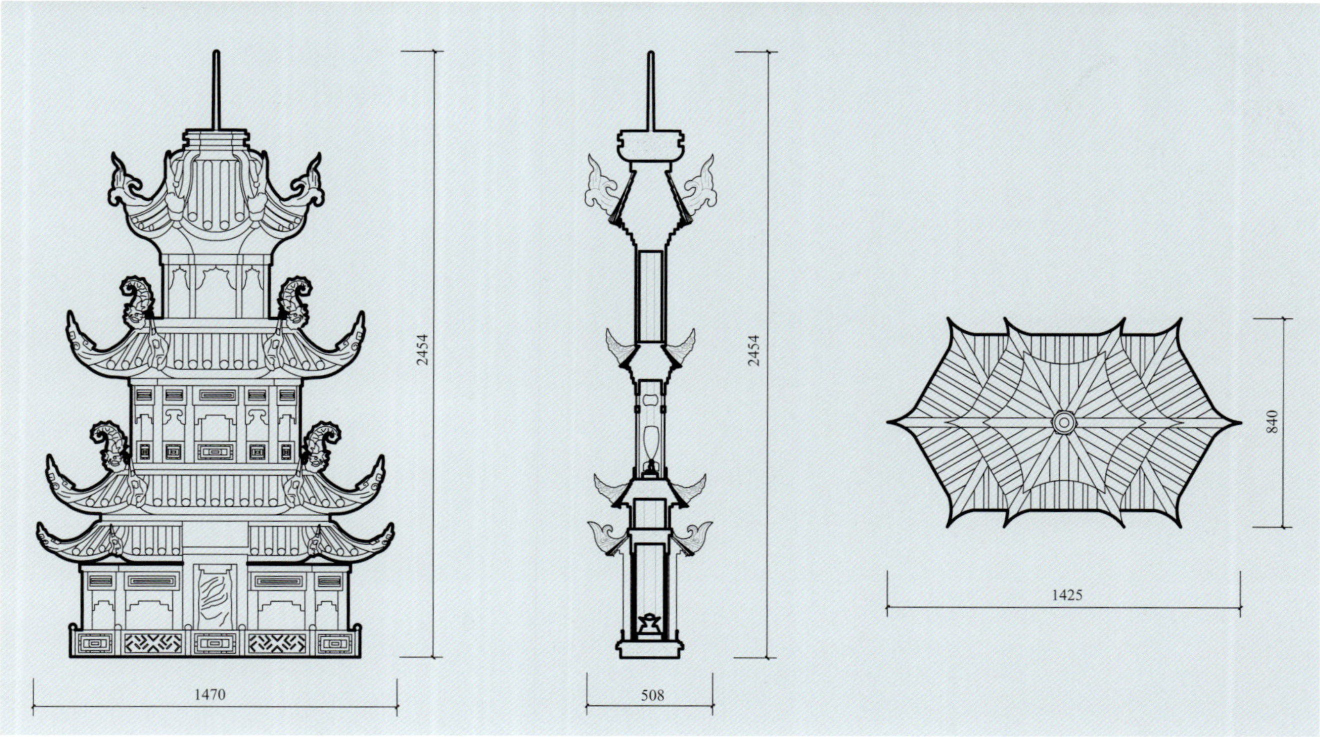

4 | 5-1
5-2

图 3-14　建筑类

4. 楼阁宝顶南立面一二层（降魔殿）
5-1. 楼阁宝顶南立面（降魔殿）
5-2. 楼阁宝顶（南立面、剖面、顶视）线图（降魔殿）

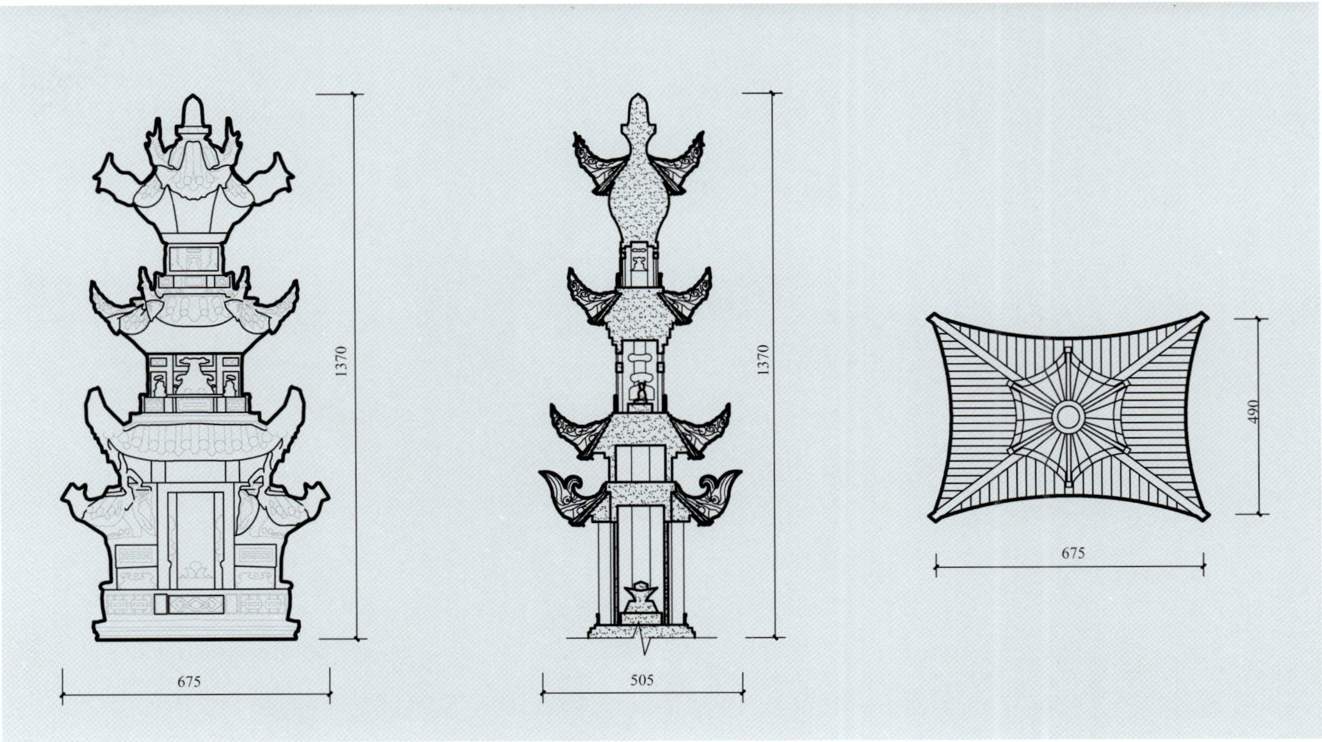

6-1
6-2

图 3-14 建筑类

6-1. 楼阁宝顶北立面（藏经楼）
6-2. 楼阁宝顶（北立面、剖面、顶视）线图（藏经楼）

7
8

图 3-14　建筑类

7. 阁楼宝顶南立面（藏经楼）
8. 楼阁宝顶北立面局部（藏经楼）

图 3-14　建筑类

9-1. 钟（鼓）楼攒尖宝顶
9-2. 钟（鼓）楼攒尖宝顶线图

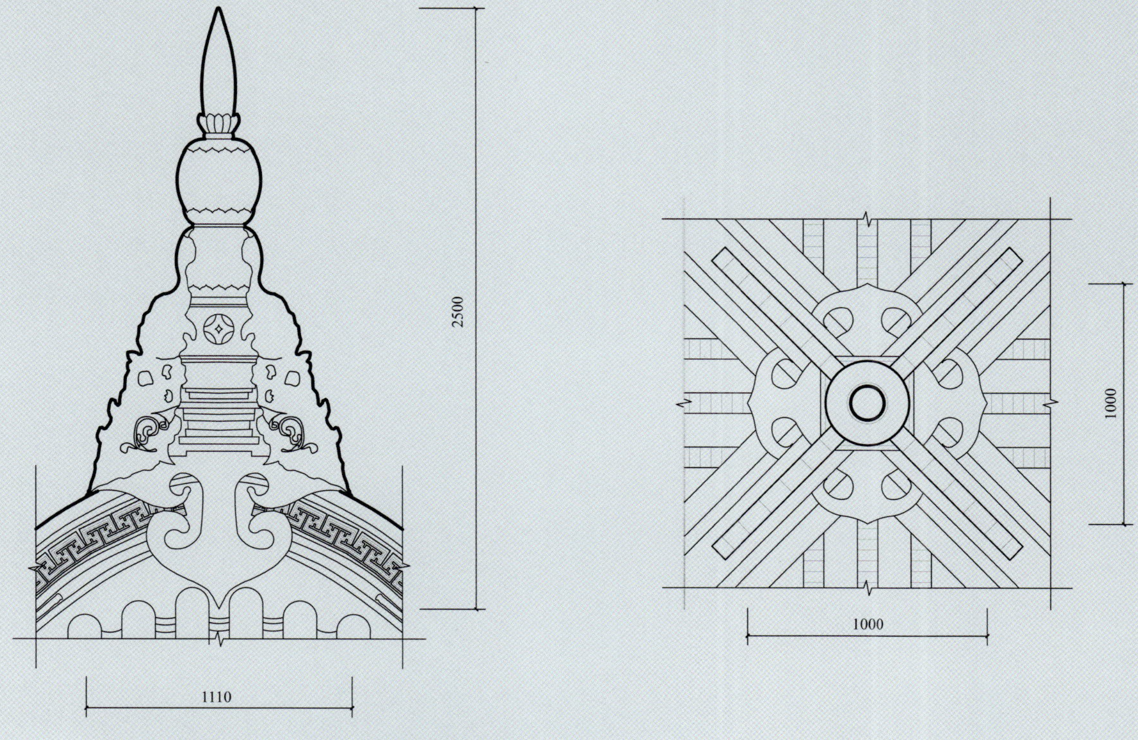

宝顶前后各有两根铁链拉牵、固定于屋面坡面。底层南面明间内可见一香炉，门额阴刻“降魔宝殿”四字；北面即朝向玄天宫的一侧明间内似供有塑像，门额阴刻“玄天宫”三字。

藏经楼宝顶为陶质的楼阁式建筑，高三层、四滴水，底层和二层为四边形，三层为六边形，六角攒尖顶，筒瓦屋面，脊端施鱼龙，龙尾上举，故起翘明显。底层南面为牌坊式门，门上有“文峰阁”三字，内供三颗仙桃。四周有栏杆。楼阁式建筑置于兽足座上，座下正中蹲卧俑匐蟾蜍一只。兽足座与楼阁一层两侧为草龙，既是装饰，又加固宝顶。

钟鼓楼宝顶为塔形，下方上圆，简易须弥座塔基，一层方形，开钱形窗，二层为瓜楞形，三层为圆肚形，顶部残，为后期修补。垂脊与宝顶间施草龙，龙头向上，朝向塔顶，一方面加固宝顶。宝顶与垂脊相交处施如意云纹。

文房四宝类（图 3-15：1～8）。主要为琴棋书画。见于灵官殿垂脊尾端靠背和青龙白虎殿正脊两端脊饰。由于青龙白虎殿为二十世纪九十年代后改造，故其屋面装饰或是异地之物。

灵官殿垂脊靠背图案局部残缺，雕刻一花瓶，下有座，瓶上内容不详；瓶后为用丝带系着、斜置的两轴书画。

青龙白虎殿正脊脊饰采用减地雕刻突出主题的技法，东端一侧为书，西端一侧为画。外两侧施昂首、龙口吐水的草龙，在顶部结为如意草。

吉祥符号类（图 3-16：1～3）。包括卍字纹、如意云纹，均组合成连续带状。如意云纹主要见于滚筒装饰，一砖雕刻一朵如意云头，如藏经楼东、西两侧客房的脊饰。卍字纹在建筑的正脊、垂脊都有运用，一般一砖为两方连续的万字纹。此外万字纹还被用作主体纹饰的地，与主体纹饰组合成吉祥图案。九间房宝顶的“福禄寿喜”与卐字纹组合，寓意万福、万寿，禄寿无疆。

文字类（图 3-17：1～10）。一类是以文字为主的装饰，见于九间房正脊宝顶、藏经楼两侧客房宝顶的“福”“禄”“寿”“喜”和降魔殿正脊两侧的“扶正诛邪”“正直无私”。一类为陪衬主题的装饰，见于戗脊草龙或卷草花蕊，如灵官殿正脊及九间房正脊宝顶、东西客房宝顶，另外降魔殿、藏经楼等建筑的戗脊草龙或卷草的花蕊上阴刻有“福”“禄”“寿”“喜”“义”“德”等吉祥字及“之”“凡”等字。还有一类是构件多块拼接砖上阴刻有“北”“南”，为烧制宝顶拼接砖所做的标记。

九间房宝顶，立面为等腰三角形，内开圆光，圆光内为字，圆光外为卍字纹及四只蝙蝠。东西九间房宝顶相对的一面为草龙组成的“禄”（西九间房）和卷草组成的“喜”（东九间房），艺术性强。背面则为方形框，减地雕刻行书“福”“寿”。整个宝顶由多块拼接而成，中间四块为字，字与周边装饰图案构成寓意吉祥之意。

东、西客房宝顶与九间房相似，今在构图上略有差异。

降魔殿正脊两侧，正面为“扶正诛邪”，背面为“正直无私”，每字与龙、凤等图案间隔分布，字左右有吉祥结框饰。字为浮雕，素地。

组合寓意吉祥类。这些装饰图案均为陶烧制而成，每一组图案由多块陶砖拼接，组合成具有寓意吉祥的图案（图 3-18：1 ～ 11）。主要见于灵官殿正脊。

灵官殿正脊的这类图案具有明显的民间风格，且造型更活泼，更具有乡土气息。组合图案中，还常常一组图案表现一个以上的吉祥寓意。

二甲传胪：位于灵官殿正脊南侧面。以卐字纹为地，两只螃蟹挥舞大鳌爬行与水草中，一只螃蟹爬向假山旁的芦苇。古人科举考试分三甲录取：一甲取前三名，状元、榜眼、探花；二甲、三甲的第一名就称为传胪，古代上传语告下为“胪”，即唱和之意。螃蟹为二甲，芦苇的芦和胪同音，谐“二甲传胪”。“二甲传胪”即高榜中元。“二甲传胪”指考上进士，常用两只螃蟹和芦苇表示。

江牙海水、福如东海。位于灵官殿正脊南、北两侧中心，图案构图略有区别。北侧图案以斜纹和波纹组成海水，上立尖状山石疆牙。山石疆牙上有一绣球，海水疆牙两侧各有展翅蝙蝠三只，蝙蝠及绣球绕以流云。南侧图案中山石疆牙上为红日，展翅穿行于流云中的蝙蝠三对，头朝向红日。江牙海水亦称“海水疆牙”，“牙”或作“芽”。取“一统山河”“旭日东升”“万世升平”之吉祥寓意。东海之水浩瀚无边，蝙蝠于天空流云中飞舞，寓意福如东海的海水一样多。

藏经楼正脊中部于两龙之间浮雕有与灵官殿正脊南侧相同的图案，只是蝙蝠为四只，飞翔于流云之间。

官上加官。分布于灵官殿正脊南侧面，图案以卐字纹为地。石间两枝绽放的鸡冠花，鸡冠花下两只公鸡，一只单足站立，昂首看着鸡冠花，一只低头略作回首状看着另一只雄鸡。雄鸡有冠，“冠”谐“官”音，雄鸡和鸡冠花组合，即“冠上加冠”，寓意升官晋级。

室上大吉。分布于灵官殿正脊南侧面，图案以卐字纹为地。雄鸡立于石上，低首引颈看着右侧的松树，松树枝干虬劲、枝叶茂盛，松树右上部为如意云烘托的太阳。“石”与“室”、“鸡”与“吉”谐音，雄鸡立于石上组成“室上大吉”，寓意阖府安康、大吉大利。

松是古今被咏赞的植物。《芥子园画谱》：“松如端人正士，虽有潜虬之姿以媚幽谷，然具一种耸峭之气，凛凛难犯……”。《花镜》云“松为百木之长，……多节永年，皮粗如龙麟，叶细如马鬃，遇霜雪而不凋，历千年而不殒。”宋代王安石在《字说》说：“松为百木之长，犹公也。故字从公。”有人拆字“松”为十八公，秦始皇巡游泰山，风雨骤至，在大松下避雨，后来封此树为“五大夫”，后人称此树为“五大夫松”。《幼学故事琼林》云“竹称君子，松号大夫。”故松有正气凛然、有坚韧不拔之气节，历来民间成为高官、坚韧顽强、长寿的象征。

月宫玉兔。分布于灵官殿正脊南侧面，图案以卐字纹为地。图案中心为两只兔子，一只匍匐，一只蹲立、回首望着天空中的月亮。月亮构图于整个图案的左上，下部有如意云烘托。兔与月亮在汉代就有关系，《后汉书·天文志》：“月者，阴精之宗，积而成兽，像兔。”汉代墓葬壁画中常见月亮与玉兔形象，汉代西王母神话传说中玉兔以捣不死之药的故事流传甚广，玉兔在一定意义上代表了月宫。

1	2	5
3	4	6

图 3-15　博古类

1. 灵官殿北坡东靠背
2. 灵官殿北坡西靠背
3. 灵官殿南坡东靠背
4. 灵官殿南坡西靠背
5. 书（青龙白虎殿正脊东端脊饰东侧面）
6. 琴（青龙白虎殿正脊东端脊饰西侧面）

7
8

图 3-15　博古类

7. 画（青龙白虎殿正脊西端脊饰东侧面）
8. 棋（青龙白虎殿正脊西端脊饰西侧面）

1
2
3

图 3-16　吉祥符号

1. 卍字纹（东九间房正脊北端）
2. 卍字纹（西客房正脊）
3. 卐字纹（降魔殿正脊）

1	1
1	1
2	2
2	2

图 3-17　文字类

1. 正直无私（灵官殿正脊南侧面）

2. 扶正诛邪（灵官殿正脊北侧面）

3	4
5	6
7	8
9	10

图 3-17　文字类

3. 福（西九间房宝顶西侧）
4. 禄（西九间房宝顶东侧）
5. 寿（东九间房宝顶东侧）
6. 喜（东九间房宝顶西侧）
7. 寿（东客房宝顶北侧面）
8. 禄（？）（东客房宝顶南侧面
9. 福（西客房宝顶北侧）
10. 喜（西客房宝顶南侧）

图案中的玉兔与月亮当代表月宫故事，玉兔捣不死之药，当有长寿之寓意。

二龙戏珠。见于藏经楼正脊北侧。藏经楼北侧正脊整体由两只穿行于云中的行龙与海水、火珠组成，龙张牙，作回首状，两龙之间为滔滔海水，上部水浪交汇作如意状，承托火珠。“二龙戏珠”是中国古代常见的装饰题材，建筑彩画、雕刻、服饰绣品上均可作为装饰载体，有祝颂平安与长寿的意义。

“二龙戏珠”中的珠是一颗状若火球的“火珠”，其下方为海浪。太阳化身的火珠冉冉升起于大海。所以，“二龙戏珠”里的“龙珠”及灵官殿海水江牙中的太阳和火珠实为古人对太阳崇拜的表现。

1
2
3
4
5
6

图 3-18　组合图案类

1. 二甲传胪（灵官殿正脊南侧面）
2. 福山寿海（灵官殿正脊北侧面正中）
3. 福山寿海（灵官殿正脊南侧面正中）
4. 官上加官（灵官殿正脊南侧面）
5. 松鹤延年（灵官殿正脊南侧面）
6. 玉兔月宫（灵官殿正脊南侧面）

7	11
8	
9 | 10	

图 3-18　组合图案类

7. 二龙戏珠（藏经楼正脊）
8. 福山寿海（藏经楼正脊）
9. 麻姑靠背（藏经楼垂脊靠背）
10. 穆柯寨（钟楼垂脊靠背）
11. 秋胡戏妻（？）（钟楼垂脊靠背）

云台观部分建筑的脊饰经过了后期的扰动，如青龙白虎殿系20世纪90年代改建，则建筑的脊饰可能是其他建筑的，改建中进行了利用。清代建筑的垂脊脊尾靠背灰塑，是四川地区同时期公共建筑所常见的装饰，也是移民建筑文化的因素之一。部分建筑正脊两侧的图案不同，且题材较广泛，灰塑艺术性高。此外，作为著名的道教宫观，在明以后脱离官式模式的窠臼，世俗化色彩加重，在装饰中还使用了佛教题材，也是宋代以来民间宗教对儒、释、道三教的兼容并包在建筑中的体现。

第四章

玄天宫建筑彩画

彩画，又称彩绘，是在中国古代建筑上绘制的装饰画。彩画是建筑装饰的重要手段，彩画是建筑的类型、等级、体量等的表现手法之一。中国官式建筑彩画有其历史发展阶段，在不同的历史时期建筑彩画的特点就有区别，尤其是到了清代，地方彩画苏式彩画为官式彩画吸收，中国古代建筑彩画在清代形成一个新的高峰。

云台观绘制有彩画的建筑，有云台胜境坊、十殿、城隍殿、观音殿、青龙白虎殿、降魔殿、东西客房、玉皇殿、钟鼓楼、祖师殿和玄天宫，其中十殿、城隍殿、观音殿、东西客房额枋，降魔殿额枋及前廊穿枋均使用了仿官式建筑的旋花彩画，为后期补绘，彩画风格与建筑等级及风格不符。青龙白虎殿梁架、斗栱均绘制有彩画，亦仿官式建筑墨线大点金旋子彩画，彩画应是2004年维修时所绘。云台胜境坊为仿官式和玺彩画，系后期补绘。降魔殿明间脊檩和上下金檩、次间脊檩及玉皇殿脊檩彩画也是后期所绘，采用了沥金技法，与建筑风格不协调。玉皇殿次间额枋和钟、鼓楼穿枋则绘制苏式彩画。祖师殿梁枋彩画为仿玄天宫风格，也为后期补绘。因此云台观建筑在后期补绘彩画中是随心所欲的，并没有过多考虑建筑的风格，包括在给雀替等有雕刻的建筑构件补绘色彩时无不如此，且较多地使用了等级较高的“金”的元素（图4-1；图4-2；图4-3：1～4；图4-4：1、2；图4-5）。

图 4-1　云台胜境坊额枋彩画

图 4-2　青龙白虎殿彩画

图 4-3　降魔殿彩画

1. 前檐额枋后期彩画

2
3
4

图 4-3　降魔殿彩画

2. 明间脊檩、金檩彩画
3. 西次间金檩彩画
4. 东次间金檩彩画

1
2

图 4-4　玉皇殿彩画

1. 明间脊檩彩画
2. 西次间脊檩彩画

图 4-5　钟鼓楼额枋彩画

玄天宫的彩画分为内檐彩画和外檐彩画，从彩画布局和风格看，当绘制于清代。

玄天宫的彩画主要分布于前廊梁枋、斗栱、栱眼壁，前檐上下额枋和由额垫板、檩、平板枋和室内梁枋、天花等部位，椽肚和椽头、望板均不见彩画，望板或在后期维修中已更换。前檐、前廊及室内梁枋、檩部彩画保存较好，山面外檐、后檐外檐彩画褪色严重，檩、正心枋、外拽枋、里拽枋、挑檐枋、檐檩、斗栱及栱眼壁等部位局部残存有彩画，表明原来是绘制有彩画的。除前廊大、小额枋外侧彩画脱落严重，彩画题材、内容不详，挑尖梁彩画褪色严重，内容可辨外，其他各构件彩画保存相对较好。

玄天宫建筑构件整体以暗色为基色，椽虽未饰彩画，但椽肚整体刷黑，颜色较暗，包括室内天花彩画的梁等，无不如此。暗色底多用白色、红色绘制彩画，以及在白色粉底上用黑线勾勒、内填色，因此视觉效果较为突出。整个彩画不用金色。

云台观的彩画整体上似乎遵循了官式彩画的布局格式，彩画基本构成为两端的找头（由箍头、盒子、找头构成）和中部的枋心，双步梁、穿插枋等长度较长的构件，上述构成齐全，前廊单步梁等较短的构件，则只有找头与枋心，无盒子，且枋心长度略长于盒子总长度。箍头、盒子之间用墨铁线分隔白色粉底，找头与枋心之间的岔口线用铁线，内填或晕染白彩或蓝彩。但彩画在绘制方式和题材上则更具有任意性，流云、蔓草、折枝花草、卷草、束花，乡土题材的莲藕、茄子、白菜、马及龙、麒麟、海马等祥禽异兽，以及清代常见的寓意吉祥的题材，均在彩画中都有使用。梁枋底部则多绘制单卷草或双卷草。

从壁画绘画技法上，蚯蚓描或行云流水描、铁线描或琴弦描及工笔重彩等国画技法都有使用，卷草、流云纹多使用蚯蚓描或行云流水描技法，箍头、盒子则多采用铁线描或琴弦描勾勒、填彩，枋心多采用工笔重彩技法，且不同的技法在同一构件上都有使用，使整个彩画显得灵动活泼而不僵硬。

室内彩画多采用蚯蚓描或行云流水描，在用笔上稍显粗犷，往往是黑色或红色单色设色，外缘勾以白色，由于梁枋本身底色较深，因此与红色和白色的反差更加显眼，与廊枋彩画多使用半工笔半写意的技法不同，或许是不同类型彩画表达方式所需，也可能是由不同的画工完成、画风不同所致。从前檐斗栱里拽和外拽看，栱间各枋及平板枋、栱眼壁彩画从用笔技法、题材等都是相同的，枋上用红色外勾白色或用白色绘制云、卷草、水波纹，平板枋用白色绘制蔓草或流云。

栱眼壁用红色或白色绘制散点花瓣或花蕊。

玄天宫的斗栱彩画基本以用白色为主，瓜栱和要头施有的雕刻内部填红彩。栌斗、泥道栱等各栱、散斗、昂等均用白色描边，仅慢栱上用白色绘制软草纹，暗色底色与白色描边对比强烈，突出了斗栱。

梁枋彩画与官式建筑的彩画比较起来，找头与枋心之间的岔口线均为一坡，无折，找头中的花也与旋子彩画中的旋花布局、形制形似，具有清代旋子彩画的特点，但并不完全严格遵循旋子彩画的布局，如旋子之间无分隔的路，旋花特征不明显，比较随意，找头部分整旋花花心为十字或破十字，或人字纹，且整旋花约占整个找头的三分之二。

前檐、山面和后檐由额垫板也绘制有彩画，每两柱间即每开间为一个单元，每开间分隔为三块。由额垫板彩画以黑、白、红为主色，采用局部借代的手法，绘制有浪、鲤鱼、虎、豹、海马、麒麟、荷花、兰草等寓意吉祥的图案，如以鲤鱼寓意“鱼跃龙门”“鱼化龙”，以豹、虎寓意“君子豹变”“大人虎变”，海马、麒麟等异兽寓意“益寿”，莲花寓意“一品清廉”、兰草寓意“寿献兰孙”等。折枝、缠枝花草见于东山面枋间夹板（图 4-6：1 ～ 24）。

玄天宫的前廊的单步梁、挑尖双步梁、穿插枋、溜金斗栱、大额枋、小额枋和前廊的柱头、大额枋、小额枋均绘制有彩画，前廊东西梢间的由额垫板施雕刻，为透雕，有走龙、莲花和如意云。单步梁无箍头、盒子，枋心绘制莲花、石榴、竹或博古；双步梁找头有箍头、无盒子，穿插枋和额枋则箍头、盒子、找头俱全，双步梁和穿插枋、额枋彩画的找头长度之和约为整个枋的一半，也就是枋心占了枋总长的一半，因此枋心显得明显，突出了枋心的彩画。梁枋彩画中找头用蚯蚓描或行云流水描、铁线描或琴弦描绘制，箍头绘制如意云、回纹、工字纹、正字纹、别十字锦纹等多种纹饰，铁线描或琴弦描勾勒，内填白色、红色、蓝色等彩，以白色较多，红色次之，蓝色最少。枋心彩画是最具有艺术特色的部分，以工笔花鸟、工笔重彩为主，题材主要是寓意吉祥的图案。

枋心彩画的题材主要是运用传统的谐音、象征手法，寓意吉祥的图案，谐音如以“鱼”谐“余”，以“鸡”谐“吉”，以“瓶”谐“平”，以“冠”谐“官”，以“白菜”谐“百财”，以“鸭”“螃蟹”谐“甲”等；象征如以“牡丹”象征“富贵”，以“松树”象征“长寿”，以“葡萄”象征“多子”。彩画又不乏乡土气息，如表现“富贵长寿”（牡丹和寿山石）题材内在寿山石下面有猫抓老鼠的内容，此外还有表现农趣的白菜、葱、莲藕、玉米、柿子和马等。寓意吉祥的图案多以福、禄、寿、喜、财等为主，包括富贵长寿（牡丹、绶带鸟）、富贵白头（牡丹、白头翁）、官上加官（公鸡、鸡冠花）、多子多福（松鼠、葡萄）、松鹤长春（松树、仙鹤）、四季平安（花瓶、月季）、鱼水情深（金鱼、水草）、二甲传胪（两只鸭子、芦苇）、多福多寿（佛手、桃子）、一品清廉（荷花）、尚书红杏（书、杏花）、聪明伶俐（葱、菱角、莲藕）、长命富贵（公鸡、牡丹）、英雄救美（鹰、梅花）、百财（白菜）等（图 4-7：1 ～ 29）。

1
2
3

图 4-6　玄天宫室内梁枋彩画

1. 山面、后檐内檐彩画
2. 梢间穿枋彩画
3. 梁彩画

4
5
6

图 4-6 玄天宫室内梁枋彩画

4. 斗栱外拽枋与拱眼壁彩画
5. 栀花龟背锦柱头彩画、额枋找头彩画
6. 平板枋破花彩画、额枋找头无盒子彩画

7	10	
8	11	12
9	13	

图 4-6　玄天宫室内梁枋彩画

7. 旋子彩画找头与枋心彩画
8. 破花盒子、找头旋花彩画
9. 梢间穿枋彩画找头
10. 额枋找头、枋心彩画局部
11. 蚰蜒描或行云流水描找头彩画
12. 蚰蜒描或行云流水描盒子
13. 蚰蜒描或行云流水描枋心走龙彩画

14
15
16
17

图 4-6　玄天宫室内梁枋彩画

14. 西山面南次间由额垫板彩画
15. 西山面明间由额垫板彩画
16. 西山面北次间由额垫板彩画
17. 西梢间后檐内檐由额垫板彩画

18
19
20
21

图 4-6　玄天宫室内梁枋彩画

18. 西次间后檐内檐由额垫板彩画
19. 明间后檐内檐由额垫板彩画
20. 东次间后檐内檐由额垫板彩画
21. 东梢间后檐内檐由额垫板彩画

22
23
24

图 4-6　玄天宫室内梁枋彩画

22. 东山面北次间后檐内檐由额垫板彩画
23. 东山面明间后檐内檐由额垫板彩画
24. 东山面南次间后檐内檐由额垫板彩画

1	3
2	4

图 4-7　玄天宫前廊梁枋彩画

1. 前廊彩画局部
2. 前廊彩画局部
3. 前廊驼峰与枋斗栱后尾彩画
4. 溜金斗栱秤杆及檩蚰蚓描或行云流水描彩画

5	7	8
6		

图 4-7　玄天宫前廊梁枋彩画

5. 檩枋蚰蜒描或行云流水描彩画
6. 额枋蚰蜒描或行云流水描找头彩画
7. 柱头、梁枋找头铁线描或琴弦描彩画
8. 柱头、梁枋找头彩画细部

图 4-7　玄天宫前廊梁枋彩画

9	9. 前廊前檐外侧雕刻、彩画分布图
10	10. 前廊前檐内侧雕刻、彩画分布图
11	11. 玄天宫前廊西梢间上额枋内侧彩画
12	12. 玄天宫前廊西梢间下额枋内侧彩画
13	13. 前廊西次间额枋内侧彩画
14	14. 前廊明间额枋内侧彩画

境

天

15 | 16 | 17 | 18 | 19

图 4-7　玄天宫前廊梁枋彩画

15. 前廊东次间额枋内侧彩画
16. 前廊东梢间上额枋内侧彩画
17. 前廊东梢间下额枋内侧彩画
18. 前檐彩画分布图
19. 前檐西次间额枋彩画

20	
21	
22	23

图 4-7　玄天宫前廊梁枋彩画

20. 前檐明间额枋彩画
21. 前檐东次间额枋彩画
22. 前檐西梢间额枋彩画
23. 前檐东梢间额枋彩画

图 4-7　玄天宫前廊梁枋彩画

24. 东廊墙穿枋内侧彩画

25. 西廊墙穿枋内侧彩画

天花彩画分布于明间和次间，为井口天花，天花梁和天花枋、支条、帽儿梁等均为黑地，未施彩，天花板为橙底，圆光，内彩绘回首状走龙和团花，流云岔角。明间和次间天花中部各高浮雕一龙，明间龙头为圆雕，伸出于天花外；次间高浮雕戏珠行龙。龙身均绘彩（图 4-8：1 ～ 5）。

玄天宫建筑彩画，从绘制技法、内容和构图等方面分析，有时代上的早晚区别，大概室内彩画的要早于室外彩画。从梁枋彩画的旋花特征对比分析看，旋花的特征与屏山县中都镇文庙大成殿保存的旋花有着风格上的传承关系，屏山县中都镇文庙大成殿时代为明代，彩画为沥粉，线条凸出，但线内填充颜色不详。据此推测，室内彩画或为乾隆三十六年维修玄天宫时所绘，或者补绘。室外梁枋彩画在前廊西次间额枋内侧的彩画中绘有一册线装书，封面书“大清宣统二年钦天鉴□□□宪书”等字，则彩画所绘时代不早于清宣统二年（图 4-9）。清宣统二年绘制的前廊、前檐梁枋彩画，局部可见叠压现象，局部可辨旋花线条，故该彩画应该是补绘，叠压于早期（或是乾隆三十六年）彩画之上，但由于室内彩画局部保存，故在补绘时尽可能保持了风格上的一致，如平板枋彩画内、外侧均用白色蚰蜒描卷草等等。

26	26		29	29
27	27			
28	28			

图 4-7　玄天宫前廊梁枋彩画

26. 西次间西缝柱梁枋内、外侧彩画
27. 明间西缝柱梁枋内、外侧彩画
28. 明间东缝柱梁枋内、外侧彩画
29. 东次间东缝柱梁枋内、外侧彩画

1
2
3

图 4-8　玄天宫天花彩画

1. 西次间天花彩画
2. 明间天花彩画
3. 东次间天花彩画

4 | 5

图 4-8　玄天宫天花彩画

4. 明间天花正中雕龙

5. 次间天花中心雕刻龙

图 4-9　前廊东次间额枋内侧彩画题记

第五章

云台观建筑雕刻

雕刻属于建筑装饰的内容。云台观建筑的雕刻包括石雕和木雕，石雕主要是玄天宫台基台帮和勾栏、三合门和拱券门的须弥座及玄天宫、玉皇殿、青龙白虎殿等建筑的柱础石。木雕则见于玄天宫梁头、由额垫板、雀替、斗栱、门裙板及隔架斗栱、天花，降魔殿穿枋、撑栱和驼峰，玉皇殿雀替和鳌壳，钟鼓楼二层的楣子和垂花柱、撑栱，藏经楼雀替，灵官殿撑栱，九间房二层栏杆间柱柱头和云台胜境坊雀替等。

云台观的石雕从时代上可分为明代和清代，雕刻总体上不发达。

明代雕刻见于玄天宫台基勾栏和柱础石，三合门和拱券门的须弥座，华表柱云板及承盘上的犼。玄天宫的勾栏立于须弥座台基前缘，红砂岩素面条石地栿，无㝷杖，华版和望柱施雕刻。华版和望柱身采用减地雕刻。华版用雕刻分为上、下两部分，实际成为一个完整的㝷杖栏杆：下部用浅浮雕雕刻出华版和间柱，华版绦环板、间柱均无饰；上部分用深浮雕雕刻出一整二破如意云纹净瓶。望柱身用双层起线，柱头圆雕石榴头、莲花头等（图 5-1）。玄天宫柱础石为双鼓蹬式，即整石雕刻成上、下两重鼓磴式，两鼓蹬相交处雕刻绳索，上鼓蹬鼓面外缘雕刻凸起的鼓钉。鼓磴或素面无饰，或阴线刻仰、俯莲瓣（图 5-2：1、2）。三合门和拱券门的须弥座的图案、纹饰均为典型的官式，采用圆雕、减地浮雕和阴线刻等技法，束腰椀花结带和宝相花为减地浮雕，玛瑙柱采用圆雕与阴线刻相结合的技法；下枭、上枭的俯莲和仰莲则为浮雕与线刻，浮雕出莲瓣，莲瓣脉则用线刻；上枋的多层如意云为减地雕刻，圭角用素线刻出如意云（图 5-3）。华表柱上的犼则采用圆雕和线刻结合的技法，犼的整体形状圆雕而成，头、身细部则采用线刻。

清代雕刻则主要见于柱础石。云台观建筑柱础多为素饰，即不论方形柱础石或圆形柱础石，没有雕刻装饰；玄天宫台基的台帮和角柱石上也有雕刻。柱础石的雕刻技法有阴刻、浅浮雕、高浮雕等，或一石一种技法，或一石多种技法综合运用。青龙白虎殿柱础石采用阴线雕刻，用线条勾勒出折枝的枝叶，叶脉用阴线刻出，花朵外缘用线刻出轮廓，内部减地，花瓣轮廓线较粗（图 5-4）。玉皇殿和灵官殿的柱础石则采用减地浮雕，下部六边形鼓架侧面减地雕刻花卉，上部岔角是在原石面线刻花朵；鼓架上为鼓磴，形制与玄天宫相似，素面无饰，唯鼓钉较玄天宫柱础石鼓磴大而低平（图 5-5：1 ～ 3）。

玄天宫的台基雕刻与勾栏风格迥然不同，台基可能在后期维修中有所改变。台基角柱石顺着条石方向半圆雕一狮子，正面浅浮雕刻一绣球，绣球系有彩带，侧面

图 5-1　玄天宫台基栏板石雕

1 | 2

图 5-2　玄天宫柱础石雕

1. 柱础石之一
2. 柱础石之二

雕刻卷草；狮子头下尾上作匍匐状，前爪抓彩带，作戏球状。台基东、西两角柱石狮头相对（图 5-6）。台基为普通台基，台帮用条石为间柱，间柱所饰雕刻不一致，柱间陡板减地浮雕寓意吉祥图案，因风化严重，题材内容难以辨识（图 5-7：1、2）。

此外，降魔殿周公与桃花女所站立的须弥座台所搭的幞头边缘雕刻饰有卷草带，采用的是减地雕刻。

图 5-3　三合门须弥座石雕

图 5-4　青龙白虎殿柱础石雕

1
2
3

图 5-5　石雕

1. 玉皇殿柱础
2. 灵官殿前檐柱柱础
3. 灵官殿后檐檐柱柱础

图 5-6　玄天宫台基角柱石雕

1
2

图 5-7　玄天宫台基台帮石雕

1. 台基台帮雕刻之一
2. 台基台帮雕刻之二

云台观建筑装饰木雕是其一大特点，除三合门、拱券门外，几乎所有的建筑都饰有木雕刻，木雕常用的阴线刻、浅浮雕、深浮雕、圆雕、透雕等技法都有运用。

建筑的雕刻题材和建筑本体的时代密切相关。明代的云台胜境坊和玄天宫，其雕刻具有典型的官式大木雕刻特点，题材多以如意云、卷草、龙、凤等为主（图5-8）。云台胜境坊额枋雀替浮雕折枝芙蓉，承托雀替的重栱的栱身上浮雕如意云，彩为后期补绘。玄天宫的雕刻分布范围较广，梁头，柱头铺作、补间铺作、转角铺作的斗栱，隔架斗栱，由额垫板，天花，隔扇门等，均饰以雕刻，雕刻以减地浮雕结合阴线雕刻为主，一般用减地雕刻出雕刻对象的内容主题，再用线刻雕刻出细部，如龙麟、龙牙、龙须、凤毛、花卉叶脉、水波纹等；也有镂空雕刻，见于前廊东、西梢间的由额垫板：前廊的由额垫板不是一层，而是内外两块（东梢间为后补，为一块，为镂空透雕），分别安装于上、下额枋间，且内外层的雕刻题材内容并不重合，如梢间中间外侧雕刻戏珠行龙，内侧为莲花，其余均雕刻如意云（图5-9：1～11）。

图5-8　云台胜境坊雀替木雕

1
2

图 5-9 玄天宫木雕

1. 柱、雀替雕刻
2. 斗栱栱臂雕刻

3　5
4　6
7

图 5-9　玄天宫木雕

3. 前檐雀替雕刻
4. 隔架斗栱雕刻
5. 隔扇裙板雕刻
6. 前廊西梢间雀替外侧雕刻
7. 前廊西梢间雀替内侧雕刻

8
9
10
11

图 5-9　玄天宫木雕

8. 前廊东梢间由额垫板外侧雕刻
9. 前廊东梢间由额垫板内侧雕刻
10. 前廊西梢间由额垫板外侧雕刻
11. 前廊西梢间由额垫板内侧雕刻

龙是玄天宫雕刻中运用最多的，也是玄天宫建筑高级别的体现方式之一。前廊明间额枋雀替内、外侧均为两条相对而行的五爪行龙，前廊次间雀替外侧雕刻龙头、凤凰与牡丹，内侧雕刻龙头与折枝芙蓉、牡丹。雀替的正、侧与底部采用整体雕刻，具有圆雕效果。穿枋出头雕刻成龙头形，室内梁枋雀替斗栱的栱身雕刻升龙，天花明间和次间中部高浮雕戏珠坐龙。在雕刻上仍多运用减地雕刻与阴线雕刻结合的雕刻技法（图 5-10：1 ～ 11）。

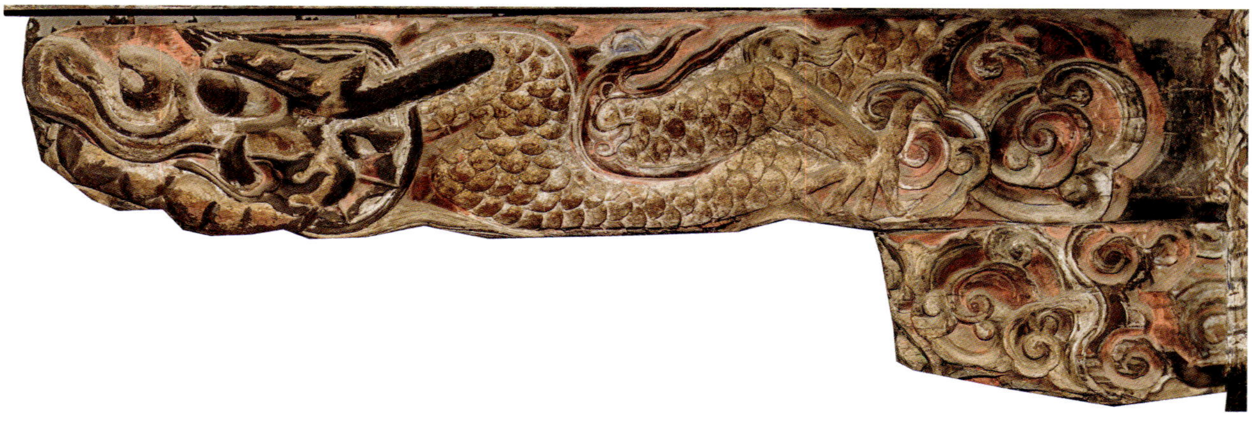

1	4
2	5
3	6

图 5-10　玄天宫木雕

1. 前廊明间雀替外侧雕刻
2. 前廊明间雀替内侧雕刻
3. 前廊东次间雀替外侧雕刻
4. 前廊前檐东次间雀替内侧雕刻
5. 前廊西次间雀替外侧雕刻
6. 前廊西次间雀替内侧雕刻

7 / 8　9 / 10

图 5-10　玄天宫木雕

7. 穿枋枋头雕刻
8. 前廊华栱后尾雕刻
9. 内檐雀替斗栱雕刻
10. 天花坐龙

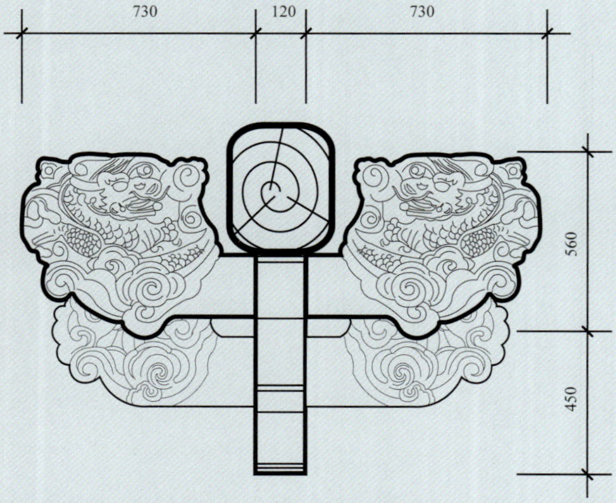

斗拱麻叶头大样

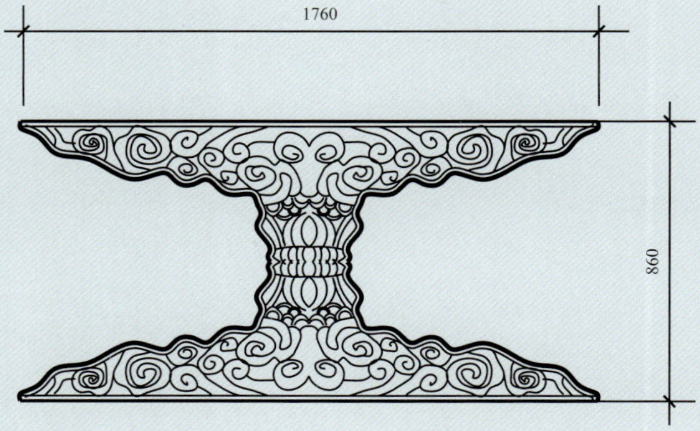

枋间驼峰大样

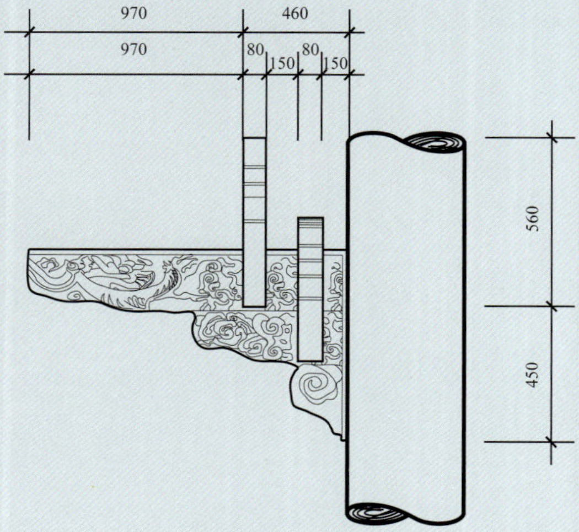

雀替大样

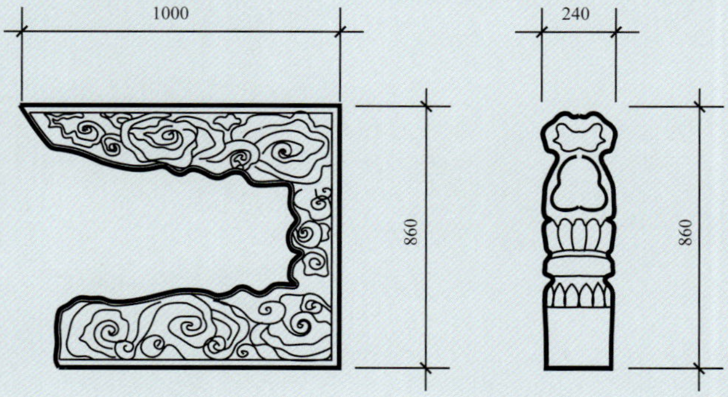

枋间雀替大样

图 5-10 玄天宫木雕

11. 玄天宫部分木雕线图

藏经楼雀替与玉皇殿明间雀替的正面和背面题材内容相同，为减地雕刻祥云凤凰，玉皇殿次间雀替雕刻潮海、仙鹤、祥云（图 5-11：1 ～ 5）。藏经楼与玉皇殿以廊相连，藏经楼、玉皇殿明间柱施扁平撑栱，与廊额枋相交。撑栱以中部方形或“亞”字形开光为界，正面上下各凿成平台，上立圆雕人物，惜圆雕人物残损严重或遗失，形象难辨。中部方形或“亞”字形开光框内减地深浮雕寓意吉祥的图案：有绶带鸟与牡丹组合，寓意“富贵长寿”；莲藕与白鹭组合，寓意“一路连科”；寿石与水仙、鸡组合，寓意“室上大吉”；寿石与菊花组合，寓意长寿等（图 5-12：1 ～ 8）。

卷棚顶的柁墩与鳖壳连为一体，整体施减地雕刻，也是颇具特点的。柁墩与鳖壳雕刻见于降魔殿与二十四步朝天阙、藏经楼连接处的卷棚顶廊，藏经楼与玉皇殿之间的卷棚顶廊，及玉皇殿的卷棚顶结构。柁墩位于抬梁或抬梁枋上，两个相连，构成一个整体，柁墩上施斗以承脊檩，脊檩间施以鳖壳，鳖壳实际起着联系和稳固脊檩的作用，鳖壳与罗锅椽固定。鳖壳雕刻倒挂的蝙蝠，为减地浮雕。柁墩左右相连，单体里面呈阶梯状，左右为一体，外缘有凸起的边框形成开光，雕刻即饰于阶梯状开光内，雕刻饰于视域能够达到的范围，明间、次间的柁墩两侧均施雕刻，梢间一面施雕刻。柁墩雕刻的题材有双龙拱寿、草龙和蝙蝠流云等，均为减地浮雕。图案或左右各自独立，或左右组合成一个图案，中间相连处多根据题材雕刻宝珠、太阳等，前者如降魔殿与藏经楼之间的卷棚廊、藏经楼与玉皇殿之间的卷棚廊的柁墩，雕刻“刘海戏金蟾”“仙人骑龙”“八仙”等，后者主要见于玉皇殿卷棚的柁墩，雕刻二龙戏珠、双龙拱寿、双凤朝阳、祥云蝙蝠等。雕刻上的彩是后期补绘的（图 5-13：1 ～ 8）。

九间房二层栏板望柱柱头、灵官殿前后檐明间撑栱、降魔殿前檐撑栱、藏经楼与玉皇殿间廊道撑栱、钟鼓楼一层撑栱和垂花柱柱头均采用圆雕技法（图 5-14：1 ～ 8）。灵官殿、降魔殿、钟鼓楼等建筑的撑栱为圆木，分上、下两部分作为人物和仙人活动的台面，其余未截取部分也施雕刻，大概与人物或仙人的故事情节相符合，或者说用以体现人物或仙人的活动场景。人物仙人是根据所表达的故事情节雕刻好后安置于台面上的。灵官殿明间撑栱为八仙，每个撑栱上、下各一仙，前檐分别为张果老、曹国舅和吕洞宾、何仙姑，后檐分别为汉钟离、蓝采和和铁拐李、韩湘子，分别代表人世间“男女老幼、贫富贵贱”八种不同的境况（图 5-15）。降魔殿撑栱雕刻因人物仙人数量较多，题材似为神话故事类，因有残损，题材故事情节不详（图 5-16：1 ～ 4）。钟鼓楼的撑栱位于山面，转角撑栱为圆形，山面撑栱为扁平形，不管圆形还是扁平形，都是每层台面上立一人或二至三人，但人物残损较为严重，似为戏剧故事场景（图 5-17）。藏经楼与玉皇殿间廊道撑栱为扁平形，侧面减地雕刻花卉，正面分上、下两层，每层各立有人物或仙人，部分遗失，题材内容不详。

云台观的透雕并不多，仅见于灵官殿前檐雀替、钟鼓楼二层雀替和花牙子。灵官殿前檐雀替基本为透雕，钟鼓楼雀替和花牙子则是透雕与减地浮雕是组合使用的。钟鼓楼花牙子施于垂花柱间，次间的花牙子透雕祥云蝙蝠，而明间则是主体什花小品（折枝牡丹等）为平面减地浮雕，两侧的花卉及周边卡子的为透雕。雀替也是透雕与减地浮雕组合使用，雀替呈等腰三角形状，直角处施方形开光，内减地雕刻王羲之爱鹅等图案，上下透雕芙蓉花朵，外侧云纹与柱、额枋交接处为卷草。额枋后期绘彩画，雕刻后期补绘色彩，装饰效果较强（图 5-18：1～3）。

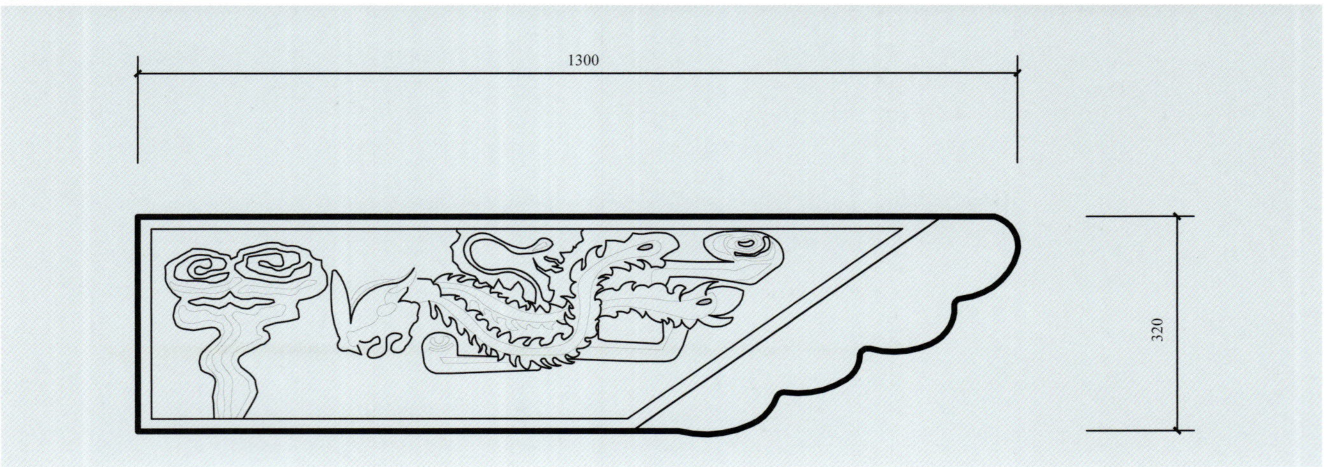

1-1
1-2

图 5-11　藏经楼与玉皇殿雀替木雕

1-1. 藏经楼明间东缝柱雀替外侧（北侧）雕刻
1-2. 藏经楼明间东缝柱雀替外侧雕刻线图

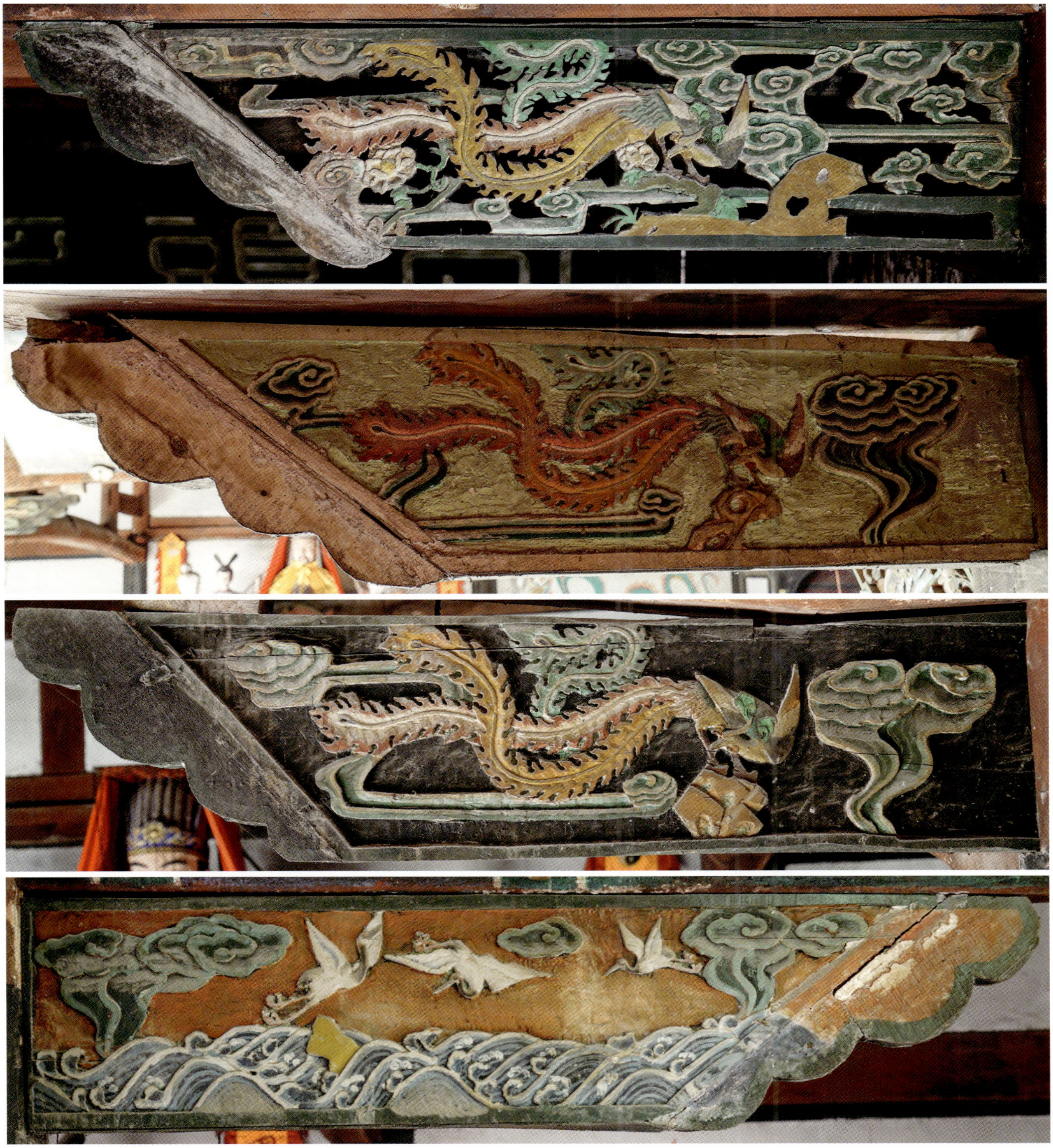

2
3
4
5

图 5-11　藏经楼于玉皇殿雀替木雕

2. 藏经楼明间西缝柱雀替外侧（北侧）雕刻
3. 藏经楼明间雀替内侧（南侧）雕刻
4. 玉皇殿明间雀替雕刻
5. 玉皇殿次间雀替雕刻

1	2
3	4

图 5-12 藏经楼与玉皇殿间连廊柱间撑栱木雕

1. 东缝柱撑栱东侧
2. 东缝柱撑栱西侧
3. 西缝柱撑栱东侧
4. 西缝柱撑栱西侧

5	6
7	8

图 5-12　藏经楼与玉皇殿间连廊柱间撑栱木雕

5. 东缝柱撑栱东侧雕刻
6. 东缝柱撑栱西侧雕刻
7. 西缝柱撑栱东侧雕刻
8. 西缝柱撑栱西侧雕刻

1
2
3

图 5-13　鳖壳、柁墩雕刻

1. 降魔殿与二十四步朝天阙卷棚柁墩及鳖壳雕刻
2. 二十四步朝天阙柁墩及鳖壳雕刻（内侧）
3. 藏经楼与玉皇殿之间连廊卷棚柁墩及鳖壳北侧雕刻

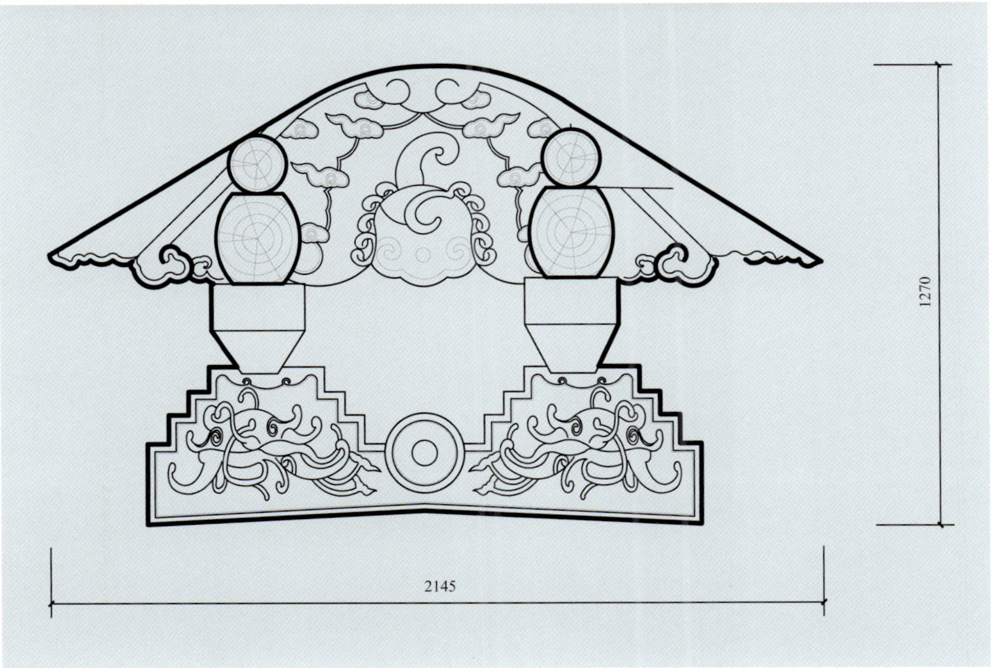

4
5-1
5-2

图 5-13 鳖壳、柁墩雕刻

4. 玉皇殿西次间鳖壳、柁墩雕刻

5-1. 玉皇殿明间西缝柱鳖壳、柁墩外侧雕刻

5-2. 玉皇殿明间西缝柱鳖壳、柁墩外侧雕刻线图

6
7
8

图 5-13　鳖壳、柁墩雕刻

6. 玉皇殿明间西缝柱鳖壳、柁墩外侧雕刻
7. 玉皇殿明间东缝柱鳖壳、柁墩外侧雕刻
8. 玉皇殿次间东缝柱鳖壳、柁墩外侧雕刻

1	2	3
4	5	6
		7

图 5-14　望柱、垂花柱雕刻

1~7. 九间房栏板望柱柱头雕刻

图 5-14　望柱、垂花柱雕刻　8. 钟鼓楼垂花柱

图 5-15　灵官殿前后檐明间撑栱圆雕八仙雕刻

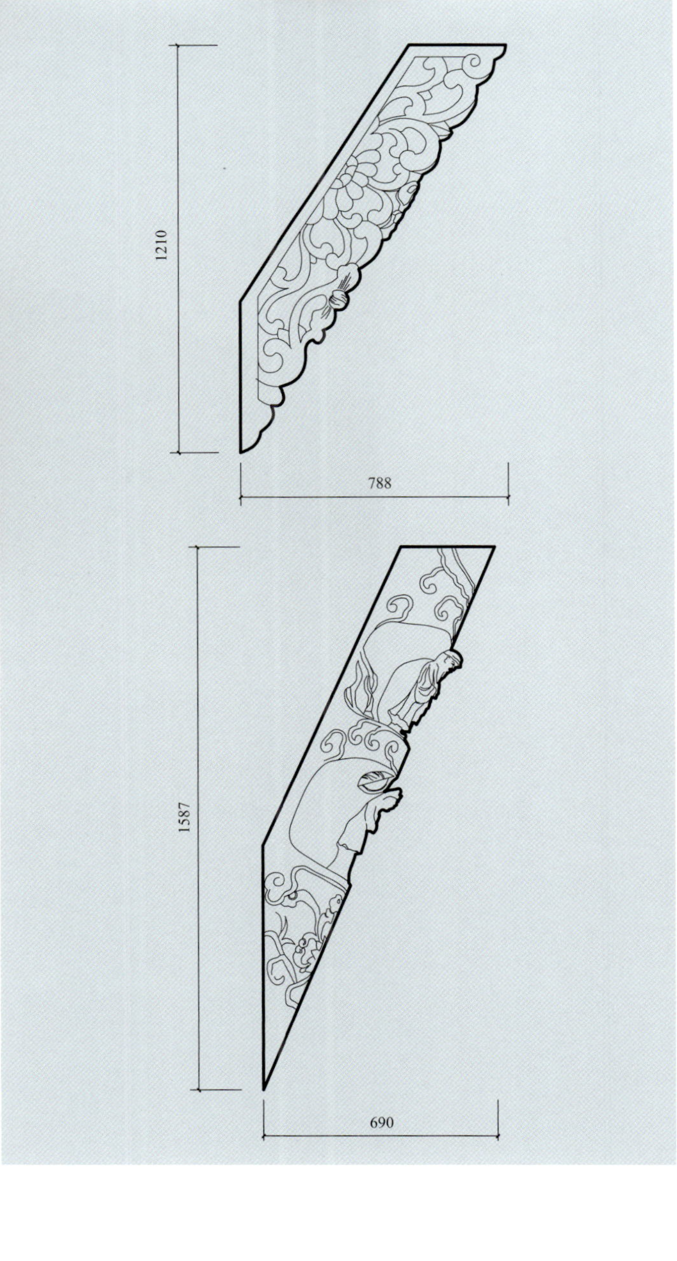

1	2
3	4

图 5-16　降魔殿撑栱雕刻

1. 西次间西缝柱撑栱
2. 明间西缝柱撑栱
3. 明间东缝柱撑栱
4. 撑栱雕刻线图（上：次间；下：明间）

图 5-17　钟楼撑栱雕刻

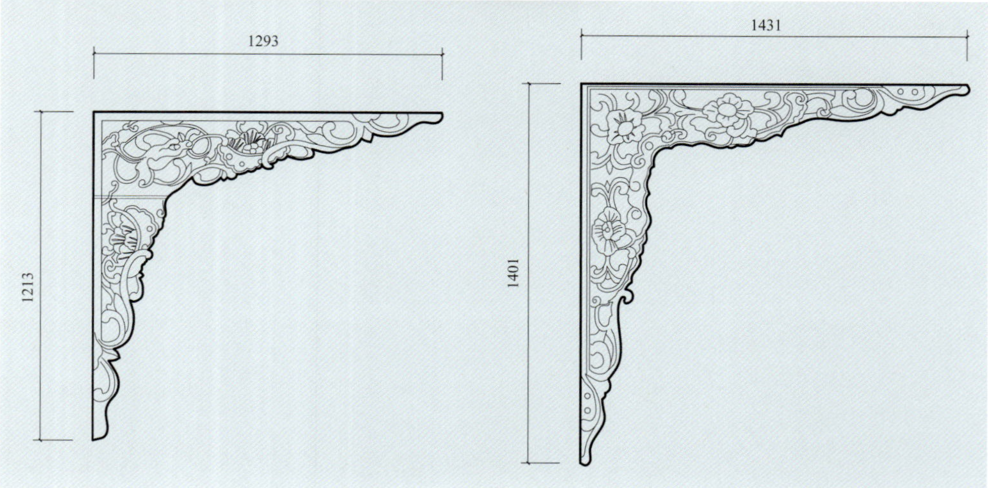

图 5-18　透雕

1. 灵官殿前檐雀替雕刻线图

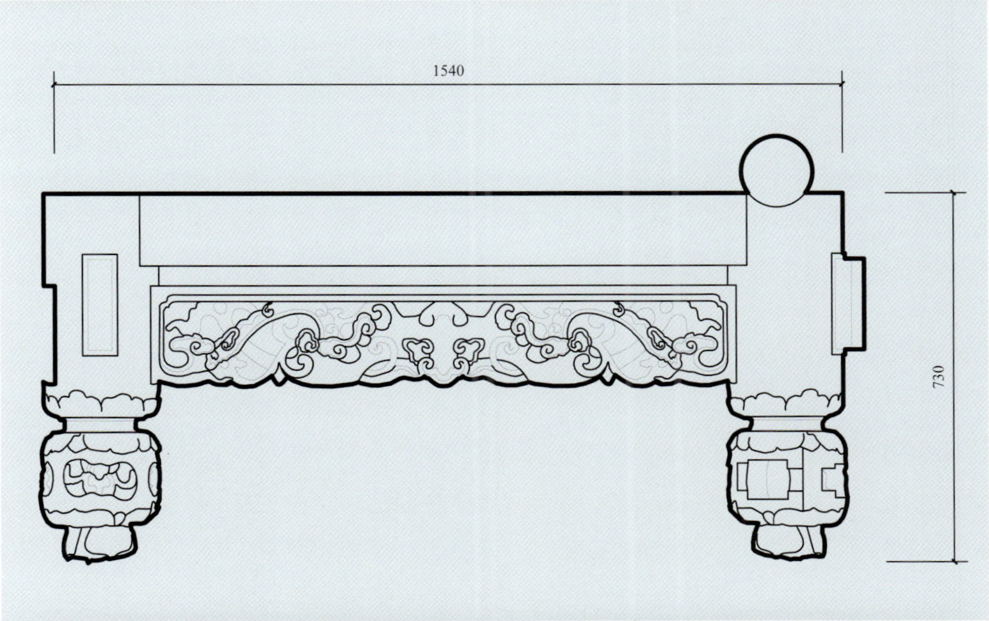

2-1
2-2
3

图 5-18　透雕

2-1. 钟鼓楼柱间楣子
2-2. 钟鼓楼花牙子（柱间楣子）线图
3. 钟鼓楼二层雀替

云台观建筑的雕刻中，降魔殿的雕刻颇具特色，建筑的雀替、穿枋和室内建筑隔架驼峰等均饰有雕刻，后期在脊檩和金檩绘制沥金彩画，前廊额枋和前檐额枋、前廊穿枋及脊檩均后期补绘花鸟、山水彩画，撑栱、雀替、隔架柱、柁墩等部位的雕刻均补绘了色彩，色彩以红色为地，浮雕的图案上根据题材绘金、绿、粉红等色。加之降魔殿面阔五间，体量较大，显示出降魔殿在整个建筑群中的重要地位（图 5-19）。

降魔殿的雕刻根据构件的不同位置综合使用了阴线雕刻、减地浮雕、圆雕等技法，整体上以减地浮雕为主，而在浮雕中又运用了线刻表现图像的细部。圆雕见于撑栱，但残损较为严重。

降魔殿前廊雀替和前檐隔扇门上绦环板均采用减地雕刻和阴线雕刻综合运用的技法，前廊雀替的内、外侧雕刻题材内容基本相同，推测应该是雕刻时使用了蓝图之类的底稿：雕刻前在雀替正、反面先打底稿，然后再根据题材内容的需要使用不同的雕刻技法，确保雀替两侧图案一致性。雀替由上、下等宽的两层构成，上层呈长方形，下层呈梯形，长约为上层的三分之一。前廊明间雀替正面雕刻走龙，前爪以下身体隐于云中，两龙头相向，东雀替龙嘴合，西东雀替龙张嘴、龇牙，龙均为五爪，龙身绘金色。雀替内侧两龙形象与外侧相近，惟西侧龙为四爪（图 5-20：1 ～ 4）。前廊东、西次间雀替外侧雕刻相同，为龙、凤和牡丹组合，龙、凤相对。龙仅为头部，出露于云外，张口、吐舌；凤凰展翅飞翔，凤凰翅前有牡丹花一朵，应是“凤戏牡丹”吉祥图案，象征祥瑞、富贵和美好。雀替内侧雕刻龙头、折枝牡丹，龙头形象与正面相同，从雕刻层次看，为牡丹在内、龙头在外（图 5-21：1 ～ 5）。梢间雀替下层长度约为上层的五分之一，雕刻内、外侧相同，为流云纹，绿地（图 5-22：1、2）。前檐隔扇门上绦环板图案为牡丹、芙蓉、萱草，布局基本相同，中间一朵盛开的整花，两侧曲枝蔓上各有盛开的花朵、含苞欲放的花苞。花瓣绘金色，枝蔓为绿色，地色与柱色彩相同（图 5-23：1 ～ 3）。

历史故事题材和神仙题材是降魔殿雕刻的一个特点，雕刻题材分布于前廊的穿枋雀替及室内的隔架柁墩上，雕刻外缘有边框，雕刻内容饰于边框内，减地，以突出题材主题内容，主题雕刻中的人物装饰和表情、花草、器物等较多运用线刻的方式进行细腻表现，现色彩为后期补配。

穿枋雀替雕刻施于穿枋下的雀替。穿枋中间略高拱，呈月形，雀替依穿枋的形制，中间高拱，两端附着于廊柱和檐柱，除梢间雀替下部平、未饰雕刻外，其余立面呈“︹”形，次间外缘呈花朵形，明间外缘为龙头向下的龙背，龙脊两侧雕刻莲花瓣。雀替的构图一般分为三部分：中间为主题图案，图案有边框，明间为软边“亞”字形，次间为硬边“亞”字形，梢间为弧边椭圆形；两侧为折枝萱草、菊、牡丹、芙蓉。主题图案为减地雕刻，除梢间外侧雕刻如意，东、西次间雕刻寿山石和菊花组合寓意长寿的吉祥图案外，其余为历史故事或戏剧故事，如明间东缝柱雀替外侧（东侧）雕刻子期听琴、明间西缝柱外侧（西侧）雕刻伯牙摔琴等（图 5-24：1 ～ 11）。

降魔殿的前廊、隔架和后檐均施有柁墩，柁墩饰有雕刻。

前廊柁墩位于挑枋上，柁墩上部施斗，承托双步挑枋，挑枋上为下檐檩，檩肚彩画为后期补绘。前廊柁墩 6 个：梢间斜插挑枋、明间和次间挑枋上各 2 个。柁墩立面呈“凸”字形，上部为三级阶梯状，均两面施雕刻，除上端安放斗下凹、下侧榫卯于枋外，各边均有宽约 2 厘米的边框。柁墩中部为主题雕刻，雕刻饰于开光内，开光边框宽约 2 厘米，凸出于图案，现饰金彩。梢间斜穿插枋柁墩为圆形开光，开光内减地雕刻寿山石、芙蓉花，周边饰如意云头纹，其余开光为弧边“凸”字形，内雕刻与祝寿、献寿、纳福等组合吉祥图案。主题图案开光边框外与阶梯形边框之间雕刻如意云头，上端正中雕刻圆形太阳，以太阳中部为对称，两侧的如意云头对称分布。开光雕刻彩绘当为后期补绘（图 5-25：1 ～ 12）。

图 5-19　降魔殿前廊彩画、雕刻

1
2
3
4

图 5-20　降魔殿前廊明间雀替雕刻

1. 明间外侧彩画、雀替
2. 明间西缝柱雀替外侧走龙雕刻
3. 明间内侧雀替
4. 明间西缝柱雀替内侧走龙雕刻

1
2
3
4
5

图 5-21　降魔殿前廊东、西次间雀替雕刻

1. 东次间额枋彩画、雀替（外侧）
2. 西次间额枋彩画、雀替（外侧）
3. 东次间雀替外侧雕刻
4. 次间雀替雕刻
5. 次间雀替内侧雕刻

1
2

图 5-22　降魔殿前廊梢间雀替雕刻

1. 前廊稍间外额枋彩画、雀替雕刻
2. 前廊梢间雀替外侧雕刻

1
2
3

图 5-23　降魔殿前檐隔扇门上绦环板雕刻

1. 次间隔扇门西扇上绦环板
2. 明间隔扇门东扇上绦环板
3. 明间隔扇门西扇上绦环板

1
2
3
4

图 5-24　降魔殿前廊穿枋雕刻

1. 西梢间西缝柱穿枋外侧
2. 西梢间西缝柱穿枋内侧
3. 西次间西缝柱穿枋外侧（西侧）
4. 西次间西缝柱穿枋内侧（东侧）

5
6

图 5-24　降魔殿前廊穿枋雕刻

5. 明间西缝柱外侧（西侧）
6. 明间西缝柱穿枋内侧（东侧）

7
8

图 5-24　降魔殿前廊穿枋雕刻

7. 明间东缝柱穿枋内侧（西侧）
8. 明间东缝柱穿枋外侧（东侧）

9-1
9-2

图 5-24　降魔殿前廊穿枋雕刻

9-1. 东次间东缝柱穿枋内侧（西侧）
9-2. 东次间东缝柱穿枋雕刻线图

10
11

图 5-24　降魔殿前廊穿枋雕刻

10. 东次间东缝柱穿枋外侧（东侧）
11. 东梢间东缝柱穿枋内侧（西侧）

1	2
3	4
5	6

图 5-25　降魔殿柁墩雕刻

1. 前廊西梢间斜穿枋柁墩外侧（西侧）
2. 前廊西梢间斜穿枋柁墩内侧（东侧）
3. 前廊西次间西缝柱穿枋柁墩外侧（西侧）
4. 前廊西次间西缝柱穿枋柁墩内侧（东侧）
5. 前廊明间西缝柱穿枋柁墩外侧（西侧）
6. 前廊明间西缝柱穿枋柁墩内侧（东侧）

7	8
9	10
11	12

图 5-25　降魔殿柁墩雕刻

7. 前廊明间东缝柱穿枋柁墩内侧（西侧）
8. 前廊明间东缝柱穿枋柁墩外侧（东侧）
9. 前廊东次间东缝柱穿枋柁墩内侧（西侧）
10. 前廊东次间东缝柱穿枋柁墩外侧（东侧）
11. 前廊东梢间斜穿枋柁墩内侧（西侧）
12. 前廊东梢间斜穿枋柁墩外侧（东侧）

室内后檐柁墩形制与前廊柁墩相同，但主题开光框为圆形和“亞”形两种，梢间柁墩开光为圆形，雕刻折枝花卉和插花，外侧雕刻对称的半朵花卉。其余柁墩为“亞”形，浮雕寓意吉祥的图案，如寿山石和玉兰、寿山石和菊花、松树和鹿等，外饰如意云头，上端云头中间凸起雕刻一圆，当为太阳，饰金色。图案都采用减地浮雕，主体凸出，多余部分减去，主题鲜明、突出。雕刻色彩为后期补绘，以金色、红色、绿色和蓝色为色（图 5-25：13 ～ 18）。

隔架驼峰实为梁架隔架柱功能。降魔殿的隔架驼峰施于明间抬梁枋与穿枋之间，共两层，上、下层驼峰与脊檩纵向分布于一条直线。抬梁枋上的抬梁式构架为三架，三架梁与抬梁枋之间施驼峰，驼峰形制、结构与后檐、前廊驼峰相同，亦饰有雕刻，以花草为主。

隔架驼峰立面呈“工”字形，由上、中、下三部分构成：上、下部用榫卯固定于穿枋和抬梁枋，中段部分与上、下部分用榫卯连接、固定。上、下部呈梯形，两腰部分依据所饰如意云头图案或为硬边，或为软边；中段呈纵长方形，边缘抑或为硬云头外缘，或为软云头外缘，一般是上、下两层交替分布，即上部为硬云头边缘的，下层为软云头边缘，左右两侧云头对称，根据边缘的长度云头也较大。云头为减地雕刻，除云头边缘宽 2 厘米外其余均减去，与中间主题图案的开光框结合，整体简洁，以突出中间开光框内的主题图案。

雕刻施于明间隔架柁墩的两侧和东西次间隔架柁墩的内侧（即朝向明间的一侧）。上、下部分及中段的主题雕刻均施于开光框内，开光框的形制多样，与所在部位的整体形制一致，有梯形、扇形、荷叶形等，中段主题开光框有“亞”字形和倭角长方形两种。主题图案雕刻均采用剔地浮雕技法，主题图案外的部分全部剔除，布局干净利落。

上、下端的主题图案采用谐音、象征等传统手法，组合城寓意吉祥的图案，有“凤穿牡丹”、“太师小师”（大、小两只狮子组成）、“喜报三元”（喜鹊与三颗桂圆）、“挂印封侯”（猴子和挂于枫树上的印组合成图）、“五子登科”（一只雄鸡与五只小鸡组合成图）、“一路连科”（一只白鹭和莲蓬、荷叶组合而成）、“福禄寿喜”（蝙蝠、鹿、绶带鸟、麒麟组合）、“官上加官”（两只雄鸡在鸡冠花下相斗）、“三阳开泰”（三只羊组合成图）、“欢天喜地”（獾和喜鹊组合）、“松鹤长春”（松树和仙鹤组合）、“喜上眉梢”（喜鹊立于梅花枝头），等等。中段雕刻的主题则是人物和八仙题材，明间隔架柁墩为八仙，次间为僧人形象。由于张果老有坐骑毛驴，为了协调一致，其他各仙除了持有各自的法器外，还伴随有猴子（何仙姑、吕洞宾）、老虎（汉钟离）、鹿（铁拐李）、云龙（曹国舅，因其为国戚）、象（蓝采和）等动物及仙禽（韩湘子）。次间雕刻上部各为一僧人，西次间僧人持扫把作扫地状，东次间僧人持矩尺。下部西次间为一僧人和一只龟，僧人作欲抓龟状；东次间僧人坐于树根木桩凳上，侧脸俯视右侧凳旁的一只螃蟹。僧人均前顶无发，脑后卷发垂于肩上，着宽袍，大袖，着履。其所表述的意义不详（图 5-25：19 ～ 31）。

13	14
15	16
17	18

图 5-25　降魔殿柁墩雕刻

13. 后檐西次间西缝柱柁墩东侧
14. 后檐明间西缝柱柁墩西侧
15. 后檐明间西缝柱柁墩东侧
16. 后檐明间东缝柱柁墩西侧
17. 后檐明间东缝柱柁墩东侧
18. 后檐东次间东缝柱柁墩西侧

19
20 21

图 5-25　降魔殿柁墩雕刻

19. 降魔殿梁架间柁墩（从西向东）
20. 西次间西缝柱东侧（上）
21. 西次间西缝柱东侧（下）

22 | 23-1 / 23-2

图 5-25　降魔殿柁墩雕刻

22. 明间西缝柱西侧（上）
23-1. 明间西缝柱西侧（下）
23-2. 明间西缝柱西侧（下）柁墩雕刻线图

24	25
26	27

图 5-25　降魔殿柁墩雕刻

24. 明间西缝柱东侧（上）
25. 明间西缝柱东侧（下）
26. 明间东缝柱西侧（上）
27. 明间东缝柱西侧（下）

28	29
30	31

图 5-25　降魔殿柁墩雕刻

28. 明间东缝柱东侧（上）
29. 明间东缝柱东侧（下）
30. 东次间东缝柱西侧（上）
31. 东次间东缝柱西侧（下）

附录

一、明稿本《云台胜纪》影印本

《云台胜纪》（上册）

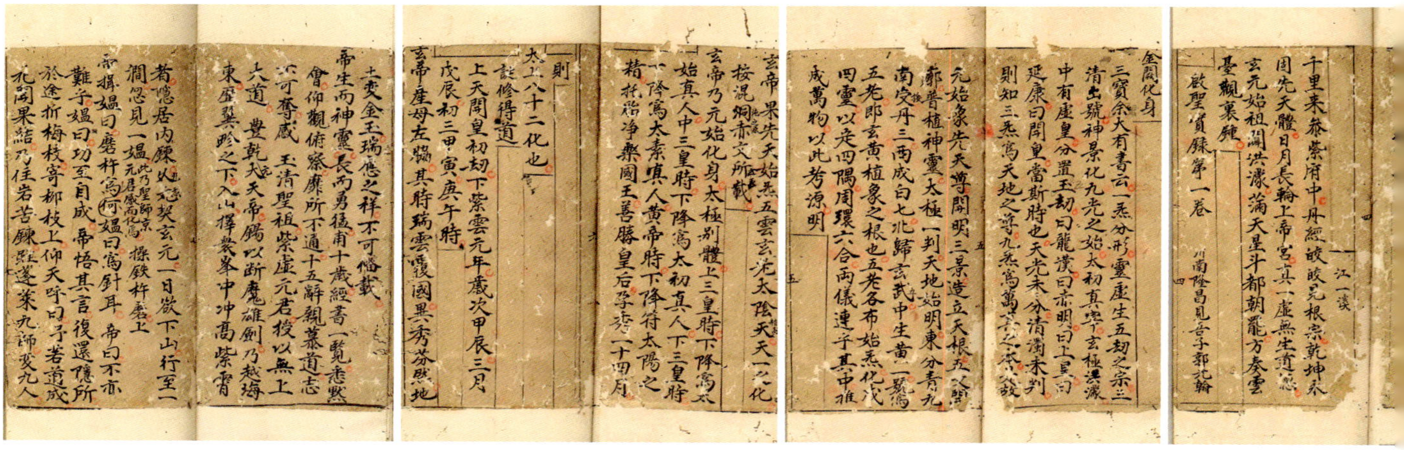

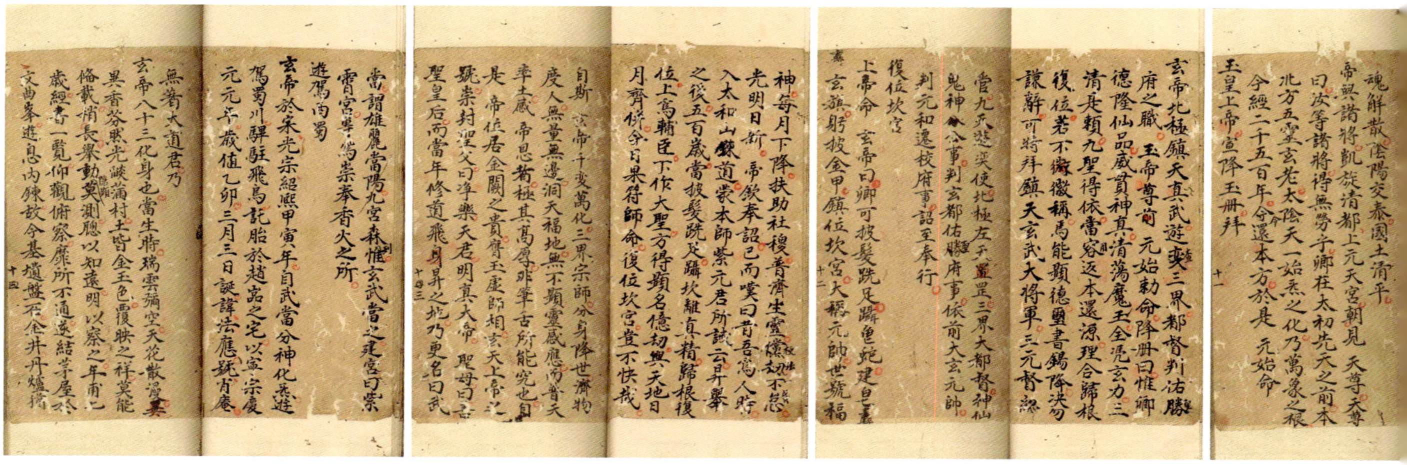

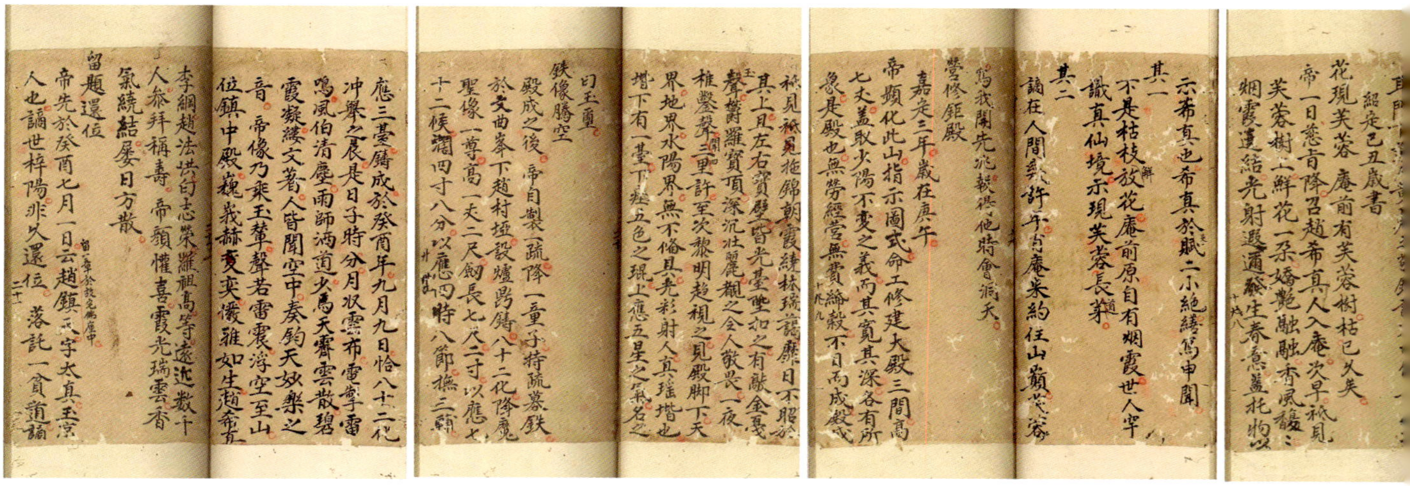

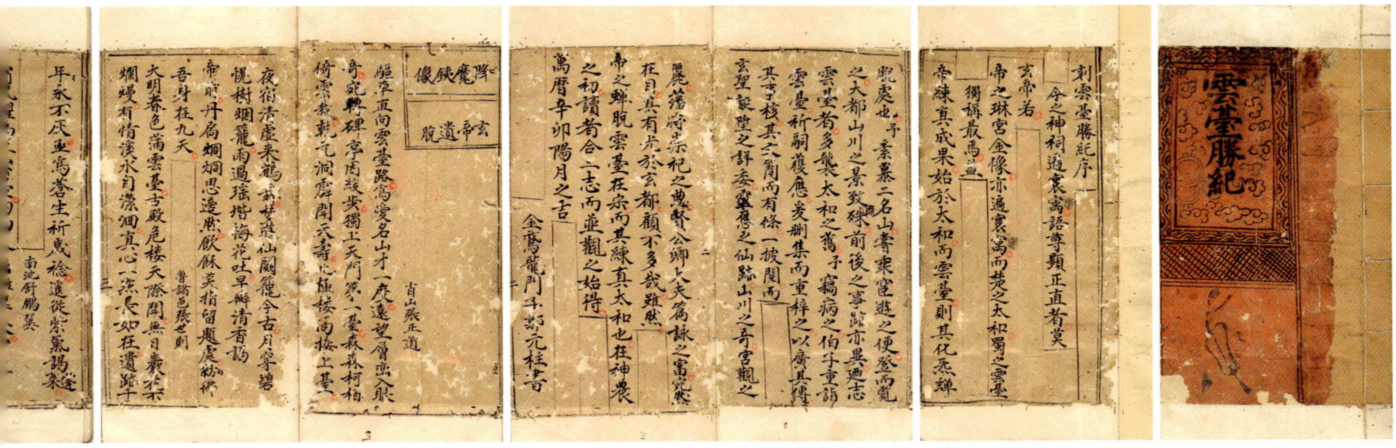
雲臺勝紀

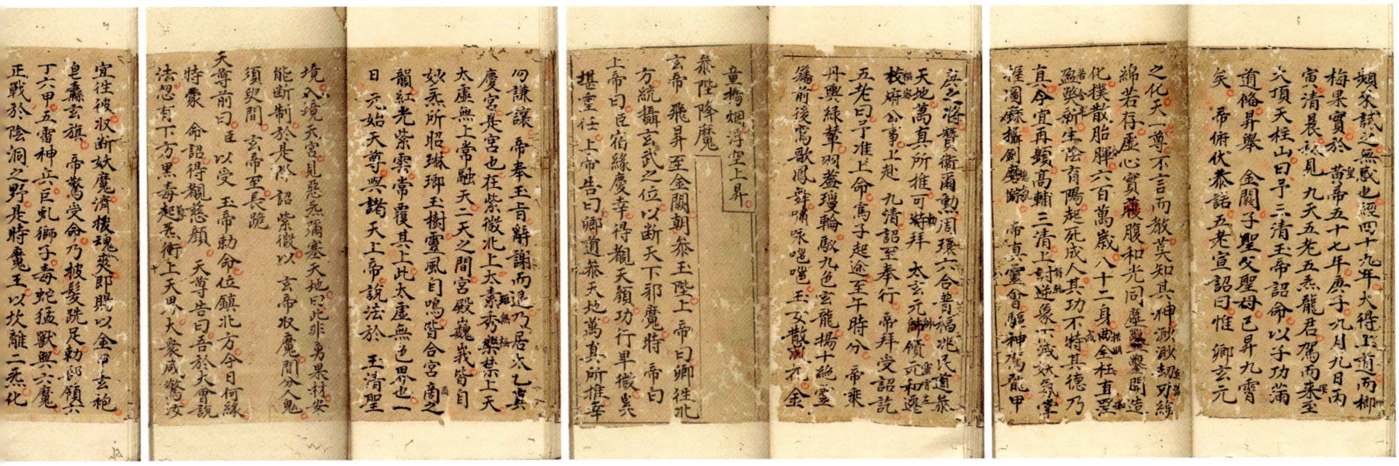

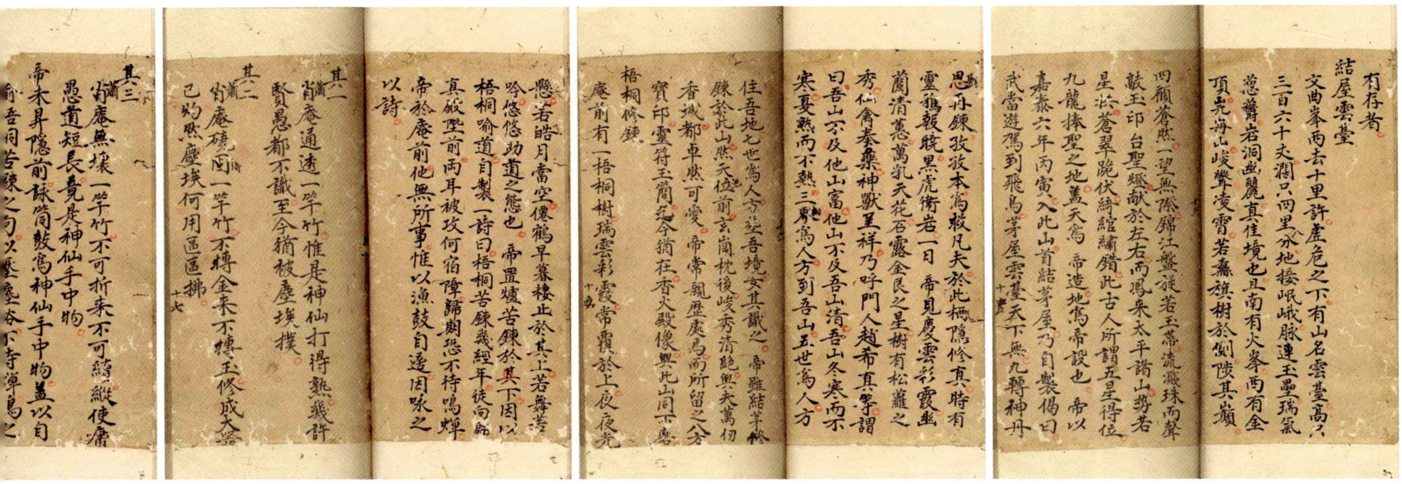

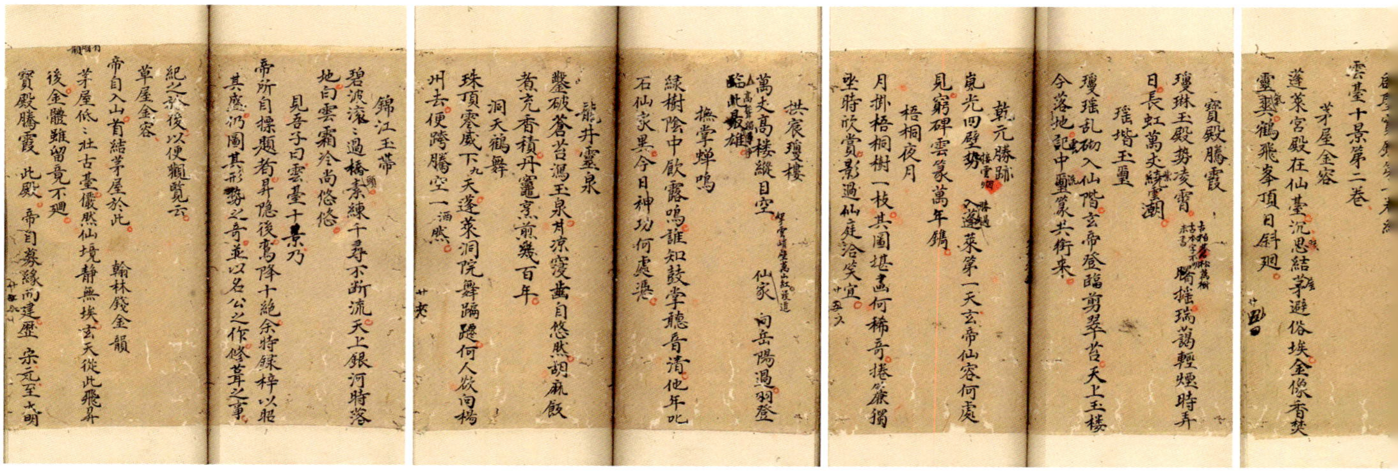

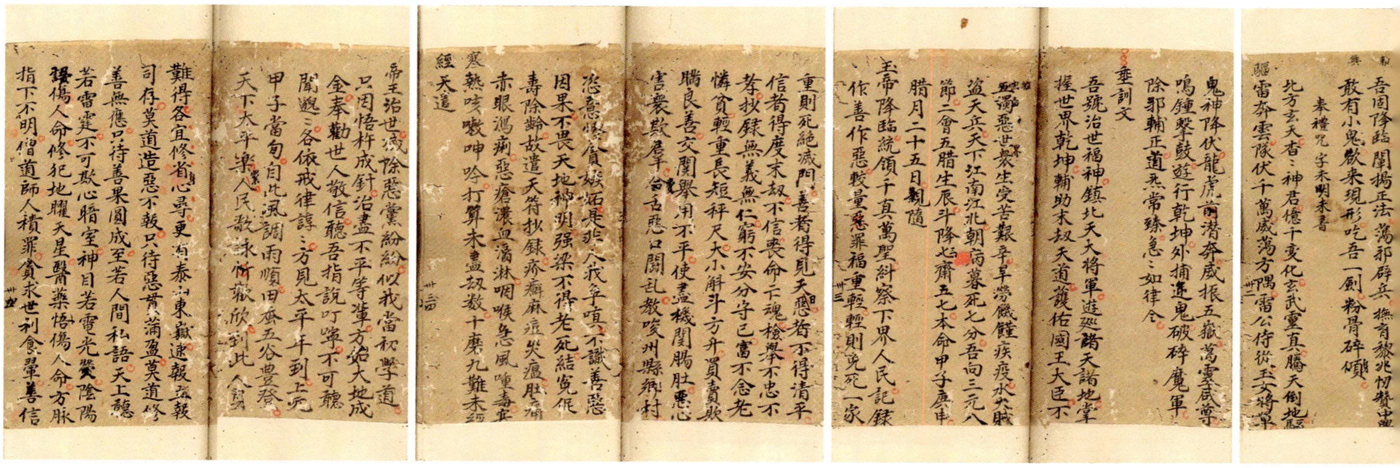

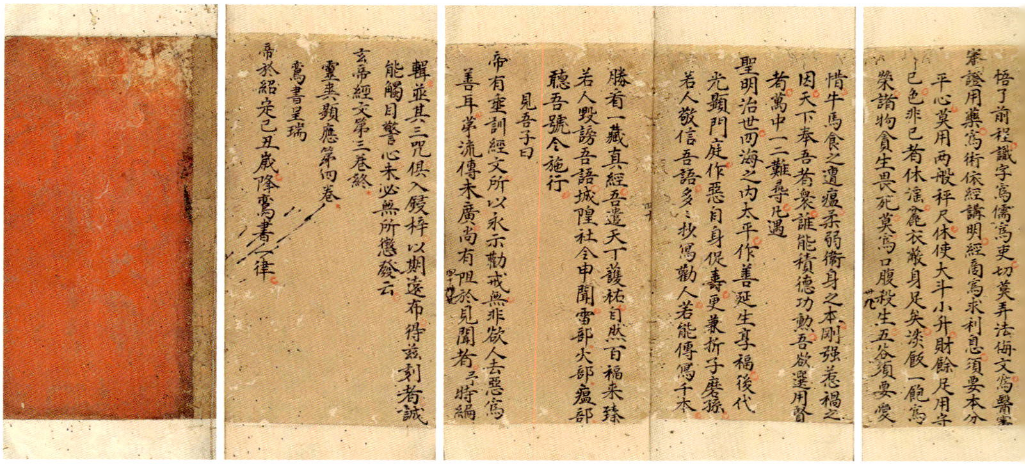

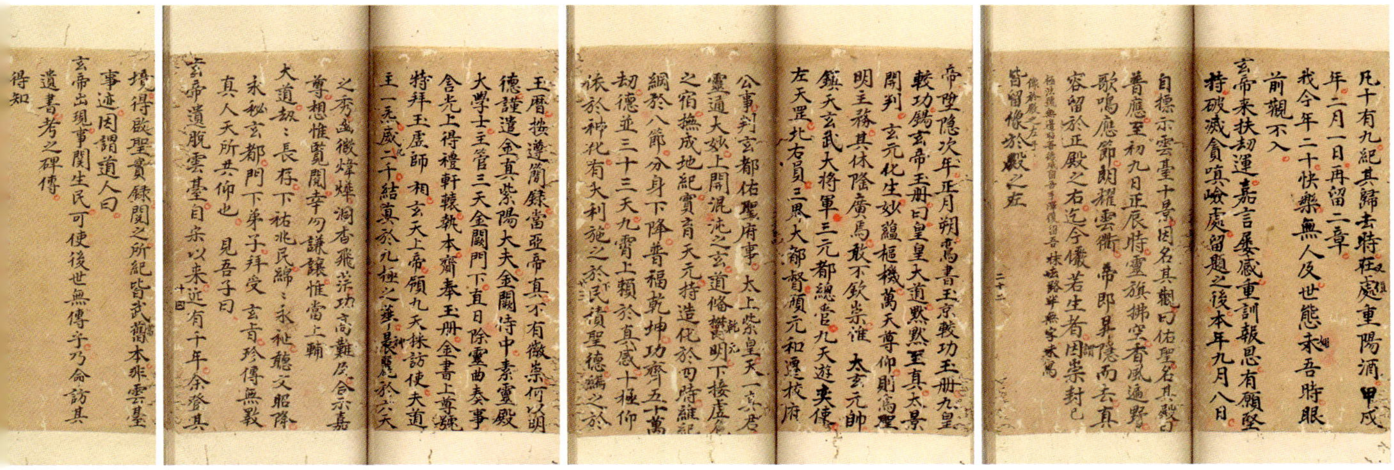

凡十有九紀其歸去將在處重陽酒甲戌
年二月一日再留二章
我今年二十快樂無人及世態未吾將眼
前觀不入
玄帝來扶劫運嘉言屢感重訓報恩有願堅
持破滅貪嗔嶮處留題之後本年九月八日

自標示雲臺十景固名其觀曰佑聖名其殿
普應至初九日正辰時靈旗拂空香風遍野
歌鳴鳳節朗耀雲衢帝即具隱而去真
容留於正殿之右迄今儼若生者因崇封己
皆留像於殿之右

帝塑隱次年正月朔焉書玉京較功玉冊九皇
較功錫玄帝玉冊曰皇皇大道默默至真太景
開判玄元化生妙蘊樞機萬天尊仰則高厚
明主務其休隆廣焉敢不欽崇惟大玄元帥
鎮天玄武大將軍三元都總管九天遊奕使
左天罡北右員三界大都督領元和遷校府

公事判玄都佑聖府事太上紫皇天一真君
靈通大妙上開混沌之玄道
之宿撫成地紀實育天元持造化於四時
綱於八節分身下降普福乾坤功齊五十萬
劫德並三十三天九霄上籍於真感十極仰
依於神化有大利施之於民積聖德

王曆接遵簡錄當亞帝真不有徽崇何以朗
德謹遵金真紫陽大夫金闕侍中素靈殿
大學士主管三天金闕門下直日除靈曲奏事
舍先上得禮軒轅執本齋奉玉冊金書上尊號
特拜玉虛師相玄天上帝領九天採訪使大道
主一炁威二十結真於九極之藥

之秀孟徽煒煒洞香飛萃功高難底合示嘉
尊想惟覽閱幸何謙讓惟當上輔
大道敬敬長存下祐兆民綿綿永祉龍文昭降
永秘玄都門下弟子拜受 玄音珍傳無斁
真人天所共仰也 見吾子曰
玄帝遺脫雲臺自宋以來迄有千年余登其

境得覩聖貴錄閱之所紀皆武當本非雲臺
事迹因謂道人曰
玄帝出現事關生民可使後世無傳乎乃命訪其
遺書考之碑傳
得知

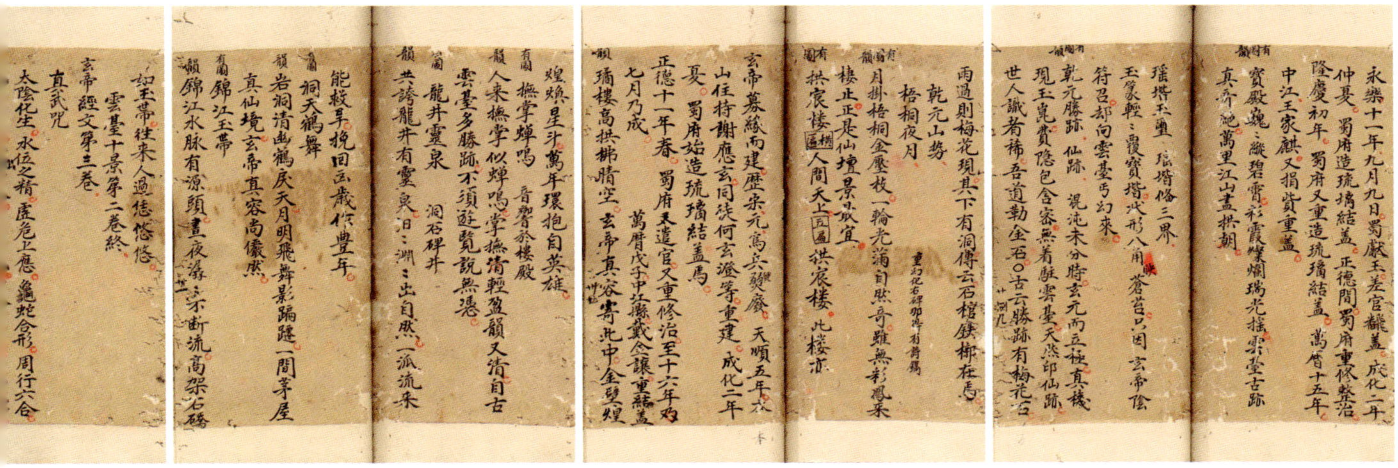

永樂十一年九月九日蜀獻王差官詣蓋 成化二年
仲夏 蜀府造琉璃結蓋 正德間蜀府重修整治
隆慶初年 蜀府又重造琉璃結蓋 萬曆十五年
中江王家麒又捐貲重蓋
寶殿巍巍碧霄彩霞煥爛璃光搖紫臺古跡
真奇祕萬里江山盡拱朝

瑤將玉重 瑤階嶐三界
玉篆輕輕寶符形八角 蒼苔只因玄帝陰
符呂祖向雲臺而幻來
乾元勝跡 仙跡 混沌未分時玄元而立極真棲
現玉冕貴陰包含密無着趺雲臺天然仰仙跡
世人識者稀吾道勤全石○古云勝跡有梅花石

兩過則梅花現其下有洞傳云石棺鐵鎖在焉
乾元山勢
梧桐夜月
月掛梧桐金壓枝一輪光滿自然奇難無影鳳來
棲止正是仙壇景有宜
拱宸樓 人間天上 拱宸樓 此樓亦

玄帝慕緣而建歷宋元焉兵燹廢 天順五年
山住持謝應玄同徒何玄澄等重建 成化二年
夏 蜀府始造琉璃結蓋焉
正德十一年春 蜀府差遣官又重修治至十六年
七月乃成 萬曆戊子中江
璃樓高拱拂晴空 玄帝真容寄此中金碧煌

煌煥星斗萬年環抱自英雄
人來撫掌似蟬鳴 撫掌蟬鳴
雲臺多勝跡不須遊覽說無憑
龍井靈泉 洞石碑井
共誇龍井有靈泉日日淵淵出自然一派流來

能救旱挽回豆歲作豐年
洞天鶴舞
岩洞清幽鶴展天月明飛舞影蹁躚一間茅屋
真仙境玄帝真容尚儼然
錦江玉帶
錦江水脈有源頭晝夜滔滔不斷流高架石橋

切玉帶往來人過悠悠
玄帝經文第二卷終
雲臺十景第二卷終
真武咒
太陰化生 水位之精 虛危上應 龜蛇合形 周行六合

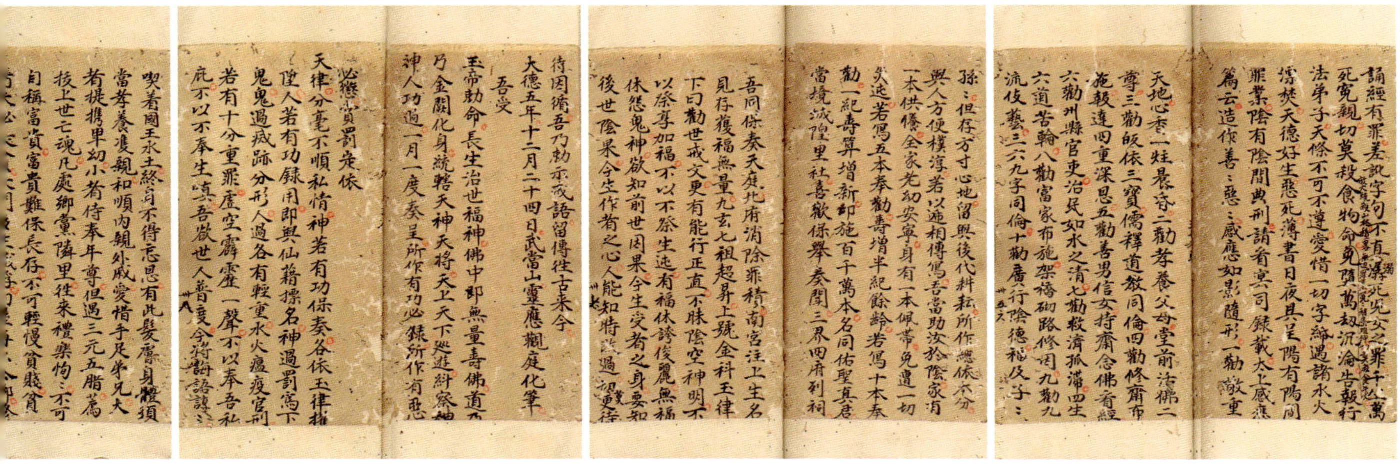

《云台胜纪》（下册）

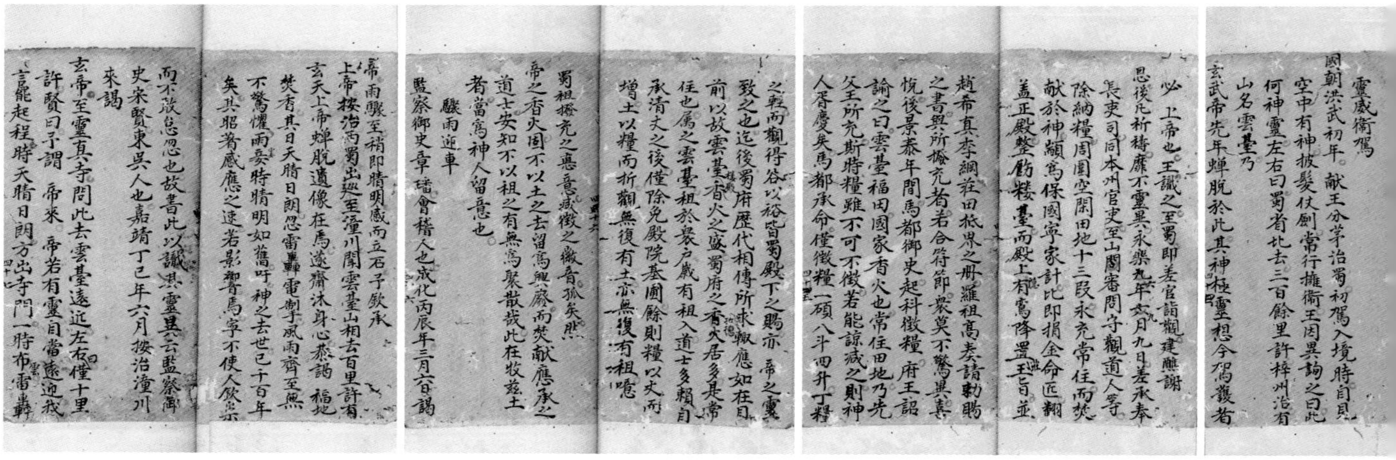

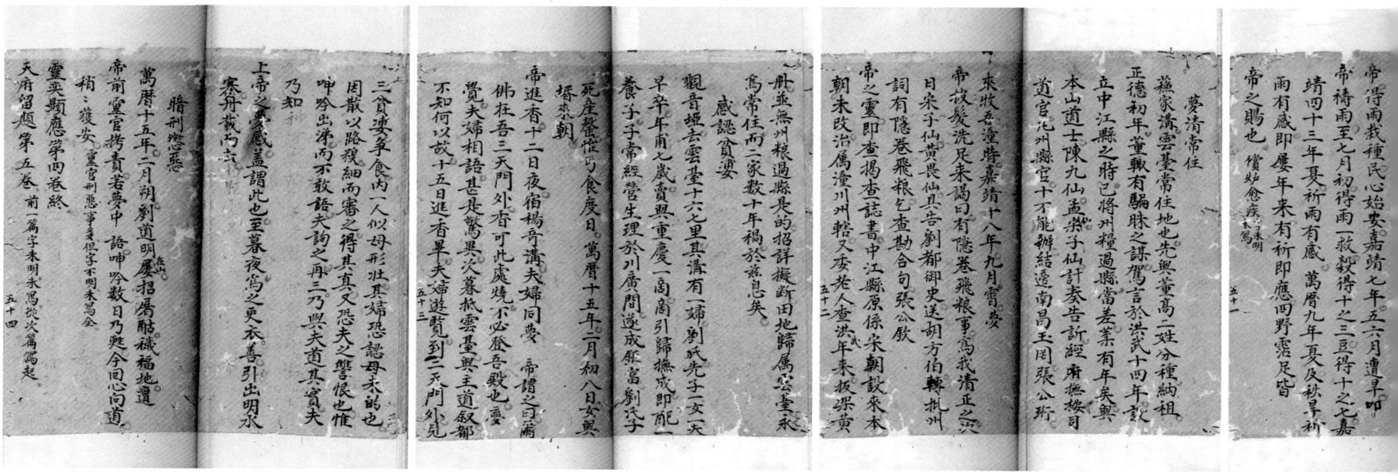

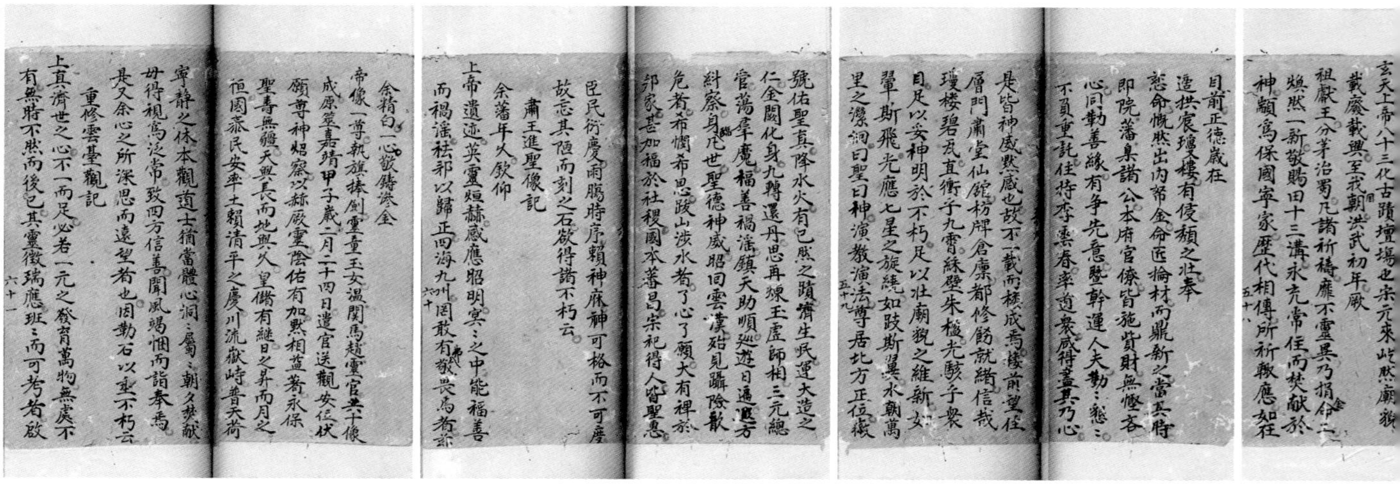

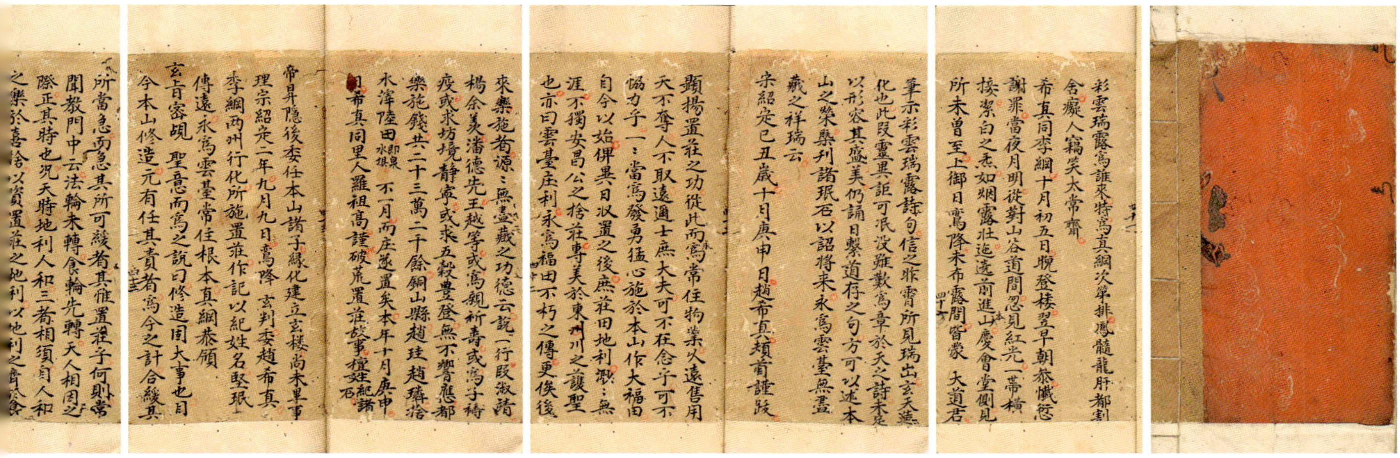

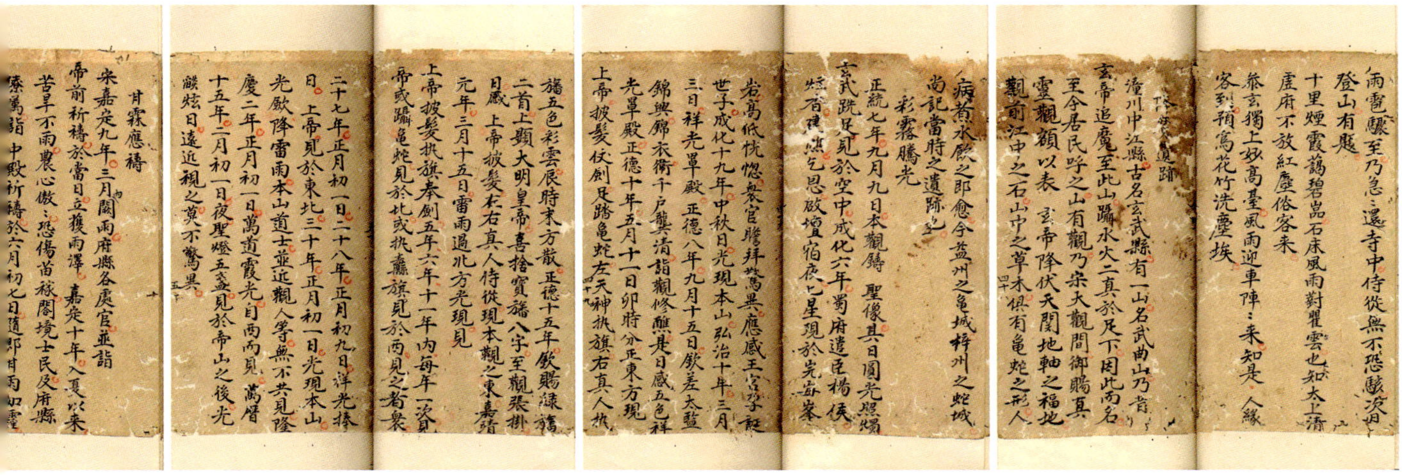

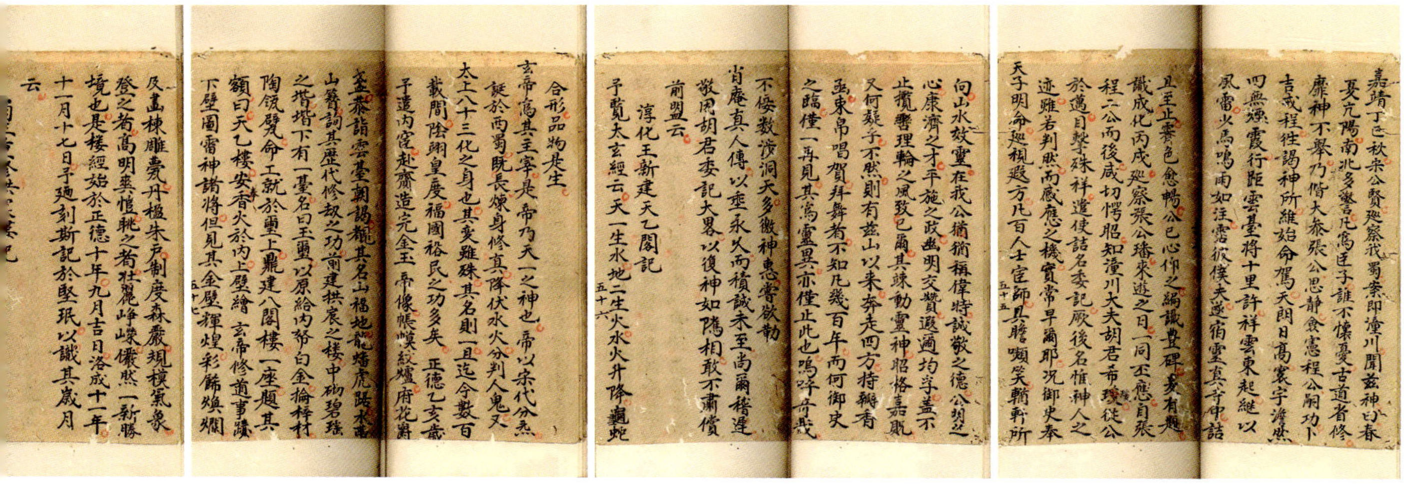

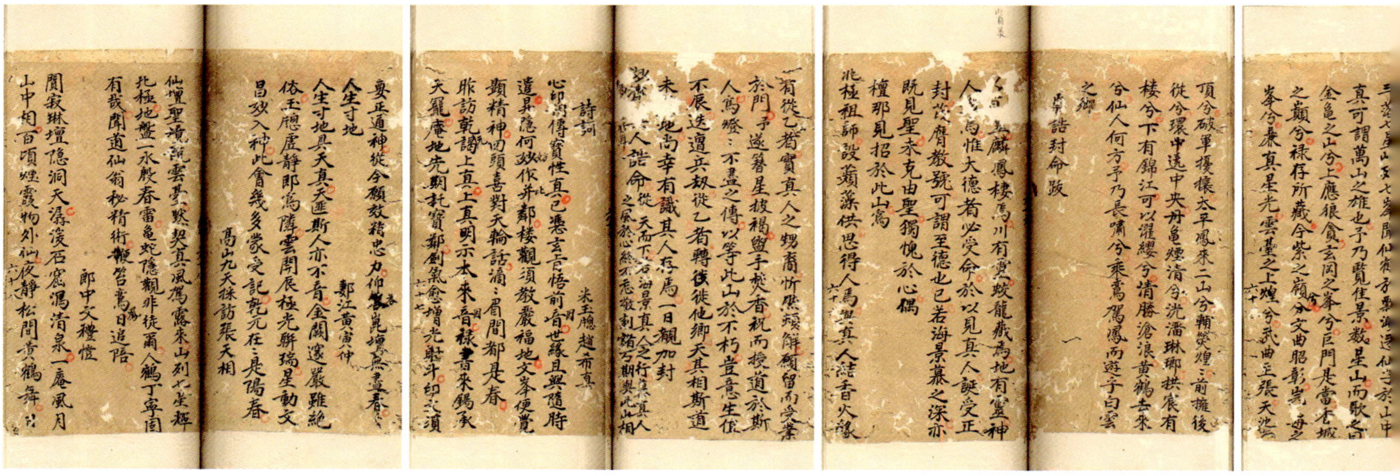

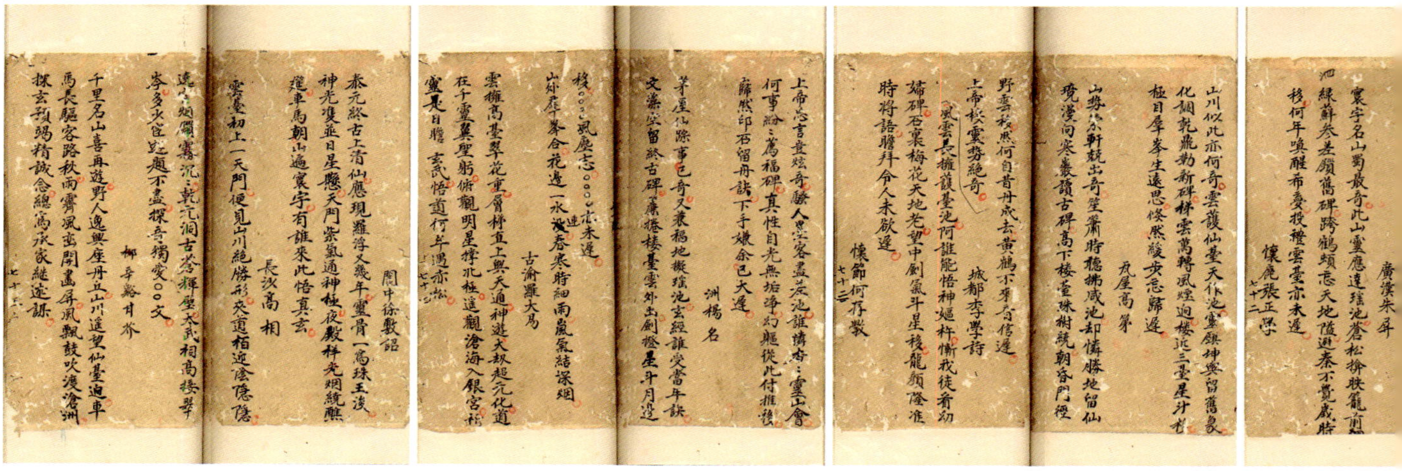

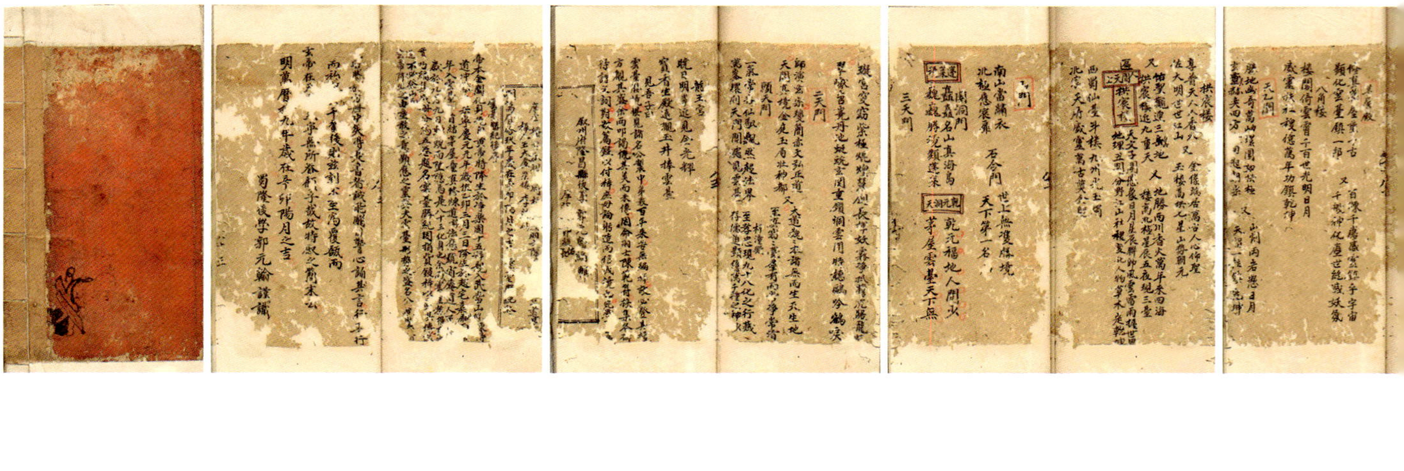

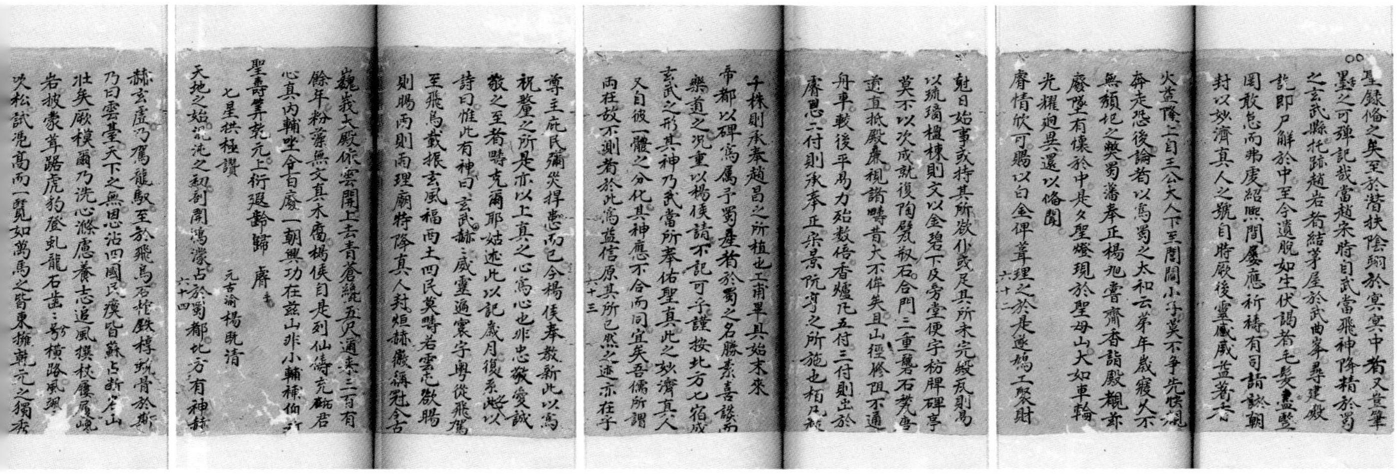

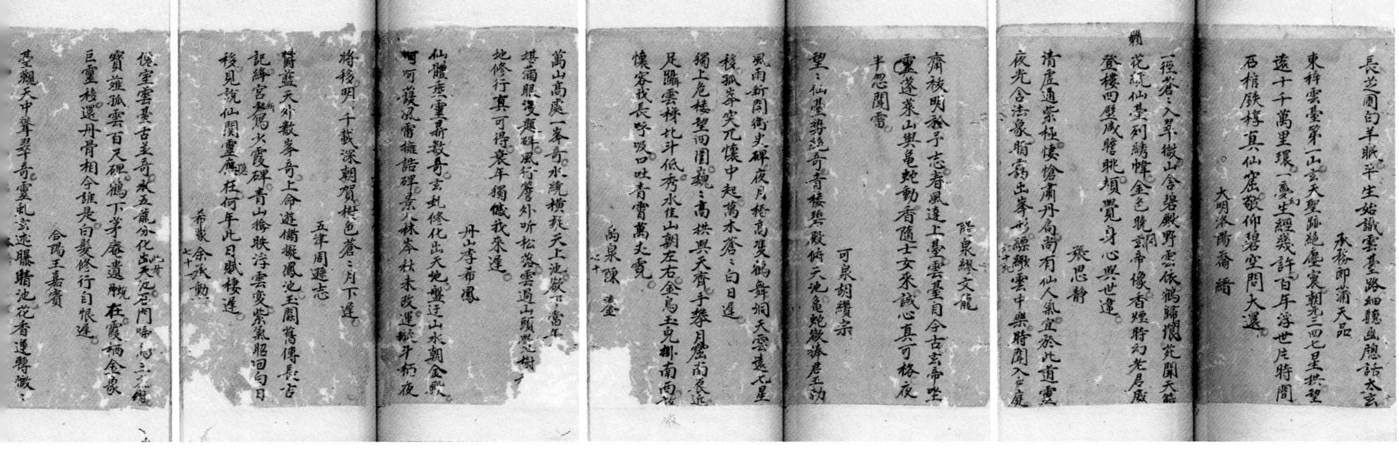

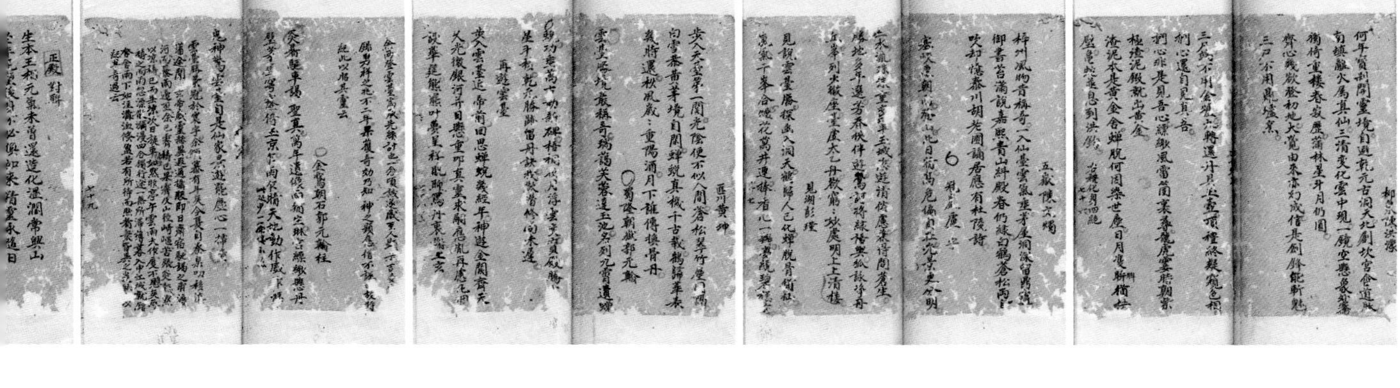

二、《云台胜纪》点校

点校说明

《云台胜纪》以三台县文物保护管理所藏明稿本为底本，以点逗为主，同时根据笔者所掌握的资料进行了部分校对及注。由于其为孤本，没有可参校的其他版本，加上稿本中所引用者很多不是原文引用，而是经过删减、综合，所有这些都对我们的校注带来了相当的困难。

对于点校情况说明如下：

一、原文有墨点涂和朱色圈涂及先墨点涂后又用朱色圈涂，将修改后的字标注于涂改字旁的，点校中将修改后的文字用 [ ] 注明，部分根据情况加标注。

二、原文脱漏，或用小字增补的文字，用 [ ] 注明，并于每段后作注。

三、编辑者所作的按语，上、下段各空一行，以示区别。

四、稿本中墨点涂或朱色圈涂而右侧不注修改的文字者，为误写，点校中仍用正确的字，一般不予特别说明。

五、稿本中字有蛀蚀脱落、字迹模糊难以辨认者，用□代替。

六、稿本中脱漏的字根据文意所补者，在外用方框□标注（如“山有灵，麟凤栖焉”，“山有灵”三字系根据文意所补）。

七、稿本中因装裱而被截去下半截、转而书于下行行首的字，字后用（*）标注。

八、点校所参版本，一般在注中标明。《四川通志》、《陕西通志》等均参文渊阁《四库全书》本。

雲台勝紀

刻雲台勝紀序

今之神祠遍寰宇，語尊顯正直者莫玄帝。若帝之琳宮、金像，亦遍寰宇，而楚之太和、蜀之雲台獨稱最焉。蓋帝練真成果，始於太和，而雲台則其化热蟬脫處也。予素慕二名山，嘗乘宦遊之便登而覽之。大都山川之景致［既］殊[1]，前後之事跡亦異。迺志雲台者，多襲太和[2]之舊，予竊病之。伯子重詣雲台，祈嗣獲應，爰刪集而重梓之，以廣其傳。其事核，其文簡而有條，一披閱而玄聖誕陞之詳委，靈應之仙跡，山川之奇，宮觀之麗，藩府崇祀之典，賢公卿大夫篇詠之富，宛然在目。其有光於玄都，顧不多哉。雖然，帝之蟬脫雲台在宋，而其練真太和也，在神農之初，讀者合二志而並觀之始得。

萬歷辛卯陽月之吉

金鷟龍門子郭元柱書[3]

降魔銕像

玄帝遺脫[4]

肖山　張正道[5]

驅車直向雲台路，為愛名山才一度。
遠望層峦入眼奇，宛轉碑亭因緩步。
獨上天門第一臺，森森柯柏倚雲栽。
乾元洞霹開天壽，北極樓高接上臺。
夜宿清虚來鶴舞，夢遊仙闕籠今古。
月穿碧幌樹烟籠，雨過瑤阶梅花吐。
早瓣清香謁帝前，丹扃炯炯思適然。
飲□笑指留題處，［仿］佛吾身在九天[6]。

魯諸邑　張世則[7]

大明春色滿雲台，古殿危樓天際開。
無日嚴花不爛熳，有情溪水自瀠洄。
真心一點長如在，遺跡千年永不灰。
亟為蒼生祈歲稔，遙從紫氣謁蓬萊[8]。

[1]“景致”后“既”墨书补于致与殊之间右侧。
[2] 太和，即湖北十堰市境内之武当山。武当山，又名太和山、参上山。《水经注》云“太和”，《汉书》始载武当，宋元敕封真武福地，明成祖封“大岳”，世宗尊“玄岳”以冠五岳。传玄武得道其中，谓非玄武不足当之，故名武当（《武当山志》，新华出版社，1994年版）。现为我国首批国家级重点风景名胜区，又是世界文化遗产。
[3] 郭元柱，从文中“伯子重詣雲台，祈嗣獲應，爰刪集而重梓之，以廣其傳”看，郭元柱与《云台胜纪》的编辑者郭元翰为叔辈兄弟。《云台胜纪》书末有“叙州府隆昌县后学郭元翰编辑”语，则知郭元柱亦为隆昌县人。郭元柱，《同治隆昌县志》有志。卷二六・选举・进士：“郭元柱，万历丁丑科沈懋学榜。”卷二六・选举・仕进：“郭元柱，由进士官布政史参议。”卷二八・人物志：“郭元柱，字直甫，号明石。万历丁丑进士，历任南礼部员外郎转兵部郎中，授陕西关南道、云南洱海道布政史参议。居家孝友，立朝清直，……”与序中“嘗乘宦遊之便登而覽之”相映证。
[4] 原位于书页右上角，用双框线。銕同鐵。脱当为蜕。
[5] 张正道，潼川州人。明隆庆戊辰科进士（《四川通志》卷三十四“选举”）。隆庆戊辰进士，授丰城令，任浙、闽按察使司。墓在治西古井坝佛月寺后（《民国三台县志》“舆地志・塚墓”）。张正道，潼川人，授丰城县令，移东明，历升福建佥事，值武林兵变，调镇台州，饬纪律，覈军饷，因思母寝疾，卒于官署。著有《文集》十二卷。（《民国三台县志》“人物志・乡贤”引《蜀人物志》）。
[6]“仿”原作“纺”。
[7] 张世则，山东诸城人。万历甲戌进士，官至四川安许兵备副使。著《貂璫史鑑》四卷（见《钦定四库全书总目》、《钦定续文献通考》卷一百六十五）。《四川通志》卷三十“职官”，张世则，山东诸城进士，曾任四川佥事。张世则上书“謂程朱之學不能誠意，壞宋一代之風俗，進所著大學古本。初意欲施行天下，一改章句之舊。”（《明儒学案》）后为高攀龙等人阻止未果。
[8] 蓬莱两字并列书写。盖因位于行末，为不再另占一行而并写。

南池　舒鹏翼[1]

霜風躍馬上雲台，四面峰峦擁翠來。
雲氣日扶玄帝座，香煙時動紫金胎。
雨［餘］石磴留仙跡，蜕後茅齋見鶴廻。
信是山靈開勝境，團團月色映窓梅。

江一溪[2]

千里來参紫府中，丹經皎皎见根宗。
乾坤永固先天體，日月長輪上帝宮。
真一虚無生道德，玄元始祖闢洪濛。
滿天星斗都朝罷，方奏雲台觀裏鍾。

啟聖實錄第一卷[3]

川南隆昌見吾子　郭元翰

金闕化身

《三寶大有［金］書》云[4]：一炁分形，靈虛生五刼之宗。三清出號，神景化九光之始。太初［溟滓］[5]，玄極［冥蒙］中[6]，有虛皇分置［五］刼[7]：曰龍漢，曰赤明，曰上皇，曰延康，曰開皇。當斯時也，天光未分，清濁未判。則知三炁為天地之尊，九炁為萬真之本。是故元始象先天[8]，開明三景，造立天根。五文開廓[9]，普植神靈。太極一判，天地始明。東分青九，南［接］丹三[10]，西成白七，北歸玄［五］[11]，中生黄一，號為"五老"，即玄黄植象之根也。五老各布始炁，化成四靈，以定四隅。周環六合，兩儀［運］乎其中[12]，推成萬物。以此考源，明玄帝果先天始炁、五雲玄老、太陰天一之化[13]。

按混洞赤文所載[14]：玄帝乃［先天始气］[15]、太極別體。上三皇時，下降為太始真人。中三皇時，下降為太初真人。下三皇時，下降為太素真人。黄帝時，下降符太陽之精，托胎（于）淨樂國王善勝皇后[16]，孕秀一十四月，則太上八十二化也。

[1] 据《四川通志》卷三十四"选举"，舒鹏翼，保宁府人，嘉靖乙未科进士。卷三十六"嘉靖年举人"。有《祭禹文》（卷四十四艺文志）。
[2] 江一溪，不详。
[3] 第一卷均引自《玄天上帝启圣录》（收录于《正统道藏》"洞神部记传类"。《玄天上帝启圣录》共计八卷。本卷均依《正统道藏》校勘。
[4]《三宝余大有书》为《三宝大有金书》之误。《三宝大有金书》即《灵宝自然九天生神三宝大有金书》，亦称《九天生神三宝大有金书》，1 卷。《道藏》洞真部谱录类。
[5] 原文为"太初真宰"，据改。
[6] 原文为"玄极溟濛"，据改。
[7] 原文作"玉劫"，"玉"为"五"之误，据改。
[8] 原"天"后有"尊"，用墨涂点。
[9]"文"字蛀蚀脱落，据补。
[10]"接"字原为"受"，用墨涂点，在"接"右墨书改为"受"。
[11] 原"武"右有"五"，但"武"字未涂改。据改。
[12]"運"原作"連"，据改。
原为"太阴天"。"天"墨涂，右侧改为"精灵"。天与下句天重，"精灵"两字为脱。
[13] 原太陰之后有两"天"字，前一天字墨点涂，旁注"精靈"。据改。
[14] 原文"洞"侧书"沌之原"三字，"所載"两字先墨涂，又旁加△符，当校对为时误涂、改正。
[15] 原文作"元始化身"，据改。
[16] 原文脱"于"，据补。

誕修得道 [1]

[是时正当]上天開皇初刼[2]，下[世岁建]甲辰三月戊辰初三甲寅庚午時[3]，玄帝產母左脇。[当生之]時瑞雲覆國[4]，[天花散漫][5]，異[香]芬然，[身宝光焰，充满王国][6]，地土變金玉，瑞應之祥，[莫能]备載[7]。

帝生而神靈，長而勇猛。甫十歲，經書一覽悉默會。仰觀俯察，靡所不通。十五辭親慕道，志不可奪，感玉清聖祖、紫虛元君，授以無[极上]道；豊乾大天帝錫以斷魔雄劍。乃越海，東歷翼畛之下，入山擇眾峰中沖高紫霄者隱居內錬[8]。

[玄帝修炼未]契玄元[9]。一日，欲下山，行至一澗，忽見一嫗此乃聖師京元君感而化焉[10]操鐵杵磨。上帝揖嫗曰："磨杵何為[11]？"嫗曰："為針耳！"帝曰："不亦難乎？"嫗曰："功至自成！"

帝悟其言，復還隱所。於途折梅枝寄[榔]枝上，仰天呼曰："予若道成，花開果結！"乃住岩苦錬，雖蓬萊九師變九人頻來試之，無惑也。經四十九年，大得上道而[榔]梅果實。

该节为《玄天上帝启圣录》之"折梅寄榔""蓬莱仙侣""紫霄圆道""五龙捧圣"等故事之简本。

原文"榔"作"柳"，据改。

[五炁龍君捧擁驾云而升]至大頂天柱山[12]，曰："予[奉]三清玉帝詔命[13]，以子功滿道備，升舉金闕。子聖父、聖母已昇九霄矣。"帝俯伏恭諾。五[真]宣詔曰[14]："[学仙圣童净乐国子]惟卿玄元之化，天一[之]尊[15]，不言而教，莫知其神。渺渺[刼仞][16]，綿綿若存。虛心實腹，和光同塵。鑿開造化，[樸]散[胚][腪][17]。六百萬歲，八十二身。[曲全]枉直，[漥盈弊新][18]。生陰育陽，起死成人。其功不[恃][19]，其德乃真。今宜再顯，高辅三清。上[罚逆]象[20]，下滅妖氛。掌握圖錄，攝[制魔蹤][21]。帝真靈會，驅神駕龍。甲庚之將，贊衛爾勲。周環六合，普福兆民。道参天地，萬真所推。可[特]拜太玄元帥[22]，領[元和遷校府公]事[23]。[……][24]上赴九清，詔至奉行。"

该节为《玄天上帝启圣录》之"三天诏命"事。

[1] 该节似乎为综合《玄天上帝启圣录》多个分节故事而成。包括了《玄天上帝启圣录》"王宫诞圣""经书默会""辞亲慕道""元均授道""天帝赐剑""涧阻群臣""童真内炼""悟杵成针""折梅寄榔""蓬莱仙侣""紫霄圆道""五龙捧圣""三天诏命""白日上升"等故事，并择要而进行删节。

[2] 原文脱"是时正当"四字。

[3] 原文作"下紫雲元年歲次甲辰"，据改。

[4] 原文为"其"，据删"其"字而补"当生之时"。

[5] 据补。

[6] "香"原为"秀"，据改。"身宝光焰，充满王国"据补。

[7] 原文为"不可备載"，据改。

[8] 该节文字系综合、删节《玄天上帝启圣录》"王宫诞圣""经书默会""辞亲慕道""元均授道""天帝赐剑""涧阻群臣""童真内炼"等内容而成。"无极上道"，原作"无上大道"。

[9] 该节为《玄天上帝启圣录》之"悟杵成针"故事。原文因删简而缺乏主体语言。本句原为"久元契玄元"，"久元"末点涂旁改为"九炁"，误。今据《玄天上帝启圣录》补、改。

[10] 该据为对嫗所作的按语。

[11] 初作"为何"，用调换符调换。《玄天上帝启圣录》作"何为"。

[12] 原文为"於[黃](皇)帝五十七年庚子九月九日丙寅清晨，祗见九天五老、五炁龍君，駕而突來至大頂天柱山"，据《玄天上帝启圣录》改。

[13] "奉"字脱漏，据补。

[14] "五真"原文作"五老"，据改。

[15] 据《玄天上帝启圣录》补。

[16] 原文作"渺渺劫刃"，"劫刃"右侧注"莫应"，不解。据改。

[17] 原"鑿"前还有一"鑿"字，先用墨点涂，再用朱笔圈涂。为多写。

"樸散胚腪"原作"撲散胎腪"，"腪"字末点涂，旁注"分"。据改。

[18] 原"曲全"墨点涂，旁改为"措明"。"漥盈弊新"墨点涂，旁改为"如苦含辛"。今均据《玄天上帝启圣录》改。

[19] "恃"原作"特"，墨涂改为"忒"。据改。

[20] 原作"上讨逆象"，"讨逆"两字墨涂改为"符乾"。据改。

[21] 原文作"摄剑磨踪"，"磨踪"墨点涂旁改为劍"熄氛"。据改。

[22] 原作"特"，墨涂改为"敕"，误。据改。

原帅上多一横，误。先墨点涂，再朱色圈涂。墨笔改于旁。

[23] "元和遷校府公事"原作"灵霄左枢密事"。两职后文亦有提及，但有混淆。《玄天上帝启圣录》作"元和遷校府公事"，据改。

[24] 原文删节未引用全。

帝拜受[天]詔[易服]訖[1]。五[真]曰[2]：“予[乃九天五老天君]准上[帝]命[3]，[与]子起途[4]。”

至午時分，帝乘丹輿綠輦，羽盖瓊輪。馭九色玄龍，揚十絕靈旛，前後鸾歌鳳[唱]，嘯[歌]嗢嗢[5]。[飞鸣应节，朗耀云衢][6]。玉女散花，金童揚煙。浮空上昇。

本节为《玄天上帝启圣录》之“白日上升”故事。

参陛降魔[7]

玄帝飛昇至金闕，朝参玉陛。上帝曰：“卿往北方，統攝玄武之位，以斷天下邪魔。”時帝白上帝曰：“臣宿緣慶幸，得覩天顏。功行卑微，奚堪重任！”上帝告曰：“卿道参天地，萬真所推幸，[幸]勿謙讓[8]。”帝奉玉旨，[谢恩]而退[9]。乃居[天一]真慶宮[10]，[如诏命][11]。

是宮也，在紫微北，上太[素秀樂]禁上天[12]、太虛無上常融天二天之間。宮殿巍峩，皆自妙炁所[结][13]，琳瑯玉树，靈風自鸣。皆合宫[商]之韵。红光紫云，常覆其上。此[处则][玉]虚无色界也[14]。

本节为《玄天上帝启圣录》“真庆仙都”内容。

一日，元始天尊與諸天上帝说法於玉清圣境[八景]天宫[16]，见恶氣弥塞天[光]。曰：“此非勇果材安能[制断]！”於是降诏紫微，以玄帝收魔，间分人鬼。

须臾间，玄帝至，长跪天尊前，曰：“臣以受玉帝勅命，位镇北方。今日何缘特蒙[召命][18]，得覩慈顏。”天尊告曰：“吾於大會說法，忽有下方黑毒[怨]炁[19]，沖上天界，大衆咸驚。汝宜往彼，收斷妖魔，濟拔魂爽。”

即賜[披髮跣足][20]，金甲玄袍，皂纛玄旗。帝[敬]受命[21]。乃勅部領六丁六甲[22]、五雷神兵、巨虬獅子、毒蛇猛獸，[下降凡界][23]，與六魔正戰於陰洞之野。是時魔王以坎、離二炁化蒼龜、巨蛇，變化方成，帝以神威躡於足下。七日内，天下妖魔盡皆收斷，人鬼分離，冤魂解散，[逝魄超升，锁鬼于丰都大洞之中。人民始安。]陰陽交泰，國土清平[24]。

本节为据《玄天上帝启圣录》“玉清演法”“朝覲天颜”“降魔洞阴”“分判人鬼”等内容编撰。

[1] 据补。
[2] “五真”原作“五老”，据改。
[3] 据《玄天上帝启圣录》“白日上升”补。
[4] 原作“为子起途”，据改。
[5] 原作“前後鸾歌鳳舞，嘯咏嗢嗢”，据《玄天上帝启圣录》改。
[6] 据《玄天上帝启圣录》补。
[7]《玄天上帝启圣录》作“玉陛朝参”。
[8] 原文漏，据补。
[9] 原作“辭謝而退“，据改。
[10] “天一”原作“太乙”，据改。
[11] 据补。
[12] 原文“素秀樂”三字墨点涂，旁注“□无极”。据改。
[13] “结”原作“昭”。
[14] 原作“此太虛无色界也”。
[15] “八景”原作“入境”，“入”字又墨点涂。
[16] 原作“天地”。
[17] 原作“断制”。
[18] 原作“命诏”。
[19] 原文为“黑毒起气”，“起”墨点涂改为“孽”。据改。
[20] 据《玄天上帝启圣录》补。
[21] 原作“驚”，误。据改。
[22] 原为“乃披髮跣足，……”。是误将句首该句抄录于此。据改。
[23] 据补。
[24] 据补。

帝與諸將凱旋清都上元天宮，朝見天尊。天尊［告］曰[1]：“汝等諸將，得無勞［乎］[2]！卿在太初先天之前，本北方五靈玄老、太陰天一始炁之化，乃萬象之根。今經二千五百年，［合］還本方，［归根复位］[3]。”於是元始［乃］命玉皇上帝宣降玉冊[4]，拜玄帝北極鎮天真武遊［奕］三界都督判佑［勝］府之職[5]。玉帝尊元始［教］命[6]，降冊曰：“惟卿德隆仙品，威貫神真。清蕩魔王，全凴玄力。三清是賴，九聖得依。當［容］返本還源[7]，理［许］歸根復位[8]。若不徽稱[9]，焉［可］顯德[10]？璽書錫降，决勿謙辭！可將拜鎮天玄武大將軍、三元督總管、九天遊奕使、北極左天罡[11]、三界大都督、神仙鬼神公事[12]、判玄都佑［聖］府事[13]，依前［太］玄元帥[14]，判元和遷校府事”。［册到］奉行[15]。

本节据《玄天上帝启圣录》“凯还清都”内容编撰。

復位坎宮

上帝命玄帝曰：“卿可［当］披發跣足[16]，躡龜蛇，建皂纛（＊）玄旗，躬披金甲，鎮位坎宮，［天］稱元帥[17]，世號福神。每月下降，［操扶］社稷[18]，普［福］生靈[19]，［億劫］梗□（儻刼）不［怠］（贷），［辉］光明日新[20]。”帝欽奉詔。已而嘆曰：“昔吾為人時，入太和山鍊道，蒙本師紫元君所誡云：‘昇舉之後五百歲，當披髮跣足，躡坎離真精，歸根復位。上為輔臣，下作大聖，方得顯名億刼，與天地日月齊併’，今日果符師命，復位坎宮，豈不快哉！”自斯玄帝千變萬化，［为主教宗师］宗師[21]，分身降世，濟物度人，無量無邊；洞天福地，無不顯靈感應。而普天率土感帝恩者，極其高厚，非筆舌所能究也。

本节据《玄天上帝启圣录》“复位坎宫”编撰。

自是帝位居金闕之貴，膺玉虛师相玄天上帝之號。崇封聖父曰“淨樂天君”、“明真大帝”。聖母曰“吾聖皇後”。而當年修道飛昇之地，乃更名曰“武當”，謂雄麗當陽，九宮森［列］[22]，惟玄武當之。建宮曰“紫霄宮”，專為崇奉香火之所。

本节据《玄天上帝启圣录》“玉京较功”“琼台受册”“天宫家庆”“紫霄禹迹”等内容删简编撰而成。

[1] 原文脱，据补。
[2] “乎”原作“子”，据改。
[3] “合”原作“今”，又墨点涂，改为“令”。据改。“归根复位”据补。
[4] “乃”脱，据补。
[5] “奕”墨点涂改为“查”，系据文意改，未参原文。今据改。
“胜”原墨点涂旁改为“圣”。据改。
[6] 原作“勅命”，据改。原文“尊”后有“前”字，朱圈涂。
[7] “容”墨点涂，旁改为“用”，误。今据改。
[8] “许”原作“合”。
[9] 原“徽”有一错“徽”（右侧“攵”写为“亍”），先墨涂点，再用朱色圈涂。
[10] “可”原作“能”，据改。
[11] 原“罡”前有“置”，先墨点涂，再朱圈涂。置当为写罡时之误。
[12] 原文“神仙鬼神分公事”，“公”前“分”字用墨涂圈点，“分”为“公”字之误。
[13] 原作“胜”，墨点涂旁改为“圣”。据改。
[14] 原文为“大玄元帥”。据改。
[15] 原文作“詔至奉行”，《玄天上帝启圣录》作“册到奉行”。据上文“降册曰”，“詔至”当为“降册”之误。
[16] “当”字脱，据补。
[17] “天”原作“大”，误。据改。
[18] “操扶”原作“扶助”，据改。
[19] “福”原作“濟”，据改。
[20] 原作“儻刼不怠，光明日新”，“儻刼”墨点涂，改为“梗□”，“怠”墨点涂改为“贷”。据改。
[21] 原作“三界宗师”，据改。
[22] “列”字后用斜线，补于“森”“惟”之间右侧。《玄天上帝启圣录》作“是山也，雄丽当阳，九宫皆备，非玄武当之，孰可享邪！”

遊駕西蜀

玄帝於宋光宗紹熙甲寅年，自武當分神化炁，遊驾蜀川，驛駐飛烏，託胎於趙嵓之宅。以宁宗慶元元年、歲值乙卯三月三日誕，諱法應，號肖庵。無著大道君乃玄帝八十三化身也。

當生時，瑞雲彌空，天花散漫，異香芬然，光炎滿村，土皆金玉色。覆映之祥，莫能備載。稍長。舉動（隱顯）莫測[1]。聰以知遠，明以察之。年甫七歲，經書一覽，仰觀俯察，靡所不通。遂結茅屋於文曲峰，遊息内鍊。故今基壝、盤石，金井、丹爐猶有存者。

以下内容或据《玄天上帝启圣录》卷三“蜀王归顺”事演绎，不知所本。或据当地口耳相传之历史。郭元翰亦云“訪其遺書，考之碑傳”，“遂輯其詳，敬鋟諸梓，俾後人知所自雲”可证。

結屋雲台

文曲峰西去十里許、虛危之下有山名“雲台”，高只三百六十丈，闊只四里［八］分。地接岷峨，脈連玉壘；瑞氣葱欝，岩洞幽麗，真佳境也。且南有火峰，西有金頂、屼□山。峻聳凌霄，若纛旗樹於側。陟其巔，四顧蒼然，一望無際。錦江盤旋若玉帶，流濺珠而聲敲玉。印台、聖燈，獻於左、右。而鳳來、太平諸山，勢若星拱。蒼翠跪伏，綺綰繡錯。此古人所謂“五星得位、九龍捧聖”之地，蓋天為帝造、地為帝設也。

帝以嘉泰六年丙寅入此山，首結茅屋，乃自製偈曰：“武當遊駕到飛烏，茅屋雲台天下無。九轉神丹［斯］（思）再鍊。孜孜本為救凡夫。”於此栖隱修真。時有靈鴉報曉、黑虎衛岩。

一日，帝見慶雲彩霞，幽蘭清蕙，萬乳天花；石露金艮之星，樹有松蘿之秀；仙禽奏樂，神獸呈祥。乃呼門人趙希真等，謂曰：“吾山不及他山富，他山不及吾山清。吾山冬寒而不寒，夏熱而不熱。三［劫］（界）為人，方到吾山。五世為人，方住吾地。七世為人，方葬吾境。女其識之！”

帝雖結茅修鍊於此山，然天［池］位前[2]，玄崗枕後，峻秀清絕，與夫萬仞香城，都卓然可愛，帝常親歷處焉。而所留之八方寶印、靈符、玉蘭迄今猶在。香火殿像，與此山同不磨。

[1] 原脱“隐顕”，后补于“動”与“莫”之間。
[2] 原文脱，补“池”字于側。

梧桐修鍊

庵前有一梧桐樹，瑞雲、彩霞常覆於上。夜夜光懸，若皓月當空。仙鶴早暮棲止於其上，若舞若吟，悠悠助道之態也。

帝置爐苦鍊於下[1]，因以梧桐喻道，自製一詩，曰：

梧桐苦鍊幾經年，徒向師真殿陛前。
兩耳被攻何宿障，歸期恐不待鳴蟬。

帝於庵前他無所事，惟以漁鼓自適，因咏之以诗。

其一
[蕭]庵通透一竿竹[2]，惟是神仙打得熟。
幾許賢愚都不識，至今猶被塵埃撲。

其二
[蕭]庵磽[得]一竿竹[3]，不搏金來不搏玉。
修成大器已灼然，塵埃何用區區拂。

其三
[蕭]庵無壞一竿竹，不可折來不可續。
縱使庸愚道短長，竟是神仙手中物。

帝未昇隱前，詠筒鼓為神仙手中物，蓋以自喻"梧桐苦鍊"之句，以壓塵俗。"不待蟬鳴"之語，以示歸期。特凡目未識。至次年而始驚詫耳。門下道人黄鼎之敬，鑱諸石，以侈其靈云。

紹定已丑歲，書花現芙蓉。庵前有芙蓉樹，枯已久矣。帝一日慈旨降，召趙希真人入庵。次早，祇見芙蓉樹上鮮花一朵，嬌艷融融，香風馥馥；煙霞繞結，光射遐邇。發生春意，蓋托物以示希真也。希真於[是]賦二小絕，繕写申聞。

其一
不是枯枝[解]放花，庵前原自有煙霞。
世人罕識真仙境，示現芙蓉長[道]芽。

其二
謫在人間幾許年，肖庵來約住山巔。

[1] 原文"帝置爐苦鍊於其下"，"其"字朱色圈涂。从文义看，该其字当为误删，其指代"梧桐"。
[2]"萧庵"原均做"肖庵"，后"肖"全部改为"萧"。
[3]"得"原作"固"。

芙蓉為我開先兆，報得他時會洞天。

營修鉅殿

嘉定三年歲在庚午，帝顯化此山。指示圖式，命工修建大殿三間。高七丈，蓋取少陽不變之義。而其寬、其深，各有所象。是殿也，無勞經營，無費紙穀，不日而成。殿成，祇見拖錦朝霞繞林，瑞藹靡日不昭於其上。且左右寶壁，皆光臺陛扣之。有敲金戛[玉]聲。欝羅寶顶，深沉壯麗，覩之令人敬畏。

一夜，椎鑿聲[聞]三[四]里許。至次黎明，趨視之，見殿脚下天界、地界、水陽界，無不備具。光彩射人，真瑤堦也。階下有一臺，下瘞五色之琨，上應五星之氣，名之曰“玉璽”。

鐵像騰空

殿成之後，帝自製一疏，降一童子持疏募鐵。於文曲峰下趙村埡設爐鼎，鑄八十二化降魔聖像一尊：高一丈二尺，劍長七尺二寸，以應七十二候。闊四寸八分，以應四時八節。撫三輔，應三臺。鑄成於癸酉年九月九日，恰八十二化沖舉之晨。是日子時分，月收雲布，電掣雷鳴。風伯清塵，雨師灑道。少焉，天霽雲散，碧霞凝，縷文著，人皆聞空中奏鈞天妙樂之音。帝像乃乘玉輦，聲若雷震，浮空至山，位鎮中殿。巍峩赫奕[1]，儼雅如生。趙希有、李綱、趙法洪、白志榮、羅祖高等遠近數千人參拜稱壽。帝顏欢喜。

霞光瑞雲，香氣繞結，屢日方散。

留題还位

帝先於癸酉七月一日，[留一章于故宅佛座中][2]。(……)[3]云趙鎮天，字太真，玉京人也。謫世梓陽。非久還位。“落託一貧道，謫凡十有九。紀其歸去時。在處重陽酒。[4]”

甲戌年二月一日，再留二章：

我今年二十，快樂無人及。
世态[媚]吾時[5]，眼前觀不入。

[1] 原“奕”前有“变”，当为奕之误，故墨涂之。
[2] 该句为后补。难解其意。
[3] 上文与下文难以衔接，疑有脱句。
[4] 据清沈昭兴纂修《嘉庆重修三台县志》（嘉庆甲戌刻本）卷七“仙释”：赵法应，别号肖菴，旧州人，生于望君山之左赵村垭。……至十八，募铁数百斛，铸元帝像，高数丈，阔称之。一夕风雨，昼晦，忽自五里许移置山顶，遂留偈云：“武当驾游至飞乌，茅屋云台天下无”。又云：脱落一贫道，謫凡十有九，记其归去时，再注重阳酒。果于次年九月端午坐化去，人以为元帝再世也，遂奉遗蜕于铁像之右。
“再注重阳酒”句，《云台胜纪》先作“在处”，后改为“又值”，嘉庆版三台县志作“再注”，明曹学佺《蜀中广记》卷七十六“仙人记”中作“在处”。从整个偈语看，是说其坐化的时间，联系下句“果于次年九月端午坐化去”，其坐化时间与偈语中“重阳”相吻合。故该句当为“在处”为妥。“处”有“中止、停止”之意，《广雅·释诂三》：“处，止也。”可能郭元翰在校对时作了修改。今据曹学佺《蜀中广记》改。
[5] “媚”原作“未”。

玄帝来扶刧運，嘉言屢感，重訓報恩，有願堅持，破滅貪嗔嶮處，留題之後。

本年九月八日，自標志“雲臺十景”。因名其觀曰“佑聖”，名其殿曰“普應”。至初九日正辰時，靈旗拂空，香風遍野，歌鳴應節，朗耀雲衢，帝即昇隱而去。真容留於正殿之右，迄今儼若生者。因（謂）崇封 [已極，法號無邊。昭吾德威留吾手，澤復留吾像於殿之左手][1]。

帝陞隱次年正月朔，鸞書玉京較功玉冊。九皇較功，錫玄帝玉冊，曰：

“皇皇大道，默默至真。太景開判，玄元化生。妙蘊樞機，萬天尊仰，則為聖明主務，其休隆廣焉，敢不欽崇。惟太玄元帥、鎮天玄武大將軍、三元都總管、九天遊奕使、左天罡、北右員、三界大都督、領元和遷校府公事[2]、判玄都佑聖府事、太上紫皇、天一真君，靈通大妙。上開混沌之玄，道備 [乾元]，下接虚危之宿，撫成地紀，實育天元。持造化於四時，維紀綱於八節。分身下降，普福乾坤。功齊五十萬刧，德並三十三天。九霄上頼於真感，十極仰依於神化。有大利，施之於 [下] 民。積聖德，編之於王曆。按遵簡錄，當亞帝真。不有微崇，何以明德？謹遣金真紫陽大夫、金闕侍中、素靈殿大學士、主管三天金闕門下，直日除靈曲奏事含光，上得礼軒轅，執本，齋奉玉冊。金書上尊號，特拜玉虚師相、玄天上帝，領九天採訪使。夫道主一炁，威 [化] 二千。結真於九極之華，[神] 麗於六天之秀，幽微煒燁，洞杳飛茫，功高難及。合示嘉尊，想惟覽閱。幸勿謙讓。惟當上輔大道，刧刧長存；下祐兆民，綿綿永祉。聽文昭降，永秘玄都。”

門下弟子拜受玄旨，珍傳無斁。

真人，天所共仰也。見吾子曰：玄帝遺脫雲臺，自宋以來，近有千年。餘登其境，得《啟聖實錄》，閱之所紀，皆武（當）舊本，非雲臺事跡。因謂道人曰：“玄帝出現，事关生民。可使後世無傳乎？”乃命訪其遺書，考之碑傳，得知玄帝托生趙氏，修鍊雲台，絕武當而為八十三化也。遂輯其詳，敬鋟諸梓，俾後人知所自雲。[3]

啟聖實錄第一卷終

[1] 该句下当有脱句。“因（謂）崇封”至下句“皆留像于殿之左”之间空一行，用小字分两行补充“已極法號無邊昭吾德威留吾手澤復留吾像於殿之左手”，而在第一行“已極法號無邊昭吾德威留吾手澤復留吾”末后用较上句大一点的字注“抹去路半無字未寫”数字，又用墨涂点，“皆留像於殿之左”诸字亦均墨涂点。可见“已極法號無邊昭吾德威留吾手澤復留吾像於殿之左手”为补充“因（謂）崇封”至“皆留像于殿之左（后因补充与本句重复，古又墨涂点，以示删除）”之脱文。而“抹去路半無字未寫”显然为郭在后来校对中发现有脱文后作的标记。

[2]“領元和遷校府公事”在“誕修得道”中改为“領灵霄左枢密事”，

[3] 该段为郭元翰所作按语。

雲台十景第二卷

茅屋金容

蓬萊宮殿在仙臺，沉 [眠] 結 [屋] 避俗埃 [1]。
金像香焚靈（氣）爽，鶴飛峰頂日斜回。

寶殿騰霞

瓊琳玉殿勢凌霄，[古柏蒼松萬樹] 搖 [2]。
瑞靄輕煙時弄日，長虹萬丈 [紫] 雲潮 [3]。

瑤階玉壐

瓊瑤亂砌入仙階，玄帝登臨剪翠苔。
天上玉樓今落地，[雲] 中 [洗] 篆共銜來 [4]。

乾元勝跡

嵐光四壁 [接雲煙][5]，[勝過] 蓬萊第一天。
玄帝仙容何處見，窮碑雲篆萬年鐫。

梧桐夜月

月掛梧桐樹一枝，其圖堪畫何稀奇。
捲簾獨坐時欣賞，影過仙庭洽笑宜。

拱宸瓊樓

萬丈高樓縱目空，[挐雲峭壁萬山紅][6]。
[漫道] 仙家岳陽過 [7]，登臨 [高聳獨爭] 雄 [8]。

撫掌蟬鳴

綠樹陰中飲露鳴，誰知鼓掌聽音清。
他年叱石仙家異，今日神功何處覔。

[1] 原作“沉思結茅避俗埃”。后改于右侧。
[2] 原“瓊琳玉殿勢凌霄，……曙搖”句有脱字。曙字又经墨涂。“霄”与“曙”间用小字补“古柏蒼松萬樹”数字。未书写的原因是“古本字不明，未書”。可见，原书是他人所集，郭元翰仅仅是编辑、校对并付梓。其所云“古本”不知何本，但说明郭元翰之前，有刻本流传的。
[3] “雲”字小于行中他字，书于“繞”与“潮”字之间，但又经朱色圈点。其意不解。
[4] 原作“记中玺篆共衔來”。
[5] 原文“嵐光四壁勢□□”，“勢”后空两字位置，当为所据稿本字迹不清。后据他本补充，并更正了原文衍字“勢”。
[6] 原“萬丈高樓縱目空”后空三字位置，“挐雲峭壁萬山紅”及下句“漫道”两字为后补。
[7] “仙家”后原有“向”字，用墨涂点。
[8] 原句为“羽登臨此最雄”。“羽”用墨涂点，“臨”先用墨涂点，又用墨笔在右旁画“△”，“次最”两字墨涂点，旁改为“高聳獨爭”（“爭”前原为“尊”，墨点涂）。

龍井靈泉

鑿破蒼苔瀉玉泉，甘涼浸齿自悠然。
胡麻飯煮充香積，丹灶烹煎幾百年。

洞天鶴舞

珠頂零歲下 [九] 天，蓬萊洞院舞蹁躚。
何人欲向楊州去[1]，便跨勝空一 [酒] 然。

錦江玉帶

碧波滾滾過橋 [頭]，素練千尋不斷流。
天上銀河時落地，白雲霜冷尚悠悠。

見吾子曰：《雲臺十景》乃帝所自標題者。昇隱後鸞降十絕，餘特錄梓，以昭其盛。仍圖其形勢之奇，並以名公之作、修葺之事，紀之於後，以便觀覽云。[2]

草屋金容[3]

帝自入山，首結茅屋於此。翰林錢金韻
茅屋低低壯古臺，儼然仙境靜無埃。
玄天從此飛昇後，金體雖留竟不廻。

寶殿騰霞[4]

此殿帝自募緣而建，歷宋、元，至大明永樂十一年九月九日蜀獻王差官甃蓋。成化二年仲夏，蜀府造琉璃結蓋。正德间，蜀府重修整治。隆庆初年，蜀府又重造琉璃結蓋。萬歷十五年，中江王家麒又捐貲重蓋。

寶殿巍巍縱碧霄，彩霞爛爛瑞光搖。
雲臺古跡真奇絕，萬里江山盡拱朝。

[1] 楊州当为揚州。
[2] 为郭元翰的按语。由按语可见，《雲臺勝紀》原配有“十景”图，从下面后人用韻所作的诗中，行首注“有圖”可证。然现存不见图，是图佚还是图为单独成冊，則不得而知。
[3] 行前原有“有图，韵”，当为郭所注。“韵”即钱诗仍用玄帝诗原韵而作。下同。
[4] 用原韵，有图。

瑤堦玉璽

瑤堦倫三界。

玉篆輕輕覆寶堦，狀形八角（映）蒼苔。

只因玄帝陰符召，却向雲臺丐幻來。

乾元勝跡 仙跡[1][2]

混沌未分時，玄元而立極。

真機現玉崑，費隱包含密。

無着駐雲臺，天然印仙跡。

世人識者稀，吾道勒金石。

○古云勝跡有梅花石，雨過則梅花現。其下有洞，傳云石棺鐵槨在焉。

乾元山勢[3]

梧桐夜月

重幻化右碑那得有詩鐫[4]

月掛梧桐金壓枝，一輪光滿自然奇。

雖無彩鳳來棲止，正是仙壇景最宜。

拱宸樓[5]

横匾人間天上

立扁[6]拱宸樓。

此樓亦玄帝募緣而建，歷宋、元，為兵燹廢。天順五年，本山住持謝應玄同徒何玄澄等重建。成化二年夏，蜀府始造琉璃結蓋焉。正德十一年春，蜀府遣官又重修治[7]，至十六年七月乃成[8]。萬歷戊子，中江縣戴金讓重結蓋。

璚樓高拱拂晴空，玄帝真容寄此中。

金壁煌煌煥星斗，萬年環抱自英雄。

撫掌蟬鳴[9]

音響於樓殿。

人來撫掌似蟬鳴，掌撫輕盈韻又清[10]。

[1] “乾元勝跡”与“仙跡”间空半字位置。
[2] 有图，韵。
[3] 有图，韵。
[4] 小字书于“乾元山勢 梧桐夜月”两字行下中部。
[5] 有图。用原韻。
[6] “扁”当为“匾”。
[7] 原“蜀府”与“遣官”之间有一“又”字，墨点涂。
[8] 原“至十六年”后有“乃”字，黑涂，为误写。
[9] 有图。用原韻。
[10] 原句有“清”，朱色圈涂。

自古雲臺多勝跡，不須遊覽說無憑。

龍井靈泉 [1]

洞石碑井。
共誇龍井有靈泉，汩汩淵淵出自然。
一脉流來能救旱，挽回凶歲作豐年。

洞天鶴舞 [2]

岩洞清幽鶴戾天，月明飛舞影蹁躚。
一間茅屋真仙境，玄帝真容尚儼然。

錦江玉帶 [3]

錦江水脈有源頭，晝夜潺潺不斷流。
高架石磅如玉帶，往來人過恁悠悠。

雲臺十景第二卷終

玄帝經文第三卷

真武咒 [4]

太陰化生。水位之精。虛危上應。龜蛇合形。周行六合。威攝萬靈。無幽不察。無 [願] 不成 [5]。劫終劫始。剪伐魔精。救護群品。萬國咸寧。數終末 [甲][6]。妖氣流行。上帝有勅（*）。吾 [故] 降 [灵] [7]。闡揚正法。蕩邪辟兵。撫育黎兆。協贊中興（*）。敢有小鬼。欲來現形。[吾目一视]。[五岳摧倾][8]。

[急急如律令][9]。

《奉礼咒》字未明，未書 [10]。

[又咒曰][11]
北方玄天。杳杳神君。億千變化。玄武靈真。騰天倒地。

[1] 有图。用原韻。
[2] 有图。用原韻。
[3] 有图。用原韻。
[4] “真武咒”即《元始天尊说北方真武妙经》。
[5] “願”原作“顙”，据《正统道藏》本《元始天尊说北方真武妙经》改。
[6] 原“甲”作“世”。据《元始天尊说北方真武妙经》改。
[7] “故”原文作“固”。“灵”作“臨”。均据《元始天尊说北方真武妙经》改。
[8] 原作“吃吾一劍。粉骨碎身”，均据《元始天尊说北方真武妙经》改。
[9] 据《元始天尊说北方真武妙经》补。
[10] 此郭之按语。卷末编纂者按语云“並其三咒俱入鋟梓，以期遠布”，可正“奉礼咒”本应收录，但因“字未明”而空缺“未書”。今据《元始天尊说北方真武妙经》补录“奉礼咒”：
太易太初。无象无形。莫知重浊。孰辨轻清。吾于混沌。分其昏明。
天得以健。地得以宁。民得以养。物得以萌。邪得以正。神得以灵。
三才之内。万类咸亨。大朴既散。仁义乃兴。礼乐既作。奸邪斯行。
六谊或失。四民有争。上不宽恕。下不忠贞。或魔或鬼。或妖或精。
恣横荼毒。干扰生民。全家疾患。累岁官刑。财物耗散。骨肉伶仃。
性命往逝。灾祸相萦。秽杂之气。上达天庭。夭寿有命。令与安平。
有妖皆剪。无鬼不烹。瘟疫之吏。束手伏应。鬼精灭爽。邪魔推倾。
昔有十万力士。五千万兵。天上天下。从吾降升。拒吾者灭。奉吾者生。
恶吾者辱。敬吾者荣。礼吾者寿。非吾者薨。吾有此令。人鬼咸听。
急急如律令。
[11]《元始天尊说北方真武妙经》在“奉礼咒”后有“又咒曰”。据补。

驅（*）雷奔雲。隊伏千萬。[扫荡妖氛][1]。雷公侍從。玉女將軍。鬼神降伏。龍虎潛奔[2]。威振五岳。萬靈咸尊，鳴鍾擊鼓。遊行乾坤。收捕逆鬼[3]。破碎魔軍。除邪輔正。道气常臻。

急急如律令。

垂訓文[4]

吾號治世福神。鎮北天大將軍。遊巡諸天諸地。掌握世界乾坤。[扶] 助末刼天道[5]。護佑國王大臣。不忍 [五] 毒惡世[6]。眾生受苦艱辛。旱澇飢饉疾疫。水火 [劫] 盜天兵[7]。天下江南江北。朝病暮死七分。吾向三元八節。三會五臘生辰[8]。斗降 [七] 齋 [三] 七[9]。本命甲子庚申。腊月二十五日。親隨玉帝降臨。統領千真萬聖。[检] 察下界人民[10]。記錄作善作惡。較量罪福重輕[11]。輕則 [减死一半][12]。重則死絕滅門。善者得見天日。惡者不 [见太] 平[13]。信者得度末刼。不信喪命亡魂。檢舉不忠不孝。抄錄無義無仁。窮不安分守己。富不念老憐貧。輕重長短秤尺。大小斛斗方升。買賣欺瞞良善。交関舉用不平。使盡機関腸肚。惡心害眾欺羣。[合] 舌惡口斗亂[14]。教唆州縣鄉村。恣意慳貪嫉妬。是非人我爭嗔。不識善惡因果。不畏天地神明。強梁不得老死。結冤促壽除齡。故 [违] 天符抄錄[15]。疥癬麻痘災瘟。肚痛赤眼泻痢。惡瘡濃血漓淋。咽喉急風喠毒。寒（*）熱咳嗽呻吟。打 [筭] 未盡刧數[16]。十磨九難未經（*）。天遣帝王治世。滅除恶黨紛紛。似我當初學道。[只磨铁锐] 成針[17]。治盡不平等輩。方始大地成金。奉勸世人敬信。聽吾指說叮嚀。不可聽聞邈邈。各依戒律諄諄。方見太平年到。上元甲子當旬。自此風調雨順。田蚕五谷豐登。天下太平樂業。人民歌詠歡欣[18]。到此人身難得。各宜修省 [思寻][19]。更有泰山東嶽。速報立報司存。莫道造惡不報。只待惡貫滿盈。莫道修善無應。只待善果圓成。至若人間私語。天上聽若雷霆。不可欺心暗室。神目 [如] 電光熒[20]。陰陽誤傷人命[21]。修犯地曜天星。醫藥 [誤] 傷人命[22]。方脉指下不明。僧道師人積罪。貪求世利食荤。善信誦經有罪。差訛字句不真。[溺] 死儿女之罪[23]。千生万死冤亲。切莫殺食物命。放火燒殺山林。積 [累] 無邊罪孽[24]。冤冤被屈難伸。切莫殺食牛犬[25]。免墮万刧沉淪。告報行法弟子。天條不可不遵。愛

[1] 原作“威蕩方隅”。据《元始天尊说北方真武妙经》改。
[2] “潛”前有“前”，墨涂点，再朱色圈涂。
[3] “收”原作“外”，据《元始天尊说北方真武妙经》改。
[4] 即《武當山玄天上帝垂訓文》，又称《玄天上帝金科玉律真经》。以下按巴蜀书社《藏外道书》第二二册（四一六～四一八页）（1992 年、1994 年）收录本校勘。
[5] 原作“辅助”。
[6] 该句经修改。原为“不五濁恶世”，于“世”与下句句首“众”字之间补书“界”字。“五濁”两字墨点涂，旁改为“怕毒”，而“怕”字经两次修改。据改。
[7] 原文“劫”作“賊”。
[8] “三會”原文作“二會”。
[9] 原作“斗降七齋五七”，“七齋”之“七”墨点涂，旁改为“三”。今据改“斗降七齋三七”。
[10] “检察”原作“纠察”。
[11] 原较量后有“恶”字，墨涂、又用朱色圈涂。
[12] 原作“轻则免死一家”，今据改。
[13] 原作“恶者不得清平”。
[14] 原“合”字墨点涂，旁改为“费”。
[15] “违”原作“遣”。
[16] “筭”原作“算”。
[17] 原作“只因悟杵成針”。
[18] 原“欢”字后有“忻”字，后墨点涂，再用朱色圈涂。
[19] 原句“各宜修省心尋”，后改为“各宜修省身心”。据改。
[20] “如”原作“若”。
[21] “誤”字在原字上修改过。
[22] “誤”原作“悟”。
[23] “溺”初作“潺”，墨点涂，改于侧。
[24] “累”原作“略”。
[25] “放火燒殺山林。積 [累] 無邊罪孽。冤冤被屈難伸。切莫殺食牛犬”原漏，后用小字墨书补于侧。

惜一切字紙。遇諸水火漂焚。[帝]德好生惡死[1]。薄書日夜具呈。陽有陽間罪業。陰有陰間典刑。請看冥司錄載。

《太上感應篇》云：造作善善惡惡。感應如影隨形。一勸敬重天地。心香一炷晨昏。二勸孝養父母。堂前活佛二尊。三勸皈依三寶。儒釋道教同倫。四勸修齋布施。報達四重深恩。五勸善男信女。持齋念佛看經。六勸州縣官吏。治民如水之清。七勸救濟孤滯。四生六道苦輪。八勸富家布施。架橋砌路修因。九勸九流伎藝。三六九字同倫。十勸廣行陰德。福及子子孫孫。但存方寸心地。留與後代耕耘。所作總依本分。與人方便樸淳。若以递相傳寫。吾當助汝於陰。家有一本供养。全家老幼安寧。身有一本佩帶。免遭一切災迍。若寫五本奉勸。壽增半紀餘齡。若寫十本奉勸。一紀壽[筭]增新[2]。印施百千萬本。名同佑聖真君。當境城隍里社。喜歡保舉奏聞。三界四府列[词][3]，吾同保奏天庭。北府消除罪[籍][4]。南宮注上生名。見存獲福無量。九玄七祖超昇。上號金科玉律。下曰勸世戒文[5]。更有能行正直。不昧陰空神明。不以祭享加福。不以不祭生迍。有福休誇俊麗。無福休怨鬼神。欲知前世因果。今生受者之身。要知後世[因]果[6]。今生作者之心。人能知時改過。切莫更待因循[7]。吾乃勑示戒語。留傳往古來今。

大德五年十二月二十四日武當山靈應觀庭化筆。

吾受玉帝勑命。長生治世福神。佛中[即]無量壽佛[8]。道乃(＊)金闕化身。統轄天神天將。天上天下巡遊。糾察神(＊)人功過。一月一度奏呈。所作有功必錄。所作有惡必懲。賞罰定依天律。分毫不順私情。神若有功保奏。各依玉[格]擢陞[9]。人若有功錄用。即與仙藉標名。神過罰為下鬼。鬼過滅跡分形。人過各[依]輕重[10]。水火瘟疫官刑。若有十分重罪。虚空霹靂一聲。不以奉吾私庇。不以不奉生嗔。吾欲世人普度。今將誨語諄諄。喫著國王水土。終身不得忘恩。有此髮膚身體。須當孝養雙親。和順内親外戚。愛惜手足弟兄。大者提携卑幼。小者侍奉年尊。但遇三元五腊。薦拔上[祖]亡魂[11]。凡處鄉黨鄰里。往來礼樂恂恂。不可自稱富貴。富貴難保長存。不可輕[忽]貧賤[12]。貧賤未必長貧。朱門多生餓殍。白屋每出公卿。修佛修仙之世。當依經教慇勤。切莫反行邪道。一時悟了前程。識字為儒為吏。切莫弄法侮文。為醫審(＊)證用藥。為術依經講明。經商為求利息。須要本分平心。莫用兩般秤尺。休使大斗小升。財餘足用守己。

[1]“帝”原作“天”。
[2]“筭”原作“算”。
[3]“词”原作“祠”。
[4]“籍”原作“积”。
[5]“戒”，《武当山玄天上帝垂训文》作“界”，当误。“戒”同“诫”。
[6]“因果”原作“阴果”，误。
[7]原文初为“切更待待因循”，第一个“待”字被截一半。后于“切”字后增“莫”字。
[8]原文“佛中即無量壽佛”，后“即”字墨点涂。今据改。
[9]“玉格”原作“玉律”。
[10]“依”原作“有”。
[11]“祖”原作“世”。
[12]“忽”原作“慢”。

色非己者休淫。麄衣蔽身足矣。淡飯一飽為榮。諸物贪生畏死。莫為口腹殺生。五谷須要愛惜。牛馬食之遭瘟。柔[软]衛身之本[1]。剛強惹禍之因。天下奉吾者衆。誰能積德功勳。吾欲選用賢者。萬中一二難尋。凡遇聖明治世。四海之內太平。作善延生享福。後代光顯門庭。作惡自身促壽。更兼折子磨孫。若人敬信吾語。多多抄寫勸人。若能傳寫千本。勝看一藏真經。吾遣天下護佑。自然百福來臻。若人毀謗吾語。城隍社會申聞。雷部瘟部火部[2]。聽吾號令施行。

見吾子曰：帝有《垂訓》經文，所以永示勸戒。無非欲人去惡為善耳。第流傳未廣，尚有阻於見聞者。予特編輯，並其三咒俱入鋟梓，以期遠布。得兹刻者，誠能觸目警心，未必無所懲發云。

玄帝經文第三卷終

靈奕顯應第四卷

鸞書呈瑞

帝於紹定己丑歲，降鸞書一律[3]：

彩雲瑞露為誰來？特為真綱次第排。
鳳髓龍肝都割舍。癡人竊笑太常齊。

希真同李綱十月初五日晚登樓。翌早朝参，懺愆謝罪。當夜月明，從對山谷道間，忽見紅光一帶橫接，潔白之气如煙露壯。迤遶前進[本]山慶會堂側，見所未曾至。上御日鸞降未布露間，皆蒙天道君筆示“彩雲瑞露”詩句，信之昨宵所見瑞出玄天造化也。此叚靈異，詎可泯沒！雖歎為章於天之詩，未足以形容其盛美；仍誦日繫道存之句，方可以述本山之榮。槩刊諸珉石，以詔將來，永為雲臺無盡藏之祥瑞云。

宋紹定己丑歲十月庚申日，趙希真顿首謹跋。

顯揚置莊之功，從此而[永]為常住物業，久遠售用，天不奪，人不取，遠邇士庶大夫，可不在念乎？可不協力乎？

[1]“软”原作“弱”。
[2]原为“雷部火部瘟部”。
[3]原书上册终于此。诗被截然分割成两部分，分别装订于上、下册。

當為發勇猛心，施於本山，作大福田自今以始。俾異日收置之後，庶莊田地利，渺渺無涯。不獨安昌公之捨庄，專美於東 [川] 之護聖也，亦曰“雲臺莊利”，永為福田不朽之傳，更俟後來樂施者，源源無盡、藏之功德云。說一行、段淑靖、楊餘羨、潘德先、王越等，或為親祈壽，或為子禱疫，或求坊境靜寧，或求五穀豐登，無不響應。都樂施錢共二十三萬二千餘。銅山縣趙珪、趙璘，捨水滓陸田 [即泉水坝][1]。不一月而莊遂置矣。本年十月庚申日，希真同里人羅祖高，謹破荒置莊故事。檀姓紀諸石[2]。

帝昇隱後，委任本山諸子緣化，建立玄樓，尚未畢事。理宗紹定二年九月九日鸞降玄判，委趙希真、李綱兩州行化，所施置莊，作記以紀姓名，堅珉傳遠，永為雲臺常住根本。真、綱恭領玄旨。密覘聖意而為之說曰：“修造固大事也。目今本山修造，元有任其責者。為今之計，合緩其所當急，而急其所可緩者，其惟置莊。子何則常聞教門中云‘法輪未轉，食輪先轉’。天人相因之際，正其時也。況天時、地利、人和，三者相須。自人和之樂於喜捨，以資置庄之地利；以地利之濟於食用，以答天時之機會。莊其可不置乎？計其置莊所積，可以為修造無窮之利。而修造成利，亦足以靈威衛駕。”

國朝洪武初年，獻王分茅治蜀。初駕入境時，自見空中有神披發仗劍，常行擁衛。王因異詢之曰：“此何神靈？”左右曰：“蜀省比去三百餘里許梓州治，有山名雲臺，乃玄武帝先年蟬脫於此。其神極靈，想今駕護者，必上帝也。”王識之。至蜀，即差官詣觀，建醮謝恩。後凡祈禱，靡不靈異。永樂 [六] 年 [九] 月九日[3]，差承奉長吏司同本州官吏，至山，審問守觀道人等[4]。除納糧，周圍空閒田地十三段，永充常住，而焚獻於神，顓為保國寧家計。比即捐金，命匠翻蓋正殿，整飭樓臺。而殿上 [隱] 有鸞降置 [莊] 玉旨，並趙希真、李綱莊田抵界之冊。羅祖高奏請敕賜之書與所撥充者，若合符節。眾莫不驚異、喜悅。後景泰年間，馬都御史起科徵糧，府王詔諭之曰：“雲臺福田，國家香火也。常住田地，乃先父王所充。斯時糧雖不可不徵，若能諒減之，則神人胥慶矣。”馬都承命，僅徵糧一碩八斗四升。丁糧之輕，而觀得谷以裕，皆蜀殿下之賜，亦帝之靈致之也。迄後，蜀府歷代相傳。所求輒應，如在目前。以故雲臺 [樓殿] 香火之盛，蜀府之 [功德] 居多[5]。是常住也，屬之雲臺，租於農戶，歲有租入，道士多賴。自承清丈之後，僅除免殿院基圃，餘則糧以丈而

[1] “即泉水坝”为撰写者注。
[2] “紀諸石”三字字略小于前字，分两行书写。显系为节约纸。
[3] 句中六、九可能倒置。
[4] 原山后有“問”字，墨点涂，又用朱色圈涂。
[5] “功德”原作“香火”。

增。土以糧而折，觀無復有土，亦無復有租。噫！蜀祖撥充之真意、減徵之徽音孤矣。然帝之香火固不以土之去留為興廢，而焚獻應承之道士，安知不以祖之有無為聚散哉？此在收茲土者，當為神人留意也。

驟雨迎車

監察御史章璠，會稽人也。成化丙辰年三月六日謁帝[1]，雨驟至，稍即晴明。感而立石：

予欽承上帝，按治西蜀。出巡至潼川，聞雲台山相去百里許，有玄天上帝蟬脫遺像在焉。遂齋沐身心，恭謁福地焚香。其日，天晴日朗，忽雷轟電掣，風雨齊至，無不驚懼。雨 [霎] 時晴明如舊。吁！神之去世已千百年矣，其昭著感應之速，若影響焉。寧不使人欽崇而不敢怠忽也！故書此，以識其靈異云。

監察御史宋賢，東吳人也。嘉靖丁巳年六月按治潼川，來謁玄帝。至靈真寺，問“此去雲臺遠近？”。左右 [曰]：“僅十里許。”賢曰：“予謂帝來，帝若有靈，自當遠迎。我言罷起程。”時天晴日朗。方出寺門，一時布 [雲] 雷轟[2]，雨雹驟至。乃急急還寺中。侍從無不恐駭。次日登山，有題：

十里煙霞藹碧嵩，石床風雨對瞿雲。
也知太上清虛府，不放紅塵俗客來。

參玄獨上妙高臺，風雨迎車陣陣來。
知是　人緣客到[3]，預為花竹洗塵埃。

降魔遺跡

潼川中江縣，古名玄武縣。有一山名武曲山。乃者，玄帝追魔至此山，躡水火二真於足下，因此而名。至今居民呼之。山有觀，乃宋大觀間御賜“真靈觀”額，以表玄帝降伏天関地軸之福地。觀前江中之石，山中之草木，俱有龜蛇之形。人病，煮水飲之即愈。今益州之龜城，梓州之蛇城，尚記當時之遺跡也。

[1] 该时间记录有误。查方诗铭著《中国历史纪年表》（上海辞书出版社，1980 年），成化无“丙辰”年，与丙有关的纪年有丙戌（二年）、丙申（十二年）、丙午（二十二年），与辰有关的纪年有壬辰（八年）、甲辰（二十年）。第五卷《天府留题》记巡察张璠出巡潼川至雲台山的时间为成化丙戌，即成化二年。然此为章璠，會稽人，彼为张璠。张、章是否为同音误写，两人是否为一人？

[2] “布 [雲] 雷轟”当为“雲布雷轟”。

[3] 原空一字。

彩霧勝光

正統七年九月九日，本觀鑄聖像。其日，圓光照燭，玄武跣足見於空中。

成化六年，蜀府遣臣楊侯炷香，建醮乞恩。啟壇宿夜，七星現於岏㟒峰岩，高低恍惚。眾官瞻拜驚異。應感王宮，孕誕世子。

成化十九年中秋日，光現本山。

弘治十年三月三日，祥光罩殿。

正德八年九月十五日，欽差太監錦興、錦衣衛千戶龔清詣觀修醮。是日，感五色祥光罩殿。

正德十年五月十一日卯時分，正東方現上帝：披髪仗劍，足踏龜蛇，左天神執旗，右真人執旛。五色彩雲辰時末方散。

正德十五年，欽賜綠旛二首。上顯“大明皇帝喜捨寶旛”八字。至觀張掛日，感上帝披髪，左、右真人侍從現本觀之東。

嘉靖元年三月十五日，雷雨過北方。光現見上帝披髪執旗奉劍。五年、六年、十一年內，每年一次見帝，或躡龜蛇見於北，或執纛旗見於西。見之者眾。二十七年正月初一日，二十八年正月初九日，祥光捧日。上帝見於東北。三十年正月初一日光現本山，光歛，降雷雨。本山道士並近觀人等，無不共見。

隆慶二年正月初一日，万道霞光，自西而见。

万历十五年二月初一日夜，聖燈五盞見於帝山之後。光焰炫日，遠近視之，莫不驚異。

甘霖應禱

宋嘉定九年三月［內］闕雨。府、縣各處官並詣帝前祈禱，於當日立獲雨澤。嘉定十年入夏以來，苦旱不雨。農心傲傲，恐傷苗稼。闔境士民及府、縣僚屬，詣中殿祈禱於六月初七日，隨即甘雨如霔。

［此宋羅祖高辅奏请敕赐］[1]。國朝弘治三年立夏後至夏中無雨，民心驚駭。鄉民拜投本山。道士陳沖範、劉洞明申祠禱帝，得雨栽種，民心始安。

嘉靖七年五、六月遭旱，叩帝禱雨。至七月初，得雨一救，穀得十之三，豆得十之七。嘉靖四十三年夏，祈雨有感。

萬曆九年夏及秋旱，祈雨有感。

[1] 原文用小字兩行題于下行首，占四字空间。

即屢年來，有祈即應，四野霑足，皆帝之賜也。償爐愈疾［字未明未寫］。[1]

夢清常住

蘇家溝，雲臺常住地也，先與董、高二姓分種、納租。正德初年，董輒有騙昧之謀，駕言於洪武十四年、設立中江縣之時，已將州糧過縣當差，业有年矣。與本山道士陳九仙、孟［仙］、宋子仙計，奏告訢經撫按司道官[2]。凡州、縣官，十不能辨。結適南昌玉岡張公珩來牧吾潼。时嘉靖十八年九月，霄夢帝披髮洗足來謁，曰：“有隱卷飛糧事，為我清正之。”次日，宋子仙、黃畏仙具告劉都御史，送胡方伯，轉批州詞有“隱卷飛糧、乞查勘合”句。張公欽帝之靈，即查揭、查誌書。中江縣原係宋朝設來，本朝未改，治屬潼川州轄。又委老人查洪［武］年來板架黃冊，並無州糧過縣是的[3]。招詳擬斷，田地歸屬雲臺，永為常住。而二家數十年禍，於兹息矣。

感認貧婆

觀音埡去雲臺十六、七里，其溝有一婦劉氏，先子一、女一，夫早卒。（女）年甫七歲，賣與重慶一商[4]。商引归撫成，即配一養子。子常經營生理於川、廣間，遂成鉅富。劉氏子死，產罄，惟丐食度日。

萬曆十五年二月初八日，女與婿來朝帝進香[5]。十二日，夜宿楊奇溝。夫婦同夢帝謂之曰：“爾佛在吾三天門外，香可此處燒，不必登吾殿也！“夢覺，夫婦相語，甚是驚異。次暮抵雲臺，與主道敘，都不知何以故。十五日，進香畢，夫婦遊覽到［三］天門外[6]，見三貧婆爭食，內一人似母形壯。其婦恐認母未的也，因散以路糗。細而審之，得其真。又恐夫之讐恨也，惟呻吟出涕而不敢語。夫詢之再三，乃與夫道其實。夫乃知上帝之夢感，蓋謂此也。至暮夜，為之更衣善，引出明水寨，舟載而去。

[1] 下当有脱文。“償爐愈疾”四字小于行字，“字未明未寫”又小于前四字，且为两行书写。
[2] 原“經”后有“府”字，墨点涂，又用朱色圈涂。
[3] “是的”疑为“事”。
[4] 原作“商”，据上下文意，“商”当为“商”之误。从上下文意分析，句子主体当为劉氏之女，补。
[5] “婿”原作“壻”，今改。
[6] 原作“二天门”，后在“二”上加一笔，改为“三天门”。据上下文，“二”为“三”之误。

暗刑懲惡

萬曆十五年二月朔，劉道明 [在山] 屢招屠酤，穢福地，遭帝前靈官拷責，若夢中語呻吟數日乃甦。今回心向道，稍稍獲安。

靈官刑惡事多，但字不明，未寫全。[1]

靈奕顕應第四卷終

天府留題第五卷

前一篇字未明，未寫，從次篇寫起 [2]。

嘉靖丁巳秋，宋公賢巡察我蜀，案即潼川。聞兹神曰春夏亢陽，南北多警。凡為臣子，誰不懷憂？古道省修，靡神不舉。乃偕大參張公思靜、僉憲程公嗣功卜吉戒程，往謁神所。維始命駕，天朗日高，寰宇澹然，四無煙霞。行距雲臺將十里許，祥雲東起，繼以風雷。少焉，鳴雨如注，霑彼僕夫。遂宿靈真寺中。詰且至止，霽色愈暢，公已心仰之。編識豐碑，爰有題識。

成化丙戌，巡察張公璠來遊之日 [3]，一同丕應。自張、程二公而後，咸切愕昭。

知潼川大夫胡君希瑗從公於邁 [4]，目擊殊祥。遣使詰名委記。厥後名惟神人之跡，雖若判然，而感應之機，實常早爾耶！況御史奉天子明命，巡視遐方，凡百人士宦師，具瞻嚬笑。輶軒所向，山水效靈，在我公猶稱偉特 [5]。誠敬之德，公明之心，康濟之才，平施之政，幽明交贊，遐邇均孚，蓋不止攬轡理輪之風致。已爾，其竦動靈神，昭格嘉貺，又何疑乎？不然，則有兹山以來，奔走四方。持瓣香函，束帛唱賀、拜舞者，不知凡幾百年。而何御史之臨，僅一再見。其為靈異亦僅止此也。嗚呼！奇哉！不佞數涉洞天，多徼神惠。嘗欲勒肖庵真人傳，以垂永久，而積誠未至。尚爾稽遲，敬因胡君委記大略，以復神如訾相，敢不肅償前盟云。

[1] 此撰写者注。

[2] 该句直接题于“天府留题第五卷”下。第一篇留题因字残损严重，不能辨识，故省。

从文字叙述来看，时间顺序较乱，先有嘉靖，又有成化，再又是嘉靖。成化早于嘉靖，而置于嘉靖丁巳（36年）与嘉靖丁酉（16年）举人胡希瑗之间。

[3] 張璠，南溪县人，成化年举人（《四川通志》卷三十五“选举”，四库全书版）

[4] 据《钦定大清一统志》“武昌府”及《湖广通志》“选举志”、“人物志”（四库全书版）：胡希瑗，字橋南，大冶人。嘉靖十六年丁酉乡试舉人，任潼川州，以勞瘁卒於任，州人祠祀，吳國倫為誌其墓。

[5] 原有两“猶”字，朱圈涂前者。

淳化王新建天乙閣記

予覽《太玄經》，云：天一生水，地二生火。水、火升降，龜蛇合形，品物是生，玄帝為其主宰。是帝乃天一之神也。帝以宋代分炁，誕於西蜀。既長，煉身修真，降伏水火，分判人鬼。又太上八十三化之身也。其變雖殊，其名則一。且迄今數百載間，陰翊皇度、福國裕民之功多矣。正德乙亥歲，予遣內宦赴斋造完金玉帝像、帳幙紋爐、府花爵盞，恭詣雲臺朝謁[1]。覩其名山福地，龍蟠虎踞，水帶山簪。詢其歷代修刼之功，前建拱宸之樓，中砌碧瑤之堦。堦下有一臺，名曰“玉璽“。以原給內帑白金，掄梓材、陶瓴甓，命工就於璽上鼎建八閣樓一座，題其額曰“天乙樓”，安 [奉] 香火於內。上壁繪玄帝修道事蹟，下壁圖雷神諸將。但見其金壁輝煌，彩饰煥爛。及畫棟雕甍，丹楹朱戶。制度森嚴，規模氣象。登之者高明爽愷，眺之者壯麗崢嶸，儼然一新勝境也！是樓經始於正德十年九月吉日，落成十一年十一月十七日[2]。予迺刻斯記於堅珉，以識其歲月云。

蜀王重修拱宸樓記

潼 [川] 州去百里許有山曰“雲臺”，觀曰“佑聖”，乃玄天上帝八十三化古蹟壇場也。宋、元來屹然，廟貌載廢載興。至我 [國] 朝洪武初年，厥祖獻王分茅治蜀，凡諸祈禱，靡不靈異。乃捐 [金] 命工，煥然一新。敬賜田十三溝，永充常住。而焚獻於神，顓為保國寧家，歷代相傳。所祈輙應，如在目前。正德歲，在適拱宸瓊樓有侵頹之壯。奉慈命，慨然出內帑金，命匠掄材而鼎新之。當其時，即院、藩、臬諸公，本府官僚，皆施貲財，無慳吝心，同勸善緣，有爭先意。暨幹運人夫，勤勤懇懇，不負重託。住持李雲春率道眾，咸得盡其乃心。是皆神威默感也，故不一載而樓成焉。

樓前望住層門、肅堂、仙館、枋牌、倉廪，都修飭就緒。信哉，瓊樓碧瓦，直沖乎九霄；彩壁朱楹，光駭乎眾目。足以妥神明於不朽，足以壯廟貌之維新。如翬斯飛，光應七星之旋遶；如跂斯翼，水朝萬里之瀠洄。曰聖曰神，演教演法。尊居北方正位，徽號“佑聖真”。降水火，有已然之蹟。濟生民，運大造之仁。金闕化身，九轉還丹。思再煉玉虛師相。三元總管，蕩羣魔，福善禍淫，鎮天助順；巡遊日遍，遐方

[1] “朝”字有朱圈涂记。
[2] “落成”原作“洛成”，改。

糾察，身［臨］凡世，聖德神威，昭回雲漢。殆見躡嶮欹危者，希憫希恩；跋山涉水者，了心了願。大有禅於邦家，甚加福於社稷。國本蕃昌，宗祀得人，皆聖惠。臣民衍慶，雨暘時序，賴神庥。神可格而不可度，故忘其陋而刻之石，欲得諸不朽云。

肅王進聖像記

餘藩年久，欽仰上帝遺跡。英靈烜赫，感應昭明。冥冥之中能福善而禍淫，祛邪以歸正。四海九州，罔敢有［弗］敬畏焉者。玆餘精白，一心敬鑄：滲金帝像一尊，執旗捧劍。靈童、玉女，溫、關、馬、趙靈官，共十像。成，原筮嘉靖甲子歲二月二十四日，遣官送觀安位。伏願尊神炤察，以赫厥靈；陰佑有加，默相益著。永保聖壽無疆，天與長而地與久；皇儲有繼，日之昇而月之恒。國泰民安，率土賴清平之慶；川流嶽峙，普天荷寧靜之休。本觀道士猶當體心，洞洞屬屬，朝夕焚獻，毋得視為泛常。致四方信善，聞風竭悃而詣奉焉。是又餘心之所深思而遠望者也。因勒石以垂不朽云。

重修雲臺觀記[1]

上真濟世之心，不一而足。必若一元之發育萬物，無處不有，無時不然而後已。其靈徵瑞應，班班而可考者，《啟聖錄》備之矣。至於潛扶陰翊於冥冥中者，又豈筆墨之可殚記哉[2]！當趙宋時，自武當飛神，降精於蜀之玄武縣，托跡趙岩者。結茅屋於武曲峰。尋建殿，訖，即尸解於中。至今遺脫如生。伏謁者毛髮盡竪，罔敢怠而弗處。紹熙間，屢應祈禱，有司請於朝，封以“妙濟真人”之號。自時厥後，靈威益著[3]，香火益隆。上自王公大人，下至閭閻小子，莫不爭先快覩，奔走恐後。論者以為蜀之太和云。第年歲寖久，不無頹圮之獘。蜀藩奉正楊旭，嘗齋香詣殿，覩玆廢墜，有懷於中。是夕，聖燈現於聖母山，大如車輪，光耀迥異。還以備聞。睿情欣可，賜以白金，俾葺理之。於是遂鳩工聚財，剋日始事。或持其所欲僕，或足其所未完，殿瓦則易以琉璃，楹棟則文以金碧。下及旁堂、便宇、枋牌、碑亭，莫不以次成就。復陶甓刜石，合門三重，礱石甃甬道[4]，直抵殿。廉視諸疇昔，大不侔矣！且山徑修阻，不通舟車，較諸平易，力殆數倍[5]。香爐凡五付：三付則出於睿恩，二付則承奉正

[1] 为眉山人万安所作。亦收录于《嘉庆三台县志》“艺文志”。据《明史·万安传》，万安，字循吉，四川眉州人。正统十三年（1448年）進士，历仕英宗、代宗、宪宗、孝宗四朝，年七十余岁卒。
[2] 原作“弹”，据《嘉庆三台县志》“艺文志”改。
[3] 原“威”前有“感”，墨点涂。林志茂、谢勷等纂修《民国三台县志》“艺文志”作“威灵”。
[4]“甬道”原作“唐道”，据《嘉庆三台县志》“艺文志”改。
[5]《嘉庆三台县志》“艺文志”作“较诸平易，力殆数倍”。当以《县志》义更妥。据改。

宋景、阮亨之所施也。栢凡數千株，則承奉趙昌之所植也。

工甫畢，具始末來帝都以碑為屬。予，蜀產者，於蜀之名勝素喜談而樂道之，況重以楊侯請，不記可乎！謹按：北方七宿成玄武之形，其神乃武當所奉佑聖真。此之“妙濟真人”，又自彼一體之分化，其神應不合而同，宜矣。吾儒所謂两在故不測者，於此為益信。原其所已然之跡，亦在乎尊主、庇民、彌災、捍患而已。今楊侯奉敕新此[1]，以為祝釐之所，是亦以上真之心為心也，非忠愛誠敬之至者畴克爾耶[2]！姑述此，以記歲月，復系 [之] 以詩曰：

惟此有神曰玄武，赫赫威靈遍寰宇。
粵從飛駕至飛烏，載振玄風福西土。
四民莫畴若雲屯，欲阳則阳雨則雨。
理廟特降真人封，烜赫徽稱冠今古。
巍峩大殿依雲開，上去青蒼纔尺五[3]。
邇來三百有餘年，粉藻無文真木腐。
楊侯自是列仙儔，充拓君心真内輔。
坐令百廢一朝興，功在茲山非小補。
仰 [祈] 聖壽筭乾元[4]，上衍遐齡歸睿主[5]。

七星拱極讚

元古渝　楊既清

天地之始，混沌之初。
剖開鴻濛，占於蜀都。
比方有神，赫赫玄虛。
乃駕龍馭，至於飛烏。
石棺鐵槨，蛻骨於斯。
乃曰雲臺，天下之無。
恩沾四國，民瘼皆蘇。
占斷名山，壯矣厥模。
爾乃洗心，滌慮養志。
追風撰杖，屨履巉岩。
披蒙茸，踞虎豹，登虬龍。
石鑿鑿兮橫路，風颯颯 [兮] 吹松[6]。
試覔高而一覽，如萬馬之皆東。
擁乾元之獨秀，插翠秀於高空。
樓觀欝欝，殿宇崇崇。

[1]《云台胜纪》、《嘉庆三台县志》“艺文志”均作“奉教”，《民国三台县志》“艺文志”作“奉敕”。据前后文义，“教”当为“敕”之误。
[2] 原文“忠”后有“敬”，墨点涂。另据《嘉庆三台县志》“艺文志”，文同。
[3]“尺五”原作“五尺”，用调换符更正。
[4] 原“祈”字蛀蚀不清，据《嘉庆重修三台县志》“艺文志”（嘉庆甲戌刻本）补。
[5] 原文作“手”，手字小，《嘉庆重修三台县志》作“主”。据诗意及用韵分析，当为“主”而非“手”。
[6] 原文“兮”字蛀蚀脱落，据上下文意补。

流水潺潺，岩洞濛［濛］[1]。
煙霞出沒，柳竹交豐。
瀑布垂練，星壇起風。
鬥落七星，岫列七峰。
聞仙鶴於飄渺，迓仙子於山中。
真可謂萬山之雄也！予乃覽佳景，數星山而歌之曰[2]：
金龜之山兮，上應狼貪。
玄罔之峰兮，巨門是當。
香城之巔兮，祿存所藏。
今紫之嶺兮，文曲昭彰。
岏峿之峰兮，廉真星光。
雲臺之上兮[3]，武曲主張。
天池之頂兮，破軍攖攘[4]。
太平、鳳來二山兮，輔熒煌煌。
前擁後從兮，環遶中央[5]。
丹龜煙清兮，洸潘琳瑯。
拱宸有樓兮，下有錦江。
可以濯纓兮，清勝滄浪。
黃鶴去來兮，仙人何方。
予乃長嘯兮，乘鸞駕鳳，而遊乎白雲之鄉。

□誥封命　跋

山有灵，麟鳳棲焉[6]。川有靈，蛟龍藏焉。地有靈，神人藏焉[7]。惟大德者必受命，於以見真人。誕受正封，茂膺教號，可謂至德也已，若海景慕之深。亦既見聖，未克由聖，獨愧於心。偶檀那見招於此山，為北極祖師設蘋藻供，思得人焉；與真人結香火緣，有從乙者，實真人之甥裔。忻然頓解，願留而受業於門。予遂簪星披褐，盥手焚香，祝而授道於斯人。為燈燈不盡之傳，以等此山於不朽。豈意生值不辰，迭遭兵刧。從乙者轉徙他鄉，天其相斯道未□，地尚幸有識其人存焉。一日覩加封妙濟真人誥命[8]。從天而下，若海景真人之行，慕真人之風，於心終不忘。敬刻諸石，期與此山相為□□存尔[9]。

[1] 原脱漏一“濛”字，据上下文意补。
[2] 原文“数”右下角有墨圈，不知何意。
[3] 原文“雲臺之上煌兮”，“煌”墨涂点删。
[4] “之”字原文不清，据上下文意补。
[5] “環”后原有“中”字，墨点涂。
[6] 原文蛀蚀脱落，据上下文意补。
[7] 原字蛀蚀脱落，据上下文意补。
[8] 原字蛀蚀不辨，据上下文意补。
[9] 字分两行，与上文相续，疑抄录者所据本字不明，后郭据他本增补。□为蛀蚀不辨之替代。

詩詞

米玉牕　趙希真

心印相傳寶性真，已漗玄旨悟前 [因]。
世緣且與隨時遣，昇隱何 [妨] 作 [比] 鄰。
樓觀須教嚴福地，文峰便覺顕精神。
回頭喜對天輪話，滴滴眉間都是春。

昨訪乾 [元] 謁上真，上真明示本來 [因]。
祿書來錫承天寵，庵地先期托寶鄰。
劍氣愈增光射斗，印文須要正通神。
從今願效精忠力，仰答昆壇無盡春。

人生寸地

郪江　黄寅仲

人生寸地具天真，天匪斯人亦不音[1]。
金闕邃嚴雖絕俗，玉牕虛靜即為鄰。
雲开辰極光聯瑞，星動文昌妙入神。
此會幾多蒙受記，乾元在在是陽春。

高山九天採訪　張天相

仙壇聖境説雲臺，默契真風駕露來。
山列七星輝北極，地盤一水殷春雷。
龜蛇隱觀非徒爾，人鶴丁寧固有哉。
聞道仙翁秘精術，鞭笞鸞 [鳳] 日追陪。

郎中　文禮愷[2]

圓寂琳壇隱洞天，潺湲石窟瀉清泉。
一庵風月山中相，百頃煙霞物外仙。
夜靜松間黄鶴舞，日長芝圃白羊眠。
平生始識雲臺路，細聽幽牕話太玄。

承務郎　蒲天品

東梓雲臺第一山，玄天聖跡絕塵寰。
朝元三四七星拱，望遠十千萬里環。
一夢 [幻] 生經幾許，百年浮世片時間。
石棺鐵槨真仙窟，敬仰碧空問大還。

[1] 黄寅仲诗用趙希真诗原韵，然趙希真诗中“音”均改为“因”，独此不改。
[2] 文禮愷，遂寧人，登延祐進士。文章雅重於時，人羡為朝陽鳴鳳（《四川通志》卷九“人物志”、卷三十三“选举志”）。

大明洛陽　喬縉[1]

一徑蒼蒼入翠微，山含碧殿野雲依。
鶴歸閬苑開天籟（＊），花繞仙臺列繡幃。
金色曉開玄帝像，香煙時幻老君威。
登樓四壁咸瞻眺，顿覺身心與世違。

張思静[2]

清虛通紫極，悽愴肅丹扃。
尚有仙人氣，宜於此道靈。
夜光含法象，暗靄出峰形。
縹緲雲中樂，時聞入戶庭。

陽泉　繆文龍[3]

齋祓明予志[4]，春風達上臺。
雲臺目今古，玄帝坐蓬萊[5]。
山與龜蛇動，香隨士女來。
誠心真可格，夜半忽聞雷。

可泉　胡纘宗[6]

望望仙臺勢絕奇，青樓碧殿俯天池。
龜蛇欲捧君王勅，風雨新開御史碑。
夜月梧高雙鶴舞，洞天雲遠七星移。
孤峰突兀懷中起，萬木蒼蒼白日遲。

獨上危樓望四圍，巍巍高拱與天齊。
手攀月窟南辰近，足躡云梯北斗低。
秀水佳山朝左右[7]，金烏玉兔掛南西。
放懷容我長呼吸，口吐青霄萬丈霓。

禹泉　陳鎏[8]

萬山高處一峰奇，水繞橫疑天上池。
欲叩當年□□□，□堪滿眼漫題碑。
風行簷外聽松落，雲過山頭覺樹 [移][9]。
□地修行真可得，衰年獨憾我來遲。

[1] 喬縉，洛阳人，成化壬辰刻进士。明正德年间曾任四川参议。《四川通志》卷三十“职官志”、《河南通志》卷四十五“选举”。《河南通志》卷五十九“人物志·河南府”。喬縉，字廷儀，洛陽人。少穎敏，師事河東薛瑄。成化壬辰進士，授兵部主事，累遷郎中，出補四川參議。時馬湖府知府安鰲殺叙南衛千户曹明，獄久不具，御史檄縉鞫治，一訊即服。未幾，貴州苗蠻叛，命都御史鄧廷瓚帥三省兵討之，勅縉督餉。苗平，賜文綺寶鈔以旌之。久之不調，上疏乞歸。卒年七十二。所著有《性理解惑》、《河南郡志》及《族譜》若干卷（四库全书版）。

[2]《陕西通志》卷五十七“人物志”引《同州志》：張思靜，字伯安，同州人。祖績官容城令，有惠政。思靜嘉靖中舉進士，授翰林，改禮垣。嘗劾奏英國公某鄔都尉某不法事，權貴憚之，出為四川參政，督採木之役，官民樂其不擾。有汪四者倡白蓮教稱亂，思靜用計擒之。丁艱服闋再起，分守河南，擢觀察使，以病告歸（四库全书本）。清黄虞稷《千顷堂书目》收《張思靜詩草》一卷。

[3] 繆文龍，据《四川通志》卷三十“职官志”，华亭人，进士。嘉靖中任清军御史、参议。

[4] 原“齋祓明於予志，“於”字墨点涂，再用朱色圈涂。

[5] 原“蓬莱”前有“灵”字，用墨圈删。

[6]《大清一统志·秦州·山川》：可泉，在秦安縣南七里。縣境之水，惟此可灌溉，城南田圃賴之。胡纘宗，《万历四川总志》“郡县·潼川州·名宦”：字世甫，秦安人。由检讨谪官。正德中知潼川，……以文章政事称于时。升都御史。有《春秋本義》十二卷，《漢中府志》十卷，《鞏郡記》三十卷，《秦州志》三十卷等著述（《明史·艺文志》）。

[7] “朝”字上用朱色圈点。

[8] 陳鎏，《四川通志》卷三十“职官志”，吴县进士。隆庆中任四川布政使司、参政、按察使司、佥事。《钦定四库全书总目》：陳鎏，字子兼，號雨泉，吳縣人。自署曰穎川從郡望也嘉靖戊戌進士，官至四川提學副使、署布政使。著《已寬堂集》四卷。明朱謀垔《續書史會要》：（陳鎏），长于小楷、篆、隶，出入晉唐，其他行草及方尺以上，豐媚綽約，有驚鴻游鵠之態。
原书该页蛀蚀严重，字脱落较多。

[9] “移”原存“禾”偏旁，据下文用同韵诗文补。

丹山　李希鳳[1]

仙體垂靈鼎數奇，玄虬修化出天池。
盤迂山水朝金殿，呵護風雷擁誥碑[2]。
景入林岑秋未改，運璇斗柄夜將移。
明□千載深朝賀[3]，樹色蒼蒼月下遲。

五津　周遜志

欝藍天外數峰奇，上命遊儲擬鳳池。
玉闕舊傳長吉記，絳宮 [新] 寫少霞碑。
青山掩映浮雲變，紫氣昭回白日移。
見說仙闢靈 [隱] 在，何年此日賦棲遲？

希濛　余承勳[4]

僊室雲臺古並奇，五龍分化 [此丹] 池[5]。
石門啼 [乌] 三□□[6]，寶蓮孤雲百尺碑。
鶴下茅庵遺蜕在[7]，霞棲金象巨靈移。
還丹骨相今誰是，白髮修行自恨遲。

合陽　王嘉賓[8]

臺觀天中聳翠奇，靈虬玄述曝晴池。
花香運轉微微梵，石蘚文移吃吃碑。
山傍鶴岑吟自好[9]，池移松障塌特移。
音雷路遠身猶隔，白玉簪抽願已遲。

廣漢　朱屏[10]

寰宇名山蜀最奇，此山靈應達瑤池。
蒼松掩映籠前泗（＊），綠蘚参差锁舊碑。
跨鶴頓忘天地隘，避秦不覺歲時移。
何年喚醒希夢□[11]，投禮雲台亦未遲。

懷鹿　張正學[12]

山川似此亦何奇，雲護仙臺天作池。
靈鎮坤輿留舊象，化調乾鼎勒新碑。
梯雲萬轉風煙迴，樓近三臺星斗移。
極目羣峰生遠思，倐然緩步忘歸遲。

[1] 李希鳳，不详。
[2] “呵”原有两个，墨点涂上字。
[3] “明”字后原空一字。“朝”字上用朱色圈点。
[4] 余承勳，青神人，進士，官至翰林修撰。嘉靖間議大禮，被杖。錦衣百戶王邦奇又假以建言邊情，誣兵部主事楊惇，惇子與承勳友善，復罣誣被逮。後復職，還家。著書三嵎山中四十餘年，前後撫按屢為薦剡，卒不起。今三嵎深處猶有方池道院云。（《四川通志》卷三十八“隐逸·直隶眉州”）
[5] “五龙”前原有水，墨点涂。句作“五龙分化出天池”，“出天”改为“此丹”。
[6] 字被蛀蚀脱落上半部，推测为“乌”或“鸟”。
[7] 原“蜕”字旁存“月”字，显系想写“脱”，随之墨圈涂“月”，在旁写“蜕”。月旁后又朱涂。从此修改方式及字体看，点涂或圈涂者为同一人。
[8]《四川通志》卷三十四“选举·进士”：王嘉賓，合州人，嘉靖丙戌科科进士、正德年举人。歷参政。
[9] 原为“吟”，墨点涂，改为“岑”，又用朱笔圈点引添加符，于旁朱笔书“吟”。显然原文“吟”上漏“岑”，发现是误涂后，又用朱笔在旁补书“吟”。
[10]《四川通志》卷三十四、三十五“选举”：朱屏，漢州人。正德年举人、嘉靖丙戌科进士。歷知府。墓在漢州北十五里(《四川通志》卷二十九“陵墓”)。
[11] 该句脱漏一字。
[12]《四川通志》“人物志·直隶潼川州”，張正學，州人，萬歷中進士，以中書舍人選吏科給事中。時神宗久不臨朝，乃上言宜延見宰輔，委任大臣，召用言官，監察兩宮工程，因極言蜀省採木諸弊。皆嘉納之。以直言著称。卒于貴州任中。著有《道德經測旨》(《千頃堂书目》作《道德經測言》)、《澹如齋文集》行世（四库全书本）。

瓦屋　高第[1]

山勢縈軒兢出奇，笙簫時聽拂咸池。
卻憐勝地留仙境，漫向寒巖讀古碑。
高下樓臺珠樹繞，朝昏門徑野雲移。
然何自昔丹成去，黃鶴不來看信遲。

成都　李學詩[2]

上帝棲靈勢絕奇[3]，風雲長擁護臺池。
阿誰能悟神嫗杵，慚我徒看幼婦碑。
石里梅花天地老，望中劍氣斗星移。
龍顏隆准時將語，瞻拜令人未欲遲。

懷節　何存敎[4]

上帝思言豈炫奇，騷人墨客盡差池。
誰憐杳杳靈山會，何事紛紛薦福碑。
真性自光無垢淨，幻軀從此付推移。
歸然印石留丹訣，下手嫌餘已大遲。

洲　楊名[5]

茅屋仙蹤事已奇，又兼福地擬瑤池。
玄經誰受當年訣，文藻空留終古碑。
簾卷樓臺雲外出，劍撜星斗月邊移。
○○○○風塵志，○○○○亦未遲[6]。（原文）

山外羣峰合，花邊一水[連]。
春寒時細雨，嵐氣結深煙。

古渝　羅大易[7]

雲擁高臺翠花重，層梯直上與天通。
神遊大刼超元化，道在千靈翼聖躬。
俯觀明星撐北極，遙觀滄海入銀宮。
祈發是日瞻玄武，悟道何年遇赤松。

阆中　徐敷诏[8]

泰元终古上清仙，应现罗浮又几年。
灵骨一为珠王浚，神光隻并日星悬。

[1]《四川通志》“选举志・举人”：高第，綿州人。正德年举人。

[2]“城都”为“成都”之误。《四川通志》“选举志・举人”：李學詩，成都縣人。万历年举人。

[3] 该句书于诗作者所在行之上，后用符号标注，引至诗首。

[4]《四川通志》“人物志・成都府”：何存敎，字念卿，成都人，隆庆年举人，萬歷丁丑進士，歷刑部郎。時京師大俠鄭任成者歐死平人，人不敢問。司寇以屬存敎，卒論如律。陞雲南僉事，條弊政十議，積蠹一清。時永昌兵變，賊挾戚同知為質，存敎密謀出奇，擒之，賊卒授首。戚得無恙，旋以養痾歸里，十餘年卒。《云南通志》“秩官志”作温江人，万历进士。

[5]《四川通志》“人物志・直隶潼川州”、“选举志・举人”：楊名，遂寧县人。嘉靖年举人，正德中官翰林編修。上疏忤權貴免官，家居敦行，著書時論推重。隆慶改元，贈光禄少卿。

[6] 原文如此，疑参照本字不详所致。

[7]《四川通志》“选举志・举人”：羅大易，永川縣人。万历年举人。

[8]《四川通志》“选举志・孝友・保宁府”、“选举志・举人”：徐敷詔，湖廣岳州籍。保寧府阆中县人，舉孝廉。嘉靖年举人。博學篤行，事長兄、撫幼妹極友愛，絶意仕進，雅志著述。當道重之，扁其門曰“南州高士”。後祀鄉賢。

天门紫气通神极，夜殿祥烟绕醮筵[1]。
车马朝山遍寰宇，有谁来此悟真玄？

长沙　高相[2]

云臺初上一天門，便見山川絕勝形。
夾道柏迎陰隱隱，遶□煙锁霧沉沉[3]。
乾元洞古蒼輝壁，太武祠高接翠岑。
多少宦遊題不盡，探奇獨愛〇〇文[4]。

辛谿　甘芥[5]

千裡名山喜再遊，野人逸興座丹丘。
山川遙望仙臺迴，車馬長驅客路秋。
雨霽風巒開畫屏，風飄鼓吹渡滄洲。
探玄預竭精誠念，總為承家繼述謀。

柳泉　陳洪濛[6]

何年寶刹開靈境，自避乾元古洞天。
北創坎宮含道脈，南填離火屬真仙。
三清變化雲中現，一鏡空懸象外騫。
獨倚重樓春寂歷，滿林星斗月仍圓。

禮化身四絕

齊心幾欲登初地，大覺由來亦幻成。
信是劍鋒能斬魅，三尸不用鼎爐烹。

三尸端不用金爐，九轉還丹具玉壺。
頂禮終疑窺色相，捫心還自見真吾。

捫心非是見吾心，縹緲風雷箇裏尋。
龍虎霎時朝紫極，渣泥鍛就出黃金。

渣泥本是黃金舍，蟬脫何因染世塵。
日月只眸猶拱璧[7]，龜蛇並息到洪鈞。

五嶽　陳文燭[8]

梓州風物昔稱奇，一入仙臺雲氣垂。
茅屋洞深留鼎竈，御書苔滿說嘉熙。

[1] “烟”前原有“光”字，墨点涂，又朱圈涂。
[2] 作者高相不详。
[3] 字蛀蚀严重，不辨。
[4] 原文如此。当为所参考稿本字迹不清，以〇代之。
[5] 前有“柳”字，先墨点涂，又用朱笔圈涂。
作者不详。
[6] 陳洪濛，字元卿，临安人（或作仁和人），嘉靖进士。曾仕河南、山西、江西、四川等地，任河南彰德府知府、刑部主事、历迁江西按察副使、九江兵备、都察院右副都御史、巡抚贵州兼督川东辰沅诸军、四川右布政等职。死后谕葬荆山。参见《大清一统志气》“杭州府·人物”、《江西通志》“秩官”、《浙江通志》“人物·武功”、《河南通志》“职官”“名宦”、《山西通志》“名宦”等。
[7] “眸”原笔误，朱笔点涂。
[8] 陳文燭，字玉叔，沔阳人，嘉靖乙丑进士。历任大理评事、寺副寺、知淮安府、四川提学副使、历漕储参政、福建按察使右布政使、江西左布政使、应天府尹、南京大理寺卿等职。万历三年，以副使督四川学校，表彰先达，振起后进，惟日不足。公余复追寻名胜，访问往迹，题咏记述几遍蜀中山川。著《二酉园诗集》十二卷、《文集》十四卷、《续集》二十三卷。参见《四川通志》“名宦”。《钦定续文献通考》“经籍考·集部”、《明诗综》卷四十九等（四库全书本）
该诗《嘉庆重修三台县志》卷二“古迹”、《光绪新修潼川府志》卷六“寺观”等均题为明人彭瑾所作《云台观》诗。

青山斜殿春仍綠，白鶴蒼松兩自吹。
卻憶［秦］川胡老圃[1]，謫居應有杜陵詩。

冠巖　盧宇[2]

塞峽連朝雨，登山此日晴。
高危偏自在，光景更分明。
山水流珠沫，重巒□玉城。
恣遊清俗慮，兼得問蒼生。
勝地多年選，芳春挾伴遊。
鶯訶將绿輿[3]，狐詠淨丹丘。
峰列少微座，臺虛太乙舟。
欲窮窮妙處，明上上清樓。

見湖　彭瑾[4]

見說云臺勝，探幽入洞天。
鶴歸人已化，蟬脫骨猶仙。
嵐氣千峰合，煙花萬井連。
捧香心一瓣，夢遶碧楼前[5]。

汇川　黄坤[6]

步入天臺第一關，光陰便不似人間。
蒼松翠竹塵門隔，白雪黃茅境自閒[7]。
蟬蛻真機千古載，鶴歸華表幾時還。
秋風歲歲重陽酒，月下誰傳換骨丹。

蜀隆朝岳　郭元翰[8]

雲臺勝境最稱奇，瑞藹芙蓉達玉池。
名列九霄遺蟬蛻，功垂萬古勒新碑。
梧桐夜月浮雲奕，寶殿騰□星斗移[9]。
乾元勝跡留丹訣，我欲潛修尚未遲。

再遊雲台

步入雲台近帝前，回思蟬蛻幾經年。
神遊金闕齊天久，光徹銀河並日懸。
重叩真靈求嗣應，胤再慮□設華筵[10]。
熊罷葉夢呈祥兆，聊寫丹衷謝上玄。

[1] 原作“泰”，清沈昭兴纂修《嘉庆重修三台县志》（嘉庆甲戌刻本），阿麟总纂、王龙勋等纂修《光绪新修潼川府志》（光绪二十三年镌刻本）明人彭瑾诗为“秦”。“泰”为“秦”之误，据改。
[2] 诗作者事迹不详。
[3] “绿”后原有“語”，墨点涂。
[4] 诗作者事迹不详。
[5] 原字蛀蚀脱落严重，据清沈昭兴纂修：《嘉庆重修三台县志》（嘉庆甲戌刻本）卷二“古迹”明人彭瑾诗补。
[6] 诗作者事迹不详。
[7] 原“雪”字后有“恭”，墨点涂。
[8] 郭元翰，隆昌县人，与郭元柱为叔辈兄弟。
[9] 原字蛀蚀脱落。
[10] “慮”后原有“几”，墨点涂之。
字大部蛀蚀脱落，不辨。

余兩登雲台，為承先緒計也。一念頃誠遂感至人，顯示吉夢□□□，錫男祥之兆。不二年，果獲奇效。乃知神之顯應，信不誣□。故特紀此，以昭其靈雲[1]。

金鸞朝石郭元［柱］（翰）[2]

炎暑驅車謁聖真，萬年遺像面猶生。
琳宮縹緲懸丹璧，茅屋穹窿倚玉京。
乍雨乍晴天地動，作威作福鬼神驚。
雲台自是仙家景，遊罷塵心一掃清。

此處少一篇，接不起[3]

雲台勝景，冠於寰宇，餘傾慕有年矣。今夏，自秦臬叨移滇藩，途聞玄帝威靈赫異，遐邇攝服。即日齋宿，馳謁之。甫渡河，而暴雨適至，余已霽禱已，果霽。及山徑崎嶇，苦張炎熱，默以涼禱，已而果涼。次日旋車，（清涼如默昨亭。午，雲雨大作，度不［免］（見）矣。再禱之，而雨忽漂散，瀰漫四合。獨行，途一無所滯。薄慕，入中江城就館舍[4]，雨下如注，溝洫倏盈，若有所待而然者。眾皆異之。爰賦以紀其奇遇云。

對聯

正殿

生本王相，元氣未曾還，造化溫潤常興山。
坐非泥塑，後身不必換，如來精靈永隨日。

中殿

乾坤完不毀之金軀，咫尺間聖武神威如在
坎水沛無疆之膏澤，億萬載堯天舜日同亨

茅屋殿

修真茅屋垂千古
顯化雲台鎮一邦

又

百煉千磨，感靈鎮乎宇宙

[1] 原稿本页右下角部字多蛀蚀脱落，根据字之大小及所被蛀蚀脱落的空间长度计算脱字数，用□代之。
[2] 郭元柱，四川隆昌人，隆慶年舉人、万历丁丑科进士。曾任陕西僉事、四川参议。参见《四川通志》“选举志”、《陕西通志》“职官志”。
[3] 原书在该诗换页之间、“乍雨乍晴天地動作威”之左侧用墨书小字书“此處少一篇，接不起”，但分析诗意，应该是完整的。所云“少一篇”是否为漏书另一诗，然又云“接不起”似云该诗有脱漏。无他本可参，不能辨。
[4] “舍”字重，前一字误，墨点涂删之。

千般神化，塵世絕滅妖氛

八角樓

樓閣倚雲霄，千百世光明日月
威靈扶社稷，億萬年功鎮乾坤

天乙閣

勝地幽奇，萬岫環圍如拱極
玄[灵]赫奕[1]，四方□□起朝宗[2]

又

山削雨岩懸日月
天留一柱镇乾坤

拱宸樓

享普天人人香火
佐大明世世江山

又

金像端居，萬古人心仰聖
玉樓高拱，七星山勢朝元

又

佑聖觀連三□地[3]
拱宸樓近九重天

又

地勝西川，香火萬年來四海
樓高北極，星辰五夜現三臺

匾

人間天上

拱宸樓

天文子開，懸象日月星辰，聯帥風雲雷雨握世界
地理丑闢，分野江山社稷，變化人物草木定乾坤

[1] 原为“靈”，经重笔修改，不清晰，后墨涂在旁改为简体“灵”字。
[2] 该句蛀蚀有脱落。
[3] 原为岳，墨点涂，改于右侧，字不清晰。

西蜀仙臺，斗樓九州光玉燭
北宸天府，威靈萬古奠金軀

山門

南山當繡衣
北極應宸扉

石合門

世上無雙勝境
天下第一名山

圈洞門

蓬萊境

矗矗名山真海島
巍巍勝境類蓬萊[1]

乾元洞天

乾元福地人間少
茅屋云臺天下無[2]

三天門

璇宫窔窈、紫極焜煌，慧劍長輝妖霧淨，拭瞻虎踞龍蟠
翠巘岧嶤、丹池蜓蜿，玄關重锁洞雲間，時聽鷗吟鶴唳

二天門

師演玄宗，瓊簡赤文弘正道
天開真境，金庭玉局壯神都

[1] 此为券洞门的背面所镌。
[2] 字右侧均有朱圈。此为券洞门的正面所镌。

又

大道巍巍，本諸無而生天生地

至真窈窈，覺羣有而常淨常清

頭天門

一氣常存，仙馭飄然超法界

萬峰環列，天門開處見雲臺

梓潼殿

至孝忠，現九十八化之行藏

存儒道，顯億萬千種之神少

龍王宮

曉日明峰，远見金光輝□□ [1]

寶香生殿，遠觀玉井捧雲臺 [2]

見吾子曰：雲臺勝境俱見諸名公製中，[第] 數百年來苦無編梓 [3]，故必登其境，方覩其盛。余兩叩謁，慨其美而未傳，因命羽士陳範符採集各碑，得詩、文、詞、對數篇，錄以付梓。庶毋論躬造而信或境也，宛然□□。

敘州府隆昌縣後學郭元翰編輯

庠生□□繼佑长 [4]

庠生 婿□承祖 同梓□□羽之陳□□□□道昇

梓人王大度 榮慎 李□□

明萬歷拾玖年歲在辛卯陽月之吉

雲臺勝紀终 [5]

雲臺勝紀后序

帝本金闕化身。先自黃帝時降生於淨樂國。十五辭親入武當山修煉。得道冲□ [6]。□宋寧慶元元年歲值乙卯三月三

[1] “金辉”后脱两字。

[2] 该联上下句均用“远”字，然上句为简写“远”，下句为繁写“远”。

[3] 原文作“弟”，据文意当为“第”。

[4] “佑长”两字横排并写。

[5] 该段字用双墨线框。

[6] 字蛀蚀不可辨。

日，降生於趙宅[1]。嘉泰丙寅年入雲臺山[2]，首結茅屋，童真修煉。道諱法應，號肖庵道人。至癸酉歲於九月九日蟬蛻而升隱焉[3]，是八十三化身也。余兩（入）雲臺，考得其實（*），乃編集成冊，分為五卷，題名《雲臺勝紀》。因捐貲鋟梓，以廣其傳。遂（*）不必登山，而玄帝降生之由，垂教之意，顕應之靈，與夫雲臺形勢之盛名，公□赞之曰：昭然万方冊中矣。得是書者，誠能觸目驚心，誦其言行，□行而私□□，千載後則茲刻不至為覆瓿，而玄帝在天之靈[4]，寧無所顧乎哉！故特敘之簡末云。

明萬歷拾九年歲在辛卯陽月之吉。

蜀隆後學郭元翰謹識。

[1] 字蛀蚀脱落，推测或为“赵”，或为“于”。
[2] “嘉”后三字蛀蚀脱落严重，年号及纪年均不确定。残存笔画看，有一字似“丙”字。与“嘉”有关的年号有嘉泰、嘉熙，据本书卷一“游驾西蜀”，帝诞自宋宁宗庆元元年（乙卯），嘉泰六年丙寅入云台山。按嘉泰为宋宁宗之年号，实际只有四年，而“丙寅”年实为开禧二年，则“嘉泰六年丙寅”实为“开禧二年丙寅”之误。明人曹学佺在其《蜀中广记》“仙人记”引书亦云“弱冠出家於縣之雲臺山，時則嘉泰丙寅之年矣”。据此，当为“嘉泰丙寅”。
[3] 字蛀蚀脱落，据本书卷一“留题还位”补。
[4] 字蛀蚀脱落。据文意补。

三、明稿本《云台胜纪》与三台县云台观

（一）

《云台胜纪》成书于明万历十九年（1591年），为四川隆昌县人郭元翰编著。稿本为纸本，楷体墨书，线装，开本40厘米 ×21厘米。字心32.5厘米 ×18厘米。全书83个双页，除第五卷部分内容因字小而达十一行外，一般每页为楷书六行。除下册最后几页因虫蛀部分字蛀蚀脱落外，稿本保存较完好。

稿本分上、下两册装订。第四卷内容被分作上、下册装订，显系装订是根据稿本的厚度而确定、装订成册的。

《云台胜纪》实为记载三台县云台观的志书。全书五卷，第一卷《启圣实录》，第二卷《云台十景》，第三卷《玄帝经文》，第四卷《灵奕显应》，第五卷《天府留题》。前有郭元翰的叔辈兄弟郭元柱所作的《刻〈云台胜纪〉序》，末有郭元翰的《〈云台胜纪〉后序》。

稿本经点逗，用红色圈号标识。

（二）

《云台胜纪》虽说是云台观的志书，但其中夹杂有较多的神话成分在里面。

第一卷《启圣实录》，系引用、删减综合及发挥道家经典《玄天上帝启圣录》而成，由“金阙化身”“诞修得道”“参陛降魔”“复位坎宫”“游驾西蜀”“结屋云台”“梧桐修炼”“营造巨殿”“铁像腾空”“留题还位”等十个连环画式的故事组成。说其引用，是因为十个故事中个别故事是原文照搬，如“金阙化身”。十个故事中部分故事又是根据《玄天上帝启圣录》中多个故事的删节和综合而成，如“诞修得道”即包括了《玄天上帝启圣录》中“王宫诞圣”“经书默会”“辞亲慕道”“元均授道”“天帝赐剑”“涧阻群臣”“童真内炼”“悟杵成针”“折梅寄榔”“蓬莱仙侣”“紫霄圆道”“五龙捧圣”“三天诏命”“白日上升”等故事。“参陛降魔”则根据《玄天上帝启圣录》中“玉陛朝参”“真庆仙都”“玉清演法”“朝觐天颜”“降魔洞阴”“分判人鬼”“凯还清都”等内容编撰成。“復位坎宫”系包括《玄天上帝启圣录》中的“復位坎宫”“玉京较功”“琼台受册”“天宫家庆”“紫霄禹迹”等内容。而“游驾西蜀”“结屋云台”“梧桐修炼”“营造巨殿”“铁像腾空”“留题还位”等故事则可能是根据《玄天上帝启圣录》卷三“蜀王归顺”事加上民间口耳相传的故事（这些故事还可能有纸本流传）演绎撰写而成，编辑者郭元翰也说“阅之（即《启圣实录》）所纪，皆武当旧本，非云台事迹”，为了使云台观与武当山齐名，提升云台观的知名度，乃“访其遗书，考之碑傅”，“遂辑其详”（卷一）。借助于名人、神仙以提升其知名度，是古代常用之法。也正是如此，稿本中神话色彩也就很浓厚。

第二卷“云台十景”，以“帝所自标题”的云台十大名胜，后来用玄帝原韵的“名

公之作”，及涉及观中重要建筑如“宝殿”“拱宸楼”的“修葺之事”构成。

“云台十景”实为假托玄帝所作。据郭元翰的按语，后来“名公之作”的“十景”还有图，从“仍图其形势之奇”推测，这些图当在郭以前就存在，并为郭等人所见，然现存稿本中除在相关“景”之首题“有图”外，不见图，可能“十景”图为独立成册之故。并且，“景”之首“有图，韵”三字均小于正文文字，笔体亦不同，综观全书，当为郭元翰之笔注。

第三卷“玄帝经文”，由“真武咒”“垂训文”组成。按郭元翰的原意，因玄帝“垂训文”“第流传未广，尚有阻于见闻者”，加之垂训经文“无非欲人去恶为善”，故“特编辑”，并与“三咒”一起，收入本卷。但“三咒”，仅存“真武”两咒，而“奉礼咒”因“字未明，未书”。

第四卷“灵奕显应”记载玄帝“灵应”之事，包括“鸾书呈瑞”“骤雨迎车”“降魔遗迹”“彩雾腾光”“甘霖应祷”“梦清常住”“感认贫婆”“暗刑惩恶”等八个故事。其中“鸾书呈瑞”中记载的蜀献王入蜀时神话般的所见与后来神奇的“凡祈祷，靡不灵异”，及差官“除纳粮，周围空闲田地十三段，永充常住，而焚献于神，专为保国宁家计”，“比即捐金，命匠翻盖正殿，整饬楼台”，这些举措使得云台观的等级非同一般道观。而其他“灵应”之事，又带有深深的《玄天上帝启圣录》之烙印。

第五卷也是全书最有价值的内容。收录与云台观相关的文献，包括“记”4篇（其中有一篇因“字未明，未寫”），“赞”1篇，“跋”1篇，31人“诗词”名作39首，及15处重要建筑的楹联23副，匾额11个。所收文献集中于明正统至万历十九年《云台胜纪》成书。

（三）

之所以说《云台胜纪》实际是由郭元翰主持编辑而成的志书，除了整个稿本中除了郭元翰的两首诗、基本没有他本人自己的东西外，稿本中还有多次提及：

郭元柱序：“爰删集而重梓之，以广其传”。

第一卷“启圣实录”基本为《玄天上帝启圣录》内容。

第二卷“云台十景”按语：“《云台十景》乃帝所自标题者。升隐后鸾降十绝，余特录梓，以昭其盛。仍图其形势之奇，并以名公之作、修葺之事，纪之于后，以便观览云。”

第三卷“玄帝经文”的按语中，郭云“帝有《垂训》经文，所以永示劝戒。无非欲人去恶为善耳。第流传未广，尚有阻于见闻者。予特编辑，并其三咒俱入锓梓，以期远布。”但实际上三咒中有两咒，其中“奉礼咒”因“字未明，未书”。

第四卷“灵奕显应”之“暗刑惩恶”故事，因“灵官刑恶事多，但字不明，未写全”，可证在编纂时是有所本的，但因所本者字不明而只誊录了可辨的部分。并且本卷的内容基本为明代的故事，尤以距离编纂者生活最近和编纂者本身的生活时期为集中。

第五卷“天府留题”首行云“前一篇字未明，未写，从次篇写起”，亦可证。

就连其叔辈兄弟郭元柱的大作也是“此处少一篇，接不起”[1]。

末尾按语“云台胜境俱见诸名公制中，弟数百年来苦无编梓，故必登其境，方睹其盛。余两叩谒，慨其美而未传，因命羽士陈范符采集各碑，得诗、文、词、对数篇，录以付梓。”此为最直接和最明确的说法。

但不论如何，郭元翰将散存的与云台观相关的文献进行收集、整理，编纂成书，对了解、研究云台观本身的历史无疑是一大贡献。另外，稿本中所收录的记、诗词等不见于其他文献，或为其他相关收集但所未全者，既可补相关文献史料之不足，又对研究诗词作者提供了重要的第一手资料。

（四）

郭元翰之所以主持编纂《云台胜纪》，其目的有二：

其一，郭元翰登云台祈嗣，感玄天上帝“赐男祥之兆”，不到两年即如愿以偿，“乃知神之显应”，于是再登云台，“重叩真灵求嗣应”“聊写丹衷谢上玄”（郭元翰《再游云台》诗），也就是现在所说的许愿、还愿。

其二是慨叹云台之美，但不能流传。郭氏兄弟认为，玄天上帝的琳宫、金像遍寰宇，但湖北的武当山和四川的云台山应当是数一数二的。虽“胜境俱见诸名公制中”，但苦其“未传”，游览者只有登临云台，“方睹其盛”。乃“命羽士陈范符采集各碑，得诗、文、词、对数篇，录以付梓”，以广其传。

也就是说，郭元翰登云台祈嗣获应，“以广其传”乃其发愿，“显应”后郭元翰即搜罗相关文献，“录以付梓”，编纂而成《云台胜纪》一书。

事实上，郭元翰主持编纂《云台胜纪》的初衷是“采集各碑”，“录以付梓”“捐赀锓梓”，“以广其传”。然在现存的目录文献资料中不见《云台胜纪》。明人曹学佺在其《蜀中广记》卷七十六“仙人记”有关于赵法应的引用记载，文中注其出处云“无著”。“名胜记”中亦无祐圣寺（观）或云台观之记载。明万历中人何宇度在其《益部谈资》卷上云“玄帝幻身在今中江之云台山，峯岫逶迤，殿宇弘麗，乞灵者踵接。另有《志》可考。”按曹学佺为官所至之处皆记录当地名胜，《蜀中广记》是其在蜀为官时记载蜀地名胜古迹、风土人情之作，但书中未言“云台观”，其所说的“无著”亦显然不是指《云台胜纪》。《益部谈资》中“有《志》可考”之“志”，似指云台山。郭元翰与何宇度均为万历中人，两者时代相同或相近，按理说《云台胜纪》如果付梓，何宇度所说的“志”应该明确地指出。因此，我们有理由认为，《云台胜纪》仅经过了郭元翰主持的资料收录，而并没有“付梓”，因此流传很有限。

我们之所以说其没有“付梓”，还有一个证据，就是整个稿本用楷体墨书，然后经装裱成册。在装裱前，稿本经整体裁截，现稿本可见个别页的下面一排字中有的被拦腰截去，然后又用小字补书于下行的行首，此其一。其二，整个稿本中既有墨书圈点，也有朱色圈涂，无论是圈点还是圈涂，都显然是在校对稿本过程中发现的不妥之处而进行的修改（原誊录者发现录错后即将正确的字书于错字下面，错字亦用墨点涂，这种情况除外），更改的字写于原字右侧，但旁注字体

[1] 但从诗的整体性看，应该是完整的；或者是还有一篇未录。即使如此也应不存在“少一篇，接不起”的情况。

不一，显然出自两人之手。墨点涂与朱色圈涂是两次校勘过程，从全稿本看，点涂在前，圈涂在后，因为大多经校勘的字是两种情形同时并存，而有的字仅经朱色圈涂。而这两次校勘者应该就是郭元翰本人。

显然，郭元翰所谓的“付梓”是出资请人收集资料、抄录，装裱后编纂成册，而并没有完成“捐赀锓梓”。

（五）

郭元翰编辑《云台胜纪》是想通过该书，可使来客“不必登山，而玄帝降生之由，垂教之意，显应之灵，与夫云台形势之盛名”“昭然万方册中”，“千载后则兹刻不至为覆瓿，而玄帝在天之灵，宁无所顾乎哉！”

显然，郭的本意，主要的还是关于玄帝的降生、垂教及灵应，其次才是云台的形势。因此全书中大量的篇幅是关于玄帝之事的，全书仅第二卷有部分内容、第五卷全卷是关于云台观的，这也是本书的精华所在。

从现有的关于云台观的文献资料看，有相当部分也是关于玄帝八十三化身托生赵岩，后在云台山修炼的。从时间而言，有些文献资料是在郭编辑《云台胜纪》之前就已经流传了的，而这些资料可能成为郭编辑《云台胜纪》的资料来源。

关于云台观的直接的资料主要是一些“记”类：《云台胜纪》中收录的五篇（实际是四篇）“记”中，《淳化王新建天乙阁记》、《蜀王重修拱宸楼记》、《肃王进圣像记》为其他文献中所不见，而《重修云台观记》则见于沈昭兴纂修的《嘉庆重修三台县志》（嘉庆甲戌刻本），后亦收入林志茂、谢勷等纂修的《民国三台县志》。但这四篇“记”在郭编辑的《云台胜纪》中并没有著撰者，这是其缺陷。好在有些资料可与《嘉庆重修三台县志》等互相校证，如《重修云台观记》在《嘉庆重修三台县志》中为明代眉山人万安所撰，根据这个线索，可以查找作者万安的信息。另外，《嘉庆重修三台县志》及《民国三台县志》中收录的《重修云台观记》中有“二付则承奉正宋景院亨之所施也”，“宋景院亨”不得其解，参郭书则为“二付则承奉正宋景阮亨之所施也”，可知“院亨”为“阮亨”之误。

尤其重要的是，《云台胜纪》还收录了不见于《三台县志》等文献中较多的关于云台观的资料，如诗、对联等，这对研究云台观的历史及三台县的历史文化是相当重要的。

（六）

从《云台胜纪》的记载看，云台观在明万历十九年（1591 年）时，建筑有头天门、二天门、三天门、圈洞门、山门、拱宸楼、天乙阁、八角楼、茅屋殿、中殿、正殿及梓潼殿、龙王宫。《云台胜纪》卷五在记载这些建筑时采用了由主要建筑及次要建筑的顺序，根据这个记载及现存建筑的情况，头天门、二天门、三天门、圈洞门、山门、拱宸楼、中殿、正殿应该是建筑群中轴线上的建筑，天乙阁、八角楼、茅屋殿是建筑群内的次要建筑，应该是分布于建筑中轴线两侧的建筑。龙王宫应该是分布于头天门外的建筑。梓潼殿当位于头天门与二天门之间中轴线侧的建筑。

《云台胜纪》之后关于云台观的记载，以林志茂、谢勷等纂修的《民国三台县志》（民国二十年铅印）为多，卷一“舆地志”、卷二十二“艺文志”、卷二十五“礼俗志”、卷二十六“杂志”等均有提及。其记载可与《云台胜纪》在时代上衔接。卷二十二“艺文志”收录的清人罗意辰的《云台山佑圣观碑》（作于光绪癸巳年，即1893年），是最为直接的史料。据载，云台观于万历三十二年毁于火，寻蜀王出资修复。光绪丙戌（1886年）前殿及拱宸楼毁于火，仅存玄天宫及山门内九间房等处。后在前殿及拱宸楼基址改建降魔殿（《民国三台县志》卷一“寺观”）。似乎万历三十二年后至光绪一十二年的二百余年间，云台观一直平安无事，或者无大事。

通过《云台胜纪》及《民国三台县志》的相关记载，我们大体可以确定现存建筑的时代。云台观现存建筑由南向北，中轴线上的建筑有“云台胜境”坊、玉带桥、华表、三合门、拱券门、青龙白虎殿、灵官殿、降魔殿、香厅（玉皇殿）、玄天宫，次要建筑有“十殿”、观音殿、城隍殿、九间房、钟鼓楼、茅庵殿。

“云台胜境”坊华版有“大明正德元年培修”题记，当在正德元年前就存在。后期有修缮。

华表是建筑等级的象征，在相关史料中亦不载。但根据《云台胜纪》中蜀藩王对云台观一直很重视的记载，推测华表在明代就已有了。

玉带桥，史料无记载，从建筑形制结构看，可能为清代所建。

三合门，中门门额砌石上有“同治年二月廿八日”题记。结合《云台胜纪》的记载，三合门至圈洞门之间，包括两侧的“十殿”建筑，均当建于清代。

圈洞门，正面与背面均镌有对联。正面：门额“乾元洞天”，对联“乾元福地人间少，茅屋云台天下无”。背面：门额“蓬莱境”，对联“矗矗名山真海岛，巍巍胜境类蓬莱”，与现拱券门完全相符，可知圈洞门即为现在所说的拱券门。

山门，或为今青龙白虎殿。

前殿及拱宸楼，万历三十二年毁于火。后在其基址上新建“降魔殿”。

中殿，不确定，可能为玉皇殿，因原建筑屋顶塑有玉皇而称“玉皇殿”。

正殿，从对联“生本王相，元气未曾还，造化温润常兴山。坐非泥塑，后身不必换，如来精灵永随日。”当为现在的玄天宫，该建筑为明代遗构。

头天门、二天门、三天门、天乙阁、八角楼、茅屋殿、梓潼殿、龙王宫等建筑均毁，后部分建筑在原址新建。

历史上，云台观是四川乃至全国著名的道家圣地。今天，云台观仍是重要的道家圣地和四川地区重要的名胜古迹。云台观以其厚重的历史、文化及美丽自然风光，吸引着天南海北的信众、游人来此朝拜、观光。

本文刊发于宜宾博物院主编的《西南半壁》第2辑（文物出版社，2019年9月），收录本书时有修改。

四、云台观文物

云台观历史悠久，所藏文物比较多，民国时期江油县人张政任三台县知事，1927年到云台观时，“所见古物甚多，如画壁，如塑像，如梁间悬剑，如阶下残碑，如真武茅庵、文昌诸殿，如正德、万历、崇祯诸榜，以及钟磬鼎炉、香炉砖瓦之属，精巧崇宏，各臻其妙。”可见民国时期云台观保存尚完好，然张政所见古物，今多不存。今所见者，大抵以下几物，除道藏藏四川省图书馆外，其余均藏三台县文物保护管理所。

《云台胜纪》稿本

《云台胜纪》稿本为纸本，楷体墨书。线装，开本40厘米×21厘米、字心32.5厘米×18厘米。全书83个双页，厚5厘米，分上、下两册装订：上册内页80页，下册内页85页。全书五卷，上册三卷，下册二卷，其中第四卷内容被分作上、下册装订，显系装订是根据稿本的厚度而确定、装订成册的。《云台胜纪》成书于明万历十九年（1591年），为四川隆昌县人郭元翰编著，前有郭元翰的叔辈兄弟郭元柱所作的《刻〈云台胜纪〉序》，末有郭元翰的《〈云台胜纪〉后序》。除第五卷部分内容因字小而达十一行外，一般每页为楷书六行。稿本经点逗，用红色圈号标识。除下册最后几页因虫蛀部分字蛀蚀脱落外，稿本保存较完好。

现藏三台县文物保护管理所，为二级文物。

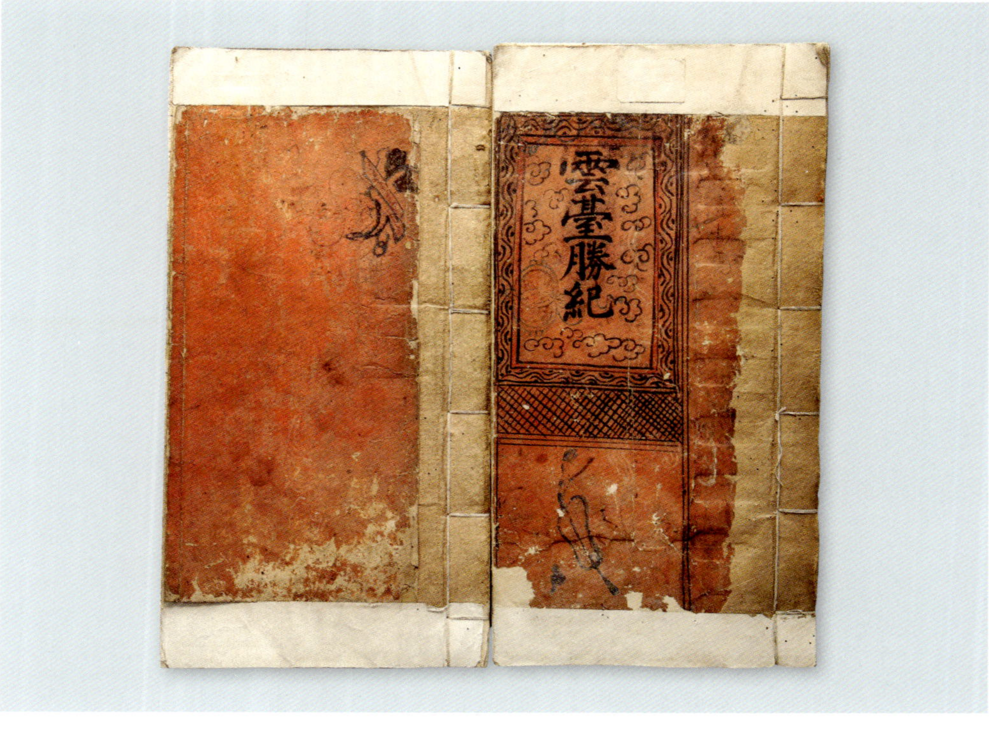

《云台胜纪》稿本

象笏

象牙制作，棕红色。笏板整体呈梯形，上窄下宽，两端均为方首。长 58.5 厘米，上宽 4.3、下宽 8.2 厘米。笏体向内微屈，上首至腰略残。笏板是古代君臣在朝廷上相见时手中所拿的狭长板子，《经籍籑诂》：“忽也，君有教命及所启白，则书其上，备忽忘也。”按品第分别用玉、象牙或竹制成。《禮・玉藻》“笏，天子以璆玉，諸侯以象，大夫以魚須、文竹，士以竹。本象可也。”由于笏是臣上朝所持，具有记事功能，故又称“朝笏”。

明万历二十七年（1599 年）赐予云台观。民国时期张政在云台观见到，云“亦明时故物。”并赋诗云：

可书思对命，曾阅去来今。方士礼真斗，达官留道林。

兹山为故实，异代费推寻。外患频年急，飞扬画地心。

现藏三台县文物保护管理所，为二级文物。

象牙笏板

御敕

万历时期先后于万历二十七年（1599 年）、万历四十四年（1616 年）先后两次赐云台观御敕，现存御敕为万历四十四年御颁道藏时的诏书。

御敕即诏书，又称“诏轴”、“圣旨”。纸质，黄色，饰烫金龙纹花边。通长 95 厘米、宽 40 厘米。文字为小楷，繁体墨书。

敕諭四川成都府玄天佑聖 / 觀住持及道眾人等：/ 朕發誠心，印造道大藏經，/ 頒施在京及天下名山 / 宮觀供奉，經首護敕已 / 諭其由。爾住持及道眾 / 人等務要虔潔供安，朝 / 夕禮誦，保安眇躬康泰，/ 宮壼肅清；懺已往愆 / 尤，祈無疆壽福。民安國泰，/ 天下太平，俾四海八方 / 同歸清靜善教，朕成恭 / 己無為之治道焉。今特 / 差禦馬監太監葉忠齋 / 請前去彼處供安，各宜仰體知悉。欽哉！故諭。/

大明万历四十四年八月　日。/

墨书年款后钤盖朱红玺宝一枚。玺宝 11.5 厘米 ×11.5 厘米，阳刻篆文“廣運之寶”四字，文字分两行纵排，字大 4.5 厘米 ×4.5 厘米。

民国时期御敕两轴均存，“凡两轴。内监叶忠、白忠送观。”张政赋诗云：

道人捧敕出，先以妙香薰。龙画金泥色，虫书玉玺文。

可能希舜帝，相对忆明君。阉竖诚忠否？鸣驺有杜勋。

现藏三台县文管所，为三级文物。

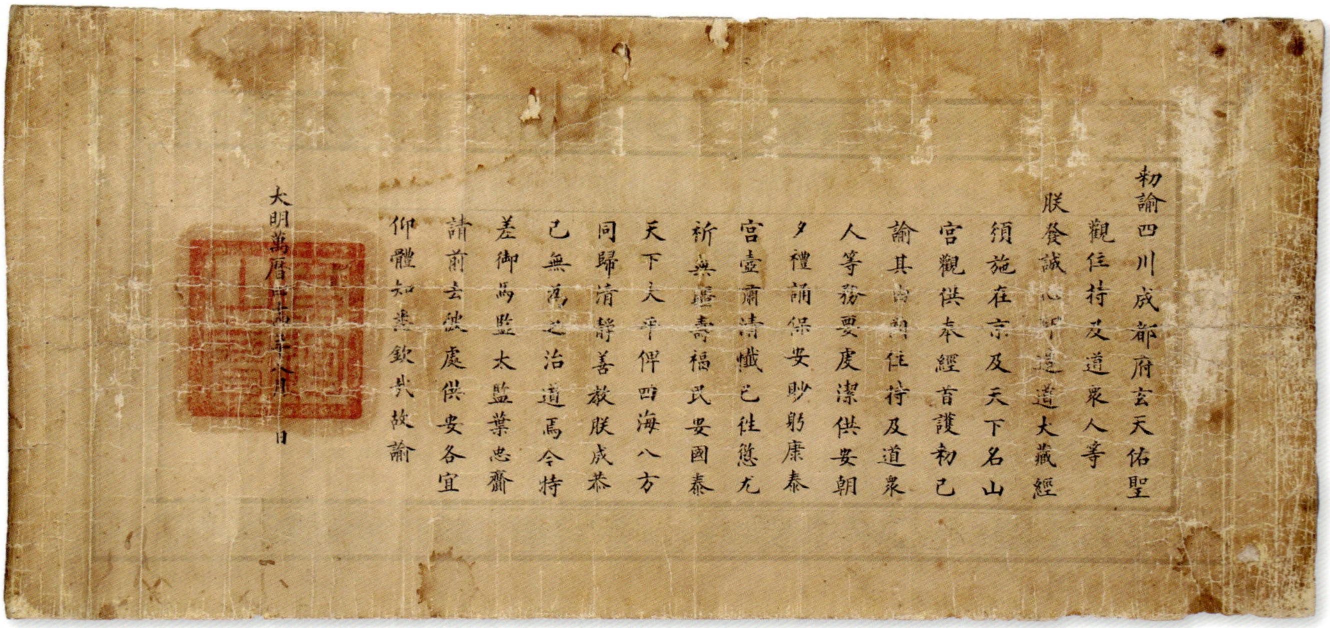
敕諭四川成都府玄天佑聖
觀住持及道衆人等
朕發誠心印造道大藏經
頒施在京及天下名山
宮觀供奉經首護敕已
諭其由爾住持及道衆
人等務要虔潔供安朝
夕禮誦保安眇躬康泰
宮壼肅清懺已往愆尤
祈無疆壽福民安國泰
天下太平俾四海八方
同歸清靜善教朕成恭
己無為之治道焉今特
差御馬監太監葉忠齋
請前去彼處供安各宜
仰體知悉欽哉故諭
大明萬曆四十四年八月　日

御敕

铁净瓶

2 件。铁质，带座，座上为净瓶。为通体一次性浇铸成型。

座为圆形须弥座，束腰上下为仰俯莲瓣，座上部缘饰联珠纹。净瓶为六边形，圆口、直唇，唇上下缘亦饰联珠纹，直颈，颈与唇交界处饰垂如意云头。溜肩，鼓腹。肩与颈、腹结合处以两重直线分隔，颈、肩截面为六边形，起楞线，将颈、肩部分成六个独立单元，单元内饰减地纹饰，颈部不详，肩部可能为螭龙。腹部六边形楞线由上到下逐渐隐去，器身铸游龙宝珠。龙头朝上，龙身瘦长，细颈，龙四爪。龙周围为云朵。净瓶底为圆形，缘饰联珠纹两重，两重联珠纹间饰卐字纹带。

其一高 136.0 厘米，口径 23.0、底径 61.0 厘米，腹最大径 65.0 厘米。其二高 140.0 厘米，口径 26.0、底径 60.0 厘米，腹最大径 64.0 厘米。

该器物可能是供桌上用于插香火的供器。现藏三台县文管所。

铁净瓶

铁瓶形器

铁质，通体合范铸造。通高102、口径12、最大径64、底径48cm。由座、瓶身、斗形口三部分组成。座为圆形，下小上大，中间饰联珠纹一圈；上部边缘饰联珠纹两重，联珠纹之间满饰缠枝卷草纹。起身呈钟形，器身起楞线，截面为八边形。肩部两楞线之间饰俯莲瓣，装饰卷草纹。中部形似铜钟，八棱，棱间装饰卷草纹，器身两楞线之间凸铸卷草纹。底部间隔一楞线做外卷荷叶形。顶部呈漏斗形，斗口方形，直唇，斗身为四边形，相交处楞线铸攀爬童子。底部与器肩相交处饰联珠纹一圈。斗身约中间部位以高凸线分隔成上下两部分，上部为阳卐字，下部似为人物。

该器物可能是供桌上用于插香火的供器。现藏三台县文管所。

铁瓶形器

铜钟

铜质，整体呈覆筒形，阔口。交叉兽钮，呈桥形状。底径 92、高 115cm。钟肩以横线纹分隔，上面一道，下面四道。横线纹之间施一周装饰双莲瓣纹，虽然起伏不大，但平和而圆润。钟体制式简单，仅以范缝将之分为三个平均的方形铭文区。其上边及两侧饰条纹以间隔，下部则饰绳索状弦纹一周。钟裙与钟耳上方对称部位饰花卉一朵，耳缺对称部位饰连枝叶纹，沿钟耳外侧依耳之波状起伏凹凸饰花朵乳钉纹一周。整个钟的造型为短粗桶状，装饰虽然简单，但协调匀称，钟体粗短，反而显得稳定。

铁钟上铭文很简单，不过大部分锈蚀严重，很难分辨通读。

明天顺四年铸造。

现藏三台县文管所，为三级文物。

铜钟

道藏经

《道大藏经》道教文化百科全书。现明成祖朝和神宗朝所刊尚有存者，明成祖朝《道藏》刊成于正统十年，故称《正统道藏》，万历朝《续道藏》刊成于三十五年，故称《万历续道藏》。《正统道藏》与《万历续道藏》合称《道大藏经》，总计 5485 卷，共 512 函。明神宗时曾先后于万历二十七年、万历四十四年两次委派太监诣云台观颁施《道藏经》和《道大藏经》。根据年代推算，四十四年颁赐的《道藏经》当为 5485 卷、512 函的“正、续《道藏》”。云台观藏这批颁赐的藏经几经周折，道清朝嘉庆时仅存三十四种，至民国初年又减至三十三种、总数约 1300 多卷。民国时期张政在云台观所见藏经，云“万历敕赐，献忠之乱、数次火灾，俱无损毁。”当或未亲睹。

二十世纪六十年代“文化大革命”初藏经全部移交四川省图书馆保存。

张政诗云：

内钱修观后，中使送经来。黄虎焉能噬，红羊不敢灾。

真灵呵护力，道士守藏才。欲乞丹台住，千函手自开。

五、云台观文献辑录

（一）文献部分

1. [明] 陈讲纂修：《潼川志》，嘉靖二十九年抄本

卷之二　建置志

宫室

潼川

拱宸楼，在云台山。天顺元年蜀府创设。

卷之八　方外志

寺观

潼川

观

云台，在云台山。云台有观始于赵法应。法应，中江人，自儿时已著灵异，十五岁诣云台，结茅建玄帝……（下佚一面）

仙释

宋赵法应，别号肖菴，中江人，其详见云台观下。

卷之九　祥异志

杂志・迹

梅花石，在潼川云台观前。世传为赵真人所遗，每雨后，石痕如梅花，久而不散，今犹存。

2. [明] 刘庠、李江等编纂：《万历四川总志》，万历九年

卷一一　郡县・潼川州

山川

（灵）[云] 台山，南百余里。山形如台，高耸云汉。

宫室

拱宸楼，云台山。

3. [明] 何宇度：《益部谈资・卷上》

玄帝幻身在今中江之云台山，峰岫逶迤，殿宇弘丽，乞灵者踵接。另有志可考。

4. [明] 曹学佺：《蜀中广记》卷七十六 · 仙人记

[无著] 道君姓赵氏讳法应，梓州飞乌人也。宋宁宗庆元乙卯上巳日生于县之赵村垭，其夕光焰烛天，村中林木皆作金玉色。有香云芬馥，天花布空之异。七岁读经书，以一览辄尽，弱冠出家于县之云台山，时则嘉泰丙寅之年矣。考《志》：飞乌元时始并入中江县，山无云台名，惟云中江南百七十里有飞乌山，甚峻或即其地也。道君既入山，诛茆修炼，遠近来学者日众，乃营一殿崇事帝。土木已毕，琢石粗具，一夜椎凿，声彻于空谷，迟明视之，瑶阶忽成，自天界、地界至水阳界，咸整齐焉。已于本村设炉笵，圣像高丈二尺，按剑长七尺二寸，以应七十二踺岁癸酉告成，箧迎之期，曰："重阳子时吉。"先一日，道君躬行巡视位置，毕，谓门人曰："观名佑圣，殿名普应可也。"次日辰时，云日开朗，中隐隐有灵旗摇映，香风袭人，大众欢閧之间，道君忽然端坐而化，偈云："（拓）[脱] 落一贫道，谪凡十有九，纪其归去时，在处重阳酒"。门人龛其蜕于殿西偏，五百余年乃遭火劫，神光未泯，缔构加崇焉。

5. [清] 蔡毓荣等修、钱受祺等纂：《四川总志》，康熙十二年刻本

卷之三　山川

潼川州

云台山，南百里。上有肖菴真人遗像，详在"方外志"。

卷之六　宫室

拱辰楼，云台山。

卷之二十　仙释

潼川州

赵法应，别号肖菴，中江人，幼着灵异，年十五诣云台山结茅练习。至十九留偈云："脱落一贫道，讁凡十有九。记其归去时，再处重阳酒。"遂端坐化去，其遗蜕历宋、元犹存，望之如生。详见"云台记"。

卷之二十四　寺观

潼川州

祐圣观，治南六十里。明敕赐，赵真人修炼处。

6. [清] 黄廷桂等修、张晋生等纂：《雍正四川通志》，四库全书本

卷二十五　山川

直隶潼川州

云台山，在州南百里，山形如台，高插云汉。

卷二十七　古迹

直隶潼川州

拱辰楼，在州云台山。

卷二十八下　直隶潼川州

寺观

佑圣观，在州南六十里。赵真人修炼处。

7. [清] 张松孙修、李芳穀等纂：《潼川府志》，乾隆五十年刻本

卷二　土地部

山川志

三十里为留使山，唐李绛为东川节度使，将去，民遮道留之，故有是名。

西南百里许曰云台山，山行如台，高插云汉。昔玄帝化身遗蜕于此，万历间敕建庙宇曰玄天佑圣观。崇闳壮丽，琳宫贝阙可与楚之武当山并称，至于今，半就倾圮，犹有黄冠数十人资焚献焉。

云台胜境纪

明郭元桂

今之神祠遍寰宇，至语尊显正直者莫玄帝。若帝之琳宫金像亦遍寰宇，而楚之太和、蜀之云台独称最焉，盖帝鍊真成果始于太和，而云台则其化炁蝉脱处也。余素慕二名山，尝乘宦游之便登而览之。大都山川之景致既殊，前后之事迹亦异，迺志云台者多袭太和之旧，余窃病之。伯子重诣云台，祈嗣获应，爰删集而重梓之，以广其传，其事核，其文简而有条，一披阅而玄圣诞降之详委、灵应之仙迹、山川之奇、宫观之丽、藩府崇祀之典、贤公卿大夫篇詠之富，宛然在目，其有光于玄都顾不多哉？虽然，帝之蝉蜕云台在宋，而其鍊真太和也在神农之初，读者合二志而并观之，始得。

同夏云峰游云台观

成都李芳谷香畬

朅来翼南薰，吹入云深处。层台相起伏，万峰莽迴互。
疑移瀛海中，帝命夸峨措。俨若接茅君，三秀标天柱。
松栢翠湿衣，甘泉浆浥乳。两两鹤飞前，导我高翔翥。
形清神祗肃，敬礼心香炷。趺蹦生疑团，旧闻鲜證据。
真人此结茅，遗蜕宋南渡。元明遞修葺，琳宫烂陶铸。
蜀藩大庄严，佑圣延洪祚。如何碑碣空，无诗文记疏。
黄冠前致词，明末纷变故。流贼肆妖氛，蜂蠆此屯聚。
胜朝旧联额，年号权鐫汙。余烬腐蓬蒿，百年无常住。

巍然殿阁存，此中有阿护。闻言允若灵，流览遑健步。
抚摩梅花石，祕谛心心悟。风洞窈窱幽，冀与神仙遇。
乞吟紫霞篇，大药红颜驻。而乃陟瑶台，怅望云三素。
夜黑逼穹窿，寒光森然布。举手扪匏瓜，拂袖纳蟾兔。
长啸倚天门，泠泠长风御。凛然脏腑清，一枕游仙寤。
明晨骊催归，去去蘋回顾。但见金银台，缥缈幕云树。
溪桥衣带水，如限仙凡路。并辔语迁颠，兹游勿虚度。
君写云台图，我索云台句。

卷四　土地部

古迹志

三台县

拱辰楼，在云台山。

佑圣观，治南百里云台山，赵真人修炼处。旧为云台观，万历时敕建，详见“山水志”。

卷八　人民部

外教志

赵法应，别号肖菴，旧州人，生于望君山之左赵村垭。幼尝手弄一箇而歌曰：“肖菴手内一竿竹，不可绝来不可续，惟有神仙打得熟。”甚著灵异。年十五诣云台，结茅修炼。至十八，募铁数百斛，铸元帝像，高数丈，阖称之。一夕风雨，昼晦，忽自五里许移置山顶，遂留偈云：“武当驾游至飞乌，茅屋云台天下无。”又云：“脱落一贫道，謫凡十有九。记其归去时，再注重阳酒。”果于次年九月端午坐化去，人以为元帝再世也，遂奉遗蜕于铁像之右。其遗蜕历元、明两目不陷，发润如生，万历中遭大劫，乃毁，而灵爽如故。

卷十二　政事部

杂记上

县东云台观为北极元帝现世募建，后有拱辰楼，规制壮丽，因历年已久，楼上中柱一根朽烂将折。乾隆初年，住持醵金将图拆建，忽有老年工匠自云陈姓从楚省来，能不动樑瓦便可换柱，遂庀材卜吉以俟。至期，陈匠语道众：“今夕倘闻人声，戒弗起视。”夜半，果听许许拽木，斤斧毕举，喧闹良久。黎明声绝，众起趋视，但见朽木在地，长三丈余，已换新柱。觅老匠，无踪影。乡人以为北极帝显灵，或以为鲁班至云。

乾隆四十九年七月十四日夜，雷电大作，霹雳屡击云台观之拱辰楼，似有数十人绕楼追逐，道众惊缩如蝟，手足无措。天明起视，见楼之右一柱自上而下有龙爪痕，深寸许，似亦有异物潜藏为雷师所击。至今爪痕尚存。

8. [清] 陈梦雷：《古今图书集成》，中华民国二十三年十月中华书局影印

卷六百二十一　方舆汇编 · 职方典

潼川州部汇考一

潼川州山川考，州县志合载

本州

云台山，去治南百里，本肖菴真人修炼处。按，《化书》属真武八十三世化身也，尝自偈有“武當游架到飞鸟，茅屋云台天下无”之句。

梅花石，在治南云台山。大石上有梅花，雨过则现。下有洞，相传为肖庵真人铜棺铁椁在焉。

祐圣观，在治南百里。明敕建，赵真人修真处。

拱辰楼，在云台山。

卷六百二十二　方舆汇编 · 职方典

潼川州部汇考二

潼川州祠庙考，州县志合载

寺观附

本州

祐圣观，在治南百里。明敕建，赵真人修真处。

灵台观，在治东。今废。

卷六百二十三　方舆汇编 · 职方典

潼川州部汇考三

潼川州古迹考，州县志合载

本州

拱辰楼，在云台山。

9. [清] 张邦伸：《锦里新编》，嘉庆五年刻、中华民国二年四川成都存古书局补刊

卷十六　异闻

偷梁换柱：“三台县云台观上塑真武像，后有拱辰楼，规制壮丽，因历年久远，楼中有柱朽烂将折。乾隆元年住持醵金计图折建，忽有老人陳匠自楚省来，自称不动樑瓦便可换柱，遂庇材、卜吉以俟。至期，陈匠语道众：“今夕倘闻人声，戒弗起视。”夜半，果听许许拽木，斤斧毕举，喧閧良久，黎明声绝。众起视，但见椽瓦如故，朽柱移至露井，长三丈余，已换新柱。觅老匠，已无踪影。至今楼尚存。

10. [清] 沈昭兴纂修：《嘉庆重修三台县志》，嘉庆甲戌春仲镌刻

卷之一　山川志

云台山，县南百里。山形如台，高插云汉，为六景之一。

卷之二　关隘津梁志坊表附

玉带桥，城南一百里。正德甲辰年建。

古迹志三台六景附

拱辰楼，在云台山。

三台六景。各有图说，见《图考》。

云台对峙

山在县西南百里。巉岩秀削，高峰插云。所谓云台观者，即古之佑圣观，相传玄帝八十二世化身托生赵氏，结茆修炼于此，飞昇后遗蜕存焉。明永乐间蜀王敕建殿宇，嘉靖、崇祯屡经修葺，万历十五年中江王家麒捐资重建。迄今三百年，观之宏丽者半就雕残，独山容突兀，今古如是。夫一云台也，士人见两峰绵亘而中断焉，遂以上云台、下云台别之，似观亦分为二矣，而实非也。

重修云台观记

眉山万安

上真济世之心，不一而足，必若一元之发育万物，无处不有，无时不然而后已，其灵征瑞应，班班可考者，《启圣录》备之矣。至于潜扶阴翊于冥冥中者，又岂笔舌之可殚记哉？当赵宋时，自武当飞神降精于蜀之元武县托迹赵岩者，首结茅于武曲峰，寻建殿，讫即尸解于中，至今遗蜕如生，伏谒者毛发尽竖，罔敢怠而弗处。绍熙间屡应祈祷，有司请于朝，封以妙济真人之号。自时厥后，灵威益著，香火益隆：上自王公大人，下至闾阎小子，莫不争先快靓，奔走恐后，论者以为蜀之太和云。第年岁寖久，不无颓圮之弊。蜀藩承奉正杨旭，尝斋香诣殿，靓兹废墜，有感于中。是夕，圣灯现于圣母山，大如车轮，光耀迥异。还以备闻，睿情欣可，赐以白金，俾其理之。于是遂鸠工聚材，克日始事，或持其所欲仆，或足其所未完。殿瓦则易以琉璃，楹栋则文以金碧，下及旁堂、便宇、枋牌、碑亭，莫不以次成就。复陶甓并石合门三重，砻石甃甬道直抵殿，廉视诸畴，昔大不侔矣。且山径修阻，不通舟车，较诸平易力殆数倍。香炉凡五付，三付出于 睿恩，二付则承奉正宋景、（院）[阮][1]亨之所施也。柏凡数千株，则承奉赵昌之所植也。

工甫毕，始具末来帝都以碑记为属。予，蜀产者，于蜀之名胜素喜谈而乐道之，况重以杨侯请，不记可乎？谨按，北方七宿成元武之形，其神乃武当所奉佑圣真君，此之妙济真人，又自彼一体之分化，其神应不合而同，宜矣。吾儒所谓两在，故不测者于此为益信，原其所以然之故，亦在乎尊主、庇民、弭灾、捍患而已。今杨侯奉（教）[敕][2]新此，以为祝釐之所，是亦上真之心为心也，非忠爱诚敬之至者畴克尔耶！姑述此，以纪岁月，复系之以诗曰：

[1、2、3]据《民国三台县》卷四寺观“明万历眉山万安《重修云台观碑记》”改。

惟此有神曰元武，赫赫威灵遍寰宇。
粤从飞驾至飞乌，载振元风福西土。
四民奠畴若灵屯，欲阳则阳雨则雨。
理庙特降真人封，烜赫徽称冠今古。
巍峨大殿倚云开，上去青苍才尺五。
迩来三百有余年，粉藻无文嗟木腐。
杨侯自是列仙俦，充拓君心真内辅。
自今百废一朝兴，功在兹山非小补。
仰祈圣寿算乾元，上衍（进进）[遐][3] 龄归睿主。

云台观

明彭瑾

见说云台胜，探幽入洞天。鹤归人已化，蝉蜕骨犹仙。
岚气千峰合，烟花万井连。捧香心一瓣，梦绕碧楼前。

前题

梓州风物昔称奇，一入仙台云气垂。
茅屋洞深留鼎灶，御书苔满说嘉熙。
青山绀殿春仍绿，白鹤苍松雨自吹。
却忆秦川胡老甫，谪居应有杜陵诗。

前题

明胡缵宗[1]

望望仙台势绝奇，青楼碧殿俯天池。
龟蛇欲捧君王敕，风雨新开御史碑。
夜月梧高双鹤舞，洞天云远九星移。
孤峰突兀怀中起，万木苍苍白日迟。

独上危楼望四围，巍巍高拱与太齐。
手攀月窟南辰近，足蹑云梯北斗低。
秀水佳山朝左右，金乌玉兔挂东西。
放怀容我长吁咈，口吐青云万丈霓。

前题

吴树臣[2]

结茅习静绛云居，道骨千年只自如。
叠巘峨峨高阁廻，般麟翠凤俨迴舆。

[1] 胡缵宗，知潼川州，入名宦祠。
[2] 吴树臣，浙江拔貢，康熙三十一年任直隶潼川州知州。见《四川通志》。

云台对峙

张松孙

此是神仙真窟宅，片椽茆屋留遗迹。
山头云起护层峦，海市蜃楼幻峭壁。
何分上下尽云岩，莫辨高深留玉液。
一气轮回说化身，千年蜕古含精魄。
时凭乩笔御风来，欲窥显应惟诚格。
拱辰高阁上千霄，元天尺五星欲摘。
鲁班斤斧运神工，异物潜依遭霹雳。
花间铁树殿腾辉，感昭蜀府金频锡。
蓊翳蒙茸峙两峰，氤氲烟霞生四壁。
何当摆脱问元诠，长向山中煮白石。

前题

长洲张智莹

古寺双峰里，高台一望中。参差分上下，蜿蜒到西东。
遗蜕金容在，诛茆玉陛崇。真人修炼处，紫气接苍穹。

卷四　寺观志

祐圣观，治南百里云台山，赵真人修真处。旧为云台观，明万历时敕建。

云台观，县南一百里。即六景中“云台对峙”也。

卷之七　仙释志

赵法应，别号肖菴，旧州人，生于望君山之左赵村垭。幼常手弄一笛而歌曰：“肖菴手内一竿竹，不可绝来不可续，惟有神仙打得熟。”甚著灵异。年十五诣云台，结茅修炼。至十八，募铁数百斛，铸元帝像，高数丈，阖称之，一夕风雨，昼晦，忽自五里许移置山顶，遂留偈云：“武当驾游至飞乌，茅屋云台天下无。”又云：“脱落一贫道，谪凡十有九。记其归去时，再注重阳酒。”果于次年九月端午坐化去，人以为元帝再世也，遂奉遗蜕于铁像之右。其遗蜕历元、明，两目不陷，发润如生，万历中遭大劫，乃毁，而灵爽如故。

卷之八　艺文志

明万历二十七年赐云台观住持敕谕一道。

敕谕云台山佑圣观住持及道众人等：朕发诚心，印造道大藏经，颁施在京及天下名山宫观供奉，经首护敕已谕其由。尔住持及道众人等务要虔洁供安，朝夕礼诵，保安聊躬康泰，宫壶肃清；忏已往愆尤，祈无疆寿福。民安国泰，天下太平，俾四海八方同归清静善教，朕成恭巳无为之治道焉。今特差经厂副掌坛御马监左少监白忠赍请前去彼处供安，合宜仰体知悉。钦哉！故谕。

万历二十七年八月二十七日，又赐存经典甚多，兵燹之后，大半失散，其现存者三十四种：《老子道德真经》三百二十六卷，《道德会元经》三百四十九卷，《南华经》二百五十卷，《太平经》九十卷，《云岌七籤》九十九卷，《无上秘经》五十四卷，《墨子》十五卷，《元始无量上品妙经》十四卷，《元始真经》六卷，《鹖冠子》十九卷，《子华子》二十四篇，《华阳陶隐君传》三卷，《公孙龙子》三卷，《尹文子》三卷，《墨子》十五卷，《谭先生水云集》六卷，《武当纪圣集》三卷，《武当福地总真集》四卷，《金锁琉珠引经》十二卷，《易筮通变经》四卷，《西昇经》六卷，《太清金液神丹经》三卷，《天机经》一卷，《岱史》五卷，《启圣录》一卷，《混俗颐生录》一卷，《太上八素真经》，《上清修身要事经》，《太上说元天经》，《许真君仙传》，《清微斋法经》，《太元经》，《净明经》，《历世真仙经》。

八素尊经以下八种皆有目无卷。

祥异志

乾隆初年，县东云台观拱辰楼一柱朽烂将折，住持募金意图拆修，忽有老年工匠自称陈姓，从楚来，能不动梁瓦便可换柱，遂庀材以俟。至期，陈匠语道众："今夕倘闻人声，戒勿起视。"夜半，果听许许拽木，斤斧毕举，喧闹良久。黎明聲绝，众起移视，但见朽木在地，长三丈余，已换新柱。觅老匠，无踪影，乡人以为北极帝显灵，或以为鲁班至云。

[乾隆]四十九年七月十四日夜半，雷电大作，霹雳屡击云台观之拱辰楼，道众惊缩如蜎。天明起视，见楼右一柱自上而上有龙爪痕，深寸许，似有异物潜藏，为雷神所击。至今爪痕尚存。

11. [清]钟登甲辑：《蜀景汇考》，光绪乙酉年秋乐道斋刻本

卷一　楼

潼川府属

三台县

拱辰楼，《新志》：拱辰楼在三台县云台山。

12. 阿麟总纂，王龙勋、王世芬、吴懋昭纂修：《光绪新修潼川府志》，光绪二十三年镌刻本

卷二　舆地志二山川上

三台县

云台山，《方舆纪要》"在州南百里，山形如台，高插云汉。"《图书集成》"云台山本肖庵真人修炼处。按《化书》属真武八十三世身也。尝自作偈，有'武

当游驾到飞乌，茅屋云台天下无’之句。”

卷四　舆地志四

津梁

三台县

玉带桥，在县南一百里。明正德甲辰年建。

卷六　舆地志六

寺观

三台县

祐圣寺，在县南百里云台山，赵真人修炼处。旧名云台观。屡毁于火，明万历时重修，国朝光绪间又修。

明·万安《重修云台观记》：上真济世之心，不一而足。必若一元之发，育万物，无处不有，无时不然而后已。其灵征瑞应班班可考者，《启圣录》备之矣。至于潜扶阴翊于冥冥中者，又岂笔舌之可殚记哉？当赵宋时自武当飞神降精于蜀之元武县，托迹赵严者，首结茅于武曲峰，寻建殿讫，即尸解于中，至今遗蜕如生，伏谒者毛发尽竖，罔敢怠而弗处。绍、熙间屡应祈祷，有司请于朝，封以妙济真人之号。自时厥后，威灵益著，香火益隆：上自王公大人，下至闾阎小子，莫不争先快睹，奔走恐后。论者以为蜀之太和云，第年岁寖久，不无颓圮之弊病，蜀藩承奉正杨旭，尝斋香诣殿，睹兹废坠，有感于中。是夕圣灯现于圣母山，大如车轮，光耀迥异。还以备闻。睿情欣可，赐以白金，俾其理之。于是遂鸠工聚材，克日始事，或持其所欲仆，或足其所未完，殿瓦则易以琉璃，楹栋则文以金碧，下及旁堂便宇枋牌碑亭，莫不以次成就。复陶甓并石合门三重，砻石甃甬道直抵殿，廉视诸畤，昔大不侔矣，且山径修阻，不通舟车，较诸平易力殆数倍。香炉凡五付，三付出于睿恩，二付则承奉正宋景院亭之所施也。柏凡数千株，则承奉赵昌之所植也。工甫毕，始具末，来帝都以碑记为属予，蜀产者，于蜀之名胜，素喜谈而乐道之，况重以杨侯之请，不记可乎？谨按北方七宿成元武之形，其神乃武当所奉佑圣真君，此之妙济真人，又自彼一体之分化，其神应不合而同，宜矣。吾儒所谓两在故不测者，于此为益信，原其所以然之故，亦在乎尊主庇民弭灾捍患而已。今杨侯奉（教）[敕]新此以为祝釐之所，是亦上真之心为心也，非忠爱诚敬之至[者]畴克尔耶。姑述此以纪岁月，复系之以诗曰：惟此有神曰元武，赫赫威灵遍寰宇。粤从飞驾至飞乌，载振元风福西土。四民奠畤若灵屯，欲阳则阳雨则雨。理庙特降真人封，烜赫徽称冠今古。巍峨大殿倚云开，上去青苍才尺五。迩来三百有余年，粉藻无文嗟木腐。杨侯自是列仙俦，充拓君心真内辅。自今百废一朝兴，功在兹山非小补。仰祈圣寿乾元，上衍遐龄归睿主。

明彭瑾诗：见说云台胜，探幽入洞天。鹤归人已化，蝉蜕骨犹仙。岚气千峰合，烟花万井连。捧香心一瓣，梦绕碧楼前。

梓州风物昔称奇，一入仙台云气垂。茅屋洞深留鼎灶，御书苔满说嘉熙。青山绀殿春仍绿，白鹤苍松雨自吹。却忆秦川胡老甫，谪居应有杜陵诗。

13. 林志茂、谢勷等纂修：《民国三台县志》，民国二十年铅印本

卷一　舆地志一

区镇

翼火乡安居场，九十里。即河嘴，清康熙时名云台场，后更今名。五百余户。场期：一、四、七。通蓬溪、中江小路。

卷二　舆地志二

山

云台山，《方舆纪要》："在州南百里，山形如台，高插云汉。"《图书集成》："云台山，本赵肖庵真人修炼处。按，《化书》属真武八十三世身也。尝自作偈有"武当游驾到飞乌，茅屋云台天下无"之句。"

梁

玉带桥，在县南一百里。明正德甲辰建。

卷四　舆地志四

寺观

云台观，在县南百里云台山。旧名佑圣寺，屡毁于火。创建于赵宋，绍熙间有真人赵肖庵者结茅兹峰，采金铸玄帝像，因作玄天宫并拱宸楼。及尸解后，其从群以为玄帝八十三化身，光宗遂授为妙济真人，于是香火不绝，自宋历元，洎明尤盛。永乐间奉敕大建宫殿，蜀藩献王又创修天一阁。万历十五年，中江王家麟复捐资培修。观内古物有铜铸神像及香炉：（一）萧昭宪王妃郭氏敬造，（一）延安王妃宫眷叶氏等敬造，（一）肃府职工玉堂刘伦等敬造，（一）肃府奉承正何保敬造，（一）肃府奉承副郭朝敬造神像均高一尺八寸，（一）万历癸卯广汉生员宋绳祖、县丞宋守愚、云台居士宋光祖、中江生员朱守林各送铜铸神像一尊，高均四尺，（一）万历癸卯中江宋守业、生员宋守懋铸铜香炉一个，高三尺五寸，圆围三尺六寸。三十二年毁于火。又大发内帑复还原制，又两遣内监颁道经、诸子数百卷，其诏轴二、象笏一，迄今犹存。每年上巳间，商贾、士女云集，诚邑南一名胜地。光绪丙戌上九，复不戒于火，将前殿及拱宸楼毁去，独遗玄天宫及山门内九间房等处。是年附近绅耆酎金培修，将前殿及拱宸楼基址改为降魔殿，于光绪十五年落成。其制虽未复古，而雄壮华丽则大有可观。

明万历眉山万安《重修云台观碑记》：上真济世之心，不一而足，必若一元之发育万物，无处不有，无时不然而后已，其灵征瑞应，班班可考者，《启圣录》备之矣。至于潜扶阴翊于冥冥中者，又岂笔舌之可殚记哉？当赵宋时，自武当飞

神降精于蜀之元武县托迹赵岩者，首结茅于武曲峰，寻建殿，讫即尸解于中，至今遗蜕如生，伏谒者毛发尽竖，罔敢怠而弗处。绍熙间屡应祈祷，有司请于朝，封以妙济真人之号。自时厥后，灵威益著，香火益隆：上自王公大人，下至闾阎小子，莫不争先快睹，奔走恐后，论者以为蜀之太和云。第年岁寖久，不无颓圮之弊。蜀藩承奉正杨旭，尝斋香诣殿，睹兹废墜，有感于中。是夕，圣灯现于圣母山，大如车轮，光耀迥异。还以备闻，睿情欣可，赐以白金，俾其理之。于是遂鸠工聚材，克日始事，或持其所欲仆，或足其所未完。殿瓦则易以琉璃，楹桷则文以金碧，下及旁堂、便宇、枋牌、碑亭，莫不以次成就。复陶甓并石合门三重，砻石甃甬道直抵殿，廉视诸畴，昔大不侔矣。且山径修阻，不通舟车，较诸平易力殆数倍。香炉凡五付，三付出于睿恩，二付则承奉正宋景、阮] 亨之所施也。柏凡数千株，则承奉赵昌之所植也。

工甫毕，始具末来帝都以碑记为属。予，蜀产者，于蜀之名胜素喜谈而乐道之，况重以杨侯请，不记可乎？谨按，北方七宿成元武之形，其神乃武当所奉佑圣真君，此之妙济真人，又自彼一体之分化，其神应不合而同，宜矣。吾儒所谓两在，故不测者于此为益信，原其所以然之故，亦在乎尊主、庇民、弭灾、捍患而已。今杨侯奉敕新此，以为祝釐之所，是亦上真之心为心也，非忠爱诚敬之至者畴克尔耶！姑述此，以纪岁月，复系之以诗曰：

惟此有神曰元武，赫赫威灵遍寰宇。
粤从飞驾至飞乌，载振元风福西土。
四民奠畴若灵屯，欲阳则阳雨则雨。
理庙特降真人封，烜赫徽称冠今古。
巍峨大殿倚云开，上去青苍才尺五。
迩来三百有余年，粉藻无文嗟木腐。
杨侯自是列仙俦，充拓君心真内辅。
自今百废一朝兴，功在兹山非小补。
仰祈圣寿算乾元，上衍遐龄归睿主。

明彭瑾诗：见说云台胜，探幽入洞天。鹤归人已化，蝉蜕骨犹仙。岚气千峰合，烟花万井连。捧香心一瓣，梦绕碧楼前。

梓州风物昔称奇，一入仙台云气垂。茅屋洞深留鼎灶，御书苔满说嘉熙。青山绀殿春仍绿，白鹤苍松雨自吹。却忆秦川胡老甫，谪居应有杜陵诗。

吴树臣诗：结茅习静绛云居，道骨千年只自如。叠巘峨峨高阁廻，般麟翠凤俨迴舆。

郡守张松孙题对峙诗：此是神仙真窟宅，片椽茆屋留遗迹。山头云起护层峦，海市蜃楼幻峭壁。何分上下尽云岩，莫辨高深留玉液。一气轮回说化身，千年蜕古含精魄。时凭乩笔御风来，欲窥显应惟诚格。拱辰高阁上干霄，元天尺五星欲摘。鲁班斤斧运神工，异物潜依遭霹雳。花间铁树殿腾辉，感昭蜀府金频锡。蓊翳蒙茸峙两峰，氤氲烟霞生四壁。何当摆脱问元诠，长向山中煮白石。

又长洲张智莹诗：古寺双峰里，高台一望中。参差分上下，蜿蜒到西东。遗蜕金容在，诛茆玉陛崇。真人修炼处，紫气接苍穹。

卷五　舆地志五

古迹

梅花石，《图书集成》“在治南云台观。大石上有梅花，雨过则见。下有洞，相传为肖庵真人铜棺铁椁在焉。”

卷十六　职官志

胡缵宗，明史·刘认传：胡缵宗，陕西秦安人。正德三年进士。由检讨为嘉定判官。旧县志，胡缵宗正德中知潼川，兴学教士，以文章政事称于时。

张应诏，字图圆，贵州黎平人。初任直隶肃宁县，康熙四十三年任潼川州知州，有德政。内升刑部员外郎，

张松孙，字鹤坪，江苏长洲人。乾隆乙卯官潼川府知府，创修府志。潼川自雍正十二年改州为府，无府志，绝续之交，能举废坠其苦心，实不可没云。

卷二十二　艺文志三

文征上

云台山佑圣观碑

罗意辰

盖闻天辟禹余，聿肇三清之祖；化宏元始，实统万气之归。立空教于混成，郁为道范；树德基于上景，大启玄宗。开创度人莫考，赤明龙汉至慈。御运难稽，绿玉古苔。苟迹象之可明，已缔宗之先味。然而圆光七十二色，历劫四十亿年。上世得其真修，金绳辅治；至人传其正教，宝箓灵承。于是贝阙珠宫，玉京夙神，其缔造延寿；踬氏炎汉，宏创于经营。爰逮后来，愈崇景仰。斯以镂尘龥景，尠窥先觉之涯；立象假名，庶得幽通之意者乎。况乎元风历皀，旁流震旦之乡；汁气潜孚，更化罗提之国。故洞灵得诀，飞步升元者代有人焉。是以藏真之窟，每辉映于山川；寻乐之窝，遂馨升于俎豆。宁封栖隐之地，黄帝筑坛；无为炼性之乡，后主易宅。关门令尹，周穆招饮而成楼；司元通天，左慈升仙而留迹。开派以后，更仆难终矣。吾蜀三台县出南部百里有一山焉，厥名“云台”，今隶潼郡，古属飞乌。毓秀钟英，裹灵抱異。前环玉水，孕郪、雒而注大江；后枕元岗，连越嶲而藩三蜀。右睨少陵怀忠之地，山表望君；左俛董仲读书之台，峰标圣母。苞诸灵迹，是谓祥峰，诚巴蜀之奥区，宜群仙所高会也。宋绍熙间有真人姓赵字肖庵者，托迹兹区，倚石筑基，缘椒结屋，把骐驎之电鑰，启獬豸之霞冠。达三贷于明威，芝餐鼻观；洞八灵于琼笈，道悟琴心。郭宏新书，金雌记烧丹之地；旌扬故宅，锦帷还炼汞之乡，岂第玉案珠，巾阳炉阴，鼎厥迹犹存也乎。况复洪稽宝诰，敬

溯仙源。柱下即广成之身，宣圣实水精之子，未有不灵根夙具而能恁地间明者也。则羽俗有肖庵真人为玄帝八十三化身，非臆说也。夫玉源道君之出世，再作刘沅；金粟如来之后身，便为李白。九垓汗漫，卢敖则到处为家；三径萧条，稚川则庭荆不翦。进刚火，退柔符，而道则玄之又玄矣；升紫府，涉红陂，而身又可无不可矣。真卿尸解，不俟芦刀；刘合还丹，但余蝉蜕。宜其神通沕穆，灵及八百余年。忌士襳褷，师同一十三圣也。爰洎明代，肸蠁尤神，翊化灵兴，长民波属。赵炳之气能禁虎，忠孝全生；寿光之法可驱魔，魍魉自搏。以故阁增太乙，蜀藩则钱出水衡；楼建拱宸，神宗则经颁内府。象笏昭先朝之物，远超带镇金由；凤书颁胜国之纶，岂侈符留天宝，轮焉奂焉，美矣备矣。洎乎鼎革之初，兵燹尤甚，灾丁陈队，智井灭波，毒蹈魏冲，江燕巢木。孔明之庙，斫老柏以为薪；文翁之堂，燔丰楹而当燧。独此巍然长峙，寿世则殿比灵光，岂非跃厥式凭水德之旺于北极也乎！若夫上已之吉，揆度记辰，士女缤纷，香烟络绎，人然波律，户贡旃檀。出钟磬于林端，胜历十洲之地；沁氤氲于心曲，如参八会之书。良以三元九府之官，诸神犹当统摄；岂第百戒千仪之众，私淑迺切尊崇。属者丙戌之春，直突未防，涂隙不戒。灾流赤舌，飞空则焰起虹霓；世换红羊，炖风则霞明蕤盖。无樊英之漱水，任回禄之飞符。斯盖沧海桑田，又度昆明之劫，并非云軿风驭、遇返武当之旌。所幸者薪蒸灼天，而孔子一履、汉高一剑并长春而不伤也。廊庑焦土，而玄天一宫、茅庵一窟，为阳侯之所护也，特以宝慈丹灶空留瓦砾之间。葛洪轻棺，不作球琳之宝，凡舍负者，共棖触焉。于是旁感黎献，上及官属，各输蚨券，用助龙华。抒大愿于丹峰，复崇模于昭德。范寂则古旃手植，树不乞于麻姑；惠超则役鬼兴工，珠无求于王舍。

意辰以戊子赴都入觐，寒暑再经。越二年，眂膳还乡，榱题式奂，虽规模稍异而局度弥闲，诚神人赑屃之功，亦山岳精灵之所致也。于是首题宫阙，载印流风，众妙门开，听云中之鸣凤；三生石在，数雨后之梅花。梧两株而月明，松千龄而风谡。尘有珠而可避，金碧凝辉；瓴合印以成文，琉璃吐晕。岫云晚纳，启朱鸟之七窗；灵雨翻飞，润文鸳之万瓦。步虚声于何处，吹下天风；究意叶之无根，默诠幽化。五百珠吏，好参太上之经；十二琼楼，即是昆仑之圃。萃以无灰之木，壮兹妙有之天。但愿玄羽台郎，须及观形而饮景；即使黄绢均士，亦可选胜而移情。然而道本疆名，得非瓜枣，俗难径化，性别柳桐。失九道之红泉，沉一粟于沧海。望崆峒之咫尺，请业何人；辏大夏以奔驰，祸车载世。年在弱冠，便志升衢，壮犯红涛，愈殷神契。索误渊林之宝，识味真意之珠。苟青节之能持，岂《素书》之懈究。证长生于龙峤，欲问刀圭；寻不死之谷神，敬求门户。有志未逮，何日不思。绀宇重新，用识废兴之故；霞门遥朢，便知缘起之端。王子安《元武山碑》，敢云邻美；陶通明《白门馆记》，庶有同情。

光绪癸巳孟秋。

卷二十三　艺文志四

文征下

重九宴云台山佑圣观时将赴成都歌呈同游诸子　曾修五

万松涌涛云薄胸，残秋雨洗青芙蓉。此山雄秀作邦镇，废石不省王侯封。草木变衰霜落后，菊花照人作重九。空谷时闻兰蕙香，天风吹冷茱萸酒。拱宸楼已化寒灰，我从红羊劫后来。林西一片梧桐月，曾照野火烧苍苔。原田几见污成海，画栋雕梁有时改。碧藓空馀石兽蹲，朱明尚有玄虫在。殿阁当日穷奢淫，妃主诸王斥内金。手触寒滑玩遗笏，老僧出示犹沉吟。天潢玉叶承平好，只向空王祈不老。三百年来王气沉，青燐断续迷幽草。眼前高会生繁忧，欲与猿鹤谈千秋。举杯一酹山前骨，红叶苍林今古愁。酒酣更作西征赋，百里铜陵隔烟雾。茫茫秋原瘦马行，橙橘已黄沱江树。

金像大小数十尊，皆明内府造，万历末年赍送观中安奉祈福　江油张政

太岳骑箕后，中原息鼓年。宫廷多暇逸，铜铁铸神仙。无复明宫在，犹余宝相传。当时诸贵御，争舍紫金钿。

象笏，亦明时物。

可书思对命，曾阅去来今。方士礼真斗，达官留道林。兹山为故实，异代费推寻。外患频年急，飞扬画地心。

御敕，凡两轴，内监叶忠白忠送观。

道人捧敕出，先以妙香薰。龙画金泥色，虫书玉玺文。可能希舜帝，相对忆明君。阉竖诚忠否？鸣驺有杜勋。

藏经，万历敕赐，献忠之乱、数次火灾，俱无损毁。

内钱修观后，中使送经来。黄虎焉能噬，红羊不敢灾。真灵呵护力，道士守藏才。欲乞丹台住，千函手自开。

卷二十五　礼俗志二

宗教

道教

清制：凡民出家为道士者，府设道纪司二人，县设道会司一人，以约束之。邑自废府存县，道会司所统全县庙十三处，道士三十余人，除在家之黄冠不计外，大约供建醮祈禳之役无道之可言也。惟邑南云台观明代赐有经典，虽历经兵燹，存者尚千有余卷，为羽流所矜式云。

附录：明万历二十七年赐云台观住持勅谕

勅谕云台山佑圣观住持及道众人等：朕发诚心印造道藏经，颁施在京及天下

名山宫观供奉，经首护敕已谕其由。尔住持及道众人等，务要虔洁供安，朝夕礼诵，保安耿躬康泰，宫壸清肃，忏已往愆，尤祈无疆寿福，民安国泰，天下太平，俾四海八方同归清静善教。朕成恭己无为之治道焉。今特差道经厂副掌坛御马监左少监白忠斋请前去彼处，供安合宜，仰体知悉，钦哉！故谕。

明赐经典目录万历二十七年八月二十七日经兵燹散失，至清嘉庆时存者止三十四种。今更少矣。

老子道德真经三百二十六卷，道德会元经三百四十九卷，南华经二百五十卷，太平经九十卷，云笈七籤九十九卷，无上秘经五十四卷，墨子十五卷，元始无量上品妙经十四卷，文始真经六卷，鹖冠子十九卷，子华子二十四卷，华阳陶隐居传三卷，公孙龙子三卷，尹文子三卷，谭先生水云集六卷，武当纪圣集三卷，武当福地总真集四卷，金锁硫硃引经十二卷，易筮通变经四卷，西昇经六卷，岱史五卷，太清经液神丹经三卷，天机经一卷，启圣录一卷，混俗颐生录一卷，太上八素真经以下无卷，上清修身要事经，太上说元天经，许真君仙传，清微斋法经，太原经，净明经，历事真仙经。

卷二十六　杂志

释道

赵法应，别号肖庵，旧州人，生于望君山之左赵村垭。年十五诣云台结茅修炼。至十八，募铁数百斤铸元帝像，高数丈，阖称之。一夕风雨，昼晦，忽自五里许移置山顶，遂留偈云：“武当驾游至飞乌，茅屋云台天下无。”又云：“脱落一贫道，謫凡十有九，记其归去时，再注重阳酒。”果于次年九月端［午］坐化去，人以为元帝再世也。其遗蜕历元、明两目不陷，发润如生，万历中遭大刦，乃毁，而灵爽如故。旧《县志》。

轶事

拱辰楼柱，《锦里新编》邑南“云台观上塑真武像，后有拱辰楼，规制壮丽，因历年久远，楼中有柱朽烂将折，乾隆元年住持醵金计图折建，忽有老人陳匠自楚省来，自称不动楳瓦便可换柱，遂庇材卜吉以俟。至期，陈匠语道众：今夕倘闻人声，戒弗起视。夜半，果听许许拽木，斤斧毕举，喧閧良久，黎明声绝。众起视，但见椽瓦如故，朽柱移至露井，长三丈余，已换新柱。觅老匠，已无踪影。至今楼尚存。”

14.［清］魏元燮、花映均修，耿光祜、王裕绪纂：《同治隆昌县志》，清同治元年（1862）刻本

卷二六　选举

进士

郭元柱，万历丁丑科沈懋学榜。

仕进

郭元柱，由进士官布政史参议。

卷二八　人物志

郭元柱，字直甫，号明石。万历丁丑进士，历任南礼部员外郎转兵部郎中，授陕西关南道、云南洱海道布政史参议。居家孝友，立朝清直，……

11 蜀王，建藩国于四川成都府

蜀献王（朱椿）－蜀靖王（朱友堉）－蜀僖王（朱友垙）－蜀和王（朱悦荧）－蜀定王（朱友垓）－蜀怀王（朱申鉉）－蜀惠王（朱申凿）－蜀昭王（朱宾瀚）－蜀成王（朱让栩）－蜀康王（朱承爚）－蜀端王（朱宣圻）－蜀恭王（朱奉铨）－蜀王（朱至澍）

洪武十一年（1379 年）封，洪武二十三年（1391 年）就藩成都府。张献忠攻陷成都，朱至澍率妃妾们投井自杀，全宗皆被害。

（二）碑刻、题记

1. 三合门（附图 1：01 ～ 04）

01 东次间外侧门额

同治 /

年二月 /

廿八日 /

02 西次间外侧门额（总长 107、宽 28 厘米，分刻于三块砖上）

第一块砖（从右向左）：

[天]明成化十年七十三日十[?] /

蜀府修造 /

信 / [士]?　/

許□明 / 仲本 /

作頭 /

江仲□ /

黄文宣 /

做磚匠人 /

江伯和 / 黄本春 / 孫仲全 /

作工用力人陳道福 /

第二块砖（从右向左）：

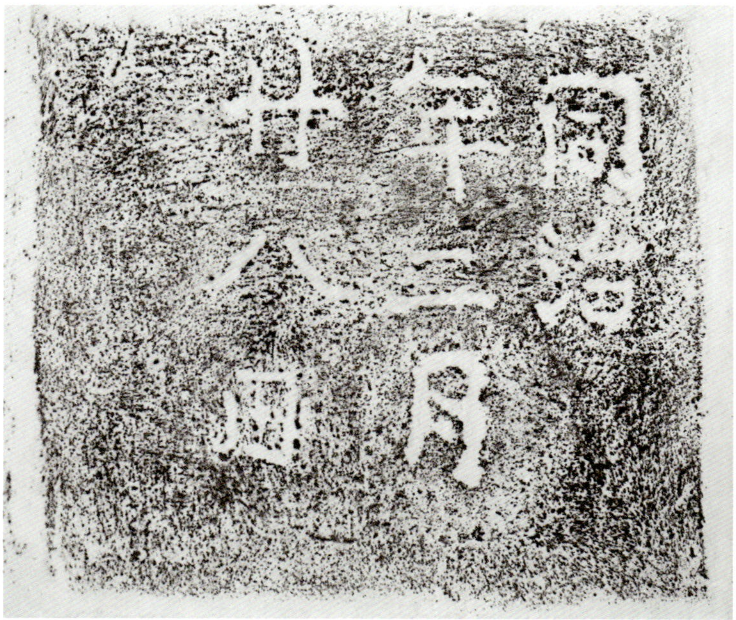

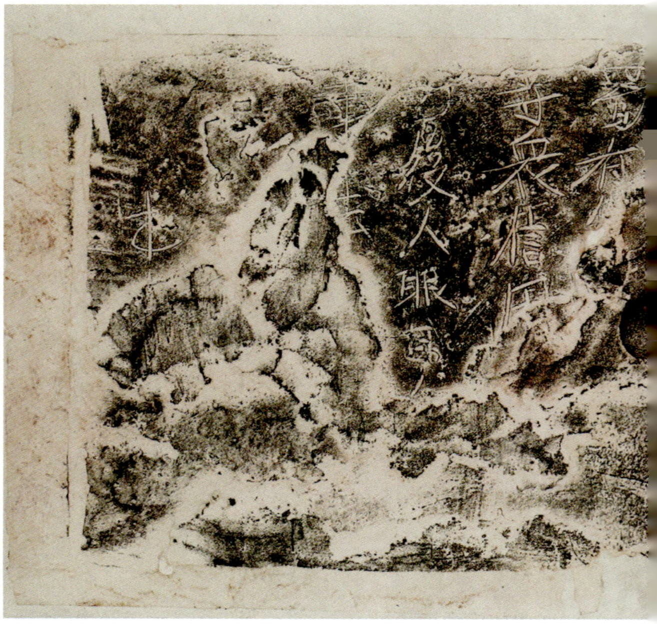

01 02 03 04

附图 1　三合门碑刻题记

01　三合门东次间外侧门额

02　三合门西次间门额

03　三合门东次间内侧门额

04　三合门西次间内侧门额

四川 /
蜀王府修造道士張守明 /
同修信士許仲本 /
作頭蔡仲仁、黃文宣、史彦[明]? /
匠人江伯和、黃本春、孫仲全 /
寇昇等同脩 /
雲臺觀山門三座、八字墻以畢 /
亘保衆信人家家清吉、戶戶 /
安富來□ /
□護者 /
大運成化拾柒年月日吉 /

第一块砖（从右向左）

□工 /
蜀府□ /
等衆信[田]? /
□□覆人眼目□ /
□□ /

□

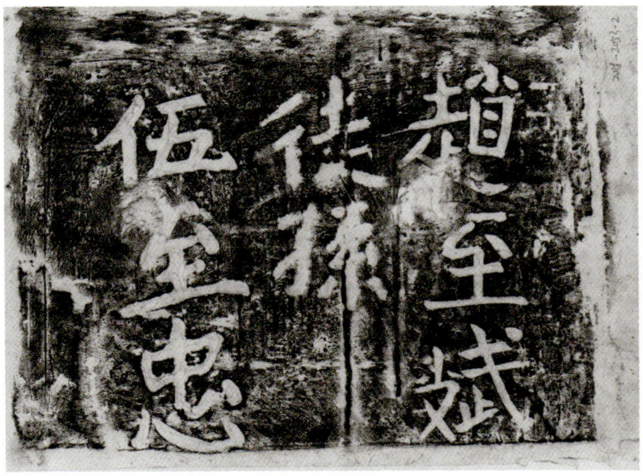

03 东次间内侧门额（长 36、宽 27 厘米）

趙至斌 /

徒孫 /

伍至忠 /

04 三合门西次间内侧门额

□ 住持[向]? 教文 /

徒孫

吳元鼎 / 李元亨 / 劉元善 / 賀元□ /

茅齋

道士趙諱奉[子]? /

明燦募善培補 /

山門建立
曾孫 /
唐明國 / 郭明輝 / 蕭? 明朗
玄孫 /
王至文 / 張至惠? /
嘉慶二十三年丁丑 /
□□月朔 日吉旦

2. 拱券门（附图 2：01 ～ 04）

01 外侧（北面）对联（长 105、宽 27 厘米）

乾元福地人間少，茅屋雲台天下無。

02 外侧匾额

乾元洞天

03 内侧（南面）对联（长 105、宽 27 厘米）

矗矗名山真海島，巍巍勝境類蓬萊。

	02	
01	03	04

附图 2 拱券门碑刻题记

01 拱券门外侧（北侧）对联
02 拱券门外侧匾额
03 拱券门内侧（南侧）对联
04 拱券门西内侧题记

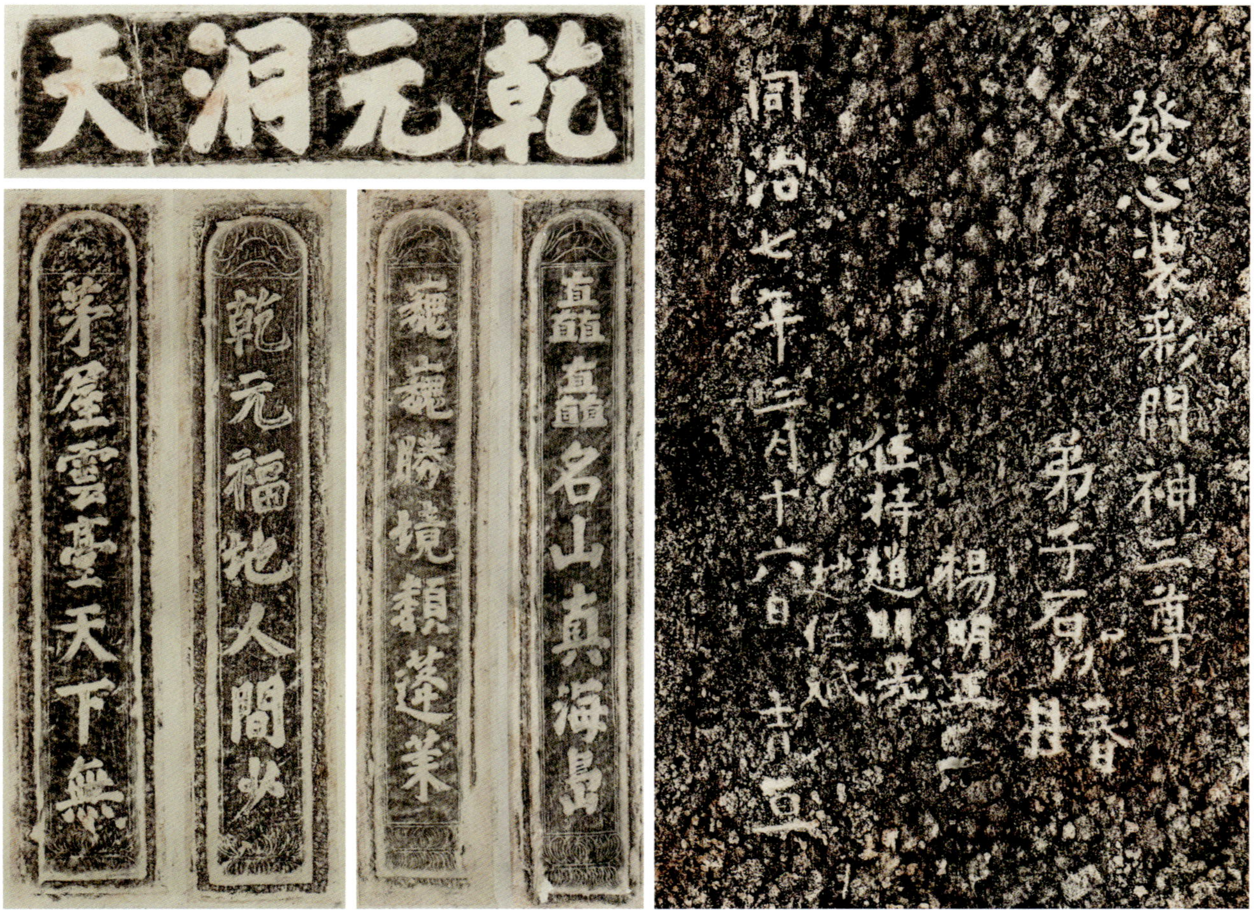

04 拱券西側内側（长 50、宽 80 厘米）

發心裝彩門神二尊 /

弟子石[以]? 春 /

桂 /

住持楊明正 /

趙明亮 /

趙至斌 /

同治七年三月十六日 吉旦 /

3. 青龙白虎殿檩墨书题记（附图 3：01 ～ 04）

01 前檐上金檩题记

□玄天上帝聖像一堂。中江江宦、進士□□□福建道監察御史宋……司。/

02 前檐下金檩

本山重修道士黃中□協力徒王錫虛黃明陽鄒崇泰更祈香火綿遠者 /

03 前檐檐檩题记

东段：

維周肆□歲□□□□朔戊申拾捌日[立]? 黃道上吉

本□重修道士黃中正協力徒王錫虛董明陽鄒榮泰更祈香火綿遠者 /

西段：

□□□□□□信 / □□□黃□祥王文□ / 何世林[黃][應]? 惠黃? 天王應林 / 黃任相黃朝相黃文元王自臣 / 李□然□□□黃□□王奇烈 / 程添奇何□洪鄒文應鄒第 / 廖添和程寄廖廖添瑞黃□□ / 李添□李添□李添祿□□□ /

本州□□ / 王仕□□□□□□□何文政 / 胡洪胡秘□光祖龐化龍 / 金[添][瑞]? 劉恩錫胡相辰董思[恩]? / 付謩甲黃□祥鄒孟賢朱繼貴 / □□何林何現武□何□□ / □□□鄒代□周頂楊鼎 / 黃□奇□□品□□□□□□ / 各祈[清]? 泰者

04 后檐檐檩题记

西段：

大清乾隆三十陸年歲次辛卯季夏月望伍日穀旦謹立。皇圖鞏固。/

东段：

本山住持道李復元、任復蓮，徒侄潘本通、劉本寧、餘本忠、雷合端，[復]? 徒泠合英，徒鄭教琳。木匠陳昌武、昌增、昌□，侄陳弘道、弘泰、弘陽，瓦蓋匠劉崑山、何登榮、蕭一元、羅端。/ 帝道遐昌。/

| 01 | 02 | 03-1 |
| 03-2 | 04-1 | 04-2 |

附图3　青龙白虎殿檩墨书题记

01　前檐上金檩题记
02　前檐下金檩题记
03-1　前檐檐檩东段题记
03-2　前檐檐檩西段题记
04-1　后檐檐檩西段题记
04-2　后檐檐檩东段题记

大清乾隆叁拾陸年歲次辛卯季夏月望伍日穀旦謹立
皇圖鞏固

山住持道
李元
任復蓮
帝道遐昌

01-1 | 01-2 | 01-3

附图 4 九间房梁、檩墨书题记

01-1 东九间房南次间南缝柱梁下皮题记

01-2 东九间房明间南缝柱梁下皮题记

01-3 东九间房明间北缝柱梁下皮题记

4. 九间房梁、檩墨书题记（附图 4：01、02）

01 东九间房梁题记

南次间南缝柱梁：總理龍門正宗天仙狀元二十一代孫住持龔至湖、楊明正、趙至霖、王理金、侯宗德、/ 冷理懷、趙明亮、任理權、宋宗清、萬誠章。/

明间南缝柱梁：重修木工滕家倫率徒唐朝壽、劉昌明、羅以仁、聶承界、許宗又，徒孫王至誠、周義興、趙心位、周長興、楊宗交、楊王洪、李春貴、楊訓勇、羊直義、許三鼎、易清山、張應亨、唐元順、劉洪順，衆木工王步金、梁伯之、王慶雲、何心之、左國明、葛良柱、駱遠程、王慶龍、唐上清、曾合興、安天心、聶朝君、安天魁。

明间北缝柱梁：石工左茂、華榮，泥工王真金，瓦工塗德懷，雕工左龍潭，塑工夏萬清，鐵工陳德。

02 西九间房脊檩墨书题记

除明间脊檩外，墨书题记位于次间、梢间等各间脊檩下皮由北向南，依次为：

/ 雲台觀即古之佑聖觀也，始于大宋光宗紹熙。玄帝自武當分身化炁游駕蜀川，驛駐飛烏，讬胎于趙岩之宅，至慶元乙卯歳三月三日聖誕，號無著道君，乃 / 帝八十三化身，于嘉泰六年始入此山，首結茅屋，指示圖式，命工修造大殿三間。自製一疏，降一童子募鐵鼎，鑄降魔聖像于文曲峰下趙村埡。是夜，電掣雷鳴，鐵像浮 / 空至殿；自標雲台十景，因名其觀曰佑聖，名其殿曰普應，于九月至吉帝即升隱而去，遺囑本山諸子趙希真、李綱等募建拱宸樓于正殿之右，即今遺脫處也。/ 至元爲兵燹廢。明初洪武獻王分茅治蜀，凡所祈禱，靡不靈異。乃捐金，命工培修殿，瓦則易以琉璃，楹楝則文以金碧；下及旁堂、便宇、枋牌、碑亭，以次成就。至萬曆廿 / 七年，遣使齋經壹藏、聖旨、朝笏各件。三十年，道房忽遭回祿毀壞，拱宸樓等處由潼川州申詳按院各部入奏，遣余、楊二差官幷飭蜀藩發帑督修。功竣，復齋經一藏 / 聖旨一函，而拱宸樓等處廟貌仍然難新。我皇清光緒十二年正月初九日夜，拱宸樓火起，而靈祖、香亭各殿概然無存。附近紳耆會商，禀縣申詳大憲，發給□□募 / 資重修，卜吉于十三年七月，鳩工冬月。立降魔殿，次年春藏經閣、靈祖殿、九間房、香亭以次而立，規模初具，尚未大備。誠恐世遠年湮，漸就消沒，略述顛末，以誌不朽。/ 光緒十四年戊子歳冬月初九日，經理首士羅世儀、梁己山、程國蕃、邱汝南、任樹滋、李化南、武含章、李蟠根、楊馥園、程國楨程、國霖、張廷舉、張廷左、冷時畀，管事龔登甲重建。/

附图 4　九间房梁、檩墨书题记　02　西九间房脊（从北向南）

5. 降魔殿墨书题记（附图 5：01 ～ 03）

01 明间穿枋下皮题记

东穿枋：

特授潼川府魏邦翰知三臺縣事李發榮暨紳民重修。/

西穿枋：

皇清光绪拾三年十壹月十一日八邑众善住持吉立。/

02 重修雲台觀報銷碑（长 207、宽 95 厘米）

三台縣城南有雲臺山，山巔一觀，厥名佑聖。今人皆以山名觀，遂號雲台觀焉。溯觀之由，權輿趙宋紹熙間爰/有真人趙肖庵者結茅茲峰，採金，鑄玄帝像，因而作玄天宮並拱宸樓。及屍解後，其徒群以為玄帝八十/三化身，果屢彰靈應，光宗遂授為妙濟真人。於是香火不絕。自宋曆元，洎明尤盛。永樂間奉敕大建宮殿，蜀藩/獻王又創修天一閣，遂棟宇雲連，甲於蜀北。萬曆十五年中江王家麟複捐資培修。三十二年毀於火，又大發/內帑複還舊制，又兩遣內監頒道經、諸子數百卷，其詔軸二、象笏一，訖今猶存。每年上巳間，商賈雲集，士女景從雲/集，誠吾鄉一名勝地也。光緒丙戌上九，複不戒於火，將前殿及拱宸樓毀去，獨遺玄天宮及山門內九間房等/處。餘等目擊心悲，志餘力歉，於是稟請邑侯給予示諭、印簿，募化十方，共得五千五百六十貫零，加本山常業/僦戶押租，共升錢一千八百四十貫零。就本山伐木庀材，又以其根株為薪，及零瓦料等鬻得錢三百卌貫零，/共成錢七千八百卅貫零。於是攻石之工去錢六百八十五貫零，攻木之工去錢二千七十貫零，攻土之工/去錢一千三百貫零，攻金之工去錢卅貫零，設色之工去錢四百五十貫零；其餘灰炭、竹木、麻草、釘椿、紙劄、什物/零工襍費，以及酒食、刊碑刻字等項，又去錢三千二百七十貫零，通共去錢七千八百幾十貫零。為勝地妝色，/為明聖棲神，毫釐絲忽不敢濫入私囊，持籌計之，若合符節。即自香亭以下、鐘樓以內皆其新建也。首其事者，時/則有若羅世儀、梁巳山、任開來、程國藩、邱汝南、任樹滋、李化南、武含章、李鐇根、程國霖、楊馥園、程國楨；襄其事/者，則有龔登甲，本山住持龔至湖、冷理懷、楊明正、趙明亮、任理權、趙至霖、王理金、張理順、宋宗清、戴宗科、侯宗/德、李宗榮、彭宗揚、楊宗思、萬誠章、蘇性端。木工藤加倫、唐朝壽、左海亭，石工左茂榮，土工塗安益、夏萬清，金工/陳德孝，設色王廣興、王真金皆與有力焉。是役也，肇工于光緒丁亥，越五年始竣。謹識巔末，用告將來。/

光緒十九年歲在癸巳嘉平下浣首事暨眾紳糧、並住持等公立。/

戊子科舉人、內閣中書、邑人羅意辰書丹。/

01-1 | 01-2 | 02

附图 5　降魔殿墨书题记及碑刻

01-1　降魔殿明间东椙梁穿枋下皮
01-2　降魔殿明间西椙梁穿枋下皮
02　重修雲台观报销碑

重修雲臺觀報錢碑

三臺縣城南有雲臺山山巔一觀厥名佑聖今人皆以山名觀遂號雲臺觀焉溯觀之由權輿趙宋紹熙間爰
有真人趙肖荛者結茆茲峰採金鑄　玄帝像因而作玄天宮并拱宸樓及尸解後其徒群以為　玄帝八十
三化身果屢彰靈應光宗遂授為妙濟真人於是香火不絕自宋歷元洎明尤盛永樂間奉勅大建宮殿蜀藩
獻王又剏脩天一閣遂棟宇雲連甲於蜀北萬歷十五年中江王家燬復捐貲培脩三十二年燬於火又大發
內帑復還舊制又兩遣內監須道經諸子數百卷其誥軸二象笏一訖今猶存每年上巳間商賈士女景從雲
集誠吾鄉一名勝地也光緒丙戌上九復不戒於火將前殿及拱宸樓燬去獨遺玄天宮及山門內九間房等
處余等目擊心悲志餘力歉於是稟請邑侯給予示諭印簿募化十方共得五千五百六十貫零加本山常業
僦戶押租共升錢一千八百四十貫零就本山伐木庀材又以其根株為薪及零瓦料等鬻得錢三百卌貫零
共成錢七千八百卌貫零於是攻石之工去錢六百八十五貫零攻木之工去錢二千七十貫零攻土之工去
錢一千三百貫零攻金之工去錢卌貫零設色之工去錢四百五十貫零其餘灰炭竹咊麻草釘椿綫札什物
零工襍費以及酒食刊碑刻字等項又去錢三千二百七十貫零通共去錢七千八百幾十貫零為勝地壯色
為明聖棲神毫厘絲忽不敢濫入私囊持籌計之若合符節自香亭以下鍾樓以內皆其新建也首其事者時
則有若羅世儀梁已山任開來程國藩邱汝南任樹滋李化南武含章李璠根程國霖楊馥園程國楨襄其事
者則有龔登甲本山住持龍至湖冷理懷楊明正趙明亮任理權趙至霖王理金張理順宋宗清戴宗科侯宗
德李宗榮彭宗楊楊宗恩萬誠章蘇性端木工滕加倫唐朝壽左海亭石工左茂榮土工涂安益夏萬清金工
陳德孝設色王廣興王真金皆與有力焉是役也肇工於光緒丁亥越五年始竣謹識巔末用告將來
光緒十九年歲杜癸巳嘉平下浣首事暨衆紳糧并住持等公立　戊子科舉人內閣中書邑人羅意辰書[illegible]

03 总司令名示（长 105、宽 60 厘米）
雲台道觀，肇建于宋。/
名刹巋然，森林鬱茂。/
前代名跡，保護為重。/
嚴禁駐軍，滋擾喧閧。/
覬覦廟產，奸民播弄。/
均幹例禁，有犯訴控。/
飭縣查懲，不予寬縱。/

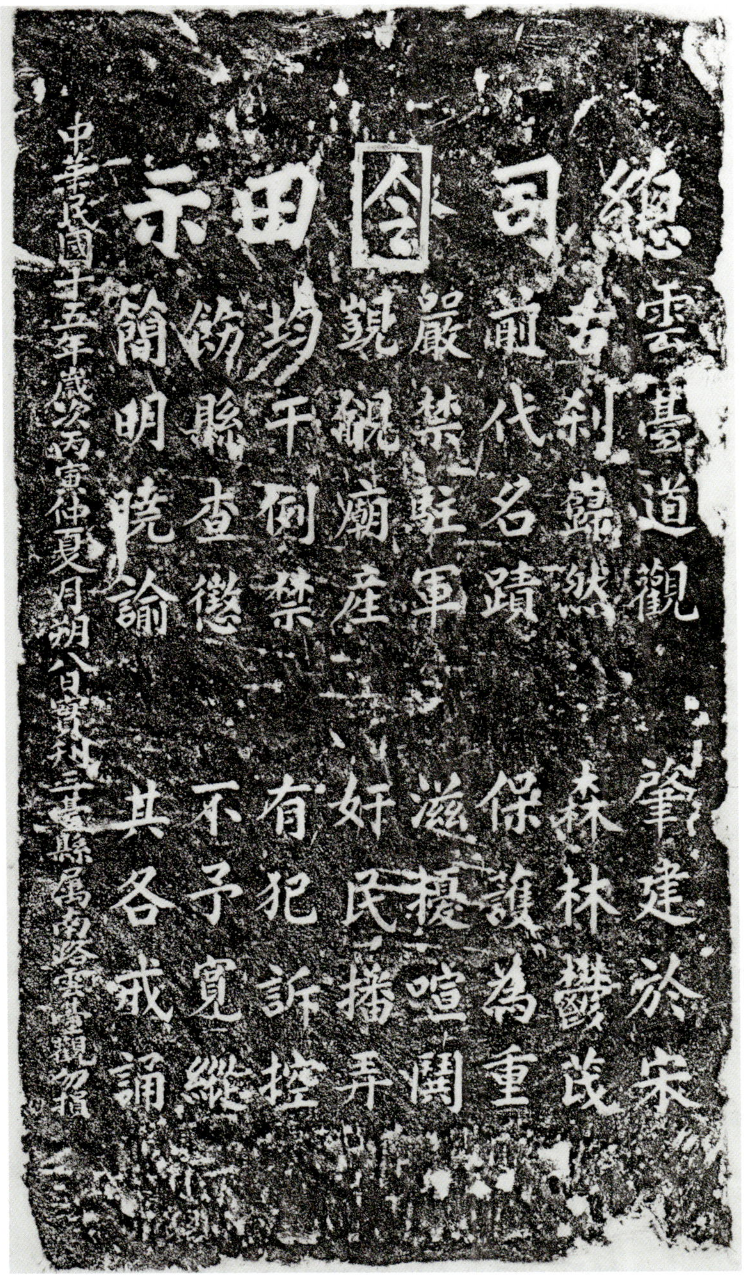

附图 5　降魔殿墨书题记及碑刻

03　民国田颂尧保护云台观碑

簡明曉論，其各戒誦。/

中華民國十五年歲次丙寅仲夏朔八日實刊三台縣屬南路雲台觀勿損。/

6. 二十四步朝天阙过道两侧（附图 6：01、02）

每侧四块木板，约每两块为一个单元。

01 西侧木刻

1-2（北端）（高 240、宽 220 厘米）

三臺縣城南雲臺山佑聖觀碑 /

戊子舉人揀選知縣、己丑明通進士、國史館謄錄、內閣中書、邑人羅意辰譔文並書 /

蓋聞天闕禹餘，聿肇三清之祖；化宏元始，實統萬炁之違。立空教於混成，欝爲道範；杜德機於上景，大啓元宗。開刧度人，莫考赤 / 明；龍漢至慈，禦運難稽。綠玉古苔，苟迹象之可明，巳諦宗之先昧。肰而圓光七十二色，歷刧四十億年。上士得其真修，金繩輔治 /；至人傳其正教，寶篆靈承。於是貝闕珠宫，玉京夙神，其締造延壽；蹏氏炎漢，宏刱以經營。爰逮後來，愈崇景仰。斯以鏤塵籲景，尠 / 窺先覺之涯；立象叚名，庶得幽通之意者乎！况乎元風暦㥁，旁流震旦之鄉；汁氣潛孚，更化羅提之國。故洞靈得訣，飛步升元者 / 代有人焉。是巳藏真之窟，每輝映於山川；尋樂之窩，冢馨升於俎豆。甯封栖隱之地，黃帝築壇；無爲煉性之鄉，後主易宅。關門令 / 尹，周繆招隱而成樓；司元通天，左慈升僊而留蹟。開派巳後，叓僕難終矣。吾蜀三台縣出南郭百里有一山焉，厥名雲台，今隸潼 / 郡，古屬飛烏。毓秀鍾英，裹靈抱異。前環玉水。孕鄓、雒而注大江；後枕元岡，連越嶲而藩三蜀。右睨少陵懷忠之地，山表望君；左俛 / 董仲讀書之臺，峰標聖姥。包諸靈蹟，是謂祥峰，誠巴蜀之奧區，宜群仙所高會也。趙宋紹熙間，有真人姓趙字肖莽者托 / 迹茲區，倚石築基，緣椒結屋。把騏驎之電鑰，敂獬豸之霞闕。達三貸於明威，芝餐鼻觀；洞八靈於璚笈，道悟琴心。郭宏新書，金雌 / 記燒丹之地；旌易故宅，錦帷還煉汞之鄉。豈第玉案珠巾、昜爐衾鼎，厥迹猶存也乎？况復洪稽寶诰，敬溯僊源：柱下即廣成之身，/ 宣聖實水精之子，未有不霡根夙具而能恁地圓明者也。則羽俗共奉肖莽真人，爲 / 玄帝八十三化身，非肊說也。夫玉源道君之出世，再作劉沆；金粟如來之後身，便爲李白。九垓汗漫，盧敖則到處爲家；三徑蕭條，/ 稚川則庭荊不剪。進剛火，退柔符，而道則元之又元矣；升紫府，涉紅陂，而身又可無不可矣。真卿尸解，不俟蘆刀；劉合還丹，但餘 / 蟬蛻。宜其神通沕穆，霡及八百餘年；羽士襳欐，師同一十三聖也。爰洎明代肸蚃尤神，翊化雲興，長民波屬。趙炳之氣能禁虎，/ 忠孝全生；壽光之法可毆魔，魍魎自搏。以故閣增天乙，蜀藩則錢出水衡；樓建拱宸，神宗則經頒內府。象笏昭先朝之物，遠超帶鎮 / 金山；鳳書賁勝國之綸，豈侈符留天寶，輪焉奐焉，美矣備矣。洎夫鼎革之初，兵燹尤甚。災丁陳隧，眢井滅波，毒蹈魏沖，江燕巢木。

附图 6　二十四步朝天阙木刻

01　西侧（北端）

/ 孔明之廟，斫老柏以爲薪；文翁之堂，燔豐楹而當燧。獨此巋然長峙，壽世則殿比靈光，豈非躍厥式憑水德之旺於北極也乎！若 / 夫上巳之吉，揆度記辰，士女繽紛，香烟絡繹，人然波律，戶貢旃檀。出鐘磬於林端，勝曆十洲之地；沁氤氳於心曲，如參八會之書。/ 良以三元九府之官，諸神猶逞統攝；豈第百戒千儀之衆，私淑迺切尊崇。屬者丙戌之春，直突未防，塗隙不戒，戕流赤舌，飛空則 / 焰起虹蜺；世換紅羊，炷風則霞明蕤蓋。無樊英之漱水，任回祿之飛符。斯蓋滄海桑田，又度昆明之劫；并非雲軿風馭，遂返武當 / 之旌。所幸者薪蒸灼天，而孔子一履，漢高一劍，并長春而不傷也。廊廡焦土，而茆茸一窟，玄天一宮，爲陽侯之所護也。特以寶慈 / 丹灶，空留瓦礫之間；葛洪輕棺，不作球琳之寶。凡含負者，共棖觸焉。於是旁感黎獻，上及官屬，各輸蚨券，用助龍華。抒大願於丹 / 峰，複崇模於昭德。范寂則古枏手植，樹不乞於麻姑；惠超則役鬼興工，珠無求於王舍。

意宸以戊子赴都入覲，寒暑再經。越二年，/ 眂膳還鄉，榱題式奐，雖規模稍异而局度彌間，誠神人羼贔之功，亦山岳精英之所致也。於旹署題宮闕，載印流風。衆玅門開，/ 聽雲中之鳴鳳；三生石在，數雨後之梅花。梧兩株而月明，松千齡而風謖。塵有珠而可避，金碧凝輝；瓴合印以成文，琉璃吐暈。岫雲 / 晚納，啓朱鳥之七窗；靈雨朝飛，潤文鴛之萬瓦。步虛聲於何處，吹下天風；究意葉之無根，默詮幽化。五百珠吏，好叅太上之經；十 / 二璚樓，即是昆侖之圃。萃以無灰之木，壯玆玅有之天。但願元羽台郎，須及觀形而飲景；即使黃絹均士，亦可選勝而移情。然而 / 道本彊名，得非瓜棗；俗難徑化，性別柳桐。失九道之红泉，沈一粟於滄海。望空同之咫尺，請業何人；軼大夏旵奔馳，禍車載世。/ 僕也年在弱冠，便志升儞，壯犯洪濤，愈般神樔。索誤淵林之寶，識昧真意之珠。苟青節之能持，豈《素書》之懈究。證長生於龍嶠，欲問 / 刀圭；尋不死之谷神，敬求門戶。有志未逮，何日不思！紺宇重新，用識廢興之故；霞門遙啚，便知緣起之端。王子安《元武山碑》，敢云 / 鄰美；陶通明《日門館記》，庶有同情？ /

大清光緒十有九年歲在癸巳孟秋之吉。/

3-4（南端）（高 240、寬 220 厘米）

欽加同知銜署理潼川府三臺縣正堂奎榮捐銀拾陸兩，同知銜直隸州署理三臺縣監厘局曠經鐘捐錢拾千文，/ 特授潼川府經歷張炘捐銀肆兩，特授三臺縣典史許懋忠捐錢捌千文，/ 特授潼川營分防河嘴汎部廳蘇永盛捐錢貳釧，欽賜藍翎署理潼川營分防河嘴汎劉膺松罰來錢壹百釧，/ 刑部主事前任貴州省黄平州正堂羅錦成捐銀拾兩，前任新津縣教諭邱輝祖捐錢壹百釧。/

經理首士：/ 太常博士羅世儀捐錢貳百釧，同知銜梁巳山捐錢肆拾釧，職員任登第捐錢貳百釧，/ 文生程國藩捐錢肆拾釧，文生邱汝南　捐錢拾千文，貢生武泰興捐錢三拾釧，/ 貢生楊大興捐錢拾千文，監生程三才捐錢叁拾釧，貢生李化南捐錢肆千文，/ 戊子舉人羅意辰捐錢拾千文，文生任駿聲捐錢陸千文，李步蟾捐錢肆千文。/

羅三俊捐錢三百釧，羅斗星捐錢廿肆釧，羅鞏捐錢廿肆釧，文生羅樹聲捐錢貳拾釧，監生梁懷江捐錢肆拾釧，監生梁棟材捐錢貳拾釧，州判梁景辰捐錢貳拾釧，梁重耀捐錢貳拾釧，監生梁榮翤捐錢叁拾釧，監生戴良臣捐錢貳拾釧，任澤捐錢肆拾釧，/ 張廷佐捐錢卅三釧，梁泰興捐錢卅壹釧，戴祿偲捐錢廿肆釧，文昌宮捐錢叁拾釧，禹王宮捐錢貳拾釧，黔陽宮捐錢貳拾釧，張王會捐錢拾千文，于才海捐錢拾千文，鄭忠義捐錢拾千文，張由亮捐錢捌千文，何用成施錢四拾釧，/ 龍至湖捐錢拾千文，王興隆捐錢陸千文，冷光榮捐錢肆千文，冷光明捐錢肆千文，趙明亮捐錢伍千文，趙理勝捐錢伍千文，陳理開捐錢伍千文，冷理懷捐錢肆千文，王十全捐錢肆千文，孫顯德捐錢肆千文，王誠出錢貳拾釧，/ 唐洪田施錢壹百伍拾五釧，鐘永昶施錢貳拾陸釧，任福田施錢肆拾叁釧，鐘本成捐錢伍拾釧，王新龍捐錢貳千文，廖元亨捐錢貳千文，黃明□捐錢貳千文，王裕寬捐錢貳千文，王裕狀捐錢貳千文，程守德捐錢貳千文，王澤德捐錢壹千文。/

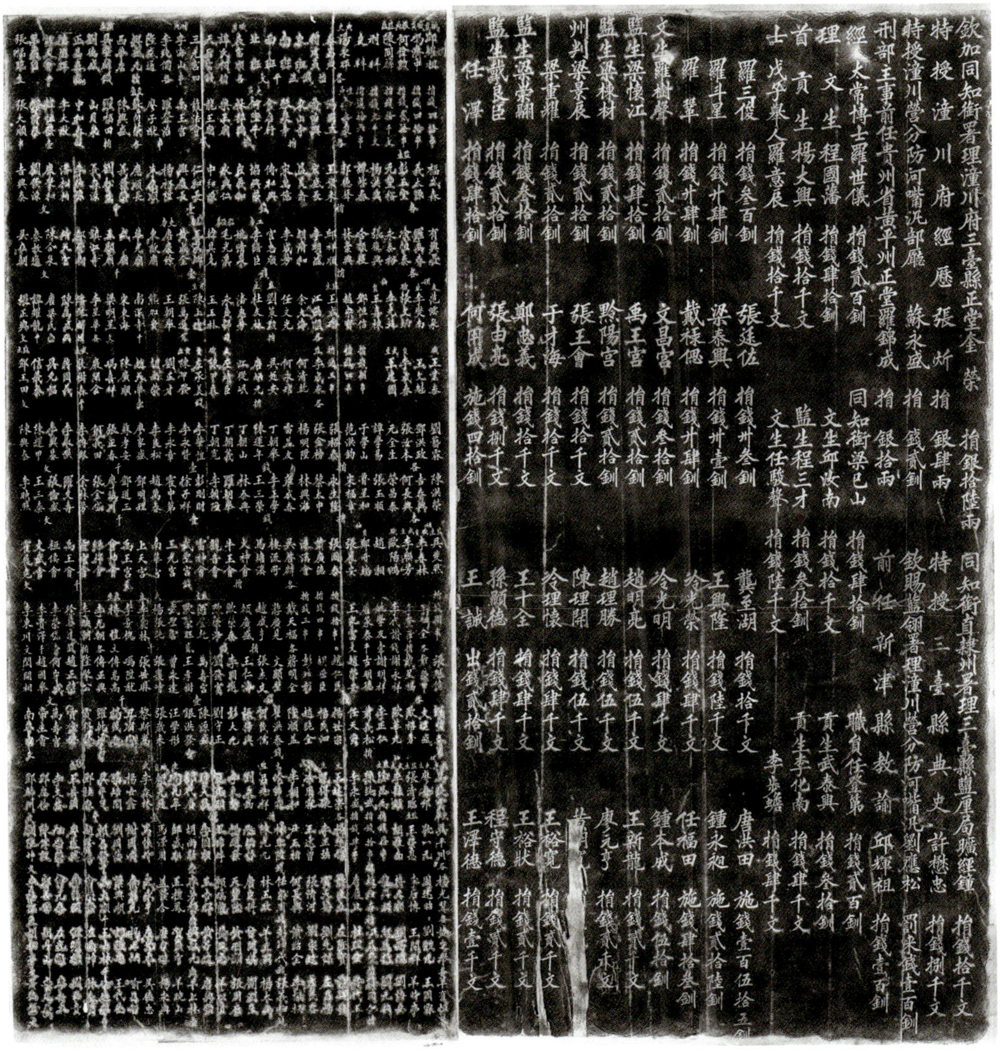

附图 6　二十四步朝天阙木刻

01　西側（南端）

職員 / 邱耀祖捐錢四拾串，職員 / 馮濟中捐錢四拾串，糧典 / 何偉勳捐錢貳拾串，監生 / 陳同麟捐錢拾千文。刑科、吏科、典史 / 湯永暉、泰昌典、利川典、東班、南班、西班、北班，/ 各捐錢五千文。/ 職員 / 袁富順、譚氏祠、天后宮、三元宮、刑典 / 李海山，/ 各捐錢四串。/ 李純儒、隆盛通、興盛元、西華店、貢生 / 吳肇麟、劉德盛、正昌泰、德懋輝、譚文會、羊鼎臣、張福臨，/ 各捐錢八千文。/ 禮典 / 李壽東、湯用玉、黃治興、東山寺、琴泉寺、食店行、史典 / 何隆平、林祥興、藥王廟、龍王廟、護法會、禹王宮、羅登治、廖子猷，/ 各捐錢貳串。/ 文生 / 蘇向榮、陳興盛、羅福田、山月泉、中和泰、李大猷、韓恒發、裕清泰、張大順 /，各捐錢壹串。/

福盛森、義太源、監生 / 彭玉堂、元豐裕、楊洪興、譚啟泰、郭德聲、王紫來、宏盛長、益美齋、宋萬億、傅和興、協興榮、宏義和、永興仁、中和源、仁和長、興慶長、楊裕陞、朱應順、應順長、義發榮、劉松茂、義森源、李仙源、潘松柏、康聚和、劉發源、吉興泰，/ 各捐錢壹千文。/

有興長、羅萬春、塗恒泰、永泰裕、張復興、合順復、林崇興、邱祥順、李明盛、胡清和、李成芳、官忠順、上房 / 李縉臣、姚清泉、□□ / 毛光漢、韓其克、監房 / 王漢卿、黃成金、吏房 / 唐慶餘、東岳廟、華光廟、武廟、五顯廟、鎮江寺、都管祠、靖天宮、陳合泉、秦教通、吳在朝，/ 各捐錢壹千文。/

領袖：/ 文生 / 範澐泉、李燮南，職員 / 張文炳、李光廷、王嘉棟，/ 職員 / 王業泰、王文魁、李成春，/ 武生 / 王建國。/

鄧恆信捐錢捌串。/ 趙宗寶捐錢四串。/ 監生 / 王成璠捐錢三串。/ 江洪順，余大海，任文光，監生 / 劉策勛、杜友林，潘惠芳，永茂□，王玉林，貢生 / 陳上通，張萬選，王朝舉，熊加貴，南深寺，宋東海，梁明星，/ 各捐錢貳千文。/ 李星華、潘紀麟、陳萬盛、唐梁氏、譚耀龍、張正興，/ 各捐錢壹千文。/

監生 / 李成春、何清乾、何永琯、吳廷安、唐炳元、江從岷、左靖臣，職員 / 陳甲友、左承美，贡生 / 陳甲發，劉正才，胡尚榮，趙天華，陳廣順，馮喜祥，嚴開金，武生 / 敬樹森，蔣國義，吳元福，信義泰，監生 / 鄧玉田，/ 各捐錢壹千文。/

劉藝霖、鄧洪政、張汝本、元全生、譚學易、于學山、範洪鈞、張裕泰、張金榜、楊明陞、雷益友、丁朝舉、陳運年、丁朝山、丁朝義、丁朝寬、李肇愷、李永贊、李永章、李良松、廖家盛、蘇孝安、張正春、何義田、李傳銀、李水洪、李興基、陳運甲、陳興泰，/ 各捐錢壹千文。/

陳洪榮、吉泰興、何長興、榮昌泰、張玉順、魯星和、宋福章、永生隆、蔡太中、林興海、雍成春、李正學、王三榮、林泰興、羅朝舉、李朝陞、彭剛財、徐子祥、霍中第、趙萬春、鄧明理、鄧道三、廖鎮川、張金岱、余林芳、羅文壽、張倫盛、王三秦、李映照，/ 各捐錢壹千文。/

領袖：/ 監生 / 吳斐然捐錢捌串，職員 / 李春林，武生 / 李聯芳，職員 / 歐陽鴻、趙湘、鄭以端，張履安，李仁全，李登葎，李代讚，姚學友，唐承泰，王家富，/ 各捐錢壹千文。/ 張國泰捐錢拾串，蕭廣德捐錢四串，濂溪會捐錢三串，張國泰、蕭廣德、濂溪會、吳啟麟、棲流所、馬塘溪、火神會、牛王會、觀音會、雷神會、武聖宮、三元宮、南華宮、上天宮、禹王宮、倉神會、絲棉會、靈官會、禹王會、醒侯會、文武會、霍履堯，/ 各捐錢貳千文。/ 戴天福，游廣見，趙咸亨，賴廣盛，歐榮泰，歐榮海，監生 / 羅登乾，歐榮旺，武聖宮，武生 / 楊張純、李襄林，李芳槐，文生 / 楊愷，/ 各捐錢貳千文。/ 李光朝、李映朝、徐華廷、李榮岱、李貴澤、李東川，/ 各捐錢壹千文。/

張魁億、戴榮甲、戴星福、謝永祥、謝明祥、古明德、趙榮安、趙仁民、胡世臣、彭坤彰、蔣明全、文顯璧、張杰文、王仁濤、李國選、劉發富、萬壽宮、王孝樹、曾永達、張鼎峙、張世琳、馮陞猷、傅嵩高、傅正興、隆聚公、趙正堃、何守成、趙國舉、閏開相，/ 各捐錢壹千文。/

羅明春、文進盛、歐裕秀、歐華元、李正仁、蕭義松、任天爵、楊世宗、楊茂泗、趙純全、隆順益、瞿洪泰、何茂儒、張榜興、彭大元、劉守正、陳源盛、銀洪發、汪學彤、張歲來、黎斯嵩、丑宿宮、楊茂春、羅乾坤、賈得純、賈偉修、萬壽宮、帝主會、南華宮，/ 各捐錢壹千文。/

領袖：/ 武舉 / 高陵雲、武生 / 廖安邦、監生 / 張清臨、武生 / 李毓鐘。監生 / 陰思禹

捐錢拾串，孫純武捐錢拾串，李永盛捐錢肆串，

文生 / 王述崇、龍得驤，貢生 / 涂用霖、李朝和、涂沛霖，監生 / 呂兆祥、劉秉鈞、李秉陽、龍光顯、曾大義、邹代賡、霍九皋，職員 / 賴光廷，武生 / 李森林、楊世鑫、梁培閣、吳平定、鄧桂森、王安國，李文齊，鄧應倫，鄧麟州，/ 各捐錢壹千文。/

武舉 / 吳平川、敬一元、監生 / 王榮恩、胡被南、楊運保、李正強、王述曾、尹玉相、林正陞、陳光九、冠炳哲、楊運發、王柞崒、李國順、胡尚昭、邹盛聯、馬澤周、馬懷玠、謝國安、劉國藩、賴昌發、趙芳喜、廖復興、旭發榮、陳偉勛、劉隆坤，/ 各捐錢壹千文。/

楊光翌、周述昭、李后博、蔣大順、龍興順、趙銓泰、唐履旦、許生太、賈天鑒、張清河、何長興、任宗周、林玉政、唐芝科、天豐隆、赖瑞龍、王吉祥、李芳祿、王禮鳳、益發合、武永亨、余第元、梁興順、吳大順、曾榮發、李自綱? 、曾元泰、鄭世傑、李福順，/ 各捐錢壹千文。/

黃芝舉、劉體元、王開祥、劉錫斌、邱德懋、恒益豐、杜理堂、左隆寶、劉先謀、劉宗達、蕭紹全、彭坤代、羊直國、曾開琪、黃明顯、黃芝忠、黃子達、興盛元、賀茂官、唐□醇、左光本、楊正炳、譚體□、王士林、左歲祚、譚曠禮、左光燦、胡斗山、胡松亭，/ 各捐錢壹千文。/

羊有恆、王國霖、羊時亭、劉博安、劉元興、蔣同仁、黃代玉、許興發、左昌揚、左茂谷、李櫟柄、張義和、楊太萬、劉潤生、張周嶺、羊以貴、唐興發、羊上林、羊曉山、楊永興、吳玉忠、喻昌智、王代德、余連彩、林慶雲、劉必貴、廖安本、李克柔、蕭德全，/ 各捐錢壹千文。

02 东侧木刻（由南向北）

1-2 木刻（南端）（高 240、宽 220 厘米）

戴鄧氏捐錢壹百串。/ 李清和捐錢四拾串。/ 孫藝林捐錢卅貳串。/ 何新穀捐錢貳拾串。/ 馬祖寺捐錢拾六串。/ 李紹誠捐錢拾六串。/ 劉先貴捐錢拾六串。/ 劉廷拔捐錢拾六串。/ 郭温氏捐錢拾六串。/ 張廷舉捐錢拾五串。/ □陈氏、城隍會、帝王宮、武聖宮、紫雲宮、天后宮、都管祠，/ 各捐錢拾貳串。/ 陸四合、程耕、李大清、李永策、三皇會、龔崇正、余正義、許受柱、左茂□、周清和、史順德、文生李心田、楊春富、羅逢源、冷時昇、何用成、監生 / 何新輝、羅陳氏、謝明鑾、胡壽堂、胡純美、黃繼盛、譚鑑湖、華光廟、東嶽會、火神會、藥王會、于才櫟、于在□、龍必海、县丞 / 張廷玉、戴德芳、李紹陶、滕加倫，/ 各捐钱拾串。/ 龍春林、劉明□、□□□、羅□经、老君會、傅六合、彭代玉、監生 / 吳正有、南華宮、王步周、趙后啟，/ 各捐钱捌串。/ 黃復元、藥王會、桓侯會、觀音堂、灶王會、劉明莊、劉明奎、許為芝、許為喜、黃賢同、趙治火、王星照、王星榮、孔廣生、陸道福、陸道壽、載祿澤、楊卓立、楊卓田、楊卓然、周武恆、楊春殿、戴增璠、王裕倫、朱永亨、左茂榮、張國瑞、巡政所張廷選、毛聚善、張廷植、何厚興、唐洪澤、羅棠溪、唐理卿、唐粹亭、羊開柱、羊上義、李宗勤、楊珊瑚、

附图 6　二十四步朝天阙木刻

02　东侧（南端）

监生 / 羅月堂、尹高萬、楊太升、胡萬春、胡□□、□□倫、劉□□、滕天爵、大佛寺、聚善會、雷祖會、川主廟、都管祠，/ 各捐钱肆串。/ 程蒸嘗捐錢柒千文。/ 何孔氏捐錢柒千文。/ 興隆會捐錢六千五百文。/ 于四俊捐錢拾捌串。/ 于才成捐錢拾捌串。/

黃程氏捐錢叁拾串。/ 劉紀雲捐錢拾叁串。/ 樊昌福捐錢捌千文。/ 戴增璉捐錢捌千文。/ 何安益、吳光宗、義正甲、文昌會、李大榮、楊萬青、黃宗德、戴增樸、李紹樽、雷祖會、王爺會、熊義順、劉能協、曾合興、張世楷、戴德明、戴增謙、許正通、張意闊、劉璜甲、黃德浩、鄧源興、王復興、彭繼忠、楊卓官、戴增瑞、王泰興、趙緒品、黃長興、劉光月、楊春耀、龔心品、李顯松、蔣光松、張李氏、程守德、黃清全、王澤周、孫樹堂、戴祿猷、王智信、胡萬順、陳久元、李百福、楊邦治、龍必耀、李朝玠、趙啟靖、任福恆、李世代、楊聯貴、龍武童、吳光縉、趙相明、何慶吉、监生 / 黃國福、尹趙氏、羅明松、葉洪炳、监生 / 于壽亭、左昌洪、程國佐、夏紀義，/ 各捐钱贰串。/

李绍用、夏雲山、鄧乾元、李復興、唐永盛、裴世洪、戴新貴、秦盛書、周德一、瘟祖會、陳秀洪、譚大友、鄧世樑、孟澤林、李遠成、李子全、李紹柱、許可春、李子盛、李大祥、曾奇芳、李紹南、吳大臣、申帝臣、戴增谷、文生/張有志、黃江氏、黃正家、楊正興、張春壽、林揚淑、王澤禮、高烈魁、許忠祥、羊以山、李文興、王星廣、金永芳、蕭星壽、羅福堂、孔昭元、王新興、張致和、廖河盛、馮學忠、□劉氏、游澤中、王步同、林德□、孔广□、劉陳氏、曹含輝、冉啟林、彭代端、江自和、梁仕榮、廖榮陞、羅意元、羅周氏、傅汝江、陳紹榮、黃應用、龍學錦，/各捐錢壹串。/

左茂成、郭興順、劉光品、郭良壐、宋存格、龍必源、郭良堂、張復源、張洪興、楊春和、馮義興、高洪順、林復啟、趙后揚、楊再富、嚴德生、楊永興、鄒文彩、鄒文芹、鄒文質、鄒文璣、林正選、王宏志、徐世福、申帝欽、申帝田、龔德全、梁崇禮、張昌述、曾運開、龔德春、李仁佑、楊文富、于才旺、周賢禮、黃沐顯、蔣澤霖、食店行、梅葛會、機仙會、城隍會、百子會、瘟祖會、羅祖會、詹王會、馮永盛、陳天順、胡明亮、李之潤、安維宗、黃應諒、謝天和、樊正興、陳安章、周聯貴、張廷祿、唐朝新、左萬氏、王清煦、李金王、劉文合、李傅氏、雷廷仲、蔣益諄、李澤厚、鄒家順、羊以銘，/各捐錢壹串。/

李大森、李大金、許受昇、劉光玘、唐高旺、王澤寬、陳元仁、元亨廠、張戴氏、常錫三、郭永興、林培章、孫九餘、唐遠吉、李洪興、黃應奎、陳安懷、戴德贊、黃中興、周煥、吳成昇、謝生延、王步有、王國相、李三位、黃清雙、李光泰、黃正斗、左光惠、任應明、李德顯、楊春保、安應煥、龔崇文、劉光瓊、王步周、左隆文、李克頤、韓正乾、曹京元、張谷□、何啓璧、觀音會、財神會、中元會、牛王會、九皇會、曾鳳亭、羅福森、孔昭益、郭昌應、李忠國、張同春、林劉氏、張維成、趙秦氏、趙相儒、趙天貴、許忠楨、許忠有、羅新順、張大偉、張榮陞、胡白氏、劉成遠、孔廣維、傳汝明，/各捐銭貳串。/

蕭元品捐錢五千文。/楊春順捐錢五千文。/李大有、林愛山、竇文獻、劉羊氏、戴增偉、王玉明、楊恆泰、戴祿□、劉明昶、劉明舉、王西山、黃恆生、任福清、張洪謙、龍必才、黃宗順、劉明樑、黃清泗、李長發、許受坤、左隆朝、蕭相山、蕭相漠、羊以義、萝龍山、繆成先、蔣天吉、蔣學芳、左洪恩、裴世昌、李忠興、竇成灝、文生/李輝斗、楊大興、楊孔嘉、李前孝、戴世增、李杨氏、李永咸、劉王氏、何祝三、楊開明、龍道啓、應祖超、楊恆泰、李永愷，/各捐钱四串。/戴增旭、鄧三合、萬壽宮、黔陽宮、文生/孫昌後、天德堂、李前恩、唐亮臣、萬壽宮、三元宮、劉良材、史順有、龍帝綱、左六合、監生/梁藎臣、戴增興、張皆上、陳元有、龍三合，/各捐錢六串。/陳繼貞、戴增錫、鄒興隆、張昌耀、蔣許氏、張世友、黃德先、唐星福、余三元、戴祿穀、賴正武、王志、姚治國、王澤義、王世發、楊德義、劉光炳、王朝品、黃代富、李可旺、羊元興、張正秀、劉遠富、李春田、吳正德、尹視長、楊春志、楊春貴、陸志江、蔣清朝、廖全體、鄒興永、孫玉堂、孫全興、任開仕、何新高、王清倫、劉大道、孫昌熙、于再成、蔣慶祿、李懷古、任正乾、王爱臣、余心銳、林德全、楊承根、羅武寬、安天盛、諶世清、姚□□、陳秀理、張廷□、徐祖發、楊光珠、鄧左氏、吴羅氏、袁信誠、尹榮發、尹金茂、鄧正堂、王裕矩、王裕寬、邱新泰、王澤新，/ 各捐錢壹串。/

程正山、蕭品立、劉明科、胡藻亭、張自禄、龔先登、曾明業、唐任氏、彭黎氏、蕭品山、楊春來、楊春壽、李永愷、李世澤、程守中、袁再品、蕭品春、蕭品正、蕭大美、楊炳林、夏順清、楊復齋、羅明清、王銀山、鄧永盛、李廷交、唐百興、蔣明昭、劉龍氏、劉光隆、楊春衢、蕭品第、李代先、李代貴、劉全忠、劉相成、劉相廷、魏忠興、熊學順、熊學明、李庆吉、胡正興、熊學根、李世模、黄代富、孫昌斌、張大儀、張大備、孫昌壽、龍定遠、張大紹、戴增岱、龍之滔、龍趙氏、唐宗□、林廷貴、聶張氏、左茂通、李德恩、尹梘□、尹天綱、唐仁良、姚遠明、龍之尔、鄧開第、黄六合、黄清本，/ 各捐錢壹串。/

羊直材、李宗福、程守惠、龍久興、羊直富、沈邱氏、孫顯語、劉先慎、鄒興福、何新萬、曾唐氏、藍乾吾、戴禄砥、王登第、李遠照、王裕梓、王裕堂、蔣民新、李代之、楊春輝、王國臣、許正元、趙萬興、邱成煦、廖上模、李代明、李可忠、三元灶、李文星、周義興、蕭品久、陳仁碩、蕭品奇、譚陳氏、劉金玉、熊學盛、熊學瑞、蕭大興、唐朝興、蔣清仲、林德普、羅全興、蔣紹海、蔣紹安、趙啓洪、九如垣、文生戴增顯、戴增謨、陳盛業、王步顯、李興隆、鄒興明、李光興、魏篤鰲、魏□□、魏之有、吴倫中、李慶平、吴倫培、劉成芳、胡玉金、顔世星、龍必清、王澤興、楊春田、吴敦理、吴敦義，/ 各捐錢壹串。/

萬子全捐錢貳千四百文。/ 張正恩捐錢貳千四百文。/ 小貨幫捐錢貳千肆百文。/ 滕天斗捐錢貳千四百文。/ 僧廣利捐錢五千文。/ 趙至雌捐錢五千文。/ 程守見捐錢五千文。/ 鄒興文捐錢五千文。/ 杨福隆捐錢五千文。/ 譚大藩、盧禮合、羊以茂、何新選、何新朗、龍懷惠、涂五合、王四合、余顧氏、趙胡氏、吴李氏、吴任氏、戴高氏、徐劉氏、吴餘氏、唐仁春、趙新榜、李少榮、胡玉卿、曾一之、吴立中、楊進松、賴啟昌、余玉隆、卿龍氏、李何氏、李盛柏、趙上寬、趙純武、左國秉、馬三齊、周佑璧、左大興、蔣興榮、李德厚、蔣善堂、吴耀成、賴逵三、張縉一、宋勉之、劉體凝、夏萬年、紙幫、譚體孝、黄清澤、程守萬、魏世洪、王真金、劉相倫、李同興、春生鑒、德生義、雍睦堂、義茂正、尹松亭、魏祥盛、陶仙昇、李孫氏，/ 各捐錢貳串。/ 蕭清相、羊直槐、廖三合、張大一、龔帝堂、李四春、戴應堂、熊明祥、戴禄岱、王國斗、王裕倫、何玉亭、謝久元、李戴氏、劉齊堂、陳加昶、孫顯烈、許永珠、劉明藻、張廷成、張官照、羊廣甦、吴光海、邱新國、吴李氏、邱維有、文生 / 周敬亭、羊直棣、文生 / 李永昇、劉明永、監生 / 劉明琦、程□玉、駱遠章、龍道恩、劉光昇、戴自正、鄧正順、孫昌瑛、左茂林、文生 / 林夢蒓、陳興發、陳久文、吴立言、戴興倫、白慶祥、王□□、黄清盛、馬□清、羊重榮、何再正、羊直茂、廖全德、顧安舉、梁崇貴、張祥順、周仁發、羊開發、馬□□，/ 各捐錢壹串。/

唐協同、唐同春、劉鳳儀、羅世蔭、楊正明、任正乾、廖元富、駱順成、王清全、蔣善良、楊光普、馮國安、唐泰元、龍懷有、朱永興、李和泰、周隆氏、隆冉氏、叚同興、羅武萬、周宏春、周宏安、黄清緒、鄒有瓌、王泗春、彭大興、賀昌兆、譚七政、黄立朝、龍乏洲、朱三合、劉光喜、劉五福、羊直福、羊以述、羊以安，/ 各捐钱壹串。/ 顧三合、易田氏、王禮忠、羊直興、王代全、王代賢、蔣正偉、郭藍氏、廖全正、財神會、周啟華、梁華德、任開瑃、任應善、李文進、鄒家玉、黄宗周、□□扬、□□□、孫廷芝、梁勉齋、龍瑞明、黄興朝、謝子富、楊邦彥、楊承順、楊先貴、江世泰、唐正華、何王氏、劉天福，/ 各捐钱叁串。/

王興發、劉釗、戴德明、顧隆忠、趙易泰、謝生多、黄清賢、王高之、黎悟貞、劉王氏、盧文淵、譚□緒、文生 / 譚大昕、黄悅來、程守潤、白應淮、邱德志、李宗高、唐光榮、李前元、李宗芳、李光煜、蘇茂斌、胡立卿、戴德盛、胡純恕、胡慶仁、蘇茂興、曾茂斌、戴坤山、劉檣杞、胡乏賢、胡乏章、何盛金、何盛銀、教諭 / 蘇廷朗、胡何氏、蕭李氏、楊李氏、李貴獻、楊戴氏、周明福、邱喜英、邱太和、唐朱氏、蕭光堂、周陳氏、曹周氏、戴□禮、吴丁氏、劉胡氏、劉周氏、劉伍氏、幸邹氏、廖余氏、戴何氏、楊宏進、唐王氏、唐李氏、張□倫、顧劉氏、劉陳氏、鄭胡氏、劉鄧氏、胡乏祥、彭宣勳、李長發、唐治雍，/ 各捐錢壹串。/

蔣興祿、張世儀、許明舉、龍乏保、傅國華、李長發、羅甫臣、羊治級、餘世□、孔慶祥、孔憲國、蔣啟志、孔憲友、徐興發、胡啟元、李公道、石公道、董萬順、陳萬興、郭元慶、姜文秀、鐘萬春、青雲閣、李茂林、劉啟盛、郭大書、袁義泰、趙興發、姚文興、羅富順、銅幇、書幇、彭會友、王元亨、蔣才有、許□海、許□禮、周武超、許慶雲、蔣光用、□□□、周際康、陳珠玉、蔣三合、譚有升、常德韶、藍坤選、陳三位、趙顧氏、彭世賢、張祖斌、趙後裔、許受祠、彭□□、□□□、楊世□、蔣家續、王荣年、袁啓泰、劉再正、宋安邦、馮高倫、孫大德、王肇清、馬羣賢、王邦進、郭興禮，/ 各捐錢壹串。/

伍澤乏、廩生 / 羅教遠、李隆章、胡茂芳、曾顯益、劉宗儒、徐隆佐、廖全泰、李應明、張林氏、顧宏英、顧廷萃、劉大興、趙榮春、謝明升、李好云、石承品、劉上致、劉英交、劉先體、劉世安、張隆榮、吴九如、趙榮興、趙緒英、趙緒潭、唐永興、劉人爵、何音國、譚致祥、喻永壽，/ 各捐钱八百文。/ 楊春福、何隆平、李楊氏、龍李氏、任謝氏、龍必椂、王清安、楊承根、于才方、羊直柱、羅承明、傅常三、陳繼緒、李代正、彭國用、梁崇啓、程正經、王立年、王裕安、彭乏寬、黄萬魁、鄧運福、黄宗柄、□□□、程守祿、程守耕、能學亮、程守常、程守江、周成理、蕭大揚、蕭大光、安維貞、李文鳳、楊再行、唐興發，/ 各捐錢壹串。/

3-4（北端）（高 240、宽 220 厘米）

楊彩洪捐錢壹千陸百文。/ 王清柳捐錢壹千陸百文。/ 鄧萬福捐錢壹千陸百文。/ 白香亭捐錢壹千陸百文。/ 黄錦元捐錢壹千陸百文。/ 楊劉氏捐錢壹千陸百文。/ 僧真信捐錢壹千陸百文。/ 趙爾壓捐錢壹千陸百文。/ 譚家矩捐錢壹千陸百文。/ 文昌會捐錢壹千陸百文。/ 楊承德捐錢壹千陸百文。/ 蔣許氏捐錢壹千陸百文。/ 羅隆盛捐錢壹千陸百文。/ 何仁寛捐錢壹千四百文。/ 楊邦發捐錢壹千四百文。

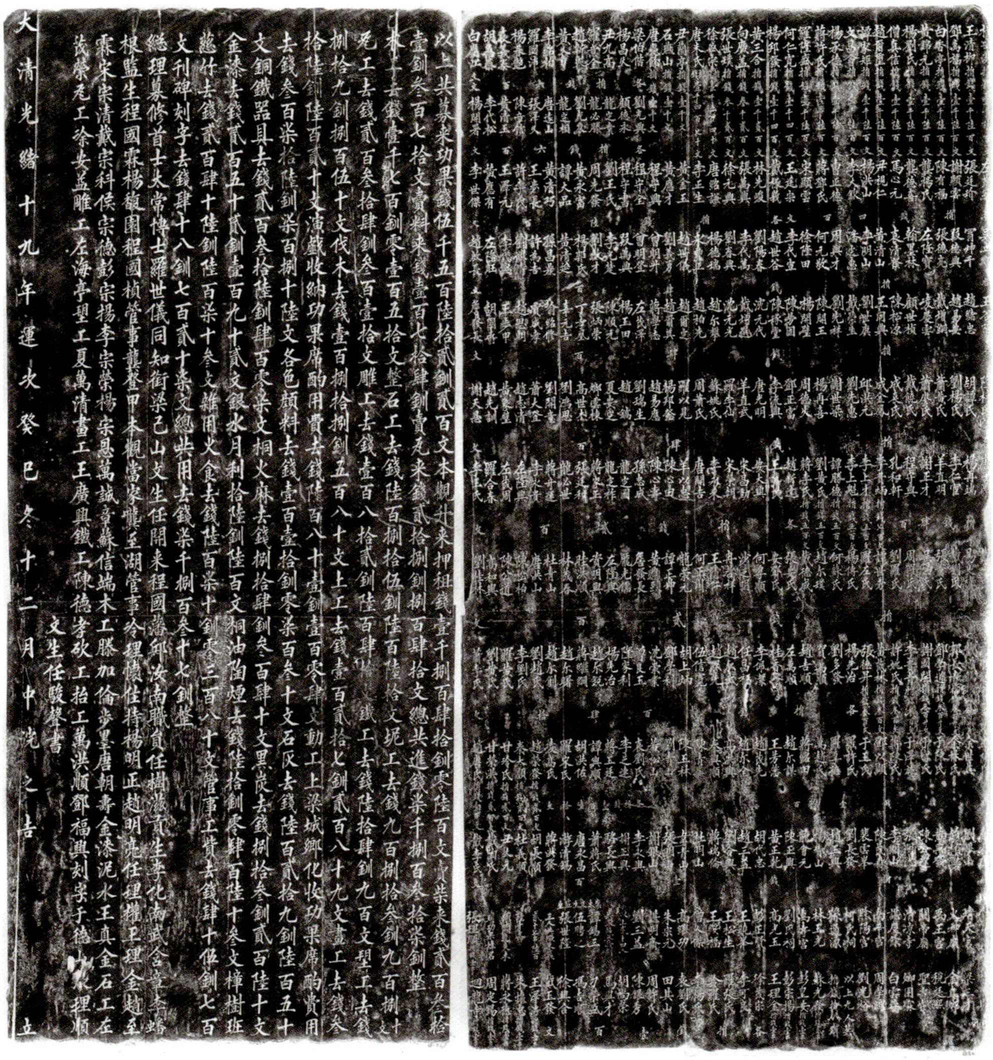

附图 6　二十四步朝天阙木刻

02　东侧（北端）

/ 黃三合捐錢壹千貳百文。/ 向廣蓋捐錢壹千貳百文。/ 張世璞捐錢壹千貳百文。/ 徐盛宗捐錢壹千伍百四十文。/ 唐朱氏捐錢壹千四百七十文。/ 尹蘭亭捐錢壹千文。/ 石燕山捐錢壹千文。/ 唐慶餘捐錢壹千文。/ 梁伯偕、楊昌久、尹九高、羅意金、趙新泰、黃久亨、李紹柏、羅國沛、楊春艷、袁義泰、胡萬泰、白應江，/ 各捐錢六百文文（衍一文字）。/ 劉光興、顧德永、龍定業、龍必滕、劉光友、龍之相、唐遠山、張澤久、陳章信、黃清玉、李代松、楊開署，/ 各捐錢六百文。/

左茂☐、張廷玠、謝顯雲、陳有福、龔楊氏、龔德喜、馬心元、尹視仁、楊洪山、李大欽、曹正德、蔣鄧氏、宋顯雲、王廷宗，/ 各捐錢四百文。/ 戴椂峩、林先峻、張萬興、徐元興、唐紹謙、李正生、黃金玉、黃應才、程守興、程守全、程守書、劉王氏、周先發、黃永富、譚大品、黃清巧、王步長、許李氏、王澤元、黃應有、李世傑，/ 各捐錢陸百文。/

吴立顺、冐坤千、段德興、張德亮、左隆寶、翰墨林、袁清發、黃清山、李明山、潘定惠、周興才、何元敬、徐隆田、李代宣、趙世谷、劉陽春、李代萬、劉春興、楊德瑞、永豐正、趙世儀、劉義勇、曾明升、曾明登、段萬興、李光楚、劉啟才、楊郭氏、黃清延、孫昌鼎、許為吉、劉欲清、李代興、左隆旺、趙啟長，/ 各捐錢肆百文。/

王谷□、趙緒忠、趙易安、戴增綱、淩慶雲、顧世楨、陳松源、王同興、劉世庚、戴榮生、劉先祥、陳開玉、楊開璧、陳芳固、陳琢堂、沈元代、戴增選、沈元光、趙尔攀、趙柏先、趙爾芝、趙爾奠、蔣學志、左茂澤、楊玉田、陳順元、張炳榮、丁孝凰、辜元吉、喻紹修、賈成孝、趙思明、王步甲、胡國壽、詹發長，/ 各捐錢肆百文。/

陸楊氏、胡譚氏、劉楊氏、蕭黃氏、蕭廖氏、戴饒氏、成袁氏、成金鳳、邱洪元、劉先惠、謝世梁、楊再喜、周德久、鄧正富、李流興、唐光明、羊直武、羅李仙、蘇姚氏、周蕭氏、羅以見、楊邦發、趙易應、劉瑞生、趙鎬、夏安芝、鄉雲棟、高世杰、劉鴻思、劉開意、蕭大登、趙志清、黃象璧、趙先訓、謝天恩，/ 各捐錢肆百文。/

唐□□、楊再端、李仁宦、羊直明、謝正才、程守興、孔和軒，/ 捐錢肆百。/ 李貴炳捐錢五百文。/ 李上才捐錢五百文。/ 李上魁捐錢五百文。/ 譚勝德捐錢五百文。/ 劉黃氏捐錢五百文。/ 蔣李氏捐錢五百文。/ 趙新達、王龍氏、安大興、宋昌勳、宋榮朝、李永來、唐開吉、羊以忠、陳心田、陳心壽、孫忠成、龍芝圖、龍芝祚、蔣家正、張廷和、龍必世、蔣奇運、李永貴、左隆興、左茂周、羅合春、李王氏，/ 各捐錢貳百文。/

□□氏、易良植、戴劉氏、張蕭氏、吳楊氏、周羅氏、劉羅氏、譚世秀、羅左氏、楊傅氏、何蘇氏、趙爾璞、戴德成、張安氏、安鄧氏、何厚順、沙芝明、冉啓祥、王清仁、何正川、龍崇元、譚正坤、黃應烈、詹發長、龐光儒、左隆興、資明興、哇洪順、林茂春、杜青山、唐洪山、陳松柏、陳公道、高和興、劉桂林，/ 各捐錢貳百文。/

戴增儒捐錢叁百文。/ 郭長青捐錢叁百文。/ 鄧學道捐錢叁百文。/ 謝國開捐錢叁百文。/ 李貴青捐錢叁百文。/ 許姚氏捐錢叁百文。/ 黃茂林捐錢叁百文。/ 張德昇捐錢叁百文。/ 楊先治、劉多發、賀萬順、趙吉順、左萬順、桂香齋、李佩潔、任昌福、趙爾武、趙熙先、伍信寬、胡上炳、鄧學科、沈崇業、曾良玉、隆家利、楊先治、趙尔銳、蔣繼綱、趙尔曙、趙尔創、劉趙氏、李劉氏、羅黃氏、劉黃氏，蕭李氏，/ 各捐錢貳百肆拾文。/

李陈氏、余世英、余林氏、于陳氏、于寧氏、于澤施、蔣陳氏、鄧以顯、于王氏、羅許氏、羅厚德、萬趙氏、蔣紹田、趙尔謀、王芳藩、趙茂先、趙尔全、高洪興、秦興順、陳清華、陳玉林、劉青山、黃松山，/ 各捐錢壹百貳拾文。/ 袁劉氏、李芝連、蔣玉廷、譚興順、胡洪佑、羅宋氏、淩高氏，/ 各捐錢壹百陸拾文。/ 趙榮發捐錢貳百文。/ 秦大順捐錢貳百文。/ 甘冷氏捐錢貳百文。/ 甘榮洪捐錢貳百文。/ 趙唐氏捐錢壹百文。/

□大□、劉銀山、□祥興、黃興發、陳公□、張明光、李明山、陳茂森、裴雲峯、劉長發、趙王興、楊青山、龍會元、陳正興、黃正乾、胡代忠、趙三益、劉合興、蔣瑞倫、杜明山、韋青山、張明山、謝銀山、李永興、謝正興、駱長興、蕭蔣氏、

唐永昌、游清錫、蔣洪發、胡長順、杜義順、尹久元、戴陶氏、戴李氏，/ 各捐錢壹百文。/

□□□、靖天宫、火神廟、禹王宫、關帝廟、清凉寺、諶慶餘、南華宫、黔陽宫、柯氏祠、孫通源、林玉光、萬壽宫、劉氏祠、高光玉、彭正賢、王曉峯、王松生、王綏福、僧人傑、高繼功、朱宗元、諶明齋、劉三益，/ 以上貳十四人 / 共繳錢叁拾釧。/ 廪生 / 譚錫三、文生 / 伍聘之、監生 / 張世隆，/ 三人共繳來錢 / 貳十七串陸百 / 陸十文。/ 緣簿遺失 / 未列功果姓名。/ 張理順捐錢壹串。/

□生 / 周紹基、梁正才、金針卿、稅廷熙、聖壽寺、鄉用霖、白雲菴、周學鴻、劉光裕，/ 以上九人共 / 捐錢拾八釧。/ 蘇光發捐錢壹串。/ 彭皇安捐錢壹串。/ 彭宗揚捐錢壹串。/ 王理金捐錢壹串。/ 徐茂宗、李可良、羅張氏、冷羅氏、李楊氏、袁劉氏、田其山、周許氏、陳銀秀、胡尚榮、馬興才、刁榮盛、馮吉順、徐興合、戴玉發，各捐錢壹百文。/ 王澤溥捐錢壹串。/ 朱懷忠捐錢壹串。/ 蔣永德捐錢壹串。/ 周定錫捐錢壹串。/ 廻龍寺捐錢壹串。/

以上共募來功果錢伍千五百陸拾貳釧貳百文，本觀升來押租錢壹千捌百肆拾釧零陸百文，賣柴來錢貳百叁拾 / 壹釧叁百七拾文，賣料來錢壹百七拾肆釧，賣瓦來錢貳拾捌釧捌百肆拾文，總共進錢柒千捌百叁拾柒釧整。

木工去錢壹千七百釧零壹百五拾文整，石工去錢陸百捌拾伍釧陸百陸拾文，坭工去錢九百捌拾參釧九百捌十文，/ 瓦工去錢貳百貳叁拾肆釧參百壹拾文，雕工去錢壹百八拾貳釧陸百肆拾文，鐵工去錢陸拾肆釧九百文，塑工去錢 / 捌拾九釧捌百伍十文，伐木去錢壹百捌拾捌釧五百八十文，土工錢壹百貳拾七釧貳百八十九文，畫工去錢叁 / 拾陸釧陸百貳十文；演戲收納功果席酌用費去錢陸百八十壹釧壹百零肆文，動工上梁城鄉化收功果席酌費用 / 去錢叁百柒拾陸釧柒百捌十陸文，各色顔料去錢壹百壹拾釧零柒百叁十文，石灰去錢陸百貳拾九釧陸百五十 / 文，銅鐵器具去錢貳百叁拾陸釧肆百零柒文，桐火麻去錢捌拾肆釧參百肆十文，黑炭去錢捌拾叁釧貳百陸十文，/ 金漆去錢貳百五十貳釧壹百九十貳文，銀水月利拾陸釧陸百文，桐油陶煙去錢陸拾釧零肆百陸十叁文，樟樹班慈竹去錢貳百肆十陸釧陸百柒十叁文，雜用火食去錢陸百柒十釧零三百八十文；管事工貲去錢肆十伍釧七百文，刊碑刻字去錢肆十八釧七百貳十柒文，總共用去錢柒千捌百叁十七釧整。

總理募修首士太常博士羅世儀，同知銜梁己山，文生任開來、程國藩、邱汝南，職員任樹滋，貢生李化南、武含章、李蟠 / 根，監生程國霖、楊馥園、程國楨，管事龔登甲。本觀當家龔至湖，管事冷理懷，住持楊明正、趙明亮、任理權、王理金、趙至 / 霖、宋宗清、戴宗科、侯宗德、彭宗揚、李宗榮、楊宗恩、萬誠章、蘇信端，木工滕加倫，步墨唐朝壽，金漆泥水王真金，石工左茂榮，瓦工涂安益，雕工左海亭，塑工夏萬清，畫工王廣興，鐵工陳德孝，砍工、抬工萬洪順、鄧福興，刻字於德山、□理順。/

文生任駿聲書。/

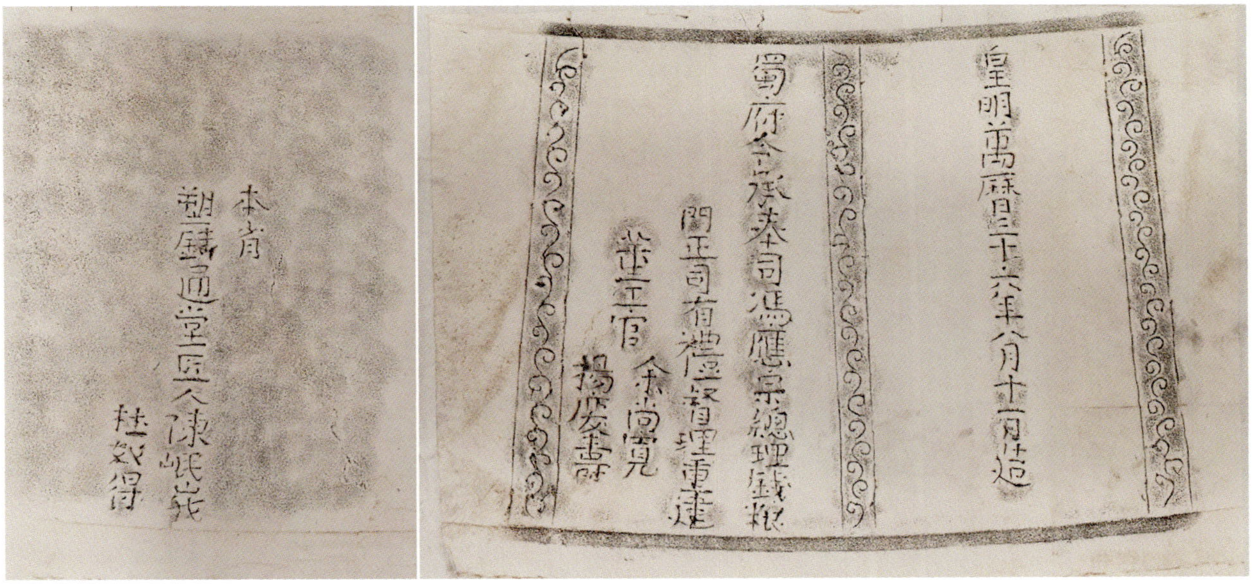

附图 7　钟楼铁钟铭文

大清光緒十九年運次癸巳冬十二月中浣之吉　立。/

7. 钟楼铁钟铭（附图 7）

法輪常轉，皇土鞏固。帝道遐昌，神日增輝。/

皇明萬曆三十六年八月十一日造。/

蜀府令承奉司馮應宗總理錢粮。/

門正司有禮督理重建。/

董工官余尚寬、楊慶壽。/

本省 /

塑鑄通堂匠人陳岷峩、杜如得。/

8. 玄天宫正脊维修中发现的题记（附图 8：01 ～ 05）

01 第一根（长 86、宽 9，厚 5 厘米）

正面：自古先朝建修，雲臺觀正殿于大明萬曆三十六年竪立，又于崇禎七年重□□□□ / 又于大清乾隆三十陆年歲在辛卯，本山住持道人李復元任復璉□□□ / 劉本寧、徒孫雷合（端）[煓][1]、冷合英眷屬人等若積捐資銀兩，買办油灰、钉、匠资等费，/ 共計銀弍千余金。自修之後，祈山門清淨、道法亨通，永垂万古，不朽天□各为記。/

側面：元聖宮朱來淵徒（姜）[2] 江復正、王陽崑。/

[1] 据青龙白虎殿金檁题记改。

[2] "姜"字被涂划，据后面文字，"姜"应为"江"，写错后涂抹掉。

[1] 据青龙白虎殿金檩题记改。

02 第二根（长 85、宽 9.8，厚 5.5 厘米）

正面：永垂萬古 /

大□ / 叁十陸年孟春吉日修造。梓匠人：陳福安、奇祿，陽泰道武昌府人氏。瓦盖匠人：劉昆山，常德人氏；何登榮，澧州人氏；羅世儒、蒲一元、羅（端）[墒][1]。/

晋名爲記。/

01-1 | 01-2 | 02

附图 8　玄天宫正脊维修中发现的题记

01-1　正面

01-2　侧面

02　正面

03 “逸情云上”匾额（长 242、宽 97 厘米）

04 “武当游驾” 匾额（长 265、宽 71 厘米）

05 “北极元尊”匾额（长 382、宽 139 厘米）

（三）遗失碑刻

01 培修三皇观赞（据杨重华、荣桂芳编著《云台集萃》25 页，政协三台县学习宣传、联谊委员会编，1996 年 10 月）

此觀幾經數百秋，屢遭兵燹偶存留。垣頹壁漏阿誰問，棟折榱崩若個修。幸遇湘江善士軍糧府，諸郎承志樂培補。命匠鳩工半載餘，廟貌輝煌今復古。君不見燕山竇五桂芳緣先澤厚，又不見眉山蘇二子才由祖德儲。于戲封翁此舉真豪傑，

03
04
05

附图 8　玄天宫正脊维修中发现的题记

03　逸情云上
04　武当游驾
05　北极元尊

不借他山憑獨力。准擬福駢臻祥雲集，蘭馨桂馥朝丹闕。

庚子恩進士侯銓即補訓導、鐵航陳福疇拜贈。

畫匠劉興發，石匠文宏金、徐永尚，蓋匠李克金、王必榮，瓦匠唐永患、徐永貴，木匠左茂品。

本邑庠生梁興縉敬書。

大清光緒二十九年歲次己丑仲春月穀旦。

02 补修三皇观碑记（据杨重华、荣桂芳编著《云台集萃》第 22 ～ 24 页，政协三台县学习宣传、联谊委员会编，1996 年 10 月）

粵自鴻荒甫辟，天地人三皇崛起而登大寶位，其顯庸創制，開生民未有之奇，永宜享祀百世矣。然孔子刪書，以唐虞為斷，故前古聖神軼事，雖時時見於他說，儒者以為荒渺而不足傳，要其功德之在人間，亦有不可得而磨滅者，姑勿深論。予居梓南湘江橋，離宅二十餘裡有所謂雲台觀者，為真武祖師修真煉性之所，先止一茅庵，作觀未知何時。夷考雲台志，其觀創自宋朝，迄明而增其式廓，規模巨集敞，有難以言語形容。略舉大概：元帝殿其最上也，次即靈官殿，由二十四道石梯而下，有樓曰拱宸，上出重霄，下臨無地，真人間天上也。又從樓至紅照壁，魚池，具以抵頭天門，邐迤而東約裡許則為三皇觀焉。夫觀之壯麗，極丹青土木之觀，經獻賊兵火後，凡紺宇琳宮，百不存一，而觀不盡沒於蔓草荒煙者，謂非默護有靈不至此，但所存者閱數百年於茲，風雨之飄零者幾何時，樵牧之踐踏者若而輩將見。棟則折而榱則崩矣，瓦則破而壁則穿矣。以言神像金彩脫而手足無全矣；以言香火，爐灰寒而蟲鼠爭集矣。睹茲冷落之情形，過而問者誰哉？予于尋訪名勝之余，觸於目者感於心，歸而與諸子謀曰：“承先人遺業，歷年存積頗有餘資，及是時而不善事廣行，上無以報祖宗勤勞之恩，下無以貽子孫綿遠之福，如入寶山，空手回也。”烏乎，可惟是殿庭，廓一切門檻階梯諸古制，補其缺以易其新，而眾神法像之裝飾如舊，不待言矣。

是舉也，約捐資八百余金，計工三千有零，非故好逞豪華，亦以創修廟宇。文帝曾諄諄勸勉，予敢自外明訓乎哉！嗚呼，創斯觀者，古人也；補斯觀者，今人也。向使有古人創之于前，而無今人補之於後，將古之人善果，必自今人而就湮，是今人甘讓美于古人，而古人且取笑及今人矣。予惟本古人之遺規，為今人之恪守，即以今人之培補，作後人之榜樣，不然吾恐後人而複笑今人也。

是為序。

經理：羅昶。

大清道光二十九年歲在己酉仲春月穀旦。

后 记

本书不具有多大的学术性，但撰写持续了整整十年。

2008年汶川大地震，四川文物遭受严重破坏，6月，《平武报恩寺》由科学出版社出版，该书收集的测绘图为地震前重庆建筑工程学院的实测成果，为报恩寺灾后文物保护工程提供了翔实、可靠的资料。地震后的一段时间里，我们一直忙于地震资料的征集和收集。

一日，绵阳博物馆的李生先生问我知不知道三台的云台观，说云台观布局保存完整，应该算是四川第二大道观，寺庙出了一本，道观也应该有一本。其时我在关注四川的元、明时期木构建筑，听到云台观还保存有明代建筑，便把这事放在了心上。

2009年，受三台县文物保护管理所委托，我院承担了云台观“云台胜境”坊、华表、玄天宫的灾后抢险维修设计方案编制。现场勘察时便有整理出版的想法，所以勘察时除了拍摄残损记录照片外，尽可能多收集信息和资料。2010～2011年维修保护工程实施过程中，先后多次到云台观。但是限于没有经费和人员，加之云台观建筑较多，体量也较大，除了云台胜境坊、华表、玄天宫做了现状勘察测绘，青龙白虎殿做了主动测绘外，其余建筑的工作仅仅限于拍摄照片。

《云台胜纪》是记载云台观的专志，在绵阳市博物馆的钟治先生的帮助下，三台县文物保护管理所所长毛建军、副所长陈卫慷慨将藏于该所的原稿拿出，得以一览，征得二位所长的同意，我们将原稿拍摄后进行点校整理。该稿本对研究云台观的历史沿革非常重要，明万历时期云台观的布局得以清晰。该稿本的点校及利用该稿本对云台观沿革的考证完成于2011年4月，研究成果《明稿本〈云台胜纪〉与三台县云台观》2019年刊发于宜宾博物馆主编的《西南半壁》。

2007年秋季开始，在清华大学为期一年的访学期间，把个人通过多种渠道收集的四川方志数字化资料，在清华大学西门外的廉价打印店里打印、装订，然后物流到成都，开始了路漫漫其修远兮的方志中文物资料的辑录工作，《光绪潼川府志》《嘉庆三台县志》《民国三台县志》中关于云台观的资料先后辑录、整理；由此及彼，《四川通志》《中江县志》《蜀中广记》等有关的和可能有关的史志均加以搜集、整理。2010年6月，在玄天宫正脊维修中发现康熙三十六年墨书题记，后来又在拱券门拱券内侧发现清“同治七年妆彩门神二尊”的题记。到2013年，经过断断续续地考证、撰写，云台观的历史沿革基本完成。此后，随着古籍数字化的普及，更多的藏于高校图书馆和国家图书馆、故宫博物院及地方图书馆中的方志被以不同的方式公开，《嘉靖潼川志》《乾隆潼川府志》等不常见的方志得以补充到四川方志资料中。时值守云台观玄天宫的黄本还道长把他收藏的20世纪90年代杨重华、荣桂芳编著的《云台集萃》提供给我，其中收录有一篇现已消失的《补修三皇观碑记》的录文，碑记记载了清道光时期云台观布局，成果均吸收到云台观历史沿革的撰写中。2018 年，“四川省古代石刻文字调查与整理”项目实施，对位于降魔殿内的光绪、民国时期的两通碑及二十四步朝天阙两侧的光绪十九年维修功德碑记进行拓片；又在三合门次间的内、外墙壁上发现新的题记，欣喜的是这些题记也是记录了明代成化年间修补山门的记录和主持人、维修工匠等信息；又在悬挂于钟楼上的铁钟上发现可与文献互证、又补充文献之不足的明代纪年铭文。这些发现也都进行了拓片。2019 年 3 月，再一次对云台观进行航拍时，又在青龙白虎殿檐檩发现康熙三十六年的墨书题记。现青龙白虎殿为 20 世纪 90 年代改建，形制完全与原状不同，该檐檩可能就是维修玄天宫更换下来的梁架构件的重新利用，则乾隆三十六年对玄天宫的维修当为一次揭顶大修。云台观的历史沿革撰写也就是在这个不断有新发现中补充、修改完成的。

但是，没有测绘数据资料来说清楚一个建筑的结构特点是很困难的。测绘工作从 2009 年以来一放就是七、八年。2014 年曾利用出差绵阳的间隙对十殿、城隍殿、观音殿等建筑进行过测绘，惜测绘人员手稿遗失。2016 年再赴云台观，对迎仙桥、廊桥、三合门、拱券门、九间房、灵官殿进行测绘；2017 年，西安十月文物保护有限公司的孙征先生友情帮助，对灵官殿至玄天宫之间的降魔殿、藏经楼、玉皇殿、钟鼓楼进行了三维扫描，同时对玄天宫的彩画和雕刻、降魔殿前檐、前廊的彩画和雕刻进行正摄影像拍摄，2018 年 7 月、2019 年 3 月，又先后完成十殿、送子殿等最后几处建筑的测绘，至此，云台观的建筑测绘得以时断时续地完成，云台观的建筑著述也是随着这个过程艰难地撰写、补充和完善。

云台观建筑的脊饰和雕刻撰写始于 2017 年，其时无人机的普及使得原来用照相机无法近距离拍摄到的图像得以清晰正摄拍摄，且照片变形小。2019 年 4 月补充了降魔殿建筑内部雕刻的正摄照片。脊饰和雕刻最大的困难就是图像的解读，且不说图像运用于该处的文化意义，就是图像本身的解读也使得撰写写写停停。云台观脊饰和雕刻的图像题材内容在四川清代的牌坊、墓坊及会馆、祠堂等建筑的雕刻中常见，但解读出来的甚少，尤其是戏剧故事题材，前人多以刀马人物统之，具体是哪出戏剧故事则很少有解读出（四川省文物管理局、四川省川剧院编撰的《四川民间戏曲雕刻选》曾搜集、整理一千多幅民间戏曲雕刻图像资料，实际出版时仅选了 120 多幅进行了解读）。本想逐幅图像解读，然囿于水平，虽查阅所能见到的相关资料、也请教了多位戏曲研究方家，然终无所成，成为本书的最大遗憾！ 2019 年 10 月，脊饰和雕刻部分撰写基本完成，前后也是三年的时间，撰写过程也是颇费周折。

本书从开始撰写到最终抱憾成书，前后历时十年，最终由集体共同完成：测绘及内业由戴旭斌、胡晓俊、廖树伟、丛宇、李生完成，陕西十月文物保护有限公司、广州思勘测绘技术有限公司参与降魔殿、玉皇殿等建筑的扫描测绘和成图，图纸最后由戴旭斌完成汇总、统一。照片由戴旭斌、姚军拍摄，图像正摄影像由陕西十月文物保护有限公司和成都艺海智能科技有限公司协助完成。文字部分由姚军、戴旭斌执笔完成：历史沿革、彩画、脊饰、雕刻部分由姚军执笔，建筑部分由戴旭斌执笔；附录《云台胜纪》的点校由戴旭斌、陈卫完成，文物部分由陈卫完成，文献辑录部分由姚军完成。全书由姚军统稿。

十年来，感谢三台县文管所毛建军先生、吴祖军先生、陈卫先生的大力支持。感谢云台观主持傅元法道长和黄本还道长的大力支持，虽中间略有曲折，但整个过程是愉悦的。感谢省文物局王毅局长对本丛书的关心和关照。感谢四川省文物考古研究院高大伦院长、唐飞院长对本书撰写和出版给予的大力支持。感谢四川省艺术研究院王飞副院长为本书题写书名。此外，绵阳市博物馆的李生先生和钟治先生、西南交通大学的张蓉教授，对本书的撰写也颇有帮助，在此一并致谢！

感谢科学出版社的吴书雷先生为本书的编辑、出版付出的心血。

书中错误难免，所有文责均有我们负责，这点须特别说明。

编者

2019 年 10 月